国家重大建筑工程结构设计丛书

广州白云国际机场二号航站楼

结构设计

Structural Design of
Guangzhou Baiyun International Airport
Terminal Ⅱ

区彤 陈星 谭坚 傅剑波 等著

中国建筑工业出版社

图书在版编目（CIP）数据

广州白云国际机场二号航站楼结构设计 =
Structural Design of Guangzhou Baiyun
International Airport Terminal II / 区彤等著. —
北京：中国建筑工业出版社，2021.5
　（国家重大建筑工程结构设计丛书）
　ISBN 978-7-112-26007-2

Ⅰ.①广… Ⅱ.①区… Ⅲ.①民用航空—机场建筑物
—建筑设计—广州 Ⅳ.①TU248.6

中国版本图书馆CIP数据核字（2021）第049142号

本书以广州白云国际机场二号航站楼工程为背景，以结构设计为主题，对该工程进行介绍，汇集了工程设计、研究过程中的重点科研成果，内容丰富、系统完整。本书以介绍结构计算和设计经验及成果为主，突出创新点和难点，包括疑难问题分析处理、专项技术、科技成果等，同时兼顾工程中的试验研究，以及施工过程中的结构分析。

本书可供建筑结构设计人员、建筑科研院所研究人员及高等院校土木工程专业师生参考，更可为建筑师进行建筑创作提供结构工程师角度的视野。其对参与大型公共建筑建设的施工、监理、项目管理人员也有良好的借鉴作用。

责任编辑：唐　旭　王雨滢
文字编辑：孙　硕
责任校对：王　烨

国家重大建筑工程结构设计丛书
广州白云国际机场二号航站楼结构设计
Structural Design of Guangzhou Baiyun International Airport Terminal II
区彤　陈星　谭坚　傅剑波　等 著

＊

中国建筑工业出版社出版、发行（北京海淀三里河路9号）
各地新华书店、建筑书店经销
北京锋尚制版有限公司制版
北京中科印刷有限公司印刷

＊

开本：880毫米×1230毫米　1/16　印张：30　字数：952千字
2021年6月第一版　2021年6月第一次印刷
定价：129.00元
ISBN 978-7-112-26007-2
（37267）

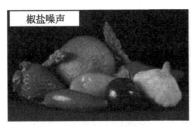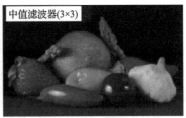

图 2.9　使用中值滤波器的例子(3×3)：输入图像(左)包含高斯噪声，
中值滤波(3×3)后的图像(右)消除了该噪声(彩图请扫封底二维码)

2.4.2.2　边缘检测和增强

图像边缘的检测是研究的一个重要领域。边缘是图像中灰度或亮度急剧变化的区域。边缘检测的过程可以减弱颜色的剧烈波动，如亮度的剧烈变化。在频域中，这个过程指的是高频的衰减。边缘检测滤波器包括：梯度滤波器(gradient filter)、拉普拉斯(Laplacian)和小波变换(wavelet transform)(Klinger 2003)。梯度和拉普拉斯核函数都是高通滤波器，其工作原理是对相邻像素进行差分，因为锐边可以用高频来描述。然而，就像在信号处理的其他领域一样，如果在图像中使用一个简单的边缘检测器来寻找目标边界，那么高通滤波会放大噪声(Marchant 2006)。

梯度滤波器可在一个特定的方向上提取显著的亮度变化，从而能够提取垂直于该方向的边界。这些滤波器被称为普瑞维特滤波器掩模(Prewitt filter mask)。Prewitt 算子基于在水平和垂直方向上一个小的、可分离的、整数的滤波器对图像进行卷积，因此在计算方面相对方便。另外由于梯度向量的分量是导数，因此它们是线性算法。

另一组梯度掩模是索贝尔滤波器(Sobel filter)或索贝尔核函数(Sobel kernel)。Sobel 算子赋予指定的滤波器方向更大的权重。一般来说，梯度指定了某个方向上的值的变化量。图像处理中的第一阶导数是利用梯度的大小来实现的。在两个正交方向中使用的最简单的滤波核函数如下所示：

$$G_x = \begin{bmatrix} 0 & 0 & 0 \\ 0 & -1 & 0 \\ 0 & 1 & 0 \end{bmatrix} \tag{2.26}$$

以及

$$G_y = \begin{bmatrix} 0 & 0 & 0 \\ 0 & -1 & 1 \\ 0 & 0 & 0 \end{bmatrix} \tag{2.27}$$

由此可得出两个图像，$I_x = (S_x(x, y))$ 和 $I_y = (S_y(x, y))$。掩模系数之和为零，这与导数算子期望值一致。梯度的值和方向计算方法如下：

$$I = \sqrt{S_x(x, y)^2 + S_y(x, y)^2} \tag{2.28}$$

以及

$$\theta = \arctan\left(\frac{S_x(x,y)}{S_y(x,y)}\right) \tag{2.29}$$

拉普拉斯(Laplacian)算子是一个二阶或二阶导数增强的例子。它擅长于从图像中找到精细的细节。拉普拉斯滤波器中的所有掩模都是全向的，因此它们在每个方向上均提供了边缘信息。拉普拉斯操作显示了两个有趣的效果。首先，如果所有系数的总和等于0，那么滤波器内核函数就会显示所有具有显著亮度变化的图像区域，这表明它是一个各向同性或全向的边缘检测器。换句话说，各向同性滤波器具有旋转不变性(Gonzales and Woods 2008)，在某种意义上，先旋转图像，然后应用滤波器，得到的结果与先应用滤波器然后旋转的相同。其次，如果中心系数大于所有其他系数的绝对值之和，则原始图像将叠加在边缘信息上(Klinger 2003)。

拉普拉斯算子是最简单的各向同性的导数算子，它可由一个图像中两个变量 $f(x,y)$ 计算，定义为

$$\nabla^2 f = \frac{\partial^2 f}{\partial x^2} + \frac{\partial^2 f}{\partial y^2} \tag{2.30}$$

拉普拉斯算子强调了图像中强度的不连续性，同时也强调了图像中不同强度水平的区域。这将产生具有灰色边缘线和其他不连续点的图像，这些图像都叠加在一个黑暗的、没有特征的背景上。因此，定义使用的拉普拉斯算子的类型十分重要。如果滤波器掩模中心系数为负，那么它就会减低而非增加拉普拉斯图像以获得一个锐化的结果。典型的拉普拉斯算子的掩模如下：

$$L_{\text{subtract}} = \begin{bmatrix} 0 & 1 & 0 \\ 1 & -4 & 1 \\ 0 & 1 & 0 \end{bmatrix} \tag{2.31}$$

以及

$$L_{\text{add}} = \begin{bmatrix} -1 & -1 & -1 \\ -1 & 8 & -1 \\ -1 & -1 & -1 \end{bmatrix} \tag{2.32}$$

使用这些拉普拉斯算子掩模进行图像锐化的基本表现形式是

$$g(x,y) = f(x,y) + c[\nabla^2 f(x,y)] \tag{2.33}$$

式中，$f(x,y)$ 和 $g(x,y)$ 分别为输入图像和锐化图像。当使用 L_{subtract} 函数时，常数 $c=-1$；当使用 L_{add} 函数时，常数 $c=1$。由于导数滤波器对噪声非常敏感，因此在应用拉普拉斯算子之前，对图像进行平滑(如使用高斯滤波器)十分常见。这个两步过程称为高斯(对数)运算的拉普拉斯(Laplacian of Gaussian，LoG)变换。

《广州白云国际机场二号航站楼结构设计》

编委会

主　编：区　彤　陈　星　谭　坚　傅剑波

编　委：李桢章　罗赤宇　林松伟　李恺平　焦　柯

　　　　朱爱国　陈　伟　谭　和　戴朋森　劳智源

　　　　张连飞　王艳霞　刘雪兵　张艳辉　刘星兰

　　　　张增球　林家豪　张鸿雁　陈　前　罗益群

　　　　温惠祺　潘浩彦　杨　飞　郭典塔

序 一

  广州白云国际机场二号航站楼于2018年4月26日正式启用，其风格既延续了一号航站楼"漂浮、流动"的设计理念，又新增了庭院、屋面花园等岭南地域特征，打造出"白云—云端漫步—行云流水"的轻盈动感，在继承中发展，在发展中创新。一号、二号航站楼合二为一，交相辉映，开启了广州白云国际机场"双子楼"运营新时代，在广州国际化大都市的建设中比翼齐飞。

  二号航站楼位于地质复杂的岩溶地区，是目前世界上溶洞地区面积最大的航站楼，也是目前世界上溶洞地区规模最大的单项桩基工程。配套高架桥上停车区的膜结构，是目前国内连续跨最多、长度最长、单体面积最大的膜结构项目。

  广东省建筑设计研究院有限公司联合同济大学、华南理工大学、广州大学组成设计研究团队，以工程技术问题为导向，攻坚克难，开拓创新，在项目建设中产学研深度融合，取得了丰硕的成果。诸如，首次给出了"预应力混凝土井式双梁钢管混凝土柱节点抗弯承载力计算公式"，建立了"乔木和结构耦合振动机理"，研发了"新型金属屋面双向预应力抗风索夹系统"，提出了灌注桩桩基施工期间同步进行大直径灌注桩孔壁岩体完整性探测、变桩径串洞多级承载力桩基础设计和新型泡沫填芯预应力混凝土空心楼盖等多项设计方法。为解决结构设计中的多项关键问题，还在广东省建筑科学研究院集团股份有限公司、陕西省建筑科学研究院有限公司、上海卓思智能科技股份有限公司等科研公司进行了风洞试验、抗风揭试验、铸钢节点试验、万向支座试验、大直径钢管混凝土柱浇筑及检测、大直径钢管混凝土柱焊缝应力及消除等系列试验研究。综合二号航站楼结构设计与研究工作的项目成果，通过了广东省土木建筑学会组织的专家委员会鉴定，达到国际领先水平，具有很高的理论意义和应用价值。

  鉴于此，设计研究团队对二号航站楼结构设计与研究成果进行了全面总结和深化提炼，形成本专著，其内容丰富，可读性强，是我国机场航站楼领域结构设计的优秀著作。

  我认为，这本著作的出版将有助于广大土木建筑工程人员对机场航站楼结构设计的深入了解，对我国机场航站楼结构技术的应用和发展具有重要促进作用。我由衷祝贺该书出版。

中国工程院院士

广州大学 工程抗震研究中心主任 教授 周福霖

序　二

在我院近70年的历史里，广州新白云国际机场航站楼是最具影响力的代表作之一。从1998年至今，我院先后完成已通航一号航站楼和二号航站楼的全过程设计，目前正在进行三号航站楼的设计。经过二十多年的探索，我院积累了丰富的大型公共建筑设计经验，在大跨度建筑方面持续创新，从机场航站楼到火车站、体育场馆和会展中心等，又完成了一批有影响力的作品。

2018年4月26日，广州白云国际机场二号航站楼及配套设施工程正式启用，提升了白云机场的国际枢纽竞争力，强化了珠三角地区的综合交通枢纽功能，完善了我国民航运输网络，是实现我国建设世界级机场群目标的重要举措。二号航站楼的通航，不仅提升了广州的国际影响力与竞争力，而且进一步巩固了广州作为国家中心城市和粤港澳大湾区综合性门户城市的地位，为建设具有国际影响力的现代化大都市迈出了重要一步。

作为广州迈向未来的城市新门户，建成后的二号航站楼在形象塑造、规划构型、空侧规划、陆侧交通等方面达到了较高水平，是中国最新建筑技术水平的集中体现，展现出我国新时代大型标志性建筑的先进性与独特性。二号航站楼的启用，为南来北往的旅客提供了优质的服务，获得业界及社会的广泛好评。

创新设计的二号航站楼造型灵动、轻盈优雅、线条流畅、气势恢宏，得益于建筑师与结构师密切且富有成效的配合，达到了"结构成就建筑之美，建筑表达结构之妙"的高度。

二号航站楼与一号航站楼造型和谐一致，保留了弧线形主楼、人字形柱和张拉膜雨篷等元素。主楼钢结构屋盖采用大跨度抽空局部加肋网架，与波浪形吊顶融合一体，包括张拉膜雨篷、登机桥、办票岛、幕墙、室内高大玻璃、交通中心顶层树池节点等多个系统，都在建筑师和结构师的密切配合下达到了高品质的设计效果。

现代技术的发展进步，为建筑师提供了更加丰富的手段，实现更为复杂造型的建筑与结构技术日益成熟，在计算机辅助建模中建筑师与结构师协同完成设计，制作与安装遵循同一数据的原则，为实现复杂建筑的高完成度提供了坚实的技术基础。我院原创的广州亚运馆，是国内最早通过建筑师和结构师共同运用犀牛软件建模，高完成度实现非线性复杂形体设计及建造的案例之一。我院机场设计团队持续创新，二号航站楼则是非线性造型设计的最新案例。

从二号航站楼的创作实践表明，实现建筑的高完成度，必须是建筑师和结构师在设计阶段主动控制，在施工阶段与业主方、施工单位、监理单位等参建单位密切配合。一个优秀的建筑得以落地，需要建筑师和结构师有所作为，持续努力。

本书系统总结了二号航站楼结构创新成果，详细阐述了大跨度钢结构、超长混凝土结构、张拉膜结构、幕墙结构、金属屋面结构等专项结构设计关键点，体现了我院二号航站楼结构设计团队"好设计，用心做"的精神。这是一本优秀的航站楼结构设计专著。

全国工程勘察设计大师
项目总负责

前　言

2018年4月26日，广州白云国际机场二号航站楼及配套设施工程正式启用。二号航站楼的启用提升了广州白云机场的国际枢纽竞争力，强化了广州地区的综合交通枢纽功能，完善了我国民航运输网络，是实现建设世界级机场群目标的重要举措，提升了广州城市国际影响力和竞争力，进一步巩固了广州作为国家中心城市和粤港澳大湾区综合性门户的城市地位，为建设具有国际影响力的现代化大都市迈出了重要一步。

在广州白云国际机场二号航站楼结构设计过程中，设计院联合华南理工大学、广州大学对结构关键技术进行了理论研究和设计方法研究，成功突破了结构设计中的关键技术，解决了项目设计过程中的诸多难题，为项目的顺利进行奠定了良好的基础。

广州白云国际机场二号航站楼是世界上溶洞地区单体面积最大的航站楼，也是世界上溶洞地区规模最大的单项桩基础工程。项目设计过程中解决了岩溶地区溶洞的探测、桩基础设计、溶洞的处理等问题；18米大跨度楼面采用预应力混凝土双梁截面，满足建筑净空要求的同时，弥补了规范关于双梁节点的计算空白；对指廊钢筋混凝土排架结构弹性位移角限值进行研究，采用了预应力混凝土柱，优化了柱子截面；对交通中心屋面进行了大型乔木与框架结构的耦合振动机理研究，并进行了实验验证，提出了模拟乔木振动的弹簧本构模型；针对屋面非均匀柱距的大跨度网架结构，对网架进行局部"梁式"加强，使网架双向均匀受力性能得到提升，取得了很好的经济效益；沿用一号航站楼设计继续使用了我院设计的发明专利"大抗拔力钢球铰支座"；沿用一号航站楼的入口膜结构设计，并进行了更合理的找形分析，防止积水。对大跨度登机桥结构，进行TMD减振舒适度分析，确定了最优质量比。而且，对大型航站楼进行了全过程健康监测，跟踪分析施工期间与施工后结构的受力特性。

自2018年正式通航至今，广州白云国际机场二号航站楼荣获中国钢结构金奖、中国建筑学会科学技术奖、广东省勘察科学技术奖等奖励，授权发明专利4项，授权实用新型专利2项，在国际期刊发表SCI收录论文1篇，国内核心期刊发表论文5篇，辅导毕业3位硕士研究生，通过了科学技术成果鉴定，评定等级为国际领先水平。

在设计工程中，得到了方小丹、王湛、束伟农、朱勇军、金虎根、张其林、韩健强、蔡健等专家学者的指导和帮助，在此表示最诚挚的感谢。

本书编写自机场通航后正式筹备，全书由区彤组织并定稿，各章节编写人员如下：第1章：区彤；第2章：区彤、朱爱国；第3章：傅剑波、戴朋森；第4章：傅剑波、谭坚、谭和；第5章：谭坚、张连飞；第6章：区彤、焦柯、谭坚；第7章：

谭坚、张艳辉；第8章：劳智源、谭和；第9章：谭坚、林松伟；第10章：区彤、谭坚；第11章：区彤、谭坚、张连飞。参与本书编写的还有林松伟、郭淑燕，他们进行了校对和编排。

本书编委会

目　录

1 工程结构概况

1.1 建筑概况介绍

广州白云国际机场扩建工程——二号航站楼及配套设施工程位于广州市白云区和花都区交界位置。由二号航站楼、交通中心及停车楼、陆侧市政道路、高架桥及下穿隧道等项目组成。

二号航站楼位于一号航站楼北侧,分为航站楼主楼与航站楼指廊两部分,是超大型国际枢纽航站楼,其设计年旅客吞吐量4500万人次,一期总机位78个,其中近机位65个,建筑面积65.87万m²,屋盖面积约25万m²。

交通中心及停车楼(GTC)位于二号航站楼主楼的南面,建筑面积20.84万m²(地下建筑面积9.35万m²),为地下2层地上3层的钢筋混凝土框架结构建筑,作为二号航站楼的配套服务设施,其主要功能为二号航站楼进出港的旅客与地面各种交通工具(城轨、地铁、大巴、出租车及私车)换乘的场所。

二号航站楼在总体布局上与一号航站楼连成整体,维持南北中轴对称,建筑风格协调统一(图1.1-1)。一号航站楼以一条轻盈的白色张拉膜大弧线横贯东西,屋面采用便于实施的类球形三维曲面,正面采用"人"字形柱支持大悬挑屋面檐口。

二号航站楼采用适度非线性三维曲面设计,正面用"Y"形柱,拱形屋面造型连续流畅,与一号楼遥相呼应。二号楼高架桥上设置张拉膜雨篷,延续一号楼经典风格,正立面采用垂直幕墙替代了一号楼的外倾式锥形幕墙。屋面结构与建筑装修一体化设计,纵向设置的加肋网架与室内波浪形吊顶造型形态高度匹配,一气呵成,表达出建筑"轻盈、漂浮、流动"的感觉,结构体系受力合理、美观、经济。屋面采用铝镁锰合金直立锁边屋面板系统,全部采用外天沟以避免漏水。主楼屋面布置一排整齐的条形天窗,指廊屋面的中间布置一条天窗(图1.1-2~图1.1-7)。

图1.1-1 一、二号航站楼总体鸟瞰图

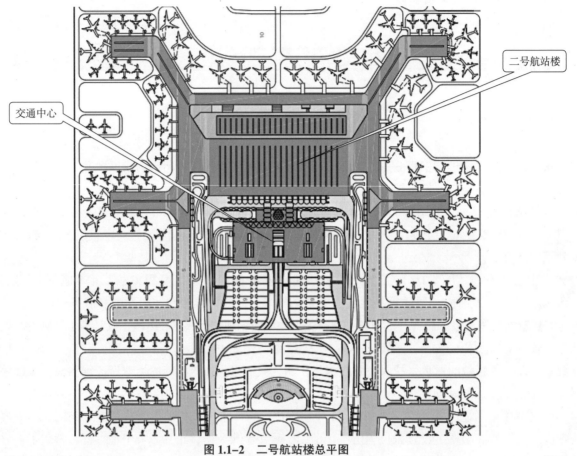

图 1.1-2　二号航站楼总平图

图 1.1-3　二号航站楼实景鸟瞰图

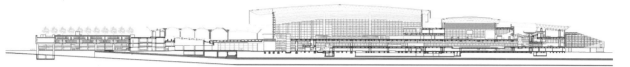

图 1.1-4　南北向纵剖面图

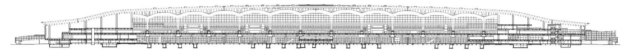

图 1.1-5　东西向横剖面图

图 1.1-6　出发车道及张拉膜群实景

图 1.1-7　室内实景图

航站楼主楼平面外轮廓尺寸为643m×295m，指廊长度超过1000m。二号航站楼主楼下部有地铁、市政路隧道和城际轨道南北穿过（地下空间关系如图1.1-8、图1.1-9所示）。航站楼局部设1层地下室，为设备管廊和行李系统地下机房，地下室底面标高为-4.85～-5.40m，地下建筑面积6.5万m²，地上混凝土结构为3层，局部4～5层，各层标高分别为±0.00m、4.50m、11.25m、16.875m、21.375m，其中四层及五层局部位置按机场建设需求预留远期加建改造的条件，钢结构网架屋面高度38.1～44.6m。

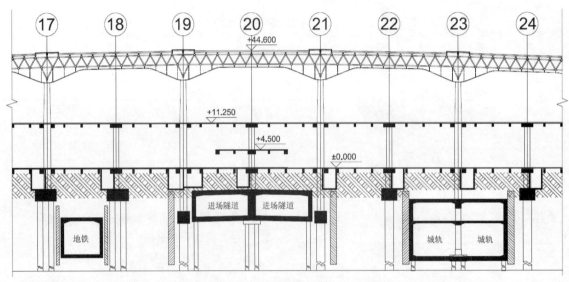

图1.1-8　二号航站楼地下空间示意图

指廊按区域分为东五、东六指廊，西五、西六指廊以及北指廊，总建筑面积约30万m²。主体结构地面以上2～3层，局部4层，典型层高为4.5m；地下设备管沟1层，管沟埋深约为-3.85m，建筑总高15.07～32.58m。主体结构采用钢筋混凝土框架结构，典型柱跨为12m×9m、12m×18m；屋盖采用钢网架结构，屋盖典型跨度为36m×18m、45m×18m（图1.1-10）。

室外膜结构包含航站楼及地面交通中心的膜结构，总建筑面积约2.5万m²，室外张拉膜如图1.1-11所示。

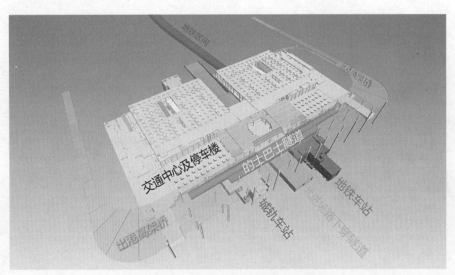

图1.1-9　二号航站楼地下空间轴测图

图 1.1-10　指廊内部实景图

图 1.1-11　室外张拉膜

1.2 结构体系与单元

1.2.1 混凝土结构

1.2.1.1 结构体系

下部混凝土结构均为框架结构体系。

混凝土梁的跨度主要为9m、11m、18m三种；典型次梁为无粘结预应力混凝土结构，典型框架梁为有粘结预应力混凝土结构，支撑钢屋盖的柱为圆钢管混凝土柱，仅支撑楼盖的柱为钢筋混凝土柱。

1.2.1.2 结构单元

航站楼平面外轮廓尺寸643m×295m，指廊长度超过1000m，平面不规则，为避免过大的温度应力对结构的不利影响及抗震要求，通过设置温度缝（兼防震缝作用）将结构分割成数个较为规则的结构单元，分区示意如图1.2-1所示。

1）航站楼主楼分为6个结构单元

主楼A平面尺寸为181m×108m、主楼B平面尺寸为216m×108m、主楼C平面尺寸为181m×108m、主楼D平面尺寸为181m×154m（凹角尺寸为73m×64m）、主楼E平面尺寸为216m×154m、主楼F平面尺寸为181m×154m（凹角尺寸为73m×64m）。

2）航站楼指廊分为13个结构单元

北指廊A平面尺寸为162m×31m、北指廊B平面尺寸为216m×31m、北指廊C平面尺寸为162m×31m；

西连接指廊A平面尺寸为32m×99m、西连接指廊B平面尺寸为32m×117m、西连接指廊C平面尺寸为79m×144m、西连接指廊D平面尺寸为32m×82m，东连接指廊与西连接指廊对称；

西五指廊A平面尺寸为86m×50m、西五指廊B平面尺寸为90m×50m，东五指廊与西五指廊对称；

西六指廊A平面尺寸为122m×60m、西六指廊B平面尺寸为130m×50m、西六指廊C平面尺寸为130m×50m，东六指廊和西六指廊对称。

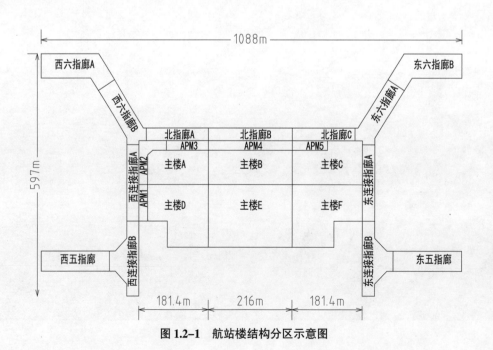

图1.2-1 航站楼结构分区示意图

1.2.2 钢结构部分

1.2.2.1 结构体系

1）主楼上部钢结构屋面设计

主楼屋盖跨度为54m+45m+54m，柱距36m，采用带加强层（双层）网架结构，节点为焊接球。支承屋盖的柱为连续的单管人字形钢管柱及钢管混凝土柱，柱顶支座采用万向球铰支座。材质为Q345B。

2）指廊上部钢结构屋面设计

钢屋盖采用正交正放四角锥焊接球网架，跨度36m，柱距18m，网架的杆件采用无缝钢管、埋弧焊管、直缝高频电焊管，节点采用热压成型焊接空心球，圆钢管及空心球均采用Q345B钢。屋面采用檩条支承的铝镁锰金属屋面系统。

钢屋盖采用钢球铰支座与柱顶连接。

3）登机桥钢结构设计

登机桥有三种典型类型，第一类为单层登机桥，高度约为9m；第二类为二层登机桥，高度约为13.5m；第三类为三层登机桥，高度约为18m，跨度为24m、24m+12m或18m+18m。均为钢桁架结构。

4）室内钢结构设计

室内钢结构包含室内办票岛、室内轻钢屋、连接钢桥等钢结构。材质均为Q345B。

办票岛采用轻钢结构，结构形式为钢框架（支撑）、桁架结构，截面采用箱型、H型钢、钢管。

连接钢桥及钢室内钢结构主要采用箱H型钢梁或箱梁截面，支座采用万向球铰支座，支座处设置在混凝土梁或者钢管混凝土柱及普通混凝土柱上。

5）室外膜结构设计

室外膜结构采用骨架膜结构，骨架采用钢结构，膜材采用PTFE膜材。PTFE膜材抗拉强度经向为4400N/3cm，纬向为3500N/3cm，自重1300±130g/m，膜材厚度为0.8±0.05mm，径向抗撕裂强度为294N，纬向抗撕裂强度为294N，弹性模量采用生产企业提供的数值或通过试验确定，且经、纬向不小于1800MPa。

钢结构采用框架结构体系，框架柱采用钢管柱，框架梁采用钢管梁，材质均为Q235B。

1.2.2.2 结构单元

1）航站楼主楼分为6个结构单元（和混凝土单元基本一致）：主楼A～F（图1.2-2）。

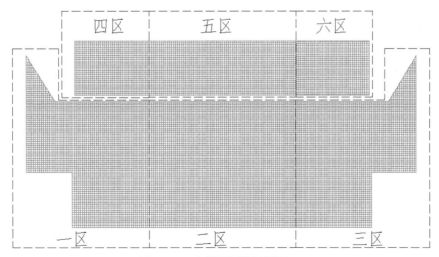

图1.2-2 主楼屋面分区示意

2）航站楼指廊钢结构和土建分区基本一致，分为13个结构单元。

3）室外膜结构包含航站楼及地面交通中心的膜结构，总建筑面积约2.5万m²，分块名称及建筑面积如表1.2-1所示。

分块建筑面积   表1.2-1

分块名称	分块个数	分块建筑面积（m²）	平面尺寸（m）	最大柱跨（m）	钢柱柱脚标高（m）	钢柱高度（m）
高架桥	1	12010.5	306×39.25	18.00×28.75	9.961～10.876	5.55～7.415
贵宾室	2	2217.6	92.4×12	18.00×1.2	-0.300（东翼） -1.300（西翼）	3.830
首层左侧	2	1085.3	115.1×108.5	18.00×4.85	0.050	5
首层右侧	2	1200.6	127.1×108.5	18.00×4.85	0.050	5
屋面两侧	2	1603.8	96.6×20.3	18.00×11.30	12.350、12.900	6～6.8
屋面中部	1	602.1	34.0×20.3	18.00×11.30	12.350、12.900	6～6.8
连接桥	2	960.2	24.6×43.2	18.00×14.38	10.959～13.945	5.94
中庭	1	843.6	34.0×30.5	—	9.500～10.845	1.60

1.3　设计标准

1.3.1　结构设计使用年限

建筑的设计基准期为50年；

航站楼的设计使用年限在承载力及正常使用情况下为50年；

耐久性下重要构件为100年，次要构件为50年。

1.3.2　建筑安全等级

建筑物安全等级为一级，重要性系数γ_0=1.1。

1.3.3　抗震设计准则

1.3.3.1　设防烈度

按《建筑抗震设计规范》GB 50011-2010：本工程抗震设防烈度为6度，设计地震分组为第一组，设计基本地震加速度值为0.05g，特征周期0.35s；

按《广州白云国际机场扩建工程——二号航站楼及配套设施工程岩土工程初步勘查报告》：工程场地内36个工程地震钻孔进行土层剪切波速测试，覆盖层厚度在11.5～42m范围，等效波速在177～199m/s区间，场地为中软土，场地类别为Ⅱ类场地。

1.3.3.2　抗震设防类别

按《建筑工程抗震设防分类标准》GB 50223-2008第5.3节：航站楼主楼及指廊属于重点设防类（乙类）。

1.3.4 地基基础设计等级

按《建筑地基基础设计规范》GB 50007-2011基础设计等级为甲级；

按《建筑桩基技术规范》JGJ 94-2008建筑桩基设计等级为甲级。

1.3.5 舒适度准则和楼面振动

楼面梁（含部分连廊）振频率不小于3Hz，竖向振动加速度小于0.185m/s²。

1.3.6 建筑位移控制（层间位移角）与挠度控制（表1.3-1~表1.3-3）

层间位移角控制指标　　　　　　　　表1.3-1

混凝土框架	H/550
地震作用下钢框架	H/250
风荷载作用下钢框架	H/350

混凝土挠度控制指标　　　　　　　　表1.3-2

构件计算跨度l_0	挠度限值
$l_0 < 7m$	$l_0/200$
$7m \leq l_0 \leq 9m$	$l_0/250$
$9m < l_0$	$l_0/300$

钢结构挠度控制指标　　　　　　　　表1.3-3

构件	永久荷载+可变荷载
型钢主梁	$l_0/400$
网架	$l_0/250$
加强区网架	$l_0/400$

1.3.7 钢结构防腐与防火

1. 防腐

防腐涂料应进行加速暴晒实验和高、低湿热实验并根据使用的环境推算其耐久年限，耐久年限应为25年以上。

所有室内钢结构的除锈、防腐做法：喷砂除锈Sa2$\frac{1}{2}$级，且满足GB 923-88，表面粗糙度R_z=30~75μm，无机富锌底漆80μm，环氧树脂封闭漆30μm，环氧云铁中间漆100μm，可覆涂丙烯酸聚氨酯面漆2×30μm（两道）（最后一道在全部安装完毕后整体涂装）。

室外钢结构除锈、防腐做法：喷砂除锈Sa2$\frac{1}{2}$级，且满足GB 923-88，表面粗糙度R_z=30~75μm，电弧喷锌铝合金底涂150μm，环氧树脂封闭漆30μm，环氧云铁中间漆2×50μm，可覆涂丙烯酸改性聚硅氧烷（不含异氰酸酯，树脂灰分不小于15%，单位体积固含量不小于72%，面漆颜色符合建筑要求）面漆2×30μm（两道）（最后一道在全部安装完毕后整体涂装）。

2. 防火

建筑耐火等级为一级。

离楼板、地面8m以内的室内钢柱、钢管混凝土柱、钢梁、钢网架作防火保护。钢网架、屋面钢梁防火涂料采用室内超薄型、耐火极限为1.5h，干膜厚度≥1.5mm；楼层钢梁采用LY类厚涂型，耐火极限为2.0h，干膜厚度≥20mm；室内钢柱采用厚型，耐火极限为3.0h，干膜厚度≥50mm（挂镀锌钢丝网）。对于厚涂型防火涂料，厂家需提供耐火试验资料和防火涂料导热系数（500℃时）、比热容和密度参数；钢管混凝土柱防火涂料采用超薄型、耐火极限为2h，干膜厚度≥3mm。

1.3.8 阻尼比

整体模型阻尼比0.035，纯钢结构模型阻尼比0.02，纯混凝土模型阻尼比0.05。

1.3.9 楼面恒荷载

1）建筑面层为150mm厚

[含105mm细石混凝土（内埋管线）+20mm水泥砂+25mm花岗石楼面]　　3.7kN/m²

2）楼盖永久悬挂荷载

典型区域（候机大厅、走道、贵宾区、办公区、商业区等）　　1.0kN/m²

设备机房、配电房等　　1.5kN/m²

3）屋盖永久荷载（最终由实际情况确定）

网架上弦铝镁锰金属屋面（考虑屋面保温、檩条自重）　　0.6kN/m²

检修马道（宽度1m）　　0.5kN/m

4）膜结构自重　　0.015kN/m²（按1mm厚膜材计算）

5）楼（屋）面活荷载（表1.3-4）

楼面活荷载　　　　　　　　　　　　　　　　　　　表1.3-4

部位	标准值（kN/m²）	备注
楼层典型区域	3.5	候机大厅、走道、贵宾区、办公区等
机械，电力、电讯机房、电梯机房	9.0	
储藏室	9.0	
行李机房	12	
行李转盘及通道	15	
商业区域	5.0	
楼梯间	4.0	
不上人屋面（网架上弦）	0.5	

续表

部位	标准值（kN/m²）	备注
玻璃纤维顶	0.3	
钢屋盖悬挂活载（网架下弦）	0.5	不包括检修通道自重及其检修活载
检修通道检修活载	2.0kN/m	检修通道宽度按1.0m
非固定隔墙等效活载	4.0	包括无梁支承隔墙
小钢屋等效活载（空调机房）	3.0	包含梁、柱、屋面板、管道、吊顶自重及屋面活载，未包含隔墙自重
小钢屋等效活载（其他房间）	2.5	包含梁、柱、屋面板、吊顶自重及屋面活载，未包含隔墙自重
GTC停车楼	4	

注：未施工建筑面层及吊顶时，各层的施工荷载为9kN/m²。

6）APM（捷运）活荷载

旅客自动捷运系统（APM）荷载：列车为双轨设置，采用胶轮路轨系统，轨道间距为1.9m，每轨列车及其附属系统的竖向荷载标准值为80kN/m（考虑动力系数1.5）。列车制动及转弯处产生离心力为100kN（水平荷载标准值）。主梁的挠度限值为$L/1000$（结构自重产生的竖向挠度由结构起拱予以平衡）。

胶轮路轨系统不像钢轮系统已定立诸如标准轨具有国际共识的规格，研制胶轮系统的厂商各自有互不兼容的专利规格，导致顾客在变更胶轮系统供应商时可能要重置整个系统的设备，特别是行车荷载、路轨尺寸、转弯半径、轨道表面和站台楼板间距等要求不一致，影响结构设计。调研了市场上不同的生产厂商，做了合理预留，APM列车预留荷载包括：

（1）两列车（出发、到达），空载车辆为152kN，每车最大承载人数70人。

（2）APM列车共两列，列车为双轨设置，轨道间距为1.9m，每列列车及其附属系统的竖向荷载标准值为80kN/m（考虑动力系数1.5），列车荷载考虑不利布置进行计算。每节列车车厢长度11.75m、空车重量173.2kN、列车满载重量为254.8kN（考虑每节列车最大承载人数为108人）。导轨轨道设备荷载为18kN/m，应急走道混凝土面板荷载为5kN/m。

（3）考虑APM列车制动及加速作用的制动力为：每根框架柱水平荷载标准值为100kN，作用点为柱顶，平行于列车前进方向。

（4）考虑APM列车转弯处产生离心力：转弯半径弧线范围内的框架柱水平荷载为100kN，作用点为柱顶，垂直于列车前进方向，此离心力荷载在转弯半径弧线范围内与制动作用水平荷载叠加考虑。考虑列车荷载（不包含冲击力）作用下，主梁的挠度限值为$L/1000$（APM结构自重产生的竖向挠度由结构起拱予以平衡）。

本工程APM部分属于"桥建合一"，列车运行振动引起的舒适度影响采取设缝处理。由于APM列车进入航站楼由于速度较低（控制在10km/h），气流对局部风环境舒适的影响较小。

1.3.10 温度荷载

广州地处北温带与热带过渡区，横跨北回归线，终年气温较高，年平均气温为21.4～21.9℃。最冷月为1月，月平均气温为12.9～13.5℃。最热月为7月，月平均气温为28.4～28.7℃，年平均温度22℃，最热月（七月）平均气温28.5℃，最冷月（一月）平均气温13.3℃，极端最低温度0℃，最高温度39℃。

按《建筑结构荷载规范》GB 50009-2012，广州的基本气温最低为6℃、最高位为36℃。

计算温差时，室内有保温措施的结构构件考虑折减5℃计算温度。

混凝土部分：按平均温度13.0 ~ 28.5计算室内或保温构件升温为28.5-13.0-5=10.5℃，降温为13.0-28.5+5=-10.5℃；室外且无保温构件升温为28.5-13.0=15.5℃，降温为13.0-28.5=-15.5℃。

钢结构：室内或保温构件升温为39.0-13.0-5=21℃，降温为0-28.5+5=-23.5℃；室外且无保温构件升温为39.0-13.0=26℃，降温为0-28.5=-28.5℃

综合考虑：混凝土构件：±15℃

室内钢构件：±25℃

室外钢构件：±35℃

1.4 地勘报告概述

项目的初勘和详勘均由中国有色金属长沙勘察设计研究院有限公司完成。

工程地质述如下：项目位于广花凹陷盆地内，场地区域广泛分布的主要为石炭系下统测水组岩系（C_{1dc}）灰岩，其次为炭质灰岩，由于区域上地貌单元总体属于冲积阶地地貌，因此区内基岩大部分均为第四系土层覆盖。

1.4.1 土层分布

场地岩土层按成因类型自上而下分别为填土层（Q^{ml}）、冲积层（Q^{al}）、残积层（Q^{el}）以及灰岩，简要分述如下：

（1）填土层Q^{ml}

素填土：褐灰、灰黑色等，由炭质灰岩、页岩的风化土组成，夹少量黏性土，不均匀混约15%的碎石，碎石粒径，松散，尚未完成自重固结。

杂填土：褐、灰褐色等，由黏性土、碎块石混混凝土块、砖块等建筑垃圾组成，松散，尚未完成自重固结。

（2）坡积层Q^{pd}

耕土：褐灰色，主要由黏性土混少量植物根茎组成，松散。

（3）冲积层Q^{al}

中粗砂：灰黄色、灰白色、浅黄色等，饱和，稍密-中密，级配较好，颗粒成分多为石英中砂、粗砂，含黏粒5% ~ 30%。

黏土：褐红色、褐黄色等，可塑，局部含5% ~ 30%的中粗砂粒，摇振无反应，光泽反应稍有光泽，干强度及韧性中等。

粉细砂：灰黄色、灰白色，饱和，稍密，偶为松散，颗粒成分多为石英质粉砂，含粉黏粒10% ~ 30%。

砾砂：灰黄色、灰白色，饱和，中密 ~ 密实状态，级配较好，颗粒成分多为石英质砾砂，含粉粒、黏粒5% ~ 20%。不均匀夹少量适应卵石。

粉质黏土：褐黄、灰黄、灰白色等，呈可塑状态，少量硬塑，不均匀夹5%的石英砂，摇振无反应，光泽反应稍有光泽，干强度及韧性中等。

（4）残积层Q^el

黏土：褐红、灰黄色等，可塑，下部可塑状态，不均匀夹强风化碎块，摇振无反应，光泽反应稍有光泽，干强度及韧性中等。

（5）灰岩

中风化炭质灰岩：深灰、灰黑色，隐晶质结构，薄层-中厚层状构造，岩石裂隙很发育，多为碳质和方解石脉充填，岩芯呈柱状、短柱状、块状，岩石RQD指标90%。

微风化石灰岩：褐灰、灰黑色，隐晶质结构，厚层状构造，岩石裂隙发育，多为方解石脉充填，局部溶蚀发育，岩质新鲜，致密坚硬，岩芯呈柱状。其中夹有溶洞：半充填。主要充填软塑状的黏性土，不均匀发育小石芽，溶蚀发育。

1.4.2 不良地质

场地内不良地质为石灰岩岩溶发育，航站楼详勘完成的924个钻孔，共48个钻孔揭露到土洞，土洞见洞隙率为5.2%；261个钻孔揭露到溶洞，溶洞见洞隙率28.2%，钻孔所揭露到的土洞、溶洞中，土洞揭露洞高1.1～18.2m，溶洞揭露洞高0.1～18.1m，主要呈半充填状态，少量无充填、全充填状态，充填物由软塑状态黏性土混约5%～30%的石英质中粗砂组成，局部夹少量灰岩碎石，充填物强度极低。

交通中心区域详勘完成246个钻孔，共7个钻孔揭露到土洞，土洞见洞隙率为2.8%，109个钻孔揭露到溶洞，溶洞钻孔见洞隙率44.3%，线岩溶率21.4%。

1.4.3 地下水

勘察期间，测得稳定水位介于地表下0.50～10.50m，抗浮设防水位取室外地坪标高。

勘察场地属Ⅱ类环境，地下水水质在强透水性地层中对混凝土结构具弱腐蚀性，在弱透水性地层中对混凝土结构具微腐蚀性；对钢筋混凝土结构中钢筋具微腐蚀性。

1.5 地震安全性评价概述

项目委托广东省地震工程勘测中心进行地震安全性评价，根据《白云新机场扩建工程场地安全性评价报告》，工程区域地壳稳定，近场区内无晚第四纪活动构造，场地未发现断裂通过，场地50年超越概率63%、10%、2%的地面设计峰值加速度分别为25cm/s²、62cm/s²、121cm/s²。

项目经纬度为E113.3008，N23.3927°，设计地震反应谱中场地小、中、大震三个概率水平下的地震动参数取值（K地震系数，α_{max}地震影响系数，T_g反应谱特征周期，γ反应谱衰减指数）如表1.5-1所示。小震下地震作用按规范和地震安评包络设计，中震及大震取规范反应谱计算。

地震动参数取值			表1.5-1
概率	63%	10%	2%
K	0.0256	0.0635	0.1240
α_{max}	0.0588	0.1461	0.2852
T_g/s	0.45	0.55	0.65
γ	0.90	0.92	0.95

场地内存在砂层，虽场地位地震烈度6度区，考虑工程对于砂土液化敏感，故按地震基本烈度7度判别。根据计算，场地内埋藏的饱和砂土冲积粉细砂、中粗砂及砾砂均不出现砂土液化。

1.6 风洞试验概述

屋盖基本风压取50年重现期为0.5kN/m²，地面粗糙度类别为B类。结构体型复杂，对风荷载比较敏感，规范并没有对此类结构形式给出体型系数和风振系数，项目委托广东省建筑科学研究院进行刚性模型测压风洞试验及风致响应和等效静力风荷载研究并做了风环境评估。

采用工程塑料制成刚性模型，比例为1：400。风洞试验在广东省建筑科学研究院CGB-1风洞大试验段中进行，在考虑周边建筑物影响的情况下，按图示方向每间隔10°一个，共进行了36个角度的测量。风洞试验如图1.6-1所示。

图1.6-1 风洞试验图片

1.7 经济性指标

1. 航站楼主楼混凝土结构经济指标

（1）主体结构

钢筋：62004t，每平方米用量为156kg；

混凝土：319940m³；每平方米用量为1250kg。

（2）桩

钢筋：6389t，每平方米用量为43kg；

混凝土：88597m³，每平方米用量为1475kg。

2. 航站楼主楼钢结构经济指标

主楼钢屋盖：钢网架约6200t，用钢量约60kg/m²（含节点）；

钢管混凝土柱：约3000t。V字钢柱：320t；

办票岛钢结构：约700t；

普通钢结构：约2000t。

3. 交通中心（GTC）

（1）主体结构

钢筋：每平方米用量为120kg；

混凝土：每平方米用量为1250kg。

（2）桩

钢筋：每平方米用量为50kg；

混凝土：每平方米用量为1200kg。

4. 膜结构经济指标

膜结构钢结构：约2000t；

膜材约2.5万m²。

1.8 项目重难点分析

本项目具有规模大、跨度大、荷载重、结构复杂等特点，在设计过程中需要解决一系列的关键技术重难点，主要有以下几个方面：

（1）项目位于岩溶发育地区，区域地貌单元总体属于冲积阶地地貌，场地典型土层自上而下分别为填土层、耕植土层、淤泥质黏土、黏土、粉细砂、中粗砂（与黏土互夹）、砾砂、圆砾（与黏土互夹）、中风化炭质灰岩、微风化灰岩、溶蚀充填物。地质情况极为复杂，针对地质条件的特殊性，如何进行基础设计成为第一个重难点。

（2）地下室对净空控制严格，地下室顶板结构有效高度受限，且顶板上的行李系统区域荷载重、跨度大，如何安全经济地设计首层楼盖成为本项目的重难点。

（3）航站楼内部支撑钢屋盖的柱子高度约28m，为提高框架柱的抗侧刚度，采用了钢管混凝土柱。根据以往工程经验，钢管柱与预应力混凝土梁的节点设计时，预应力筋和普通钢筋需穿过钢管柱，穿孔率过大，施工困难。如何在保证节点性能同时又能解决钢管（钢骨）混凝土节点工程造价过高及施工困难等问题成为本项目的又一重难点。

（4）指廊支撑钢屋盖的混凝土柱截面受限，刚度小，柱底裂缝大，需论证放宽结构的弹性层间位移角限值，并采用预应力混凝土柱的措施，是项目的重难点。

（5）航站楼内设置体现地域特色的岭南花园，在屋顶绿化方面，从结构的构造型式上给种植的乔木预留种植空间也进行了探索性研究。

（6）航站楼主楼屋顶吊顶顶棚呈带装，建筑专业希望钢结构屋盖下部能提供稳定的吊点。如何针对该类型屋面的造型特点，设计与之协调的、优化的网架形式，既能满足结构受力明确、经济合理的要求，又能达到结构、建筑装修一体化的设计，成为钢结构重难点。

（7）主楼和指廊屋盖为钢结构网架，选择支座形式（固定、滑动）及相应的支座节点设计是钢结构的重难点。

（8）本项目膜结构占据国内项目的多个之最，面积达到2.5万m²，单体长度超过300m，膜结构单体种类多，形态各异，造型复杂，如何准确地找型分析是难点；此外，膜结构的排水问题是无法避免的问题，如何能达到建筑与结构的完美统一，是本项目膜结构设计追求的目标。

（9）本项目钢屋盖面积大，处于沿海地区，常遭受强台风吹袭，因此对金属屋面板抵抗极端风压有较高要求。屋面檩条、T码自攻钉及抗风夹具是否需要加强，加强到什么程度都需要进一步探索研究。

（10）航站楼屋面钢结构主要采用网架结构，但施工过程中的成型态与设计态有一定差别，构件应力状态不完全一致，是需要结合不同实施方案进行施工过程模拟仿真分析，并应根据仿真模拟分析的结果修正结构构件。

（11）本项目属于世界级的航站楼，项目地位重要，应监控工程施工过程中结构构件的受力状态，并对运营后的结构全生命周期进行全面监测。如何建立实时的监测系统，对可能发生的事故进行预警是本项目的重难点。

2 基坑设计

2.1 工程概况

广州白云机场扩建工程二号航站楼及配套工程航站区总图工程——交通中心及停车楼、市政工程和广州市轨道交通三号线北延段机场北站工程，另外还有珠三角城际轨道广佛环线白云机场T2站。以上工程除了建筑本身，还存在占地面积超过10万平方米，深度8.8～20m的基坑工程。本部分主要介绍交通中心（GTC）的基坑设计，航站楼只有局部地下室，不再介绍（图2.1-1、图2.1-2）。

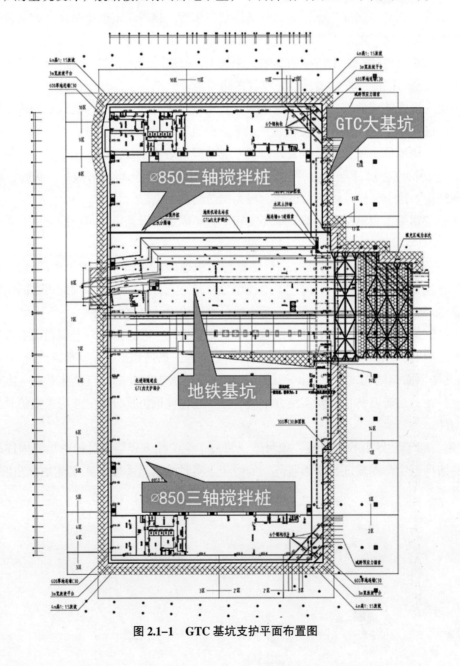

图 2.1-1　GTC 基坑支护平面布置图

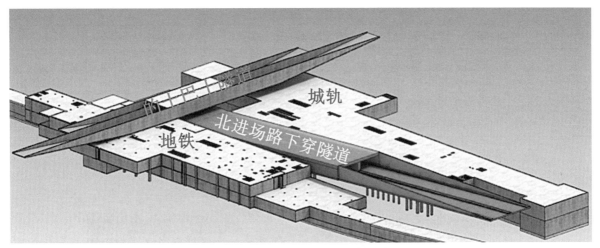

图 2.1-2 城轨、下穿隧道、地铁轴测图

本项目交通中心（GTC）基坑根据所属性质不同分成四个部分：

（1）第一部分为交通中心及停车楼（简称GTC）基坑，该部分基坑周长约1200m，开挖深度约8.80~11.30m，该部分基坑安全等级为二级。基坑的支护方案上部4m放坡+600厚地下连续墙挡土止水+1道预应力锚索（局部角撑）的支护形式。

（2）第二部分为市政工程北进场隧道（GTC）内区段基坑，北进场隧道基坑由北向南、从低到高斜穿GTC基坑，北进场隧道北段基坑比GTC基坑深5.9m，为GTC基坑坑中坑；北进场隧道南段基坑比两侧的地铁车站基坑和城轨车站基坑高6.2~11.7m，凸起于两侧的地铁车站和城轨车站基坑之上，为GTC基坑内凸起段。为满足机场交通需求，北进场隧道需先行通车。根据建设计划，北进场隧道通车后，地铁车站、城轨车站和GTC仍在进行地下结构施工。因此，要求北进场隧道基坑先于较深的GTC基坑、地铁车站基坑、城轨车站基坑完工，而且还需保证GTC、地铁车站、城轨车站的施工空间。

（3）第三部分为地铁3号线北延段机场北站和折返线基坑，机场北站基坑位于GTC基坑之内，该部分基坑在GTC基坑开挖到6.25m后与下穿隧道基坑同步开挖。站后折返线区间工程为广州市轨道交通三号线工程终点站机场北站折返区间隧道，区间位于同期建设的机场T2航站楼下方，基坑深约17.3m、宽约11.2m，该部分基坑周长约740m。基坑设计安全等级为一级。基坑支护方案分为多种，位于GTC内的部分采用地下连续墙+3道钢筋混凝土内支撑、钻孔灌注排桩支护+1道预应力锚索以及两级放坡支护的支护形式，位于T2航站楼内的部分采用地下连续墙+3道内支撑的支护形式。

（4）第四部分为城轨车站基坑，珠三角城际轨道广佛环线白云机场T2站为配合白云机场2号航站楼先期工程，机场T2站为广州白云国际机场T2航站楼扩建工程的重要组成部分，位于白云机场南北中轴线东侧，由北向南分别下穿机场T2站停机坪、T2航站楼、交通中心停车楼以及室外停车场。车站位于白云机场即将建设的交通中心及T2航站楼下方，与地铁3号线机场T2站对称布置。本部分基坑最大开挖深度约21.0m。基坑支护方案分为多种，位于GTC内水位部分采用地下连续墙+2道内支撑的支护形式，位于T2航站楼及其以外的部分采用地下连续墙+2~4道内支撑（局部4道预应力锚索）的支护形式。

地铁车站、下穿隧道、城轨车站标高关系如表2.1-1所示，剖面示意如图2.1-3所示。

地铁车站、下穿隧道、城轨车站结构标高关系　　　　表2.1-1

项目名称		底板底标高/m	结构顶标高/m	备注
地铁车站		-17.5	-3.8	
北进场路下穿隧道		-6.2～-14.8	/	南高北低
城轨车站	东/西附属结构	-13.5	-3.8	
	交通中心主体结构	-22.5	-3.8	

注：表中所列底板底标高不包括承台。因在地铁车站与隧道、城轨车站与隧道之间不足2m的间隙内，还有上部交通中心及停车楼的结构柱，且该结构柱与地铁/城轨车站结构共用承台，故所有承台均位于隧道底板底以下。

图 2.1-3　城轨、下穿隧道、地铁剖面示意图

2.1.1　周边环境

GTC基坑场地内的原有建（构）筑物将全部拆除，地下管线将全部迁改到距离基坑支护边线50m以外。基坑工程施工前周边2～3倍开挖深度范围内为空地，且地面标高将统一平整到15.05m。

市政工程北进场隧道基坑包括位于GTC基坑以内的部分，位于T2航站楼内的部分以及穿越机坪的部分。周边主要的建（构）物为已施工航站楼及GTC桩基础和正在使用的停机坪。

地铁机场北站基坑包括位于GTC基坑之内的部分，机场北站折返线区间位于同期建设的机场T2航站楼下方的部分。周边主要的建（构）物为已施工航站楼及GTC桩基础。

城轨T2车站基坑包括位于GTC基坑以内的部分，位于T2航站楼内的部分以及穿越机坪的部分。周边主要的建（构）物为已施工航站楼及GTC桩基础和正在使用的停机坪（图2.1-4、图2.1-5）。

图 2.1-4　T2 航站楼施工前现场卫星照片

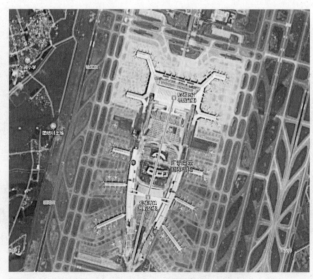

图 2.1-5　T2 航站楼建成后卫星照片

2.1.2 工程地质与水文地质条件

2.1.2.1 场地地形地貌特征

拟建项目勘察场地原始地貌单元属冲积阶地，地势较平坦，勘察期间，场地内钻孔孔口标高11.47～17.94m，平均15.96m。

2.1.2.2 地层岩性

根据钻探揭露，勘察深度范围内岩土可划分为第四系全新统人工填土层、第四系全新统耕植土层、第四系冲积层、第四系残积层，基岩为石炭系下统岩系。各地层野外特征自上而下依次描述如下：

1. 第四系全新统人工填土层①

成分复杂不均、差异较大，根据填筑成分不同，可分为杂填土①-1、素填土①-3，具体描述如下：

杂填土①-1：褐灰等色，主要由碎砖、混凝土块等建筑垃圾组成，不均匀混杂着黏性土及炭质灰岩、页岩风化土，成分杂乱不均，结构松散。重型圆锥动力触探试验修正锤击数$N63.5=2.9～10.0$击，平均6.8击。该层主要在西侧局部分布于地表，本次详细勘察中共12个勘探点遇见该层，层厚1.80～8.70m，平均4.99m，层底高程8.73～15.32m。

素填土①-3：褐灰、灰黑色为主，局部混杂褐黄色，主要由炭质灰岩、页岩风化土混少量黏性土组成，局部夹少量的中、微风化碎块石和花岗岩、砂岩碎块石，碎块石粒径一般5～30cm，结构松散，密实程度不均，尚未完成自重固结。局部块石含量较高且块径较大，最大块径超过1.00m。成分中的碳质灰岩、页岩风化土遇水易软化。实测标贯击数$N=3～10$击，平均7.4击。该层广泛分布于场地地表，本次详细勘察共237个勘探点遇见该层，层厚1.00～9.80m，平均5.74m，层底高程6.35～14.19m。

2. 第四系全新统耕植土层①-4

褐灰色，主要由黏性土混植物根茎组成，结构松散，尚未完成自重固结。该层零散分布于场地西侧填土底部，本次详细勘察仅钻孔K10-151、K10-184号共2孔遇见该层，层厚0.70～1.30m，平均1.00m，层底高程11.85～12.71m。

3. 第四系冲积层

粉质黏土②-1：褐黄、灰黄、灰白色等，呈可塑状态，局部少量硬塑状态，摇振无反应，光泽反应稍有光泽，干强度高，韧性中等。实测标贯击数$N=5～16$击，平均10.3击。该层广泛分布于场地，本次详细勘察共192个钻孔遇见，层厚0.40～11.60m，平均3.98m，顶面埋藏深度1.00～10.10m，相当于标高6.35～14.19m。

淤泥质黏土②-2：灰黑色，流塑状态，含有机质，略具腥臭味，摇振缓慢，光泽反应有光泽，干强度及韧性中等。实测标贯击数$N=1～3$击，平均2.0击。该层呈零星分布，本次详细勘察仅钻孔K10-59、K10-80、K10-83、K10-86、K10-159共5孔遇见该层，层厚1.70～5.20m，平均2.64m，顶面埋藏深度4.30～6.60m，相当于标高9.99～12.03m。

黏土②-3：褐红色、褐黄色、浅黄色、灰白色等，可塑～硬塑状态，局部含5%～30%的中粗砂粒，摇振无反应，光泽反应有光泽，干强度高，韧性中等。实测标贯击数$N=7～14$击，平均11.7击。该层呈零星分布，本次详细勘察共14个钻孔遇到该层，层厚1.10～10.70m，平均4.34m，顶面埋藏深度2.00～15.00m，相当于标高2.11～11.32m。

粉细砂②-4：灰黄色、灰白色，饱和、稍密状态，局部中密状态，成分主要为石英质，含粉黏粒15%～30%。实测标贯击数$N=12～22$击，平均14.4击。该层场地分布较广泛，本次详细勘察共85个钻孔遇见，层厚0.50～7.20m，平均2.58m，顶面埋藏深度3.60～19.70m，相当于标高-2.94～12.20m。

中粗砂②-5：灰黄色、灰白色、浅黄色等，饱和，稍密-中密，级配较好，颗粒成分多为石英中砂、粗砂，含黏粒5%～30%。实测标贯击数N=11～26击，平均16.6击。此层场区内普遍分布，本次详细勘察共245个钻孔遇见，层厚0.20～27.70m，平均6.33m，顶面埋藏深度1.60～34.00m，相当于标高−17.00～11.37m。

黏土②-6：褐红色、褐黄色等，可塑状态，局部含5%～30%的中粗砂粒，摇振无反应，光泽反应稍有光泽，干强度及韧性中等。实测标贯击数N=5～21击，平均9.0击。该层较广泛分布，本次详细勘察共135个钻孔遇到该层，层厚0.30～9.10m，平均2.71m，顶面埋藏深度4.50～40.40m，相当于标高−24.32～7.98m。

砾砂②-7：灰黄色、灰白色，饱和，中密状态，局部稍密状态，级配较好，颗粒成分多为石英质砾砂，含粉粒、黏粒5%～20%。测标贯击数N=14～30击，平均20.7击。该层较广泛分布，本次详细勘察共168个钻孔有揭露，层厚1.40～24.70m，平均6.22m，顶面埋藏深度8.30～40.30m，相当于标高−22.64～4.14m。

圆砾②-8：灰黄色、灰白色，饱和，中密状态，级配较好，成分主要为石英质，含粉粒、黏粒5%～20%，局部不均匀夹少量卵石，粒径2～4cm。实测标贯击数N=27～31击，平均29.0击，重型圆锥动力触探试验修正锤击数$N63.5$=10.9～19.7击，平均15.4击。该层呈零星分布，本次详细勘察仅3个钻孔K10-80、K10-86、K10-105号揭露，层厚1.60～3.10m，平均2.23m，顶面埋藏深度13.70～25.30m，相当于标高−9.50～−1.27m。

4. 第四系残积层

黏土③：褐红、褐黄色、褐灰色，可塑，局部软塑状态，摇振无反应，光泽反应稍有光泽，干强度及韧性中等，实测标贯击数N=3～19击，平均9.3击。该层广泛分布于场地，本次详细勘察共118个钻孔遇见，层厚0.30～10.70m，平均2.62m，顶面埋藏深度15.70～39.00m，相当于标高−22.08～−3.03m。

5. 石炭系下统岩系

强风化碳质灰岩④-1：深灰、灰黑色，岩石裂隙极发育，碳质充填，偶见泥质充填，岩芯呈块状或碎块状。该层呈零星分布，本次详细勘察仅2个钻孔K10-165、K10-171号遇见，层厚3.30～5.00m，平均4.15m，顶面埋藏深度为22.50～22.90m，相当于标高−6.27～−6.74m。

中风化碳质灰岩④-2：深灰、灰黑色，隐晶质结构，薄层至中厚层状构造，岩石裂隙很发育，多为碳质和方解石脉充填，偶见泥质充填或微张，岩芯呈块状和碎块状，偶见短柱状岩芯，岩石RQD指标10%～20%。按岩石坚硬程度分级为较软岩，按岩石完整程度分级为较破碎，基本质量等级为Ⅳ类。该层呈零星分布，本次详细勘察仅5个钻孔K10-137、K10-165、K10-180、K10-183、K10-196号遇见，揭露厚度2.90～7.80m，平均5.26m，顶面埋藏深度为22.50～22.90m，相当于标高为−21.35～−7.82m。

微风化灰岩④-3：褐灰、灰黑色，隐晶质结构，厚层状构造，岩石裂隙发育，多为方解石脉充填，局部碳质充填，岩质新鲜，致密坚硬，岩芯呈柱状、短柱状，局部少量块状，岩石RQD指标60%～95%。按岩石坚硬程度分级为较硬岩，按岩石完整程度分级为较完整，基本质量等级为Ⅲ类。该层为场地内的稳定基岩，本次详细勘察所有钻孔揭露到此层，揭露厚度0.10～11.60m。顶面埋藏深度为17.30～55.10m，相当于标高为−38.08～−4.87m。

溶蚀充填物：主要为褐红、褐灰等色，为软塑至流塑状态黏性土混约5%～30%的粗砂组成，局部夹少量灰岩碎石，局部充填物为石英质砂，充填于土洞、溶洞中。

2.1.2.3 水文地质

勘察场地地表水系较不发育，场地内的水渠在勘察期间已基本干涸。地下水较为丰富，地下水按其赋存方式主要分三种类型：上层滞水、孔隙潜水、基岩裂隙水。

上层滞水主要赋存于杂填土①-1、素填土①-3、耕植土①-4层中，受大气降水及生活污水补给，由于填土类地层成分杂乱，各向渗透性差异较大，且勘察期间降雨量较小、气候干燥，该层地下水未能形成统一的地下水位。

孔隙性潜水赋存于第四系粉细砂②-4、中粗砂②-5、砾砂②-7砂层中，主要受大气降水及地表径流补给，水位变化因气候、季节而异，因第四系砂层属中－强透水地层，且其分布广泛、连通性好，故场地孔隙性潜水较为丰富。

基岩裂隙水主要赋存于微风化基岩裂隙中，主要受上层地下水的垂向越流补给，水量受基岩的裂隙发育程度、填充状态及裂隙的联通性制约，略具承压水性质，勘察结果表明，场地微风化岩石局部存在明显溶蚀现象，基岩裂隙水较为发育。应该说明的是，由于场地内部分地段基岩之上存在冲积中粗砂层或砾砂层，大多数没有稳定连续的隔水层，上述两种地下水类型并不存在完全各自独立的地下水位。

由于地表径流的间歇性，冲积砂层中水平相变现象十分普遍，常出现有呈带状或透镜状分布的黏土②-3、黏土②-6。以上两层分布连续性差，未能构成完整的隔水层，不能隔断第四系含水层与岩溶含水层间的水力联系，致使大气降水入渗后，能较顺利地向下部岩溶排泄，故潜水与基岩裂隙水之间透水性良好，水力联系密切，故具有统一的地下水位。

勘察期间，测得综合稳定水面介于地表下2.00～8.58m，水位标高8.38～14.61m（图2.1-6）。

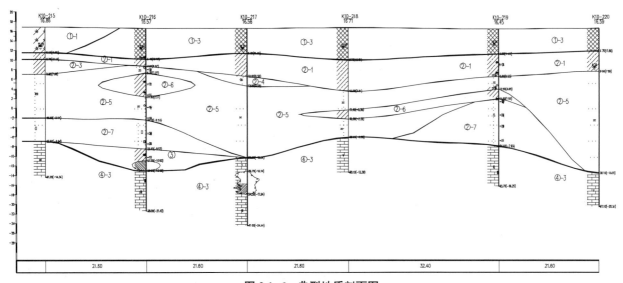

图 2.1-6 典型地质剖面图

2.2 GTC基坑支护方案选型

2.2.1 地质条件分析

本项目拟建场地砂层深厚，厚度从10m直至20多米，砂层从15.05m标高往下最浅处不超过5m，本项目地层中下卧基岩为灰岩，灰岩中溶、土洞钻探见洞率接近40%，而且绝大多处地段，砂层紧接灰岩。

场地内地下水较为丰富，孔隙性潜水赋存于第四系砂层属中－强透水地层，且其分布广泛、连通性好，故场地孔隙性潜水较为丰富。基岩裂隙水主要赋存于微风化基岩裂隙中，潜水与基岩裂隙水之间透水性良好，水力联系密切，故具有统一的地下水位。勘察期间测得综合稳定水面介于地表下2.00～8.58m。

深厚砂层+灰岩溶洞给本项目基坑止水造成极大的困难。

2.2.2 机场范围内其他项目基坑支护和施工情况

机场内正在施工的酒店项目基坑开挖深度约10～12m，采用800厚地连墙+内支撑支护，基坑开挖基本顺利，但是在开挖局部电梯井基坑时，地下水上涌，通过插设钢板桩，旋喷桩止水，降水井强排等措施才完成电梯井的施工；机场二期综合管沟基坑采用二级放坡+3轴搅拌桩止水，基坑开挖深度约10～12m，从现场开挖情况来看，只要基坑开挖到砂层部位，就有地下水流出，而且位于砂层的放坡面也出现了多处坍塌，正在施工的抗浮锚杆有地下水涌出，这些情况说明管沟基坑止水效果不好。但由于管沟基坑开挖范围较小，而且结构简单，施工工期短，通过强排可以来得及排除地下水进行管沟结构施工。

从机场范围内的基坑开挖情况来看，止水帷幕的可靠与否关系到基坑开挖的成败。

2.2.3 GTC基坑方案选型

根据现场周边环境、基坑有效使用时间、拟建场地地质条件和机场内其他项目基坑的设计和施工情况，本项目可供选择的支护型式主要有地连墙+撑（锚），支护桩+止水+撑（锚），放坡。由于交通中心周边同时还要进行航站楼以及市政工程的施工，因此采用全放坡的方案不可行，可以考虑采用部分放坡结合地连墙（或者支护桩+止水）的支护型式。

实际上由于砂层深厚、地下水丰富，决定本项目基坑支护型式的决定因素就是止水效果。本工程可用的止水型式就是地连墙和3轴搅拌桩（其他搅拌桩施工深度无法达到本场地要求）。

地连墙的止水效果，已经为工程证明，可靠稳定。因此如果交通中心采用地连墙支护，其止水有保证的，如果采用搅拌桩，则会有较大的风险。搅拌桩的止水风险主要如下：①由于搅拌桩施工存在垂直度问题，会引起搅拌桩在中下部出现开叉漏水，而且由于搅拌桩数量众多，很难确定漏水位置，为后期抢险堵漏带来极大的不便，可能产生的抢险费用很难估算，不可控。②本场地大部分地段砂层下即为灰岩，由于搅拌桩的施工能力有限，无法封堵搅拌桩底与灰岩之间的漏水通道，这样就会造成交通中心内地铁、城轨和北进场隧道基坑的开挖非常困难。③溶、土洞的存在证明地下水具有一定的流动性，搅拌桩由于地下水具有流动性可能无法成桩。④目前搅拌桩施工实际为"良心施工"，其质量极不可靠，从综合管沟基坑的砂层渗漏水的情况可见一斑。

另外由于地铁（包括于地铁紧邻的北进场隧道）和城轨基坑开挖深度超过17m，分别完成设计，而且都是采用地连墙+内支撑支护，该部分支护长度400m已经占到了整个基坑的1/3。

交通中心东、西两侧基坑开挖深度达到11.3m，该部分支护长度约400m已经占到了整个基坑的1/3。根据当时广州市建设科学技术委员会办公室的有关基坑支护的设计文件，砂层厚度超过5m的基坑，其基坑支护型式只能采用地连墙。

基坑较浅部分主要是停车场部分，基坑开挖深度8.8m，该部分支护长度约400m。参考机场内正在施工的酒店项目基坑也应采用地连墙+撑（锚）支护，综合管沟基坑从止水效果、开挖规模、使用时间来看，与交通中心均无法相比，初步估计，由于受到地铁、城轨基坑施工周期的影响，交通中心基坑使用时间可能超过2年。对于止水的可靠性要求交通中心要高很多，而且地铁位于交通中心内的部分采用放坡，止水完全依靠外围的交通中心基坑止水帷幕。

如果一个工程采用多种支护结构和止水措施，其接口部位通常都是出现渗漏水事故的主要位置。

另外从工期和造价上来看，地连墙为支护、止水一体，支护桩+止水则是两种结构，工期上由于地连墙只达到岩面，因此其成槽时间可以大大缩短，与支护桩方案工期上至少持平；造价上，地连墙采用嵌固段以上配筋,止水段采用素混凝土,大大降低了地连墙的造价,虽然仍然比支护桩方案每支护延米贵2000～3000元,但交通中心基坑较浅部分支护长度约400m,则地连墙方案比支护桩方案约贵80万～120万元。对于1200m周长的大基坑来说,这些费用可以给基坑支护结构带来更大的安全可行,以及较小且可控的风险(图2.2-1)。

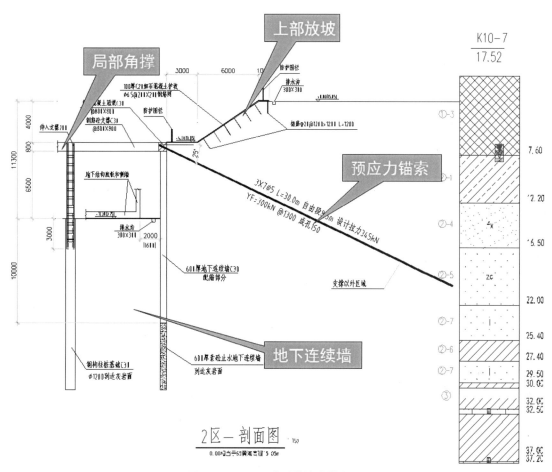

图 2.2-1　GTC 典型基坑支护剖面图

2.3　技术创新

(1)GTC基坑的主要技术特色是大基坑内套着相对独立的多个小基坑,即地铁机场北站基坑、市政工程北进场隧道基坑GTC段、城轨T2车站基坑。这些小基坑分属于不同的业主,虽然共处一个大基坑,但是又能相对独立地各自完成自己的施工。

(2)作为大基坑的GTC基坑在基坑支护结构设计时,在满足自身使用功能的前提下,同时为大基坑内小基坑的设计节约造价和工期创造条件。如在GTC基坑内的在地铁车站基坑西侧和城轨车站基坑东侧各施工一排三轴搅拌桩,为地铁基坑和城轨基坑实现部分高度的放坡开挖创造了条件。地铁车站基坑更是在东侧利用了城际车站基坑连续墙与南、北两侧的GTC基坑地连墙及地铁车站自身两端的地连墙相连形成封闭独立的地铁基坑(图2.3-1～图2.3-3)。

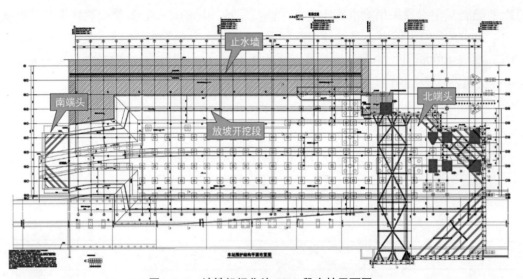

图 2.3-1　地铁机场北站 GTC 段支护平面图

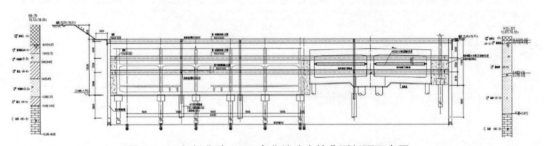

图 2.3-2　机场北站 GTC 内北端头支护典型剖面示意图

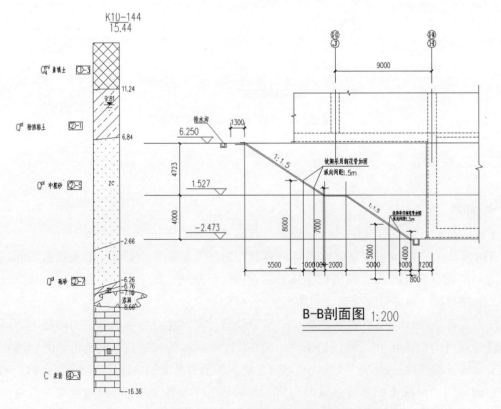

图 2.3-3　机场北站 GTC 内中部放坡喷锚支护典型剖面示意图

（3）北进场隧道南段下方的排桩为地铁车站、城轨车站坑中坑支护桩和北进场隧道永久桩所共用，一方面用于地铁车站基坑和城轨车站基坑的临时支挡结构，承担水平向荷载，另一方面用于北进场隧道的永久桩基础，承担竖向隧道及交通荷载。设计利用隧道底板作为排桩桩顶的受拉构件，采用多道对拉锚索控制支护桩腰部的受力和变形的支护体系，确保了支护桩受力、变形、裂缝，满足支护桩和永久桩基的功能需求，完成了北进场隧道两侧深基坑开挖的同时，北进场隧道先行通车的目标（图2.3-4、图2.3-5）。

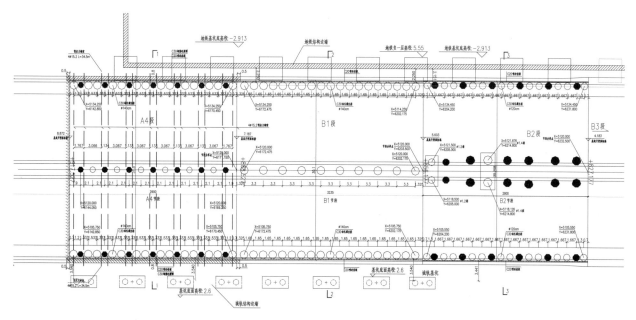

图 2.3-4　市政工程北进场隧道（GTC）内南侧凸起段平面图

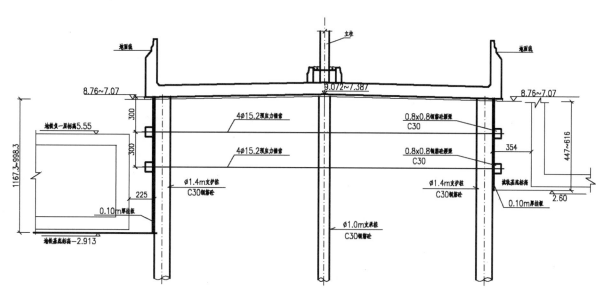

图 2.3-5　市政工程北进场隧道（GTC）内南侧凸起段支护剖面图

（4）北进场隧道北段基坑位于GTC基坑内部，为GTC基坑的坑中坑，比GTC基坑深5.9m，隧道基坑边距GTC连续墙5.5m，坑中坑采用水泥土重力式挡墙+双排钢板桩支护，既满足坑中坑开挖的要求，又加固了GTC连续墙被动区土层，保证GTC连续墙稳定和安全（图2.3-6、图2.3-7）。

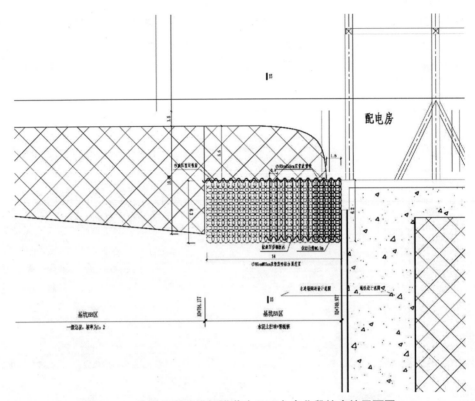

图 2.3-6　市政工程北进场隧道（GTC）内北段坑中坑平面图

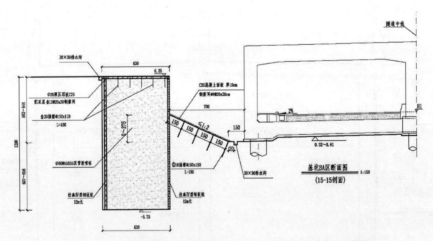

图 2.3-7　市政工程北进场隧道（GTC）内北段坑中坑剖面图

（5）城轨车站的基坑GTC内段因为GTC基坑的开挖，也减少了地连墙的高度和支撑的道数，站厅较浅部分的基坑由于GTC基坑预留的三轴搅拌桩帮助止水而采取了简单的放坡支护的形式。实现了与GTC交通中心的同步完工（图2.3-8、图2.3-9）。

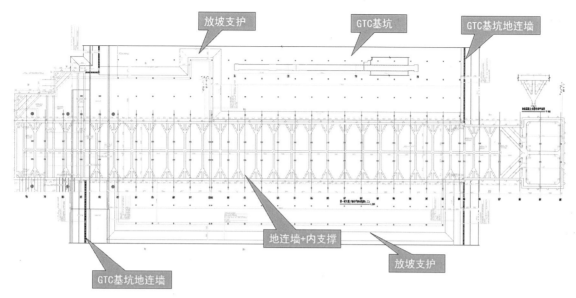

图 2.3-8 城轨 T2 车站（GTC）内区段基坑支护平面布置图

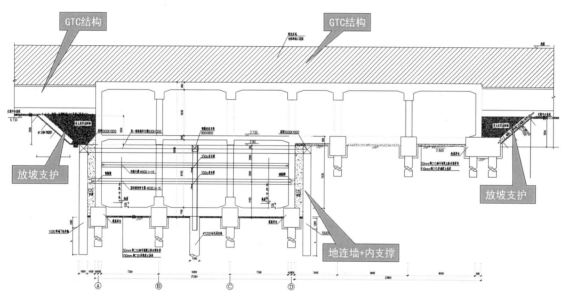

图 2.3-9 城轨 T2 车站（GTC）内区段基坑支护剖面图

（6）场地地质情况复杂，砂层深厚，灰岩溶洞发达，基坑支护桩、地连墙和止水帷幕设计针对不同的溶洞情况提出了抛填、钢护筒、双液注浆等专项针对措施（图2.3-10）。

（7）地铁机场北站车站与GTC共用顶板；车站北端约64m范围与广州白云国际机场二号航站楼合建、车站南端178m范围与广州白云国际机场GTC四层停车楼合建（其中约50m范围由于地铁线路的影响，需要在地铁范围内采取转换梁对上部停车楼柱子进行转换）、靠近航站楼一侧车站还与8.4m宽机场大巴通道及8.3m宽机场出租车通道合建、车站还需与及上部高架桥柱子优化结合在一起，车站东北侧采用6.5m宽×3.6m高通道与城轨无缝连接。

优化航站楼柱跨使折返线区间位于G-16～G-18之间通过，围护结构至航站楼工程桩之间净距约1.5m，避免航站楼大跨结构柱转换（图2.3-11～图2.3-14）。

（8）城轨车站下穿T2航站楼段长288.0m（采用双层双跨矩形框架结构），宽25.6m，高14.48～16.48m，埋深约4.7～7.0m。机场航站楼仅设置地面层，无地下层，航站楼主受力柱最大轴力达

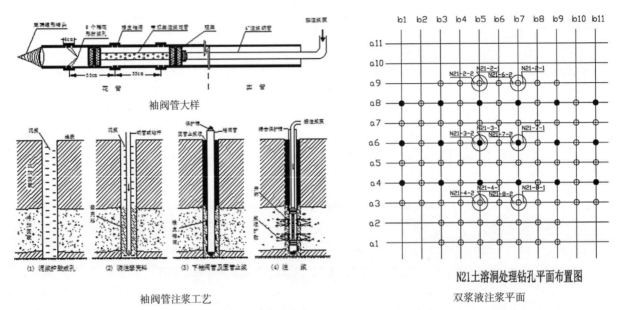

图 2.3-10 溶洞注浆处理措施（袖阀管注浆）

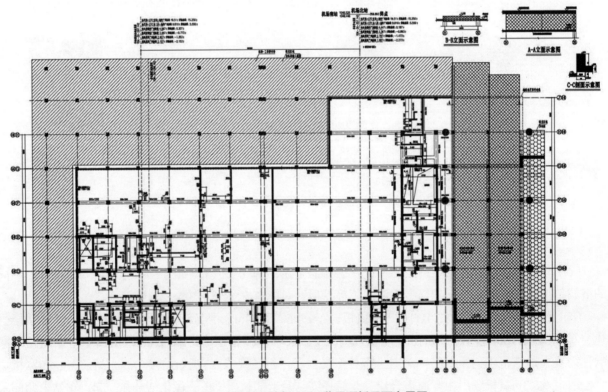

图 2.3-11 机场北站与 GTC 共用顶板平面布置图

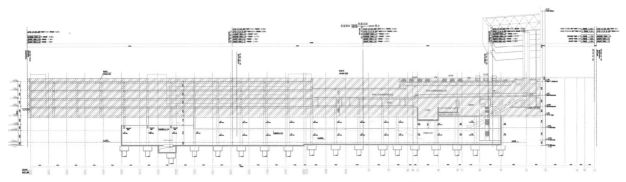

图 2.3-12 机场北站结构典型纵剖面图

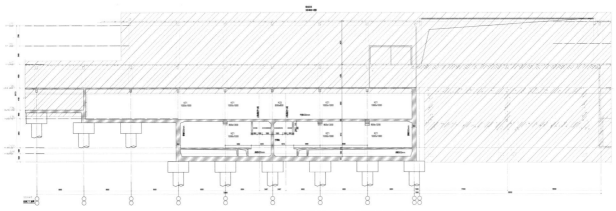

图 2.3-13 机场北站结构典型横剖面图

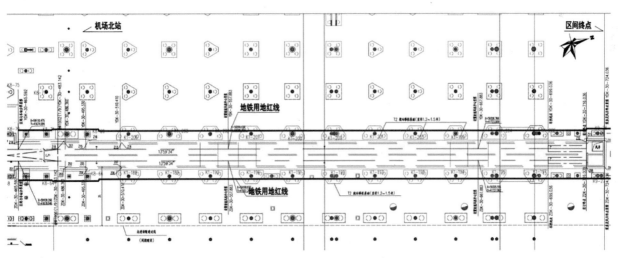

图 2.3-14 地铁折返线区间避免航站楼结构柱受力转换布置图

43730kN，航站楼柱网均落在车站结构中线上，柱网下桩基承台与车站底板一起浇筑，同时在两侧墙下方亦设置桩基承台与车站底板一起浇筑；下穿GTC交通中心停车楼段长177.3m（车站主体采用双层三跨矩形框架结构），宽25.2m，高17.28m；车站附属采用单层多跨矩形框架结构，并与上部交通中心主楼结构连成整体框架结构，交通中心停车楼为地下两层、地面3层框架结构，为满足交通中心主楼受力需要，需在车站柱网及侧墙下设置桩基承台，并与车站底板一起浇筑（图2.3-15、图2.3-16）。

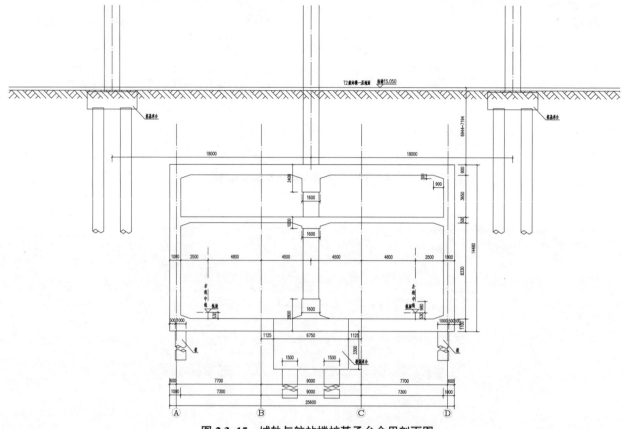

图 2.3-15 城轨与航站楼桩基承台合用剖面图

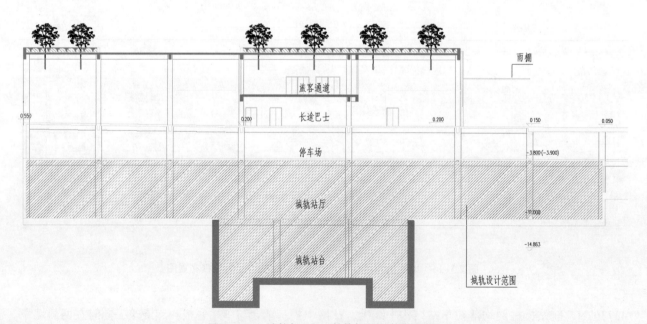

图 2.3-16 城轨与 GTC 整体框架结构剖面图

2.4 技术成效

（1）GTC交通中心地连墙围护结构和只设置一道预应力锚索（局部角撑）的支护形式以及在地铁车站基坑西侧和城轨车站基坑东侧各施工一排三轴搅拌桩止水分隔墙，使得地铁车站基坑以及市政工程北进场隧道基坑GTC段主要以造价最省、工期最省的放坡支护的形式实现基坑的开挖，预估这两个项目的基坑支护结构节省造价接近1亿元。城轨基坑随着地连墙高度的降低和支撑道数的减少，以及放坡支护的运用，大量节省了工期，节约造价约3000万元。

（2）地铁车站主体与GTC合建并设置与城轨连接通道，广州白云国际机场GTC轴网与车站轴网紧密结合使机场及地铁使用功能得到更完美实现，柱下工程桩兼做抗拔桩；车站南端与广州白云国际机场GTC四层停车楼合建（其中约50m范围由于地铁线路的影响，需要在地铁范围内采取转换梁对上部停车楼柱子进行转换），该转换在满足线路同时也解决了合建上部受力及满足使用功能要求；靠近航站楼一侧车站与8.4m宽机场大巴通道及8.3m宽机场出租车通道合建，该合建在不影响地铁使用功能的前提下，很好地解决了机场路面交通问题使得二号航站楼的路面交通更加便捷顺畅；车站与上部高架桥柱子优化结合在一起避免了后期重复建设带来的经济及使用影响，车站东北侧采用6.5m宽×3.6m高通道与城轨无缝连接，体现了人性化设计理念。

通过优化航站楼柱跨，使折返线区间位于G-16～G-18之间通过，围护结构至航站楼工程桩之间净距约1.5m，避免了航站楼大跨结构柱转换；利用航站楼大跨柱网之间的间隙，留出地铁折返线区间施工空间，避免航站楼结构柱受力转换，对于航站楼大跨结构受力较为合理。

（3）城轨车站结构将航站楼柱网均落在车站结构中线上，考虑结构的受力特点以及施工的便利性，采取柱网与车站结构合建的方式。车站附属采用单层多跨矩形框架结构，并与上部交通中心主楼结构连成整体框架结构。这样既利用了结构的承载力能力，又充分实现了空间上的融合，在有限的空间内实现效益的最大化。

2.5 技术总结

（1）在大（浅）型基坑内嵌套小（深）基坑，同时又能保证各自相对的独立性，不因彼此的施工而相互影响，需要对所有基坑进行统筹谋划，特别是存在多个业主的情况下，需要具有协调各业主单位统一思想和统一步骤的组织机构。

（2）在平面上有交接，在竖向上有层叠，隶属于不同的业主，提供不同的功能，但都是服务于同一个环境的多项目组合建筑物，要在建筑和结构上尽可能融合设计，体现人性化设计理念，使得综合效益达到最优。

（3）经济效益：GTC基坑的成功设计为地铁机场北站基坑和北进场隧道位于GTC段内基坑节约1亿元以上的投资。为城轨车站位于GTC内的基坑部分，节省的造价超过3000万元。

（4）社会效益：周边建筑物安全稳定，变形量均小于允许值，基坑周边止水效果良好。受到业主、监理和施工单位的好评。

2.6 基坑评审意见

附件1

广州白云国际机场扩建工程交通中心
基坑支护设计技术评审专家组意见

广州市建设科学技术委员会办公室于2013年8月1日组织召开了"广州白云国际机场扩建工程交通中心"基坑支护设计技术评审会,广东省建工设计院周湘渝高工任专家组组长。与会专家在听取广东省建筑设计研究院对该基坑支护设计的介绍后,经过认真研究和讨论,提出评审意见如下:

该工程位于白云区广州新白云机场范围内,包括交通中心及停车楼(GTC)及市政工程北进场隧道两个部分,其中交通中心及停车楼(GTC)基坑周长约1200m,开挖深度约8.8~11.3m,市政工程北进场隧道基坑周长约130m,开挖深度约0~5.9m。基坑周边2~3倍开挖深度范围内建(构)筑物和地下管线全部进行拆迁。场地自上至下主要地层为:人工填土层、粉质黏土层、淤泥质土层、粉细砂层、中粗砂层、砾砂层、圆砾层、粉质黏土层和不同风化程度炭质灰岩层,存在较厚淤泥质土层和砂层等不利地质条件。设计根据场地地质条件和周边环境,交通中心及停车场基坑上部4m放坡、下部采用600mm地下连续墙加一道预应力锚索(局部为钢筋混凝土内支撑)北进场隧道基坑采用ϕ100@1200钻孔桩和放坡的支护型式总体可行,存在问题如下:

一、应细化支护设计,明确不同基坑间相互关系及其交接处的连接大样。

二、应细化角撑设计。

三、应补充场地溶(土)洞的处理方案。

四、应细化素混凝土连续墙槽段接头处理方案。

五、基坑支护方案应考虑对拟建城轨项目基坑的影响。

六、应细化坑中坑支护设计及不同开挖深度基坑间的过渡大样。

七、应补充桩间挂网喷射混凝土大样。

专家组组长:周湘渝
2013年8月1日

附件1

轨道交通三号线北延段机场北站及相邻两区间
明挖段基坑支护设计技术评审专家组意见

广州市建设科学技术委自会办公室于2013年8月1日组织召开了"轨道交通三号线北延段机场北站及相邻两区间明挖段"基坑支护设计技术评审会,广东省建工设计院周湘渝高工任专家组组长。与会专家在听取广东省建筑设计研究院对该基坑支护设计的介绍后,经过认真研究和讨论,提出评审意见如下:

该工程位于白云区广州新白云机场范围内,机场北站基坑长约263m,宽约63.8m,开挖深度约13.3m;机场南站~机场北站区间明挖段基坑长约385m,宽约10.5~11.6m,开挖深度约15.4~16.6m;机场北站站后折返线区间明挖段基坑长约250m,宽约11.2m,开挖深度约17.3m。机场北站基坑位于白云机场扩建工程二号航站楼市政工程北进场隧道(GTC)基坑内,待GTC基坑开挖至6.25m后与下穿隧道同步开挖。机场南站～机场北站和机场北站站后折返线区间明挖段基坑自机场航管楼北侧起，沿机场大道向北推进，周边场地开阔。场地自上至下主要地层为：人工填土层、粉细砂层、中粗砂层、砾砂层、粉质黏土层和不同风化程度炭质页岩和灰岩层，存在较厚砂层和溶（土）洞等不利地质条件。设计根据场地地质条件和周边环境，机场北站基坑GTC范围内部分采用两级放坡加坡脚竖向钢花管结合坡顶外侧GTC基坑地下连续墙止水的支护型式，GTC范围外部分上部4m放坡、下部采用800mm厚地下连续墙加三道钢筋混凝土内支撑的支护型式；机场南站～机场北站和机场北站站后折返线区间明挖段基坑800mm厚地下连续墙加三道内支撑（第一道为钢筋混凝土内支撑、第二、三道为$\phi609 \times 16$钢管支撑）的支护型式总体可行。存在问题如下：

一、应细化支护剖面设计，复核拆撑工况设计。

二、应补充场地溶（土）洞的处理方案。

三、应明确不同施工工艺的先后顺序和相互衔接关系

四、支撑临时立柱应避开主体结构柱设置。

五、应加强基坑止水措施，并完善基坑渗漏水应急预案。

六、应深化基坑放坡段支护设计，并考虑基坑周边未能完全封闭止水的情况下放坡的整体稳定性，必要时应加强支护。

专家组组长：周湘渝

2013年8月1日

2.7 监测数据

各监测点详细监测数据见附图，如表2.7-1～表2.7-10所示。

各监测项目简略汇总　　　　　　　　　　　　　　　　　　　　　表2.7-1

监测项目		累计变化		变化速率		报警指标		
		点号	最大值	点号	最大值	控制值	报警值	变化速率
一级基坑区域	围护结构顶部水平位移监测	SV5	11.7	SV9	3.70	30	24	*
			（mm）		（mm/d）	（mm）	（mm）	
	围护结构顶部竖向位移监测	SVD2	1.25	SVD3	1	*	*	*
			（mm）		（mm/d）	（mm）	（mm）	
	立柱沉降监测	D5	-7.05	D7	0.9	12	8	2
			（mm）		（mm/d）	（mm）	（mm）	（mm/d）
	支撑轴力监测	ZC1-7	4776.0	ZC1-7	374.00	第一道	第一道	*
			（kN）		（kN/d）	*（kN）	4500（kN）	
		ZC2-7	5631.0	ZC2-3	189.00	第二、第三道	第二、第三道	*
			（kN）		（kN/d）	9000（kN）	7200（kN）	

续表

监测项目		累计变化		变化速率		报警指标		
		点号	最大值	点号	最大值	控制值	报警值	变化速率
一级基坑区域	围护结构深层水平位移监测	CX5	19.1 （mm）	CX10	0.8 （mm/d）	30 （mm）	24 （mm）	*
	基坑周边土体测斜监测	T1	−9 （mm）	T1	1.4 （mm）	*	*	*
	地下水位监测	SW20	−3504 （mm）	SW20	64 （mm/d）	*	*	*
二级基坑区域	围护结构顶部水平位移监测	SV100	20.6 （mm）	SV49	2.62 （mm/d）	50 （mm）	40 （mm）	5 （mm/d）
	围护结构顶部竖向位移监测	SVD55	−13.85 （mm）	SVD71	0.82 （mm/d）	50 （mm）	40 （mm）	5 （mm/d）
	立柱沉降监测	D9	−0.57 （mm）	D10	0.60 （mm/d）	30 （mm）	20 （mm）	* （mm/d）
	支撑轴力监测	ZL1	6253.0 （kN）	ZL2	485.00 （kN/d）	8000 （kN）	6000 （kN）	*
	锚索拉力监测	MT1	260 （kN）	MT1	1.60 （kN/d）	* （kN）	MT1～MT3报警值为280kN；	*
		MT6	216.0 （kN）	MT6	2.36 （kN/d）	* （kN）	MT5～MT7报警值为320kN	*
		MT24	298.5 （kN）	MT27	2.75 （kN/d）	* （kN）	MT8～MT10、MT23～MT27报警值为440kN	*
		MT12	275.0 （kN）	MT12	8.57 （kN/d）	* （kN）	MT11～MT13报警值为345kN	*
		MT14	332.4 （kN）	MT14	5.22 （kN/d）	* （kN）	MT14报警值为370kN	
		MT15	261.6 （kN）	MT15	2.48 （kN/d）	* （kN）	MT15报警值为290kN	
		MT28	293.4 （kN）	MT28	0.51 （kN/d）	* （kN）	MT28～MT30报警值为430kN	
	围护结构深层水平位移监测	CX32	−7.6 （mm）	CX35	0.38 （mm/d）	50 （mm）	40 （mm）	*
	地下水位监测	SW17	−2955 （mm）	SW7	249 （mm/d）	* （mm）	3500 （mm）	*
	基坑临近建构筑物水平位移监测	WY1	−3.5 （mm）	WY2	0.6 （mm/d）	35 （mm）	25 （mm）	*
	基坑临近建构筑物沉降监测	WYD3	0.6 （mm）	WYD3	0.95 （mm/d）	* （mm）	* （mm）	*

备注：*代表委托方提供不详，"/"代表本期未监测。

基坑围护结构顶部水平位移监测结果表　　　　　　　　　　　表2.7-2

工程名称：广州白云国际机场扩建工程交通中心及停车楼盖基坑监测　　　　监测项目：围护结构顶部水平位移监测

工程地点：广州白云国际新机场　　　　　　　　　　　　　　　　　　　监测仪器：Leica TM30全站仪

依据规范：《工程测量规范》GB 50026-2007

时间	上次累计	第81次 2015/11/2			第82次 2015/11/3			第83次 2015/11/4			第84次 2015/11/5			第85次 2015/11/6		
		本次	累计	变化速度	本次	累计	变化速度	本次	累计	变化速度	本次	累计	变化速度	本次	累计	变化速度
测点	（mm）	（mm）	（mm）	（mm/d）	（mm）	（mm）	（mm/d）	（mm）	（mm）	（mm/d）	（mm）	（mm）	（mm/d）	（mm）	（mm）	（mmd）
SV1	-2.6	-1.1	-3.8	-1.15	0.2	-3.5	0.25	0.2	-3.3	0.2	1.7	1.6	1.7	0.1	1.7	0.05
SV2	6.5	-0.8	5.7	-0.8	-0.5	5.2	-0.5	-0.2	5.0	-0.2	-1.0	4.0	-1.05	1.6	5.6	1.60
SV3	5.9	0.5	6.4	0.45	0.6	7.0	0.6	0.1	7.1	0.1	-1.3	5.8	-1.25	0.2	6.0	0.20
SV4	8.0	3.1	11.1	3.10	-1.4	9.6	-1.4	0.1	9.7	0.05	-1.3	8.4	-1.3	-2.0	6.4	-1.95
SV5	13.1	3.4	16.5	3.45	-1.7	14.8	1.7	-0.5	14.3	-0.45	-0.8	13.5	-0.85	-1.1	12.4	-1.05
SV6	0.5	&	&	&	&	&	&	&	&	&	&	&	&	&	&	&
SV7	0.6	&	&	&	&	&	&	&	&	&	&	&	&	&	&	&
SV8	#	#	#	#	#	#	#	#	#	#	#	#	#	#	#	#
SV9	5.7	#	#	#	#	#	#	#	#	#	#	#	#	#	#	#
SV10	4.5	#	#	#	#	#	#	#	#	#	#	#	#	#	#	#
SV11	1.6	-0.1	1.5	-0.1	-0.4	1.1	-0.4	-0.1	1.0	-0.1	-0.6	0.4	-0.7	0.1	0.0	0.2
以	下	空	白													

备注：1. 符号SV表示基坑顶水平位移点；各数据累积前次监测结果；

2. "+"表示该点号向基坑内位移，"-"表示该点号向基坑外位移；

3. 测点SV1～SV11属于一级基坑区域；

4. "*"表示未开挖，"/"表示测点未监测，"\"表示测点未布，"#"表示测点受阻，"&"表示测点破坏，"—"表示测点重布。

基坑围护结构顶部水平位移监测结果表

表2.7-3

工程名称：广州白云国际机场扩建工程交通中心及停车楼盖基坑监测　　　　监测项目：围护结构顶部水平位移监测

工程地点：广州白云国际新机场　　　　监测仪器：Leica TM30全站仪

依据规范：《工程测量规范》GB 50026-2007

时间	上次累计	第86次			第87次			以下空白				
		2015/11/7			2015/11/8							
测点		本次	累计	变化速度	本次	累计	变化速度					
	（mm）	（mm）	（mm）	（mm/d）	（mm）	（mm）	（mm/d）					
SV1	−1.7				3.3	−5.2	−3.45					
SV2	5.6	—	—	—	−1.5	4.1	−1.45					
SV3	6.0	—	—	—	−1.2	4.9	−1.15					
SV4	6.4	—	—	—	−1.3	5.2	−1.30					
SV5	12.4	—	—	—	−0.7	11.7	−0.75					
SV6	0.5	&	&	&	&	&	&					
SV7	0.6	&	&	&	&	&	&					
SV8	#	#	#	#	#	#	#					
SV9	5.7	—	—	—	3.7	9.4	3.7					
SV10	4.5	—	—	—	0.2	4.7	0.25					
SV11	1.6	—	—	—	1.5	3.1	1.45					
J1	\	0.0	0.0	0.0	−0.8	−0.8	−0.85					
J2	\	0.0	0.0	0.0	−0.6	−0.6	−0.65					
以	下	空	白									

备注：1. 符号SV表示基坑顶水平位移点；J表示新增基坑桩顶水平位移点，各累积数据累积前次监测结果；
2. "+"表示该点号向基坑内位移，"−"表示该点号向基坑外位移；
3. 测点SV1～SV11，J1～J2属于一级基坑区域；
4. "*"表示未开挖，"/"表示测点未监测，"\"表示测点未布，"#"表示测点受阻，"&"表示测点破坏，"—"表示测点重布。

基坑围护结构顶部竖向位移监测结果表　　表2.7-4

工程名称：广州白云国际机场扩建工程交通中心及停车楼盖基坑监测　　监测项目：围护结构顶部竖向位移监测

工程地点：广州白云国际新机场　　监测仪器：Leica TM30全站仪

依据规范：《工程测量规范》GB 50026-2007

时间 测点	上次累计	第31次 2015/11/2			第32次 2015/11/3			第33次 2015/11/4			第34次 2015/11/5		
		本次	累计	变化速度	本次	累计	变化速度	本次	累计	变化速度	本次	累计	变化速度
	（mm）	（mm）	（mm）	（mm/d）	（mm）	（mm）	（mm/d）	（mm）	（mm）	（mm/d）	（mm）	（mm）	（mm/d）
SVD1	-1.30	-0.65	-1.95	-0.65	0.90	-1.05	0.90	—	—	—	0.55	-0.50	0.55
SVD2	0.25	0.15	0.10	-0.15	0.55	0.65	0.55				0.60	1.25	0.60
SVD3	-0.70	-1.25	-1.95	-1.25	0.90	-1.05	0.90	—	—	—	1.00	-0.05	1.00
SVD4	-0.35	-0.70	-1.05	-0.70	0.00	-1.05	0.00				-0.05	-1.10	-0.05
SVD5	-1.50	-0.05	-1.55	-0.05	1.95	0.40	1.95	—	—	—	0.10	0.50	0.10
SVD6	&	&	&	&	&	&	&	&	&	&	&	&	&
SVD7	&	&	&	&	&	&	&	&	&	&	&	&	&
SVD8	#	#	#	#	#	#	#	#	#	#	#	#	#
SVD9	0.00	#	#	#	#	#	#				0.20	0.20	0.20
SVD10	&	&	&	&	&	&	&	—	—	—	0.10	0.10	0.10
SVD11	-0.45	-0.55	-1.00	-0.55	1.05	0.05	1.05				0.05	0.10	0.05
JD1	\	\	\	\	\	\	\	0.00	0.00	0.00	-0.10	-0.10	-0.10
JD2	\	\	\	\	\	\	\	0.00	0.00	0.00	0.35	0.35	0.35

以下空白

备注：1. 符号SVD表示基坑围护结构顶部竖向位移点；JD表示新增基坑围护结构顶部竖向位移点，各数据积累前次测量结果；
2. "+"表示隆起，"-"表示下沉；
3. 设定BM2高程为10.0000m；
4. 测点SVD1～SVD11，JD1～JD2属于一级基坑区域；
5. "*"表示未开挖，"/"表示测点未监测，"\"表示测点未布，"#"表示测点受阻，"&"表示测点破坏，"—"表示测点重布。

基坑立柱沉降监测结果表   表2.7-5

工程名称：广州白云国际机场扩建工程交通中心及停车楼盖基坑监测   监测项目：立柱沉降监测

工程地点：广州白云国际新机场   监测仪器：Leica TM30全站仪

依据规范：《工程测量规范》GB 50026-2007

时间	上次累计	第81次			第82次			第83次			第84次			第85次		
测点		2015/10/31			2015/11/1			2015/11/2			2015/11/3			2015/11/4		
		本次	累计	变化速度	本次	累计	变化速度	本次	累计	变化速度	本次	累计	变化速度	本次	累计	变化速度
	（mm）	（mm）	（mm）	（mm/d）	（mm）	（mm）	（mm/d）	（mm）	（mm）	（mm/d）	（mm）	（mm）	（mm/d）	（mm）	（mm）	（mm/d）
D1	-4.34	1.25	-3.09	1.25	-2.10	-5.19	-2.10	-0.30	-5.49	-0.30	-0.30	-5.69	-0.20	-0.10	-5.79	-0.10
D2	-2.62	0.60	-2.02	0.60	-1.70	-3.72	-1.70	-0.70	-4.42	-0.70	0.00	-4.42	0.00	-0.05	-4.47	-0.05
D3	-6.38	0.50	-5.88	0.50	-0.65	-6.53	-0.65	-0.05	-6.58	-0.05	0.00	-6.58	0.00	1.20	-5.38	1.20
D4	-6.62	0.05	-6.57	0.05	-0.55	-7.12	-0.55	0.14	-6.98	0.14	0.30	-6.68	0.30	-0.19	-6.87	-0.19
D5	-6.05	#	#	#	#	#	#	#	#	#	#	#	#	#	#	#
D6	-3.60	#	#	#	#	#	#	#	#	#	#	#	#	#	#	#
D7	-4.65	#	#	#	#	#	#	#	#	#	#	#	#	#	#	#
D8	-0.30	/	/	/	/	/	/	/	/	/	0.05	-0.25	0.01	#	#	#
D9	-0.67	/	/	/	/	/	/	/	/	/	-0.40	-1.07	-0.10	#	#	#
D10	-0.83	/	/	/	/	/	/	/	/	/	0.05	-0.78	0.01	#	#	#
以	下	空	白													

备注：1. 符号D表示基坑立柱沉降测点；各数据累积前次测量结果；
2. "+"表示隆起，"-"表示下沉
3. D1~D7、属于一级基坑区域，D8~D10属于二级基坑区域
4. 设定BM1高程为10.0000m；
5. "*"表示未开挖，"/"表示测点未监测，"\"表示测点未布，"#"表示测点受阻，"&"表示测点破坏，"—"表示测点重布。

基坑支撑轴力监测结果表　　　　　　　　　　　　　　　　　　表2.7-6

工程名称：广州白云国际机场扩建工程交通中心及停车楼盖基坑监测　　　监测项目：基坑支撑轴力监测

工程地点：广州白云国际新机场　　　　　　　　　　　　　　　　　　监测仪器：南京斯比特SSC101型振弦读数仪

依据规范：《工程测量规范》GB 50026-2007

时间	上次累计	第31次			第32次		
测点		2015/11/2			2015/11/3		
		单次变化	本次力	力变化率	单次变化	本次力	力变化率
	（kN）	（kN）	（kN）	（kN/d）	（kN）	（kN）	（kN/d）
ZC1	3227.6	/	/	/	−46.0	3291.0	−46.0
ZC1−2	3426.6	/	/	/	−131.0	3295.0	−131.0
ZC1−3	240.8	&	&	&	&	&	&
ZC1−4	1828.0	/	/	/	11.0	1839.0	11.0
ZC1−5	1817.0	/	/	/	13.0	1830.0	13.00/
ZC1−6	2889.7	/	/	/	59.3	2494.0	59.32
ZC1−7	4323.0	106.0	4429.0	106.0	347.0	4776.0	347.0
ZC1−8	3291.0	/	/	/	/	/	/
ZC2−1	3428.0	/	/	/	−96.0	3332.0	−96.0
ZC2−2	3927.0	/	/	/	−58.0	3869.0	−58.0
ZC2−3	5094.0	/	/	/	−189.0	4905.0	−189.0
ZC2−4	3683.0	/	/	/	−41.0	3642.0	−41.0
ZC2−5	1223.0	/	/	/	−6.6	1216.5	−6.58
ZC2−6	3032.0	/	/	/	−34.0	2998.0	−34.0
ZC2−7	5720.0	/	/	/	−89.0	5631.0	−89.0
ZC2−8	2679.6	/	/	/	−115.1	2564.5	−115.07
ZC3−1	2110.0	/	/	/	−90.0	2020.0	−90.0
ZC3−2	2078.0	/	/	/	−40.0	2038.0	−40.0
ZC3−3	3017.0	/	/	/	−40.0	2977.0	−40.0
ZC3−4	2904.0	/	/	/	−36.0	2868.0	−36.0
ZC3−5	3478.0	/	/	/	−44.0	3434.0	−44.0
ZC3−6	3261.0	/	/	/	−45.0	3216.0	−45.0
ZC3−7	4118.0	/	/	/	−38.0	4080.0	−38.0
ZC3−8	2995.0	/	/	/	−65.0	2930.0	−65.0
以	下	空	白				

备注：1. 符号ZC表示支撑轴力测点；其中n表示第几道支撑，各数据累积前次测量结果
2. 测点ZC1-1～ZC1-8、ZC2-1～ZC2-8属于一级基坑区域；"+"表示受拉，"−"表示受压
3. "+"表示受拉，　"−"表示受压
4. "*"表示未开挖，"/"表示测点未监测，"\"表示测点未布，"#"表示测点受阻，"&"表示测点破坏，"—"表示测点重布。

基坑支撑轴力随时间关系曲线图

工程名称: 广州白云国际机场扩建工程交通中心及停车楼基坑监测 工程地点: 广州市白云国际新机场
监测项目: 基坑支撑轴力监测 监测仪器: 南京斯比特SSC-101型振弦读数仪
委托单位: 广东省机场管理集团有限公司工程建设指挥部 监测单位: 广州市建设工程质量安全检测中心

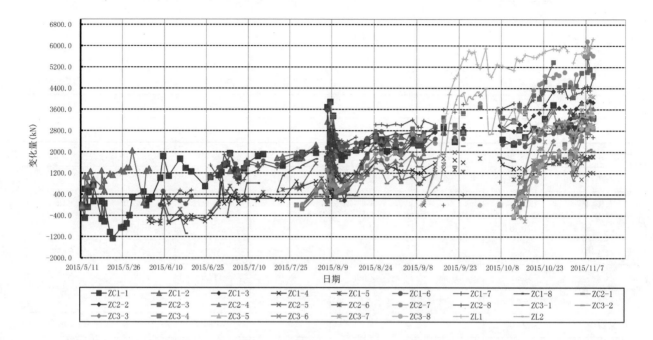

基坑立柱沉降各观测点累计沉降量随时间关系曲线图

工程名称: 广州白云国际机场扩建工程交通中心及停车楼基坑监测 工程地点: 广州市白云国际新机场
监测项目: 立柱沉降监测 监测仪器: Leica TM30全站仪
委托单位: 广东省机场管理集团有限公司工程建设指挥部 监测单位: 广州市建设工程质量安全检测中心

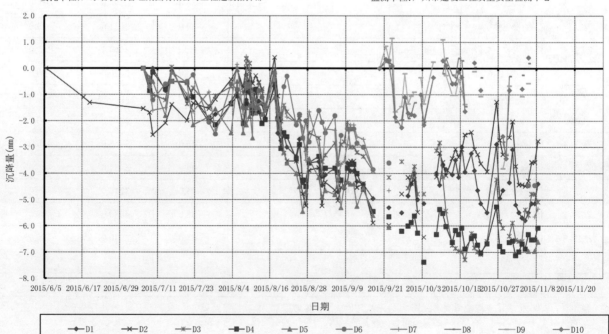

基坑围护结构深层水平位移监测结果表

表2.7-7

工程名称：	广州白云国际机场扩建工程交通中心及停车楼基坑监测	监测项目：	围护结构深层水平位移
工程地点：	广州市白云国际新机场	监测仪器：	SINCO 测斜仪
依据规范：	《建筑基坑工程监测技术规范》 GB 50497-2009		

孔号	深度(m)	第43次 累计位移(mm) 2015.09.17	第44次 累计位移(mm) 2015.09.21	第45次 累计位移(mm) 2015.11.06	本次位移(mm)	变化速度(mm/d)
	-0.5	9.6	7.4	9.5	2.1	0.05
	-1.0	9.9	7.9	10.3	2.4	0.05
	-1.5	10.3	8.4	10.9	2.5	0.05
	-2.0	10.6	8.9	11.6	2.7	0.06
	-2.5	11.0	9.3	12.3	3.0	0.07
	-3.0	11.7	10.1	13.2	3.1	0.07
	-3.5	12.5	11.0	14.2	3.2	0.07
	-4.0	13.4	11.9	15.2	3.3	0.07
	-4.5	14.1	12.7	15.9	3.2	0.07
	-5.0	14.4	13.0	16.4	3.4	0.07
	-5.5	14.5	13.2	16.8	3.6	0.08
	-6.0	14.9	13.6	17.8	4.2	0.09
	-6.5	15.1	13.9	18.6	4.7	0.10
	-7.0	15.0	13.9	19.1	5.2	0.11
	-7.5	14.3	13.4	18.9	5.5	0.12
	-8.0	13.8	12.9	18.8	5.9	0.13
	-8.5	13.1	12.2	18.4	6.2	0.13
	-9.0	12.4	11.4	17.8	6.4	0.14
	-9.5	11.5	10.6	16.9	6.3	0.14
CX05	-10.0	10.6	9.7	15.9	6.2	0.13
	-10.5	9.7	8.8	14.7	5.9	0.13
	-11.0	8.8	7.9	13.5	5.6	0.12
	-11.5	8.0	7.2	12.4	5.2	0.11
	-12.0	7.2	6.4	11.1	4.7	0.10
	-12.5	6.4	5.6	9.9	4.3	0.09
	-13.0	5.5	4.8	8.6	3.8	0.08
	-13.5	4.7	4.0	7.4	3.4	0.07
	-14.0	3.9	3.2	6.1	2.9	0.06
	-14.5	2.9	2.4	4.8	2.4	0.05
	-15.0	2.1	1.6	3.5	1.9	0.04
	-15.5	1.4	1.1	2.4	1.3	0.03
	-16.0	0.8	0.6	1.3	0.7	0.02
	-16.5	0.3	0.2	0.6	0.4	0.01
	以	下	空	白		

位移(mm)

图例：—■— 2015.09.17 —◆— 2015.09.21 —▲— 2015.11.06

备注：

1、"+"表示向基坑内位移,"-"表示向基坑外位移。

基坑围护结构深层水平位移监测结果表   表2.7-8

工程名称：　广州白云国际机场扩建工程交通中心及停车楼基坑监测　　　监测项目：　围护结构深层水平位移

工程地点：　广州市白云国际新机场　　　　　　　　　　　　　　　　　监测仪器：　SINCO 测斜仪

依据规范：　《建筑基坑工程监测技术规范》GB 50497-2009

孔号	深度(m)	第47次 累计位移(mm) 2015.11.05	第48次 累计位移(mm) 2015.11.07	第49次 累计位移(mm) 2015.11.08	本次位移(mm)	变化速度(mm/d)
CX10	-0.5	16.5	16.6	16.5	-0.1	-0.10
	-1.0	16.7	16.7	16.4	-0.3	-0.30
	-1.5	16.6	16.6	16.3	-0.3	-0.30
	-2.0	16.4	16.4	16.1	-0.3	-0.30
	-2.5	16.2	16.3	16.0	-0.3	-0.30
	-3.0	15.8	16.0	15.6	-0.4	-0.40
	-3.5	15.6	15.9	15.4	-0.5	-0.50
	-4.0	15.3	15.7	15.1	-0.6	-0.60
	-4.5	14.7	15.2	14.5	-0.7	-0.70
	-5.0	14.3	14.8	14.2	-0.6	-0.60
	-5.5	13.9	14.6	13.8	-0.8	-0.80
	-6.0	13.4	14.1	13.3	-0.8	-0.80
	-6.5	12.7	13.5	12.7	-0.8	-0.80
	-7.0	12.2	12.9	12.1	-0.8	-0.80
	-7.5	11.6	12.2	11.5	-0.7	-0.70
	-8.0	11.1	11.7	11.0	-0.7	-0.70
	-8.5	10.6	11.2	10.5	-0.7	-0.70
	-9.0	10.0	10.6	10.0	-0.6	-0.60
	-9.5	9.4	9.9	9.4	-0.5	-0.50
	-10.0	8.4	9.0	8.5	-0.5	-0.50
	-10.5	7.6	8.2	7.7	-0.5	-0.50
	-11.0	6.9	7.4	7.0	-0.4	-0.40
	-11.5	6.3	6.8	6.4	-0.4	-0.40
	-12.0	5.7	6.2	5.7	-0.5	-0.50
	-12.5	4.9	5.4	5.0	-0.4	-0.40
	-13.0	4.0	4.5	4.2	-0.3	-0.30
	-13.5	3.2	3.6	3.4	-0.2	-0.20
	-14.0	2.0	2.3	2.2	-0.1	-0.10
	-14.5	0.9	1.1	1.0	-0.1	-0.10
	以	下	空	白		

位移（mm）

备注	1、"+"表示向基坑内位移，"-"表示向基坑外位移。

基坑围护结构深层水平位移监测结果表

表2.7-9

工程名称： 广州白云国际机场扩建工程交通中心及停车楼基坑监测　　监测项目： 围护结构深层水平位移

工程地点： 广州市白云国际新机场　　监测仪器： SINCO 测斜仪

依据规范： 《建筑基坑工程监测技术规范》GB 50497-2009

孔号	深度(m)	第50次 累计位移(mm) 2015.11.05	第51次 累计位移(mm) 2015.11.07	第52次 累计位移(mm) 2015.11.08	第52次 本次位移(mm) 2015.11.08	第52次 变化速度(mm/d) 2015.11.08
CX11	-0.5	-0.9	-0.4	-0.7	-0.3	-0.31
	-1.0	-0.5	-0.2	-0.3	-0.1	-0.13
	-1.5	-0.4	-0.1	-0.2	-0.1	-0.11
	-2.0	0.0	0.3	0.2	-0.1	-0.14
	-2.5	0.4	0.7	0.5	-0.2	-0.18
	-3.0	0.9	1.2	1.0	-0.2	-0.19
	-3.5	1.4	1.6	1.5	-0.1	-0.11
	-4.0	2.1	2.2	2.2	0.0	-0.03
	-4.5	2.5	2.6	2.6	0.0	-0.04
	-5.0	2.8	2.9	2.8	-0.1	-0.08
	-5.5	3.0	3.2	3.2	0.0	-0.04
	-6.0	3.5	3.6	3.6	0.0	0.00
	-6.5	3.9	4.0	4.1	0.1	0.08
	-7.0	4.2	4.3	4.4	0.1	0.08
	-7.5	4.3	4.4	4.5	0.1	0.14
	-8.0	4.2	4.3	4.5	0.2	0.17
	-8.5	4.2	4.3	4.4	0.1	0.13
	-9.0	4.0	4.1	4.3	0.2	0.16
	-9.5	4.0	4.0	4.2	0.2	0.22
	-10.0	4.1	4.2	4.4	0.2	0.18
	-10.5	4.0	4.0	4.2	0.2	0.23
	-11.0	3.6	3.6	3.9	0.3	0.26
	-11.5	3.1	3.1	3.4	0.3	0.25
	-12.0	2.5	2.5	2.7	0.2	0.18
	-12.5	2.3	2.2	2.4	0.2	0.17
	-13.0	2.1	2.0	2.1	0.1	0.13
	-13.5	1.8	1.7	1.9	0.1	0.16
	-14.0	1.5	1.4	1.5	0.1	0.12
	-14.5	1.2	1.1	1.3	0.2	0.16
	-15.0	0.9	0.8	1.0	0.2	0.18
	-15.5	0.7	0.6	0.7	0.1	0.12
	-16.0	0.5	0.4	0.5	0.1	0.13
	-16.5	0.4	0.3	0.4	0.1	0.08
	-17.0	0.2	0.2	0.2	0.0	0.01
	以	下	空	白		

位移（mm）

深度（m）

■—2015.11.05　◆—2015.11.07　▲—2015.11.08

备注： 1、"+"表示向基坑内位移，"-"表示向基坑外位移。

基坑周边土体测斜监测结果表 　　　　　　　　　　　　　　　　表2.7-10

工程名称：　广州白云国际机场扩建工程交通中心及停车楼基坑监测　　　监测项目：　周边土体测斜

工程地点：　广州市白云国际新机场　　　　　　　　　　　　　　　　监测仪器：　SINCO 测斜仪

依据规范：　《建筑基坑工程监测技术规范》 GB 50497-2009

孔号	深度(m)	第20次 累计位移(mm) 2015.11.05	第21次 累计位移(mm) 2015.11.07	第22次		变化速度(mm/d)	位移（mm）
				累计位移(mm) 2015.11.08	本次位移(mm)		
T3	-0.5	-4.9	-5.2	-5.2	0.0	0.00	
	-1.0	-3.9	-4.2	-4.4	-0.2	-0.20	
	-1.5	-3.5	-3.8	-3.9	-0.1	-0.10	
	-2.0	-3.2	-3.5	-3.5	0.0	0.00	
	-2.5	-2.5	-2.7	-2.7	0.0	0.00	
	-3.0	-2.0	-2.2	-2.2	0.0	0.00	
	-3.5	-1.5	-1.6	-1.6	0.0	0.00	
	-4.0	-1.1	-1.2	-1.2	0.0	0.00	
	-4.5	-0.6	-0.6	-0.7	-0.1	-0.10	
	-5.0	-0.7	-0.5	-0.6	-0.1	-0.10	
	-5.5	-1.3	-1.1	-1.2	-0.1	-0.10	
	-6.0	-2.0	-1.8	-1.8	0.0	0.00	
	-6.5	-2.1	-2.0	-1.9	0.1	0.10	
	-7.0	-0.5	-0.4	-0.4	0.0	0.00	
	-7.5	0.5	0.6	0.7	0.1	0.10	
	-8.0	1.0	1.1	1.1	0.0	0.00	
	-8.5	0.8	1.0	1.0	0.0	0.00	
	-9.0	0.9	1.1	1.1	0.0	0.00	
	-9.5	0.7	1.1	1.1	0.0	0.00	
	-10.0	0.4	0.7	0.7	0.0	0.00	
	-10.5	1.5	1.8	1.9	0.1	0.10	
	-11.0	2.0	2.3	2.3	0.0	0.00	
	-11.5	1.5	1.9	2.0	0.1	0.10	
	-12.0	1.4	1.8	1.8	0.0	0.00	
	-12.5	3.3	3.6	3.6	0.0	0.00	
	-13.0	2.7	2.9	3.0	0.0	0.00	
	-13.5	1.4	1.7	1.7	0.0	0.00	
	-14.0	0.6	0.8	0.9	0.1	0.10	
	-14.5	1.7	1.8	1.8	0.0	0.00	
	-15.0	0.9	0.9	0.9	0.0	0.00	
	以	下	空	白			

位移（mm）
-10.0 -7.0 -4.0 -1.0 2.0 5.0 8.0

深度(m)

■─ 2015.11.05　　◆─ 2015.11.07　　▲─ 2015.11.08

备注　　1、"+"表示向基坑内位移，"-"表示向基坑外位移。

3　基础设计与岩溶处理研究

3.1　基础设计概述

3.1.1　基础选型

根据地勘报告描述，区域地貌单元总体属于冲积阶地地貌，场地典型土层自上而下分别为填土层、耕植土层、淤泥质黏土、黏土、粉细砂、中粗砂（与黏土互夹）、砾砂、圆砾（与黏土互夹）、中风化炭质灰岩、微风化灰岩、溶蚀充填物。

基础设计等级为甲级。

根据广东省内的岩溶地质工程实践经验，支承上部各楼层结构柱下基础采用端承型冲（钻）孔灌柱桩，持力层为微风化灰岩，有ϕ800、ϕ1200、ϕ1400、ϕ2200四种直径，单桩承载力特征值3750～260000kN，桩长18～68m，桩基设计等级为甲级。

地下行李系统和登机桥的基础采用摩擦端承型预应力管桩（PHC500-AB），桩长控制大于18m，为减沉疏桩基础。航站楼局部有-4.8～-5.4m的设备和行李管沟，局部考虑水浮力计算，抗浮水位为室外地坪标高，此范围管桩兼作抗拔桩。临近市政管廊、地铁、市政隧道和地下城际轨道的位置采用小直径800mm的灌注桩，并保证桩中心离地下结构侧壁距离3m以上，减少后期地下结构施工对桩基础的影响。

考虑岩溶地区有砂层时，需评估基岩上覆黏性土层的厚度是否可作为稳定土层，由于项目的黏性土层厚薄不均，考虑项目的重要性，要求管桩穿过中粗砂和砾砂层，采用PHC500（AB型）进行试桩，桩靴为H型，先以5000kN的压力穿过中粗砂、砾砂层，再以2500kN的终压力值压至中风化、微风化岩面。要求管桩试桩的静载试验进行破坏性试验。

后续试验情况能满足设计设想。

3.1.2　超前钻标准

场地岩层属于石炭系下统石磴子岩系，为陆源碎屑岩和碳酸盐台地交互沉积的混合岩系，沉积过程中会因陆源成分的差异存在不均匀现象，夹有炭质灰岩、炭质泥岩和包裹体等不同性质的夹层，成分的不均匀更加剧了风化溶蚀作用的差异性。场地内石灰岩岩溶发育，要求所有冲孔灌注桩进行超前钻探，按ϕ800桩一孔，ϕ1000和ϕ1200桩二孔，ϕ1400桩三孔，ϕ2200桩四孔；登机桥的管桩基础按每承台一孔，均匀对称原则布置，超前钻见土洞孔110个，揭露土洞高度1.1～13.7m，见溶洞孔2976个，揭露溶洞高度0.1～26.8m，岩溶发育区域不均衡，个别区域线岩溶率12%，个别区域高达70%。

超前钻钻进深度以65m控制，有37个钻孔孔深达到65m持力层厚度仍不符合端承要求，设计采用摩擦桩复核和增大局部位置桩径的处理方式。

3.1.3 桩基础计算结果

除管沟及登机桥外，其余主体结构基础采用钻（冲）孔灌注桩基础，考虑岩溶的局部溶蚀、斜面及陡峭问题，灰岩的饱和单轴抗压强度取30MPa，按广东省基础规范进行桩基础计算设计，混凝土强度等级采用C35，单桩抗压竖向承载力如下：$\phi800$为3750kN，$\phi1000$为5500kN，$\phi1200$为8500kN，$\phi1400$为12000kN，$\phi2200$为26000kN。

管沟及登机桥采用预应力管桩，通过试桩，单桩抗承载力特征值为800kN，抗拔承载力取值为300kN。

3.1.4 沉降监测

地下管沟完成后，开始进行工程沉降观测，每施工完一层结构层，监测一次，钢屋面安装就位前和安装完成后各监测一次，以后每三个月进行一次沉降观测，到2016年3月，累计完成16次沉降观测，最大沉降量为3.7mm，沉降速率远小于规范限值要求，沉降均匀，未发现异常情况。

3.2 物探（管波法）在岩溶地区大直径灌注桩施工勘察的适用性试验研究

3.2.1 概述与目的

根据勘察资料，场地地处岩溶地区，土洞、溶洞极为发育。采用一桩一孔超前钻的勘察方式，无法探明大口径嵌岩桩桩位岩溶发育情况及持力层的完整性。而采用一桩多孔超前钻的勘察方式，需要大量钻探工作量与较长的勘察工期，同时由于钻探工艺的限制，也无法详细探明桩位岩溶发育情况及持力层的完整性。为此需要辅以适宜的其他勘察方法。

在详细勘察项目钻孔中，随机选取20个钻孔进行管波探测试验，通过现场试验与钻探验证，评价管波探测法在本工程中的适宜性。管波探测工作的目的是：在超前钻探阶段，查明桩位范围内的地下岩溶发育情况及完整基岩段的分布情况，为桩基设计提供依据，及时指导桩基础施工工作。

委托中国有色金属长沙勘察设计研究院有限公司与广东省地质物探工程勘察院共同完成了本试验。

3.2.2 技术要求与验收标准

3.2.2.1 管波探测试验技术要求

随机选取20个钻孔进行管波探测试验，查明以详细勘察钻孔为中心、半径为1.0米范围内整个基岩段的圆柱形区域、规模大于0.3m的岩溶发育情况，然后采用钻探验证管波探测的适宜性。

3.2.2.2 试验验收标准

1. 验收方法

（1）在全部试验性管波探测孔中进行验证。验证方法为在原来的测试孔周围布置四个验证孔，验证孔布置在原孔的周围距离0.5~0.7m处，深度为钻孔深度+1.5m（图3.2-1）。

（2）根据验证孔揭露情况评价本方法在本场地的探测有效性。根据以往工程经验，管波探测法解释的完整基岩段，在验证孔中均为完整基岩。管波探测法解释的岩溶发育段，可能仅在一个验证孔中揭露溶洞，揭露溶洞的大小与管波探测法解释的岩溶发育段大小可能不同，但必定处于岩溶发育段的高程范围。

2. 验收标准

管波探测法成果验证合格的判断标准如下：

（1）在管波探测法解释的完整基岩段内，未出现规模大于0.3m的溶洞，则认为管波探测成果合格；

（2）在管波探测法解释的岩溶发育段，只要在其中一个验证孔中揭露有溶洞，则认为管波探测成果合格；

（3）探测准确率达95%。

图 3.2-1　管波验证钻孔的布置方法

3.2.2.3　管波探测法对钻探的技术要求

管波探测法对钻探的技术要求由钻探单位完成。具体如下：

（1）钻孔位置及垂直度：钻孔必须位于设计桩位中心。钻孔垂直度应符合相关规范要求。

（2）钻孔的终孔深度：因有①管波探测法的测试探头装置长0.6m；②清不掉的孔底残留沉渣等两个因素的影响，对需进行管波探测钻孔的终孔深度要求，除钻孔必须满足规范（或设计）对本阶段勘察的厚度要求外，还应至少增加0.5m。

（3）钻孔终孔口径：≥76mm。

（4）钻探及护壁：必须采用钢套管护壁钻进，将钢套管下至中风化基岩面以下至少0.5m，以便确保土层泥砂不能从套管与基岩接面处流入钻孔中，如在基岩中发现溶洞，需采用钢套管（飞管或多重套管）护壁，以确保在管波探测过程中不塌孔、不掉块。

（5）钻探清孔：钻探终孔后须进行捞渣清孔，清干净沉渣，并采用清水置换孔中浓泥浆。

（6）在管波测试时的配合作业：①为确保管波测试的成功，测试探头（外直径60mm）必须要自如地沉放到孔底，如出现淤孔、堵孔，钻机应采用钻具冲孔，直到测试探头可自如地沉放到孔底为止；②在钻孔基岩段下有钢套管的情形下，如钢套管的存在影响到对管波探测结果的分析，钻机应根据物探人员的指引，配合物探人员进行边拔管边测试工作。

（7）钻探终孔：钻探和管波探测工作是一个循环的过程，在钻孔未进行管波探测前，先按钻探资料判断终孔，随即进行管波测试及现场进行探测结果分析工作（测试及分析工作约需一小时），再根据管波探测结果判断是否真正可终孔，不能终孔时需继续进行钻探工作，直到满足终孔深度要求或钻探深度已达到设计设定的最大钻探深度限制。

（8）钻机搬移：待管波探测工作结束后才能拔管移机。

（9）钻探需提供的资料：①测试现场需提供钻孔深度，基岩面深度，水位深度，漏水、溶洞、溶蚀、节理裂隙等情况，套管安装的详细情况；②及时提供包含有准确的钻孔孔口三维坐标、详细的岩土分层资料的钻孔柱状图。

3.2.3　管波探测资料的分析及成果解释方法

3.2.3.1　探测原理

根据波动理论，在充满液体的钻孔中，任何扰动都会产生沿钻孔轴向传播的管波（斯通莱波），管波在孔液和孔壁外一定范围内传播。管波在传播过程中，在存在波阻抗差异（波阻抗Z为介质的弹性波波速V与介质密度ρ的乘积）的界面处发生透射和反射。我们可以利用这种特性对钻孔旁侧的岩溶、软弱层进行探测。

根据现有观测系统，反射管波的同相轴为视速度稳定的倾斜波组。当岩土层中不存在波阻抗差异界面或界面两侧波阻抗差异不大时，管波时间剖面中只有与（平行于钻孔轴线的）空间轴平行的直达波组，无明显的反射波组（剖面中的倾斜波组）。当岩土层中存在明显的波阻抗差异界面时，管波时间剖面中除存在明显的直达波组外，还存在明显的反射波组，即剖面中的倾斜波组。

也就是说，在剖面中存在明显的倾斜反射波组的位置，必定存在波阻抗差异界面。对灰岩地区，波阻抗差异界面即为孔中、孔旁溶洞边界或软弱夹层顶底界面。管波探测法的原理就是通过分析反射管波的波组、波幅特征，探测波阻抗差异界面，通过对界面的解释，推断孔旁溶洞或软弱夹层的发育情况。根据波动理论中的半波长理论，管波探测法的探测范围为以钻孔中心为圆心，半径为管波波长的1/2的圆柱状空间。考察本项目管波探测时间剖面，各钻孔中管波的波长各不相同，但总体上，约为2m，即管波探测法的探测半径约为1m。

3.2.3.2 管波的解释方法

管波探测法资料的解释包括两个步骤：

1）确定分层界面

根据管波异常确定分层界面。管波异常主要表现为二种：一种是在界面处的管波反射，另一种是在不良地质体处的管波能量变化。

钻孔中可能产生管波反射的界面主要有基岩面、溶洞顶和底面、裂隙、孔底、水面等。引起管波能量变弱的不良地质体主要有溶洞、溶蚀、软弱岩层、土层等。

2）对分层进行地质解释

管波探测法的地质解释将孔旁岩土划分为完整基岩段、节理裂隙发育段、溶蚀裂隙发育段、岩溶发育段、软弱岩层和土层等六类。图3.2-2可很好地说明管波探测法的划分方法。

完整基岩段的管波特征是：管波无能量衰减，界面反射在段内明显甚至有多次反射；

岩溶发育段的特征是：管波能量严重衰减，界面反射在段内消失了；

裂隙发育段、溶蚀发育段的特征是：段内界面反射多，溶蚀发育段伴随有能量衰减现象；

软弱岩层和土层的特征是：管波速度变低和有能量衰减。

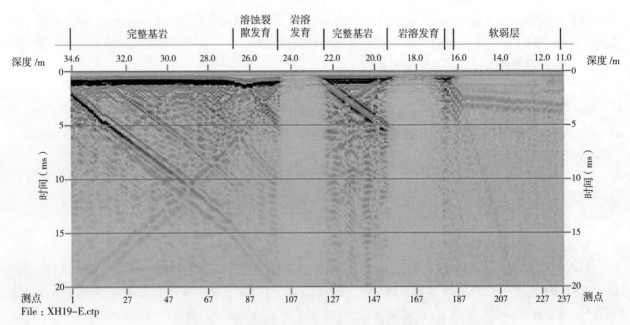

图3.2-2 管波探测法的异常特征及其地质解释方法

3.2.4 管波探测法解释结果

1. 管波探测法解释结果及利用建议

管波探测法将孔旁岩土层分类见表3.2-1。

根据该判别准则及孔旁岩土层物探分类方法，管波探测法的解释结果如图3.2-3~图3.2-9所示。管波探测成果图中，"岩溶发育段"用"掏空三角形"表示。段内钻孔有揭示的，顶角在解释柱状图最左边开始向右划，无揭示的，顶角在解释柱状图中间开始向右划。

孔旁岩土层物探分类及利用建议表 表3.2-1

序号	物探分类	工程性质及建议	地质柱状图描述参照
1	完整基岩段	基岩完整，岩质坚硬，无溶洞。在厚度达到设计要求时，可作为端承桩持力层	定名为微风化灰岩（或角砾状灰岩）。岩质坚硬，岩芯完整，呈长柱状
2	节理裂隙发育段	基岩较完整，岩质较硬，裂隙发育，无溶洞，偶见小溶蚀洞及小溶蚀裂隙。在厚度和抗压强度达到设计要求时，建议可考虑作端承桩持力层	定名为微风化或中风化灰岩（或角砾状灰岩）。岩质较坚硬，岩芯多呈饼状、碎块状或短柱状，节理裂隙发育
3	溶蚀裂隙发育段	总体上表现为基岩，存在溶蚀现象及小的溶洞、裂隙发育，部分包含层厚较小的完整基岩或局部夹有岩状强风化岩。建议不宜作为端承桩持力层	定名为微风化或中风化灰岩（或角砾状灰岩）。岩质较软~硬，岩芯较破碎，多呈饼状、碎块状，岩体裂隙发育，局部夹有岩状强风化岩，钻进时漏水、存在溶蚀现象或半边岩溶
4	软弱岩层	总体上表现为基岩，风化程度大，岩体破碎，岩质较软。建议不应作为端承桩持力层	定名为全风化、强风化岩，岩质较软，岩芯多呈土状、半岩半土状
5	岩溶发育段	总体上表现为岩溶，及溶蚀裂隙发育，局部包含较薄的岩层。建议严禁作为端承桩持力层	定名为溶洞或裂隙发育的微风化或中风化岩，见溶蚀、漏水现象
6	土层	第四系土层、强风化、全风化岩的统称，建议不应作为端承桩持力层	定名为第四系土层，土洞，全风化、强风化岩。包含规模较小的岩溶、裂隙发育及土洞、溶洞充填物

2. 管波探测法解释结果与钻孔资料的异同说明

（1）钻孔资料反映钻孔揭露范围内的岩土分层情况，反映的范围是钻孔直径，一般不能反映钻孔直径以外的地质情况。管波探测法的解释结果反映以钻孔为中心，半径为半波长范围（本区约为1.0m）内的地质情况，两者探测范围不同，结论自然不同。但是在管波法中解释的岩溶发育段，往往在钻孔中有漏水、岩芯破碎、溶蚀等岩溶迹象或揭露溶洞。

（2）钻孔资料是根据岩芯和工程经验进行判别的。管波解释结果是以岩土层的波速、波幅等物理特性进行判断的。两者依据不同，结论亦可能存在某些差别。

（3）管波探测中解释的软弱夹层，是指全风化、强风化岩层，其中部分钻孔钻探资料为中风化岩层。

（4）管波探测中解释的岩溶发育段，并非指探测范围内全截面均为溶洞，而是指截面局部或全部为溶洞，并且其中可能夹有厚度较薄的完整基岩层，但因不可作为端承桩的持力层，归并为岩溶发育段。

3.2.5 管波探测成果的综合分析与评价

3.2.5.1 场地岩溶发育基本规律与特点

岩溶发育离不开三大基本要素，即可溶性岩石（石灰岩）、地质构造（断层、节理等）、地下水（地下水运动和水中的CO_2）。三大基本要素与岩溶之间关系如下：

1. 岩性与岩溶的关系

可溶性岩石是岩溶发育的基础，一般，单层厚度大，$CaCO_3$含量高，质地纯净的灰岩有利于岩溶发育。反之，单层厚度小，$CaCO_3$含量低，含杂质较多的灰岩不利于岩溶发育。本场地地层岩性主要为下石炭系，厚层状灰岩，$CaCO_3$含量较高，质地较为纯净，这就有利于岩溶发育。

2. 地质构造与岩溶的关系

地质构造是岩溶发育形态和规模及其分布的主导因素，一般地下暗河、大型溶蚀漏斗、大溶洞等大规模岩溶的发育往往与深大断裂有关，并且多呈线性分布，走向多与断层一致。而小型溶洞、溶沟、溶槽等多与各种节理裂隙有关。

场地内未见断裂构造通过，构造类型主要以陡倾的各种节理裂隙为主。这就决定了场地的岩溶发育形态以小型溶洞、溶蚀沟槽为主。

3. 地下水与岩溶的关系

地下水运动及其CO_2含量也是岩溶发育的主要因素。基本原理就是CO_2溶于水中生成HCO_3^{++}，再把灰岩中的$CaCO_3$变成$CaHCO_3$而溶于水中。通过地下水运动，源源不断地补充水中HCO_3^{++}的含量。

故地下水运动方式也是影响岩溶发育形态与分布的主要因素之一。基岩面附近有利于岩溶的发育，往深部则岩溶发育程度趋弱。其垂向渗流方式有利于形成溶蚀沟槽，水平方向的径流有利于大规模岩溶的发育。本场地的地层组合特点决定了地下水在基岩面附近以渗流方式为主，这就是本场地多发育溶沟溶槽的主要原因。

4. 场地岩溶发育特点

综合以上各方面因素，对本场地的岩溶发育特点，可归纳以下几点：

第一、场地岩溶较发育，见洞率较高，线岩溶率高；

第二、岩溶发育规模不大，大的溶洞少，形态上以溶沟、沟槽为主；

第三、主要分布于基岩面附近，随着深度增加岩溶发育程度减弱；

第四、发育趋势上趋于岩溶发育沉寂期，具体表现为大部分岩溶有充填物。

3.2.5.2 管波探测法成果综述

本次管波探测共完成的探测孔20个，对比20个探测孔的钻探揭露与管波解释的岩溶发育情况如表3.2-2。

现对探明的岩溶发育情况及基岩完整性说明如下：

（1）从管波探测解释成果图可见，管波法解释的溶洞比钻探揭露的个数多，且规模大。顶板普遍比钻探的高，而底板则普遍要低。管波探测法发现了桩位范围内的、钻孔未揭露的岩溶8个。

（2）在20个钻孔中，钻探见洞率21.10%，计算的总体线岩溶率4.94%；而管波的见洞率52.60%，计算的总体线岩溶率17.28%。两者对比说明，在钻探认为"完整"的基岩中，有12.34%（管波的17.28% - 钻探的4.94%=12.34%）的区段，在桩位范围内是存在岩溶的。

管波法解释岩溶与钻探揭露岩溶对比统计一览表　　表3.2-2

序号	钻孔编号	岩面高程	终孔标高	揭露入岩厚度（m）	钻探揭露岩溶发育情况				管波解释岩溶发育情况			
					顶标高	底标高	洞高（m）	线岩溶率	顶标高	底标高	洞高（m）	线岩溶率
1	K1-20	-28.30	-36.50	8.20								
2	K1-33	-27.60	-35.90	8.30								
3	K1-42	-28.60	-37.34	8.74								
4	K1-108	-27.45	-36.30	8.85								
5	K1-136	-23.00	-30.60	7.60								

序号	钻孔编号	岩面高程	终孔标高	揭露入岩厚度（m）	钻探揭露岩溶发育情况				管波解释岩溶发育情况			
					顶标高	底标高	洞高(m)	线岩溶率	顶标高	底标高	洞高(m)	线岩溶率
6	K1-275	-23.50	-33.00	9.50								
7	K1-314	-37.10	-46.10	9.00	-37.1	-38.7	1.6	17.8%	-37.1	-40.4	3.3	36.7%
8	K1-244	-8.01	-17.34	9.33								
9	K7-66	-24.50	-31.60	7.10								
10	K7-58	-26.50	-34.70	8.20								
11	K8-36	-25.50	-33.09	7.59					-25.6	-26.5	0.9	11.9%
12	K8-74	-21.80	-29.12	7.32								
13	K8-75	-21.50	-32.18	10.68	-21.7	-22.7	1.0	9.4%	-21.5	-22.7	1.2	11.2%
14	K10-14-2	-25.40	-41.20	15.80					-31.8	-32.9	1.1	7.0%
15	K10-48	-26.50	-38.33	11.83					-26.6	-31.3	6.2	52.4%
									-32.2	-33.7		
16	K10-92	-29.40	-39.74	10.34					-30.1	-32.8	2.7	26.1%
17	K10-193	-25.60	-33.10	7.50					-27.4	-29.2	1.8	24.0%
18	K10-194	-24.00	-37.40	13.40	-25.6	-29.0	3.4	25.4%	-25.6	-32.7	7.1	53.0%
19	K10-218	-22.80	-30.10	7.30					-24.5	-28.1	3.6	49.3%
20	QH-162	-37.00	-46.80	9.80	-37.0	-40.2	3.2	32.7%	-38.0	-41.6	4.3	43.9%
									-46.6	-47.3		
21	20孔总体统计				见洞率:		21.10%		见洞率:		52.60%	
					总体线岩溶率:		4.94%		总体线岩溶率:		17.28%	

（3）在20个孔中，管波法在钻探认为"完整"的基岩中发现了较大规模岩溶的钻孔有7个，占总孔数的35%。这7个钻孔分别是QH-162、K1-314、K10-14-2、K10-48、K10-193、K10-194、K10-218。现分别说明如下：

QH-162孔

钻探标高在-23.11～-29.61m之间是完整的，可作为持力层。而管波成果则显示标高在-23.11～-24.41m、-26.91～-27.71m、-29.41～-30.11m之间见岩溶发育（图3.2-3），本孔无符合要求的持力层。

K1-314孔

钻探标高在-23.97～-31.37m之间是完整的；而管波成果则显示标高在-24.47～-26.27m、-29.37～-29.87m之间见岩溶发育（图3.2-4）。

K10-14-2孔

钻探标高在-15.73～-24.23m之间是完整的；而管波成果则显示标高在-15.73～-18.03m之间见岩溶发育（图3.2-5）。

K10-48孔

钻探标高在-11.55～-21.08m之间是完整的；而管波成果则显示标高在-11.55～-16.45m之间见岩溶发育（图3.2-6）。

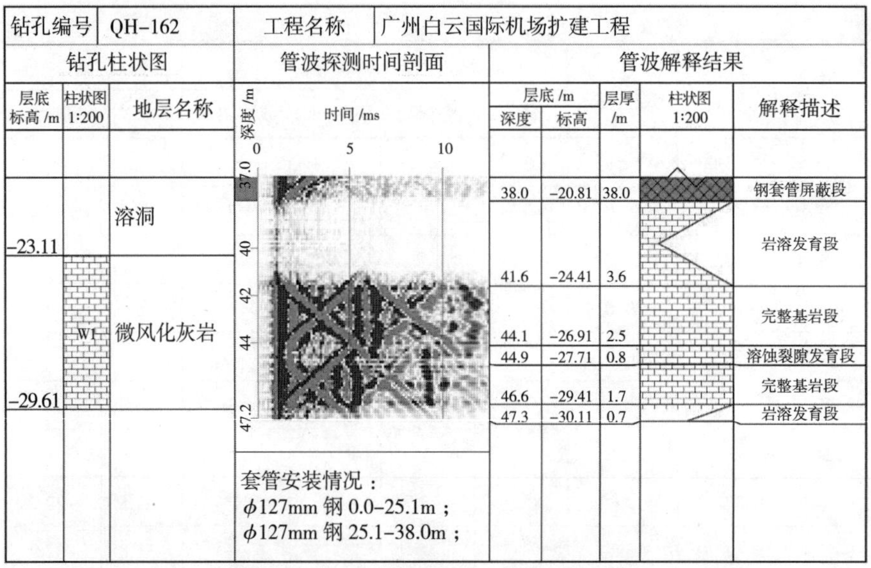

钻孔编号	QH-162	工程名称	广州白云国际机场扩建工程				
钻孔柱状图			管波探测时间剖面	管波解释结果			
层底标高/m	柱状图 1:200	地层名称	深度/m 时间/ms 0 5 10	层底深度	层底标高	层厚/m	柱状图 1:200 解释描述
		溶洞	37.0	38.0	−20.81	38.0	钢套管屏蔽段
−23.11			40	41.6	−24.41	3.6	岩溶发育段
	W1	微风化灰岩	42	44.1	−26.91	2.5	完整基岩段
			44	44.9	−27.71	0.8	溶蚀裂隙发育段
−29.61				46.6	−29.41	1.7	完整基岩段
			47.2	47.3	−30.11	0.7	岩溶发育段
			套管安装情况： φ127mm 钢 0.0–25.1m； φ127mm 钢 25.1–38.0m；				

图 3.2-3　QH-162 孔管波探测解释成果图

钻孔编号	K1-314	工程名称	广州白云国际机场扩建工程				
钻孔柱状图			管波探测时间剖面	管波解释结果			
层底标高/m	柱状图 1:200	地层名称	深度/m 时间/ms 0 5 10	层底深度	层底标高	层厚/m	柱状图 1:200 解释描述
		溶洞	37.1	39.2	−24.47	39.2	钢套管屏蔽段
−23.97			40	40.4	−25.67	1.2	岩溶发育段
	W1	微风化灰岩	42	41.0	−26.27	0.6	溶蚀裂隙发育段
				44.1	−29.37	3.1	完整基岩段
−31.37			44.6	44.6	−29.87	0.5	溶蚀裂隙发育段
			套管安装情况： φ127mm 钢 0.0–23.0m； φ110mm 钢 23.0–39.0m；				

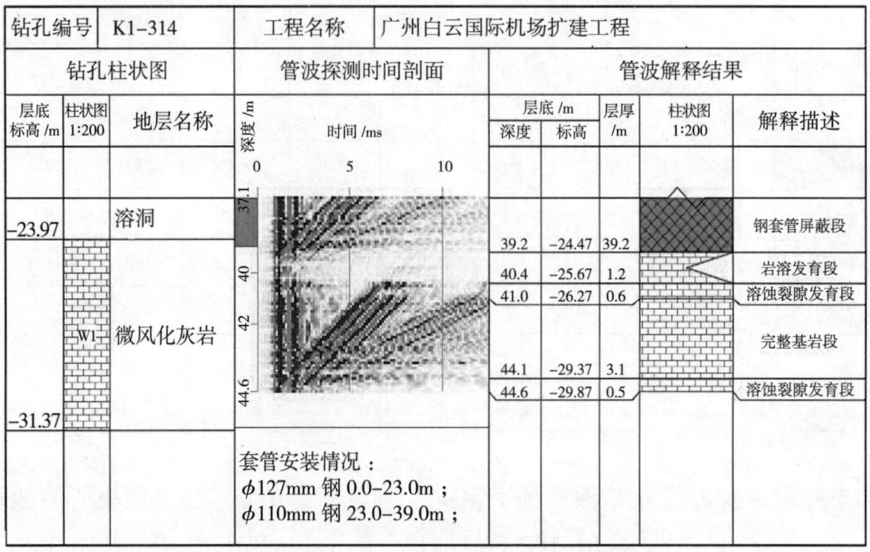

图 3.2-4　K1-314 孔管波探测解释成果图

钻孔编号	K10-14-2	工程名称	广州白云国际机场扩建工程				
钻孔柱状图			管波探测时间剖面	管波解释结果			
层底标高/m	柱状图 1:200	地层名称	深度/m 时间/ms 0 5 10	层底深度	层底标高	层厚/m	柱状图 1:200 解释描述
		溶洞	29.9	31.8	−14.83	31.8	钢套管屏蔽段
−15.73			32	32.9	−15.93	1.1	岩溶发育段
			34	34.2	−17.23	1.3	节理裂隙发育段
				35.0	−18.03	0.8	溶蚀裂隙发育段
	W1	微风化灰岩	36				节理裂隙发育段
−24.23			40.0	40.0	−23.03	5.0	
			套管安装情况： φ127mm 钢 0.0–30.0m；				

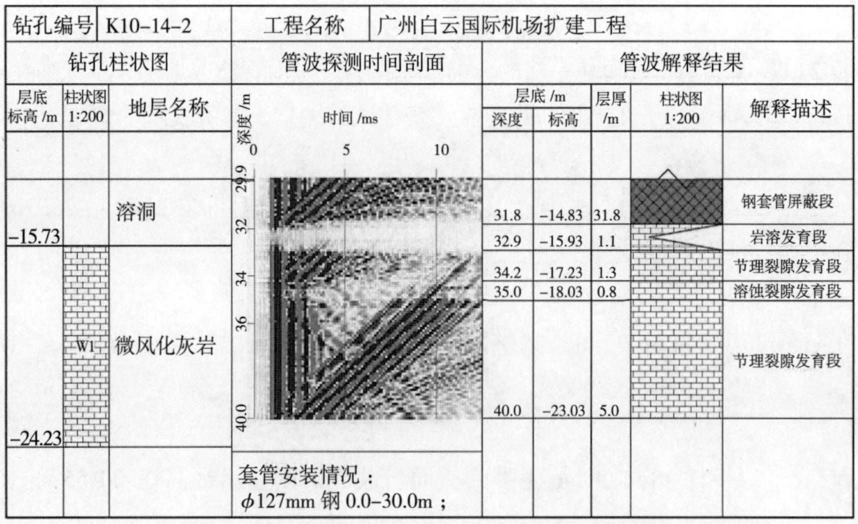

图 3.2-5　K10-14-2 孔孔管波探测解释成果图

K10-193孔

钻探标高在-8.89～-16.39m之间是完整的；而管波成果则显示标高在-9.89～-12.49m之间为岩溶发育（图3.2-7）。

K10-194孔

钻探标高在-12.35～-20.85m之间是完整的；而管波成果则显示标高在-12.35～-16.15m之间为岩溶发育（图3.2-8）。

K10-218孔

钻探标高在-6.09～-13.39m之间是完整的，可作为持力层。而管波成果则显示标高在-7.79～-11.39m之间为岩溶发育（图3.2-9），基本为全孔岩溶发育。

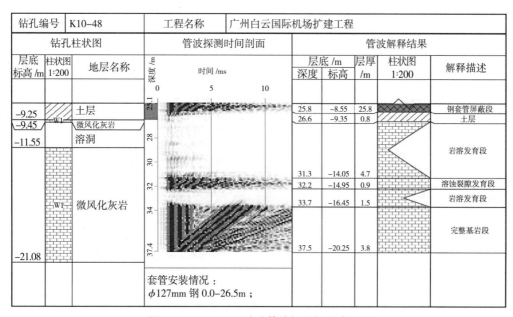

钻孔编号	K10-48		工程名称	广州白云国际机场扩建工程				
钻孔柱状图			管波探测时间剖面	管波解释结果				
层底标高/m	柱状图1:200	地层名称	深度/m 时间/ms	层底/m		层厚/m	柱状图1:200	解释描述
				深度	标高			
-9.25		土层	25.1	25.8	-8.55	25.8		钢套管屏蔽段
-9.45	W1	微风化灰岩		26.6	-9.35	0.8		土层
-11.55		溶洞	28					岩溶发育段
			30	31.3	-14.05	4.7		溶蚀裂隙发育段
	W1	微风化灰岩	32	32.2	-14.95	0.9		岩溶发育段
			34	33.7	-16.45	1.5		完整基岩段
-21.08			37.4	37.5	-20.25	3.8		

套管安装情况：
φ127mm 钢 0.0-26.5m；

图 3.2-6 K10-48孔孔管波探测解释成果图

钻孔编号	K10-193		工程名称	广州白云国际机场扩建工程				
钻孔柱状图			管波探测时间剖面	管波解释结果				
层底标高/m	柱状图1:200	地层名称	深度/m 时间/ms	层底/m		层厚/m	柱状图1:200	解释描述
				深度	标高			
-8.89		土层	25.4	26.6	-9.89	26.6		钢套管屏蔽段
				27.4	-10.69	0.8		溶蚀裂隙发育段
	W1	微风化灰岩	28	29.2	-12.49	1.8		岩溶发育段
			30					节理裂隙发育段
-16.39			32.3	32.3	-15.59	3.1		

套管安装情况：
φ127mm 钢 0.0-26.6m；

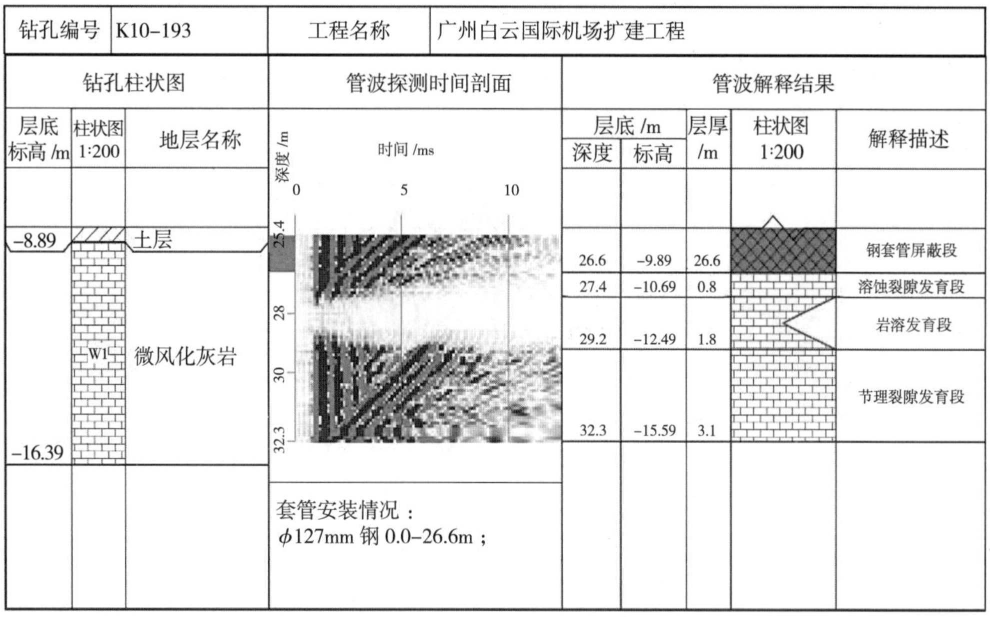

图 3.2-7 K10-193孔孔管波探测解释成果图

钻孔编号 K10–194
工程名称 广州白云国际机场扩建工程
钻孔柱状图
管波探测时间剖面
管波解释结果
层底标高 /m
柱状图 1:250
地层名称
深度 /m
时间 /ms
0 5 10
层底 /m
深度 标高
层厚 /m
柱状图 1:250
解释描述
–6.95
–7.25
–12.35
–20.85
W1
土层
微风化灰岩
溶洞
微风化灰岩
22.6
26
28
30
32
34
36.7
24.0 –7.45 24.0
26.1 –9.55 2.1
32.7 –16.15 6.6
36.7 –20.15 4.0
钢套管屏蔽段
节理裂隙发育段
岩溶发育段
完整基岩段
套管安装情况：
ϕ127mm 钢 0.0–24.0m；

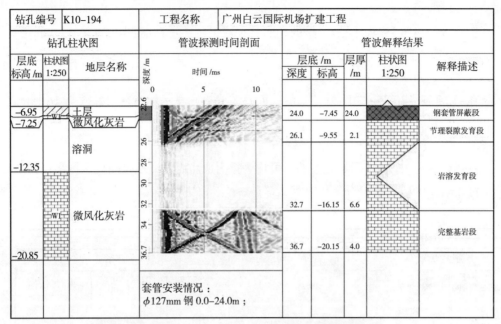

图 3.2–8　K10–194 孔孔管波探测解释成果图

钻孔编号 K10–218
工程名称 广州白云国际机场扩建工程
钻孔柱状图
管波探测时间剖面
管波解释结果
层底标高 /m
柱状图 1:200
地层名称
深度 /m
时间 /ms
0 5 10
层底 /m
深度 标高
层厚 /m
柱状图 1:200
解释描述
–6.09
–13.39
W1
土层
微风化灰岩
22.0
24
28.0
22.9 –6.19 22.9
24.5 –7.79 1.6
28.1 –11.39 3.6
钢套管屏蔽段
节理裂隙发育段
岩溶发育段
套管安装情况：
ϕ127mm 钢 0.0–22.7m；

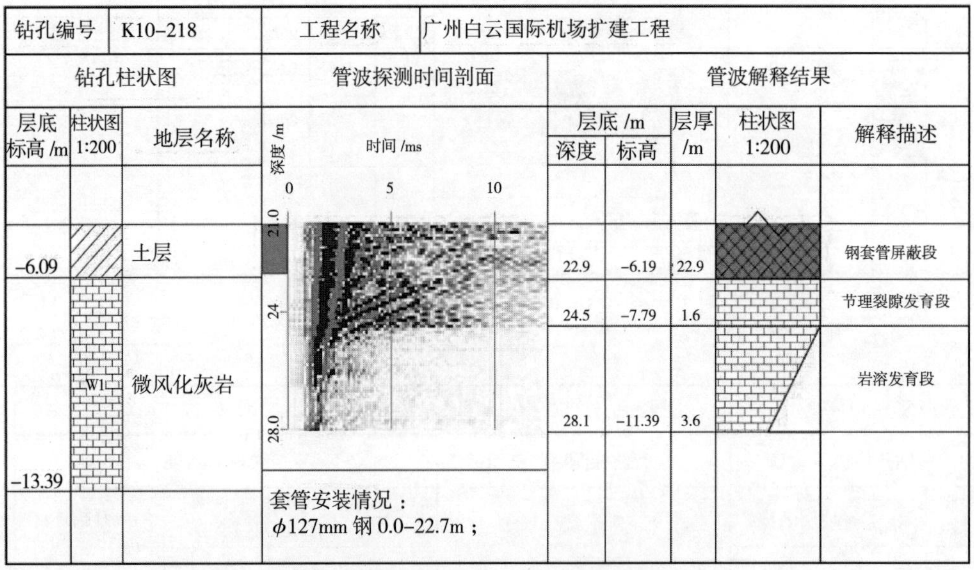

图 3.2–9　K10–218 孔孔管波探测解释成果图

3.2.5.3　管波探测法成果的评价

对管波法成果综合评价如下：

（1）管波探测法发现了桩位范围内的、钻孔未揭露的岩溶。管波法解释的溶洞比钻探揭露的个数多，且规模大。岩溶顶板普遍比钻探的高，而底板则普遍要低；

（2）钻探认为“完整”的基岩中，有12.34%的区段，管波发现其存在岩溶发育。管波法在钻探认为“完整”的基岩中发现了较大规模岩溶的钻孔有7个，占总孔数的35%。如按一桩一孔钻探成果进行桩基设计，则可能有约35%的桩基存在安全风险。如按管波法成果进行设计，则可排除以上风险。

3.2.6 管波探测成果的验证

3.2.6.1 管波探测成果的验证情况分析

本次试验工作，在20个管波探测孔周围，共完成验证钻孔69个，每个管波探测孔周围有3个或4个验证孔。为了方便对管波成果的适宜性、准确性进行综合分析与评价，将每个测试孔的所有验证孔的柱状图与原来解释的管波成果图同标高并排。同时标注各孔之间平面位置关系，详见图3.2-10。

根据本次工作的技术要求与验收标准，对20个孔位管波探测法准确性进行分析评价，其结果见表3.2-3。根据验收标准判断，管波探测法准确率为90%。

对验证情况的分析如下：

（1）管波解释的可作为持力层的完整基岩段（厚层节理裂隙发育段、完整基岩段）内，验证孔均未发现有溶洞。仅有K7-66孔的第2验证孔中见小规模溶蚀沟槽或裂缝，但不影响桩基安全；

（2）管波解释的岩溶发育段或溶蚀裂隙发育段，均被验证孔所证实。管波解释的岩溶发育段或溶蚀裂隙发育段，不管其在原来的测试孔中是否存在溶洞，在相应的标高范围，均在一个或多个验证孔中见岩溶发育，岩溶形态主要表现为溶洞、溶沟、溶槽等；

（3）共有两孔（K7-66、QH-162）的验证结果与管波解释成果存在差异，差异之处在于管波解释的较薄的完整基岩段中见溶蚀裂缝、溶槽。溶蚀裂缝、溶槽在钻孔中揭露的厚度较大，但实际宽度很小，不影响桩基安全。

钻探时，当钻具进入溶蚀裂缝、溶槽后，就会顺其延伸方向钻进。如果溶蚀裂缝、溶槽不是垂直的，就会导致钻孔偏斜。这种现象在验证孔内出现时，就可能导致验证孔的深部偏离管波的探测范围。

K7-66孔的地质剖面中在验证孔K7-66-2、K7-66-3中揭露的溶槽如图3.2-10所示。QH-162孔的地质剖面中在验证孔QH162-1、QH162-2中揭露的溶蚀裂缝如图3.2-11所示。

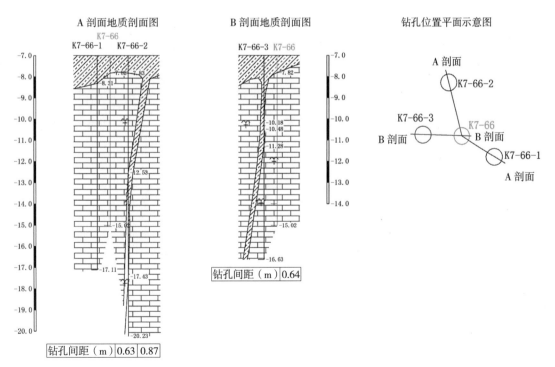

图 3.2-10　K7-66 孔地质剖面揭露的溶槽

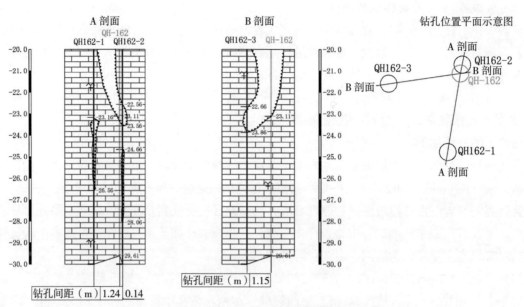

图 3.2–11 QH166孔地质剖面揭露的溶蚀裂缝

（4）个别验证孔揭露，岩面、溶洞底板低于管波探测法中解释的岩面、溶洞底板。这是由于受陡峭岩面、洞壁、洞底的作用，可能引起钻具滑移，从而导致在深部，验证钻孔偏离管波探测范围。图3.2–12是根据测试孔K1–42和周围的验证孔所作的地质剖面图，纵横比例尺一致。剖面真实地反映了基岩面的陡倾情况。

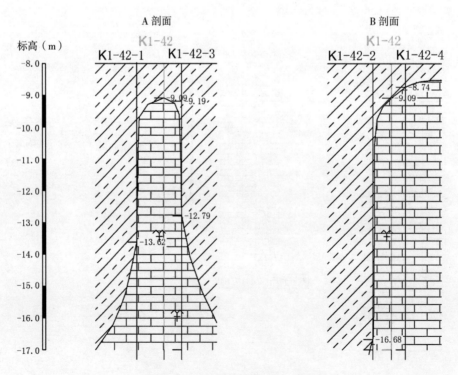

图 3.2–12 钻探剖面反映的岩面陡峭

国标《建筑工程地质钻探技术标准》JGJ87-92第3.1.3条规定，垂直钻孔允许偏差为±2°。根据工程经验，本场地全部钻孔的垂直度均满足规范要求。本场地地处岩溶地区，存在岩面陡峭，溶洞边界形态复杂、洞底陡倾等客观实际。如此条件下进行钻探施工，要保证全部钻孔百分之百垂直是极其困难的。

上述岩面陡峭、溶洞洞底陡倾等情况，极易引起钻具滑移，从而导致验证钻孔偏离管波探测范围。

（5）极少数测试孔由于孔内沉渣较多，导致管波测试探头无法到达孔底。在以后的测试工作中，采取泥浆护壁、钢套管护壁，或者及时捞渣等处理工艺，即可减少孔内沉渣，保证管波测试深度满足设计要求。

（6）各测试孔的验证孔揭露的地质情况表明，验证孔与测试孔的差异很大，即使多个钻孔也无法完全探明桩径范围的地质情况，对桩基设计依然存在较大风险。

3.2.6.2　管波探测验证成果的评价

根据本次工作的技术要求与验收标准，对20个孔位管波探测法准确性进行分析评价，其结果见表3.2-3。对管波探测的验证成果总结评价如下：

（1）管波探测法准确率为90%。共有两孔（占10%）的验证结果与管波解释成果存在差异，这是由于岩面陡峭、溶洞洞底陡倾、溶蚀裂缝等客观原因引起；

（2）管波解释的可作为持力层的完整基岩段（厚层节理裂隙发育段、完整基岩段），经验证均未发现有溶洞，可作为桩基持力层使用；

（3）管波探测法发现了桩位范围内的、钻孔未揭露的岩溶，均被验证孔所证实。

3.2.7　结论

综合本次管波探测试验成果与验证成果，结论如下：

（1）各测试孔与验证孔揭露的地质情况表明，验证孔与测试孔的差异很大，即使多个钻孔也无法完全探明桩径范围的地质情况，对桩基设计依然存在较大风险；

（2）管波探测法成果准确率达90%，基本能查明以钻孔为中心、半径1m范围内整个基岩段的圆柱形区域、规模大于0.3m的岩溶发育情况。根据管波探测法解释成果进行桩基设计，可降低桩基设计风险，保证桩基的安全；

（3）管波探测法适宜在本场地使用，可为桩基设计提供准确依据，并可指导基桩施工工作。

3.3　穿越溶洞的长桩（大小桩）计算分析与试验结果评价

针对规范中对于端承桩的持力层厚度要求在岩溶地区较难满足，在本项目中提出一种大小直径桩，并通过数值模拟和静载试验验证其做法的有效性。

管波探测法验证成果评价一览表

表3.2-3

序号	钻孔编号	成果图件编号	管波解释 岩溶段标高（m）	管波解释 完整段标高（m）	验证孔1 岩溶段标高（m）	验证孔1 完整段标高（m）	验证孔2 岩溶段标高（m）	验证孔2 完整段标高（m）	验证孔3 岩溶段标高（m）	验证孔3 完整段标高（m）	验证孔4 岩溶段标高（m）	验证孔4 完整段标高（m）	管波准确性评价 岩溶段	管波准确性评价 完整段
1	K1-20	附图1-1	-8.63~-8.93	-8.93~-14.83	-8.32~-15.62	-15.62~-18.22		-8.54~-17.35		-8.91~-17.20		-8.94~-17.14	准确	准确
2	K1-33	附图1-2		-7.77~-14.87		-7.44~-15.73		-8.20~-17.90		-8.44~-16.74		-8.20~-16.51	准确	准确
3	K1-42	附图1-3		-12.09~-17.09		-13.62~-18.50	-9.19~-12.79	-16.68~-20.61		-12.79~-19.12		-8.74~-17.85	准确	准确
4	K1-108	附图1-4		-13.12~-20.42		-8.53~-17.00		-11.51~-20.26		-12.18~-20.98		-10.76~-22.70	准确	准确
5	K1-136	附图1-5		-7.57~-14.07		-7.58~-15.24		-7.37~-14.84		-8.08~-15.52		-7.66~-15.21	准确	准确
6	K1-244	附图1-6		-8.01~-16.31		-7.99~-19.41		-9.48~-18.98		-7.71~-19.21			准确	准确
7	K1-275	附图1-7		-8.57~-16.07		-7.37~-17.83	-7.15~-9.05	-9.05~-17.71		-7.71~-17.77			准确	准确
8	K1-314	附图1-8	-24.47~-26.27 -29.37~-29.87	-26.27~-29.37	-20.00~-23.81 -28.91~-32.91	-23.81~-28.91 -32.91~-34.21	-20.00~-23.71 -24.81~-25.81 -28.81~-32.31	-25.81~-28.81 -32.31~-34.31	-20.00~-23.93	-23.93~-33.33			准确	准确
9	K7-58	附图1-9		-12.03~-19.63		-10.65~-19.75		-12.10~-19.86		-10.36~-19.75			准确	准确
10	K7-66	附图1-10	-7.92~-8.42	-8.42~-14.02		-8.31~-17.11	-12.53~-17.43	-7.83~-12.53 -17.43~-20.23	-10.48~-11.28	-11.28~-16.63			准确	有差异
11	K8-36	附图1-11	-9.88~-10.78	-10.78~-16.88	-10.35~-12.75	-12.75~-20.45		-9.67~-18.33	-10.31~-11.21	-11.21~-18.34		-9.37~-18.59	准确	准确
12	K8-74	附图1-12	-6.87~-7.37 -7.97~-8.37	-8.37~-13.07		-7.20~-15.70		-7.08~-15.98		-6.71~-15.31			准确	准确
13	K8-75	附图1-13	-5.70~-9.50	-9.50~-15.30		-5.67~-18.07	-5.58~-8.88（炭质灰岩）	-8.88~-18.06		-6.15~-18.03			准确	准确

续表

序号	钻孔编号	成果图件编号	管波解释 岩溶段标高(m)	管波解释 完整段标高(m)	验证孔1 岩溶段标高(m)	验证孔1 完整段标高(m)	验证孔2 岩溶段标高(m)	验证孔2 完整段标高(m)	验证孔3 岩溶段标高(m)	验证孔3 完整段标高(m)	验证孔4 岩溶段标高(m)	验证孔4 完整段标高(m)	管波准确性评价 岩溶段	管波准确性评价 完整段
14	K10-14-2	附图1-14	-14.83~-18.03	-18.03~-23.03	-7.58~-19.38	-19.38~-27.68	-7.03~-15.83	-15.83~-22.23	-9.87~-18.57	-18.57~-24.27	-10.20~-17.30	-17.30~-23.54	准确	准确
15	K10-48	附图1-15	-9.35~-16.45	-16.45~-20.25		-12.61~-22.06	-9.49~-15.79	-15.79~-23.59	-9.87~-11.47	-11.47~-22.64		-11.86~-22.86	准确	准确
16	K10-92	附图1-16	-16.36~-19.66	-19.66~-26.16		-21.69~-29.72	-17.96~-18.36	-16.36~-17.96；-18.36~-28.49	-26.90~-29.00	-23.10~-26.90；-29.00~-31.42		-21.13~-28.43	准确	准确
17	K10-193	附图1-17	-10.69~-12.49	-12.49~-15.59		-8.59~-18.09		-9.71~-18.11	-11.39~-13.19	-13.19~-18.42			准确	准确
18	K10-194	附图1-18	-9.55~-16.15	-16.15~-20.15	-7.44~-15.94	-15.94~-22.54	-10.84~-15.04	-15.04~-22.04	-8.95~-14.85	-14.85~-22.55			准确	准确
19	K10-218	附图1-19	-7.79~-11.39	-6.19~-7.79	-7.40~-9.80	-9.80~-17.00		-6.53~-15.33	-7.53~-10.43	-10.43~-15.43			准确	准确
20	QH-162	附图1-20	-20.81~-24.41；-26.91~-27.71；-29.41~-30.11	-24.41~-26.91；-27.71~-29.41	-13.96~-14.66；-23.16~-26.56	-11.00~-13.96；-14.66~-23.16；-26.56~-31.56	-11.00~-14.16；-22.56~-23.56；-24.66~-28.06	-14.16~-22.56；-23.56~-24.66；-28.06~-31.36	-11.00~-14.06；-22.66~-23.86	-14.06~-22.66；-23.86~-31.83			准确	有差异

备注：K1-20验证孔1位于干板岭陡峭岩面或溶沟，钻具滑移，深部偏离探测范围；
K1-42：验证孔2位于干板岭陡峭岩面或溶沟，钻具滑移，深部偏离探测范围；
K7-66：地质条件复杂，验证孔2、3揭露岩溶形态为陡倾溶沟，对桩基安全影响不大；
K10-92：验证孔1、3位于干板岭陡峭岩面或溶沟，钻具滑移，深部偏离探测范围；
QH-162：2见垂直裂缝，不影响桩基安全。

3.3.1 钻孔资料与桩做法

桩做法如图3.3-1、图3.3-2所示。

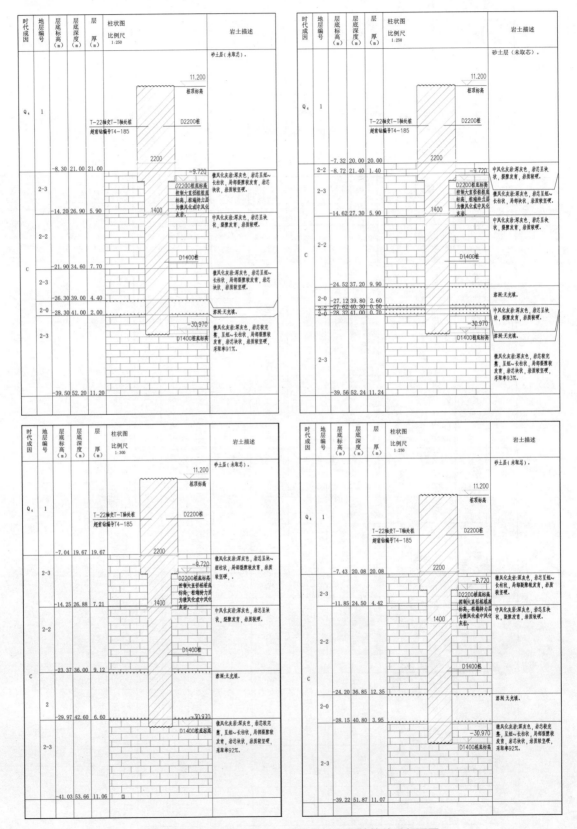

图3.3-1 T4-185钻孔（一桩4钻孔）与桩的关系剖面图

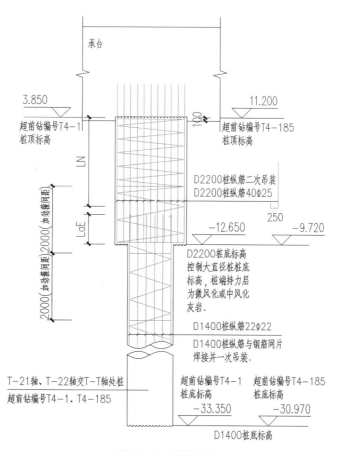

图 3.3-2　桩做法图

3.3.2　桩的数值模拟（摘录）

采用弹塑性结构分析软件ABAQUS进行单桩承载力计算，建立三维的结构计算模型。整块土体水平边长80m，根据超前钻资料T4-185、T4-1确定土层厚度及分布（图3.3-3、图3.3-4）。

本部分计算内容较多，仅列举部分数据。

桩基础混凝土部分采用实体单元模拟，混凝土等级为C35。按《建筑桩基础技术规范》（JGJ 94-2008）第5.8.3条，第3点："泥浆护壁和套筒护壁非挤土灌注桩、部分挤土灌注桩、挤土灌注桩：$\phi_c=0.7\sim0.8$"，基桩成桩工艺系数ϕ_c按低值取0.7。C35混凝土的抗拉、抗压强度均按此系数折减。混凝

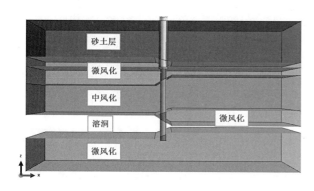

图 3.3-3　T4-185 钻孔有限元模型剖面图

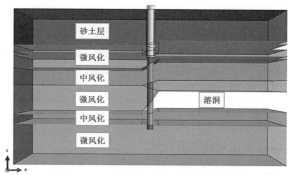

图 3.3-4　T4-1 钻孔有限元模型剖面图

土本构采用弹塑性损伤模型，可考虑材料拉压强度的差异，刚度强度的退化。按《混凝土结构设计规范》附录C建立本构关系。

桩基础钢筋均采用壳单元模拟，钢筋等级为HRB400。钢材采用等向强化二折线模型，其中屈服强度值与极限强度值之比取0.85，钢材达到极限强度时延伸率取0.025。采用Mises屈服准则，等向强化。

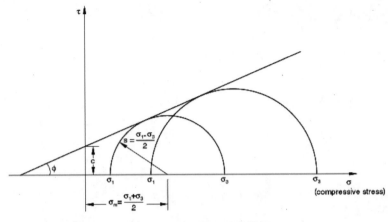

图3.3-5　摩尔库伦本构模型

砂土层采用摩尔库伦模型模拟，参数按勘察报告中的粉细砂层。天然容重取19.5kN/m³，杨氏模量按压缩模量取为10MPa，泊松比取0.3。内摩擦角取25°，凝聚力取0MPa（图3.3-5）。

中风化炭质灰岩层参考混凝土采用损伤模型模拟，本构参数参考《混凝土结构设计规范》GB 50009-2012附录C。中风化岩的端阻发挥系数C_1取0.3×0.8=0.24，侧阻发挥系数C_2按勘察报告取0.04。岩石饱和抗压强度值取为20MPa，折算后的桩端岩石饱和抗压强度值为20×0.24=4.8MPa，抗拉强度值取0.45MPa。桩侧岩石饱和抗压强度值为0.04×20=0.8MPa。桩端土及桩侧200mm外的岩土，天然容重取18.0kN/m³，杨氏模量取为11000MPa，泊松比取0.3。桩侧200mm内的岩土，考虑冲桩时对岩土的扰动及清孔不干净，对其杨氏模量进行了折减，杨氏模量取为0.2×11000=2200MPa，泊松比取0.3，天然容重同样取18.0kN/m³。

微风化灰岩层参考混凝土采用损伤模型模拟，本构参数参考《混凝土结构设计规范》GB 50009-2012附录C。中风化岩的端阻发挥系数C_1取0.3×0.8=0.24，侧阻发挥系数C_2按勘察报告取0.04。岩石饱和抗压强度值取为35MPa，折算后的桩端岩石饱和抗压强度值为35×0.24=8.4MPa，抗拉强度值取0.79MPa。桩侧岩石饱和抗压强度值为0.04×20=1.4MPa。桩端土及桩侧200mm外的岩土，天然容重取18.0kN/m³，杨氏模量取为11000MPa，泊松比取0.3。桩侧200mm内的岩土，考虑冲桩时对岩土的扰动及清孔不干净，对其杨氏模量进行了折减，杨氏模量取为0.2×11000=2200MPa，泊松比取0.3，天然容重同样取18.0kN/m³。

变截面桩交接部位以下500mm范围内的微风化岩，考虑到大桩施工有较大难度，需要分块冲孔成桩以及大桩底部清孔不易干净，造成桩端持力处的岩土质量下降。因此将桩端以下0.5m范围内的微风化岩弹性模量折减80%、抗压强度按折算微风化岩桩端岩石饱和抗压强度值再折减50%。

整个大土体底盘的下表面受三向位移约束，侧面受水平位移约束。

桩顶施加压力前加载桩基的自重。桩顶压力分40级加载，每级加载量约2000～2500kN，以荷载-沉降曲线出现陡降或桩身混凝土被压溃时的桩顶力作为预估极限荷载。

模型计算方法采用Explicit（显式）拟静力计算：荷载按线性加载（从0加载到设计荷载）。

进行五种情况下的单桩竖向静荷载数值模拟试验，分别为：

（1）实际钻孔资料下的变截面桩单桩承载力特征值计算；

（2）溶洞高度增加，假定在变截面桩交接部位4m以下至桩端嵌固层以上全是溶洞，计算变截面桩的单桩承载力特征值计算；

（3）假定仅施工D2200大桩、下部D1400小桩不施工，钻孔资料下的D2200大桩的单桩承载力特征值；

（4）假定仅施工D2200大桩、下部D1400小桩不施工，在大桩底部4m以下全是溶洞时，D2200大桩的单桩承载力特征值；

（5）实际钻孔资料下的D1400小桩单桩承载力特征值。

简要介绍第1、2种计算结果：

实际钻孔资料下的变截面桩单桩承载力特征值计算：

桩顶的荷载–沉降曲线如图3.3-6所示：

T4-185钻孔： 曲线在46000kN处出现第一个拐点，74000kN处出现第二个拐点。桩顶力超过74000kN时桩身混凝土压溃。

T4-1钻孔： 曲线在45000kN处出现第一个拐点，75000kN处出现第二个拐点。桩顶力超过75000kN时桩身混凝土压溃。

桩顶作用45000～46000kN，荷载–沉降曲线出现第一个拐点，大桩在微风化层嵌固，右方小图的红色区域为微风化层。岩土应力较大的区域集中在大桩与小桩的交接区域，最大Mises应力达5.52MPa。该区域承受了较多的桩顶力。但传到小桩底的桩顶力较小。小桩底部微风化岩的Mises应力仅0.75MPa（图3.3-7、图3.3-8）。

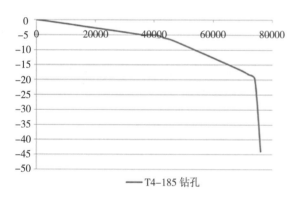
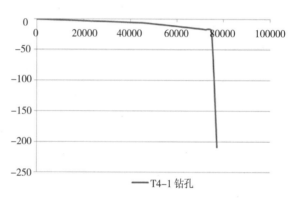

图3.3-6　桩顶的荷载–沉降曲线（单位：kN–mm）

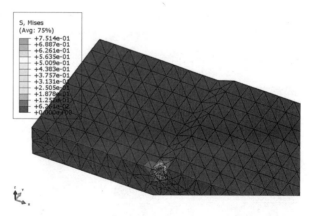

图3.3-7　大桩嵌固部位岩土的 Mises 应力分布图　　图3.3-8　小桩嵌固部位岩土的 Mises 应力分布图

桩顶作用45000～46000kN大桩中部的Mises应力较大，最大值约12MPa，受压损伤较小。下部小桩的Mises应力值约2.1MPa，钢筋的Mises应力最大值约85.6MPa（图3.3-9）。

桩顶作用74000～75000kN，荷载–沉降曲线出现第二个拐点，大桩在微风化层嵌固，右方小图的红色区域为微风化层。岩土应力较大的区域集中在大桩与小桩的交接区域，最大Mises应力达9.37MPa。该

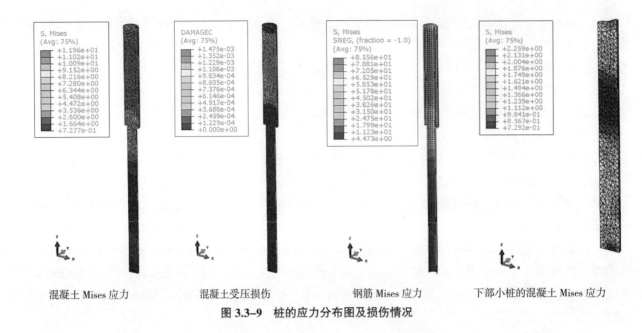

混凝土 Mises 应力　　　　混凝土受压损伤　　　　钢筋 Mises 应力　　　下部小桩的混凝土 Mises 应力

图 3.3-9　桩的应力分布图及损伤情况

区域承受了较多的桩顶力。小桩也在微风化层嵌固，但传到小桩底的桩顶力较小。小桩底部微风化岩的Mises应力仅1.17MPa。说明混凝土压溃时，底部微风化岩应力仍较小（图3.3-10）。

桩顶作用74000~75000kN，大桩中上部的Mises应力较大，最大值约29.3MPa。受压损伤虽然较小，但应力已接近混凝土强度极限值，桩顶力到76000kN时大桩出现整体压溃。下部小桩的Mises应力值约3.99MPa，小桩的应力仍较小。钢筋的Mises应力最大值约335MPa，钢筋未屈服（图3.3-11）。

溶洞高度增加，假定在变截面桩交接部位4m以下至桩端嵌固层以上全是溶洞，而小桩仍嵌固在最下部的微风化岩上，其余的地质条件不变，计算变截面桩的单桩承载力特征值计算：

考虑到变截面桩施工有较大难度，需要分块冲孔成桩以及变截面桩交接处清孔不易干净，造成桩端持力处的岩土质量下降。因此将桩端以下0.5m范围内的微风化岩弹性模量折减80%、抗拉压强度折减50%（图3.3-12）。

桩顶的荷载-沉降曲线如图3.3-13所示曲线在44000kN处出现第一个拐点，74000kN处出现第二个拐点，桩下部存在大溶洞时桩位移较大。桩顶力超过74000kN时桩身混凝土压溃，溶洞高度的增加，桩顶作用44000kN，荷载-沉降曲线出现第一个拐点，岩土应力较大的区域集中在大桩与小桩的交接区

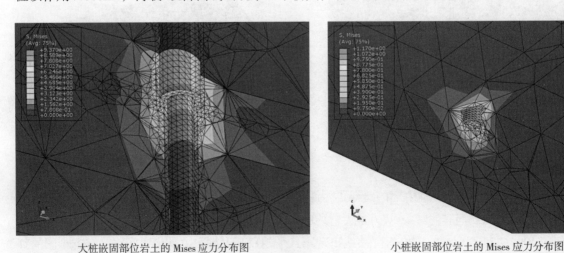

大桩嵌固部位岩土的 Mises 应力分布图　　　　　　小桩嵌固部位岩土的 Mises 应力分布图

图 3.3-10　大、小桩嵌固部位岩土的 Mises 应力分布图

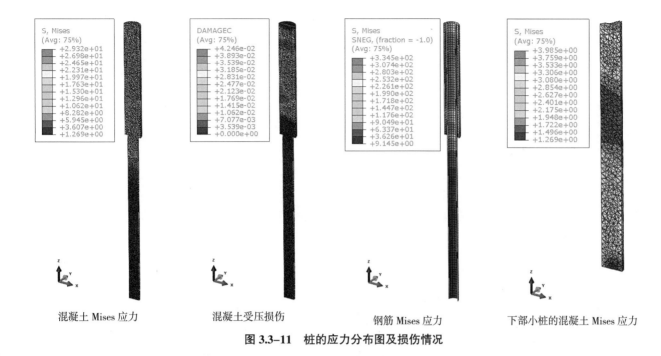

混凝土 Mises 应力   混凝土受压损伤   钢筋 Mises 应力   下部小桩的混凝土 Mises 应力

图 3.3-11 桩的应力分布图及损伤情况

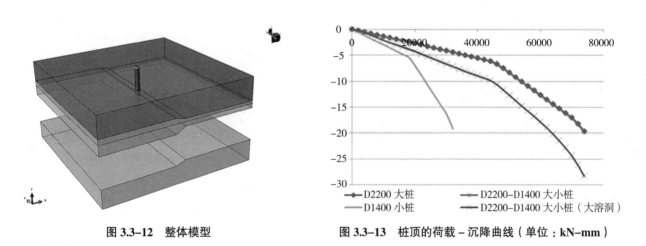

图 3.3-12 整体模型

图 3.3-13 桩顶的荷载－沉降曲线（单位：kN-mm）

域，最大Mises应力达5.83MPa。传到小桩底的桩顶力比情况1大得多。小桩底部微风化岩的Mises应力约4.86MPa（图3.3-14、图3.3-15）。

桩顶作用44000kN，在大桩嵌固部位附近，与桩侧接触的微风化岩存在一定范围的受压损伤和受拉损伤。整个损伤区呈冲切破坏，损伤程度较无大溶洞时要大（图3.3-16、图3.3-17）。

桩顶作用44000kN，大桩中部的Mises应力较大，最大值约11.8MPa，受压损伤较小。下部小桩的Mises应力值约8.29MPa，钢筋的Mises应力最大值约76.1MPa（图3.3-18）。

桩顶作用74000kN，荷载-沉降曲线出现第二个拐点，岩土应力较大的区域集中在大桩与小桩的交接区域，最大Mises应力达11.4MPa。小桩在下部微风化层嵌固，传到小桩底的桩顶力比无溶洞时大得多。小桩底部微风化岩的Mises应力约6.65MPa（图3.3-19、图3.3-20）。

桩顶作用74000kN，大桩中上部的Mises应力较大，最大值约29.3MPa。受压损伤虽然较小，但应力已接近混凝土强度极限值，桩顶力到74000kN时大桩出现整体压溃。下部小桩的Mises应力值约13.4MPa，小桩的应力比无大溶洞时大很多。钢筋的Mises应力最大值约343MPa，钢筋未屈服（图3.3-21）。

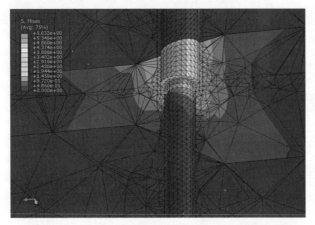

图 3.3-14 大桩嵌固部位岩土的 Mises 应力分布图

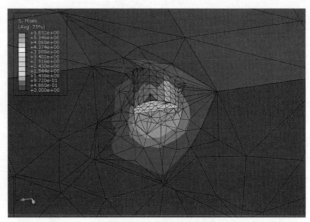

图 3.3-15 小桩嵌固部位岩土的 Mises 应力分布图

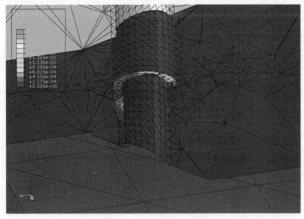

图 3.3-16 大桩嵌固部位附近岩石的受压损伤分布图

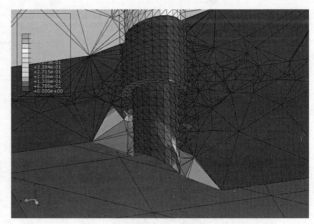

图 3.3-17 大桩周边岩石的受拉损伤分布图

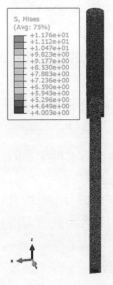
混凝土 Mises 应力

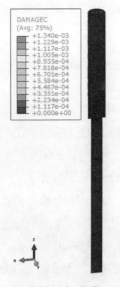
混凝土受压损伤

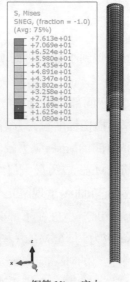
钢筋 Mises 应力

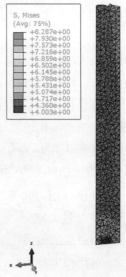
下部小桩的混凝土 Mises 应力

图 3.3-18 44000kN 作用下桩的应力分布图及损伤情况

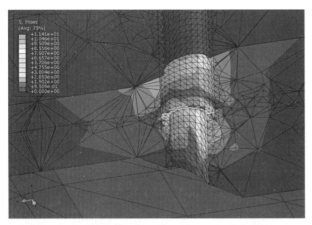

图 3.3-19 大桩嵌固部位岩土的 Mises 应力分布图

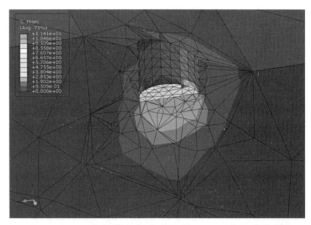

图 3.3-20 小桩嵌固部位岩土的 Mises 应力分布图

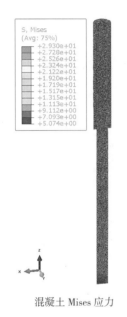

混凝土 Mises 应力

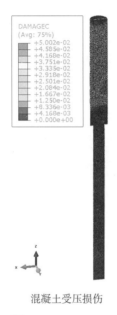

混凝土受压损伤

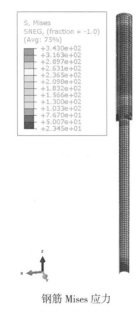

钢筋 Mises 应力

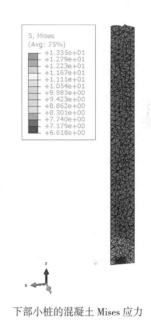

下部小桩的混凝土 Mises 应力

图 3.3-21　74000kN 作用下桩的应力分布图及损伤情况

3.3.3　结论

根据现场的两个超前钻孔的数值模拟结果，五种情况的计算总结如下：

（1）D2200-D1400变截面桩在承受45000kN时桩顶压力荷载-沉降曲线出现拐点，但曲率并无大幅增加。承受75000kN桩顶压力时桩身应力接近混凝土抗压强度极限值，此时桩顶并无出现明显沉降。荷载再增加一级后，桩身混凝土压溃。桩基最终破坏形式为基岩出现局部损伤，桩基混凝土被压溃，桩基钢筋屈服。

（2）增加溶洞高度，承载力仅略微减少，截面桩的大桩下部4m以下全为溶洞，而小桩仍嵌固在最下部的微风化岩上，其余的地质条件不变。变截面桩在承受44000kN桩顶压力时荷载-沉降曲线出现拐点，但曲率并无大幅增加。承受72500kN桩顶压力时桩身应力接近混凝土抗压强度极限值，此时桩顶并无出现明显沉降。荷载再增加一级后，桩身混凝土压溃。桩基最终破坏形式为大桩嵌固部位附近基岩出现冲切，桩基混凝土被压溃，桩基钢筋屈服。

大桩底部出现大溶洞时，小桩起到了很好的支撑作用。特别是大桩底部的微风化岩出现损伤而刚度退化后，桩顶力通过小桩传递到最底部的微风化岩。

变截面桩在溶岩地区有较大的应用优势。若大桩下部存在分布不确定的大溶洞时，大桩下面的小桩则可发挥很大作用。对于大直径桩基，深层冲桩、清孔较困难，在深层施工小直径桩能大幅降低工程量、加快施工进度。

（3）假定将D2200-D1400变截面桩替换为等直径的D1400小桩，桩长不变，周边的地质条件也不变。桩在承受17500kN桩顶压力时荷载-沉降曲线出现拐点，但曲率并无大幅增加。承受32000kN桩顶压力时桩身应力接近混凝土抗压强度极限值，此时桩顶并无出现明显沉降。荷载再增加一级后，桩身混凝土压溃。桩基最终破坏形式为砂土层与微风化岩相接处附近的岩石出现局部损伤，桩基混凝土被压溃，桩基钢筋屈服。

（4）假定仅施工D2200-D1400变截面桩的上半部分，即仅保留上部的D2200大桩，下部的D1400小桩去掉，周边的地质条件不变。D2200大桩在承受45000kN桩顶压力时荷载-沉降曲线出现拐点，但曲率并无大幅增加。承受75000kN桩顶压力时桩身应力接近混凝土抗压强度极限值，此时桩顶并无出现明显沉降。荷载再增加一级后，桩身混凝土压溃。桩基最终破坏形式为基岩出现局部损伤，桩基混凝土被压溃，桩基钢筋屈服。D2200大桩与D2200-D1400变截面桩的荷载-沉降曲线基本重合，且破坏形态也相近。说明了大桩底部附近无大溶洞时，D2200大桩与D2200-D1400变截面桩的承载力是一致的。设计时变截面桩的承载力可以用D2200大桩来预估。

（5）假定仅施工D2200-D1400变截面桩的上半部分，即仅保留上部的D2200大桩，下部的D1400小桩去掉。假定D2200大桩下部4m以下全为溶洞，其余的地质条件不变。D2200大桩在承受44000kN桩顶压力时荷载-沉降曲线出现拐点，曲率大幅增加。承受56000kN桩顶压力时荷载-沉降曲线出现陡降，桩基底部的岩土发生整体破坏。桩基最终破坏形式为大桩嵌固部位附近基岩出现冲切破坏，桩基混凝土保持弹性，桩基钢筋保持弹性。大桩底部出现大溶洞下部无小桩支撑时，桩基承载力大幅降低（图3.3-22）。

主要结果汇总如表3.3-1所示。

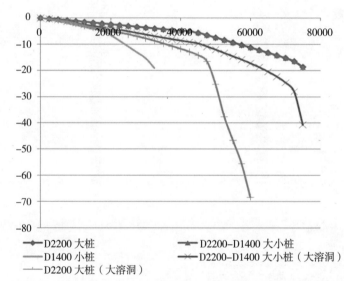

图3.3-22 五种情况的荷载桩顶的荷载－沉降曲线（单位：kN-mm）

结果汇总表   表3.3-1

编号	情况描述	第一拐点（kN）	受力特点	第二拐点（kN）	受力特点
1	D2200-D1400变截面桩（按地质资料）	45000	主要大桩受力 岩土轻微损伤	75000	大桩压坏 岩土局部损伤
2	D2200-D1400变截面桩（增高溶洞模拟）	44000	大桩小桩共同受力	72500	大桩压坏 岩土局部损伤
3	D1400小桩	17500	主要桩侧受力 端阻较小	32000	上部桩身压坏 岩土局部损伤
4	D2200大桩	45000	与变截面桩受力接近	75000	桩身压坏 岩土局部损伤
5	D2200大桩（增高溶洞模拟）	44000	嵌固端受冲切	56000	桩身弹性 岩土冲切破坏

3.3.4 桩竖向静载试验（摘录）

由于大直径灌注桩承载力高，开展现场静载试验的难度较大，选择承载力合适的大小直径桩进行试验，选择桩径为D1800-D1200，单桩承载力特征值为11600kN，试验结果如图3.3-23所示。

从该桩的静载试验结果看，在2倍特征值23200kN加载量时，总沉降量为13.76mm，卸载至零后，残余沉降量为3.68mm，回弹量10.08mm，回弹占总沉降量73.26%，Q-s曲线不是平滑曲线，但未见明显拐点，且每级荷载下的沉降均在极短时间稳定，可以看出采用大小直径桩的做法是可以达到设计需要的承载力要求。

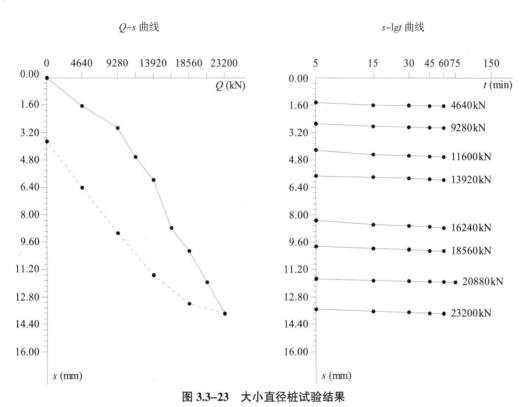

图 3.3-23 大小直径桩试验结果

3.4 灌注桩桩基施工期间同步进行的大直径灌注桩控壁岩体完整性探测方法的发明应用（摘录）

广州白云国际机场扩建工程交通中心及停车楼项目地处岩溶强烈发育区，在施工阶段，由于岩溶强烈发育，施工进度极为缓慢。针对抗拔桩侧阻力的承载力计算要求，需采用适宜的物探方法详细查明冲桩孔孔壁性状，区分土层、岩溶及完整岩体，为桩基抗拔力计算提供相应依据。

委托广东省地质物探工程勘察院进行有效性现场试验。

1. 物探方法选择

根据工程特性，本次探测工作在冲桩孔内进行，结合物探方法的特性，宜选用井中物探方法。井中物探方法主要有：跨孔电磁波CT法、跨孔电阻率CT法、跨孔弹性波CT法、管波探测法、声波测井法、综合测井法等。结合本项目情况，除声波测井外，其他井中物探方法都有一定的局限性。

声波测井通过测量井壁声学性质来探测井壁及周围的地质情况，它主要测量井壁波速、能量、频率等声学参数。声波是机械波，是机械振动在媒介中的传播过程，井内泥浆是一种液体，由于它只能发生体积形变，不能发生剪切形变，所以它只能传播纵波，不能转播横波。当纵波到达孔壁后，就会发生波的转换，此时，井壁地层就会产生沿井壁滑行的横波，而它与沿井轴方向传播的流体纵波相互作用就会产生斯通莱波（Stoneley wave），产生的条件是在地层横波波速大于泥浆纵波波速。它实际上相当于几何声学中的泥浆直达波。斯通莱波的特点是有轻微频散，没有截止频率，波速低于泥浆波速，相速度略低于群速度；能量集中在低频段，在井轴方向无衰减，井壁向地层方向按指数衰减，井径变小，幅度增加。

根据声波在井中的传播特性，可以用声波记录来判断井轴方向的岩石、土层或岩溶的分界。

2. 遵循的规程、规范

本次勘察所遵循的规程、规范和标准如下：

《岩土工程勘察规范》GB 50021–2009；

《浅层地震勘查技术规范》DZ/T 0170–1997；

《城市工程地球物理探测规范》CJJ 7–2007；

在质量管理方面，按GB/T 19001–2000–ISO 9001：2000标准建立的质量管理体系。

3. 物探试验工作方法

1）试验工作范围

试验工作在C2-36桩冲桩孔内进行，如图3.4-1所示。物探测试选择紧贴冲桩孔孔壁的八个方位角（0°、45°、90°…315°，以地理北为0°）进行。物探测试的深度范围为钻探及冲孔施工发现的最浅岩面以上2m至冲桩孔孔底。测试时以钢护筒顶（标高11.04m）为物探测试的深度0.0m点。

2）物探仪器设备

试验工作使用武汉岩海公司生产的ST-01C非金属超声检测仪，配以一发双收声波探头。该仪器性能指标满足相关规范的要求，仪器由广州市计量科学研究所检定合格，工作期间性能稳定、工作正常。

3）野外数据采集

工作时先将一套一发双收的声波探头呈放至C2-36桩冲桩孔孔底，且由冲桩孔中心缓慢向所需的角度孔壁旁移动（测试所需角度先用地质罗盘定好），直至稳定后才开始测试，测点垂向间距0.2m。外业测试场景如图3.4-2所示。

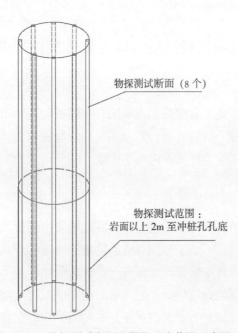

物探测试断面（8个）

物探测试范围：
岩面以上 2m 至冲桩孔孔底

图 3.4-1　物探测试断面位置及深度范围示意图

图 3.4-2　物探野外试验场景

野外的数据采集,对信号实时监控,仪器采集到的波形要求初至清晰、波形正常,发现波形畸变即进行重复观测,两次观测相对误差小于2%,并做好野外班报填写。

本次声波测井所采集的数据记录全部合格,原始记录质量满足有关规范的要求。

4)资料处理分析与解释

资料处理与分析

野外测试完成后,按下列流程进行处理:观测得到的数据采用我院编制的HoleWin地震软件系统处理,根据声波测试的深度关系,将数据转成单道时间剖面。八个方位的测试剖面如图3.4-3所示。

根据声波测试原理对时间剖面进行地质解释。以东南方向断面(135°断面,图3.4-4)为例,说明如下:本剖面测试深度范围从18.0m至32m。其中,深度24.6~26.2m段及27.0~30.6m段,波动能量强,此为孔壁为完整岩体的反应。深度18.0~24.6m段、26.2~27.0m段及30.6~32.0m段,波动能量弱,判定孔壁周围为土层或溶洞。

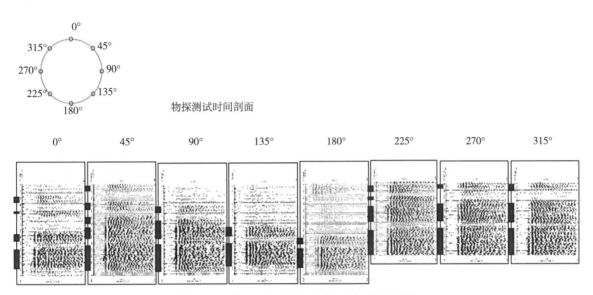

图 3.4-3 C2-36孔各方向物探测试时间剖面图

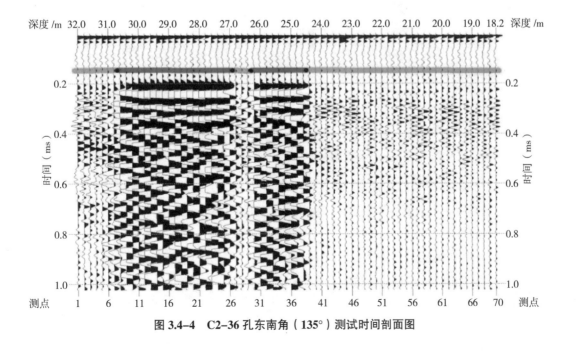

图 3.4-4 C2-36孔东南角(135°)测试时间剖面图

5）资料解释

从图3.4-5可见，本次测试段高14m（深度范围为18～32m，标高范围-7～-21m），八个物探断面总测试长度为103.0m。其中，完整岩体总高53.6m，占52%；溶洞总高27.5m，占27%；土层总高21.9m，占21%。

本桩设计桩径1200mm，在本次测试深度范围18～32m内（标高范围-7～-21m），孔壁总面积52.8m²，完整岩体的孔壁总面积为27.4m²，相当于冲桩孔全断面入岩7.3m。

将物探解释成果与桩内两个超前钻孔进行对比表明，物探判定的土、岩、洞位置与钻孔资料具有很好的吻合性。本方法可作为详细查明冲桩孔孔壁性状，区分土层、岩溶与完整岩体的有效方法，其成果可作为桩基抗拔力计算的依据。

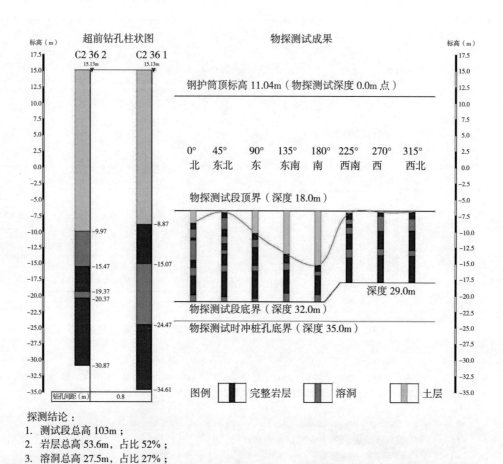

图3.4-5　C2-36桩孔壁探测综合解释成果图

6）结论

本次物探试验采用了声波测井法对C2-36桩的冲桩孔进行了八个方位的声波测试，通过对物探成果的综合分析，得结论如下：

（1）测试段高14m（深度范围为18～32m，标高范围-7～-21m）内，完整岩体总高53.6m，占52%；溶洞总高27.5m，占27%；土层总高21.9m，占21%。

（2）本桩设计桩径1200mm，测试范围孔壁总面积52.8m²，完整岩体的孔壁总面积为27.4m²，相当于冲桩孔全断面入岩7.3m。

（3）对比超前钻孔资料表明，物探判定的土、岩、洞位置与钻孔资料具有很好的吻合性。

（4）本方法可作为详细查明冲桩孔孔壁性状，区分土层、岩溶与完整岩体的有效方法，其成果可作为桩基抗拔力计算的依据。

3.5 桩基检测要求

管桩的检测要求：静载试验按总桩数的1%（远大于3根），高应变抽检数量为总桩数的10%；低应变法检测桩身完整性的数量不小于总桩数的20%。桩基础检测结果未发现Ⅲ类桩，个别桩于地表浅部出现缺陷，采取挖出截除。

灌注桩的检测要求如表3.5-1所示，冲孔灌注桩桩型数据统计如表3.5-2所示。

灌注桩监测要求   表3.5-1

桩型	检测目的	检测方法	规范要求	设计要求
冲孔桩	桩身质量	低应变+声波透射	对未抽检到的其余桩，宜采用低应变法或高应变法检测	低应变+声波透射抽检数量不少于总桩数60%
		声波透射和钻芯法结合	对于桩径≥1500mm的柱下桩，每个承台下的桩应采用钻芯法或声波透射法抽检，抽检数量不少于该承台下桩总数的30%且不少于1根；对于桩径<1500mm的柱下桩和非柱下桩，应采用钻芯法或声波透射法抽检，抽检数量不少于相应桩总数的30%且不少于20根	钻芯法不少于总桩数10%，且不少于10根
	承载力	静载试验	当桩径>1200mm时确因试验设备或现场条件等限制，难以采用静载试验、高应变法抽测时，对端承型嵌岩桩（含嵌岩型摩擦端承桩、端承桩），可采用钻芯法对不同直径桩的成桩质量、桩底沉渣、桩端持力层进行鉴别，抽检数量不少于总桩数的10%且不少于10根。钻芯法抽检的数量可计入桩身质量抽检数量	不少于同条件下总桩数的1%，且不少于3根
		高应变		不少于总桩数的10%

冲孔灌注桩桩型数据统计   表3.5-2

标段	区域	桩型数据							合计
		φ800	φ800b	φ1000	φ1200	φ1400	φ2000	φ2200	
一标段	主楼西	123	107	16	79	845	0	38	1208
二标段	主楼东	130	111	20	81	809	0	74	1225
三标段	东西指廊	30	0	188	443	260	0	0	921
总计									3354

（备注：后缀b代表抗拔桩）

3.6 岩溶地区各类型缺陷桩各类问题的归纳、分析与处理

3.6.1 缺陷分类

3.6.1.1 低应变检测异常

发现桩身在某一部位有明显异常，且检测结果定义为Ⅲ（Ⅳ）类桩，则需要进行钻芯法检测验证，

根据验证结果判定是否需要处理。验证合格无需加倍抽检，当钻芯法检测仍判定为Ⅲ（Ⅳ）类桩，则根据具体问题需要采取扩大检测及桩身的处理。

3.6.1.2　超声波检测异常

（1）埋管堵塞。同区域范围内调整检测桩号或调整检测方式，但需同时满足设计规范要求。

（2）桩身明显异常。进行钻芯法检测验证，根据验证结果判定是否需要处理。验证合格无需加倍抽检，当钻芯法检测仍判定为Ⅲ（Ⅳ）类桩，则根据具体问题需要采取扩大检测及桩身的处理。

3.6.1.3　高应变检测异常

（1）未能采集到规范要求数据。由于桩帽制作、充盈系数过大等原因导致无法采集数据。造成该问题的原因主要系现场场地平整度较差，桩帽制作时与桩身结合不好，因此易导致无法采集正常数据。另外由于地下砂层、土溶洞较大导致充盈系数过大，桩身"大肚子"等情况经常发生，各标段的充盈系数平均都在1.3以上，故有部分高应变数据是无法正常反馈的。上述两种问题经各方确认后，采用抽芯进行验证。

（2）动测的承载力不满足设计要求。首先进行设计复核，如复核合格该桩不做处理，但同时仍进行扩大抽检（设计另有要求除外）。如设计复核不满足则重新施工，后补充静载或高应变复检该桩，同时扩大抽检。扩大抽检原则为同批次桩。

（3）动测承载力不满足设计要求同时桩底有明显缺陷。承载力不足处理参见（2）点所示办法。桩底有明显缺陷进行抽芯验证，具体处理详见"抽芯检测异常"。

3.6.1.4　抽芯检测异常

（1）桩身完整性浅部芯样松散、破碎。上部打掉接桩处理，复验时提供接桩部分隐蔽验收记录及试块强度报告或复抽芯至接桩部位以下1m。如判断该类问题在同批次桩中为普遍性问题，则经各方确认同批次桩号后扩大检测。

（2）持力层岩性不满足设计要求微风化30MPa要求。

进行设计复核，如明确注浆，设计补充技术参数，注浆后抽芯复检，同时以邻近桩为原则进行扩大抽检；

进行设计复核，如设计复核同意无需处理则作为合格桩，亦不做扩检。

（3）钻孔过程钻到钢筋、偏出桩外。加孔补桩，加孔后仍不能抽到桩底，进行静载或高应变验证。

（4）桩底沉渣厚度过大。端承桩沉渣厚度大于50mm应提请设计复核，如明确灌浆则高压清洗后注浆，注浆后抽芯验证，扩大检测以同批次桩为原则，各方共同确认扩检桩号。

（5）桩身夹泥等完整性缺陷。废桩重新施工，重新施工后抽芯检测，并以同批次桩为原则，各方共同确认扩检桩号。

3.6.2　缺陷范例介绍

典型缺陷桩分析处理范例：T8-237#桩处理方案。

3.6.2.1　特征桩单桩情况介绍

1. 特征桩型主要数据及施工情况（表3.6-1）

特征桩主要数据及施工情况　　　　　　　　　　　　　　　　　　　表3.6-1

桩号	T8-237	桩径	2200mm
成桩日期	2013.10.29	混凝土理论方量	154.370
全岩面标高	-26.20	混凝土实际方量	203
终孔标高	-27.24	充盈系数	1.315
施工异常情况	\multicolumn{3}{l}{在绝对标高-7.90～-13.21m存在土洞，曾出现6次泥浆面下沉的情况，共回填片石137.2m³、黏土111.2m³；在绝对标高-21.20～-26.20m存在斜岩面、溶洞等特殊地质情况，曾出现10次泥浆面下沉的情况，共回填片石151.8m³、142.4m³。施工过程可反映地质情况复杂，存在土、溶洞、斜岩面情况}		

2. 特征桩基检测情况（抽芯检测）

抽芯结果（图3.6-1）

特征桩溶洞及钻孔分析如表3.6-2所示。

T8-237-1

T8-237-2

T8-237-3

T8-237-4

图 3.6-1　特征桩抽芯结果

特征桩溶洞及桩孔分析表   表3.6-2

孔位	前勘点	超前钻				钻芯结果			
	K1-252	237-1	237-2	237-3	237-4	237-1	237-2	237-3	237-4
见岩标高	-11.16	-15.83	-13.21	-26.20	-13.06	-27.24	-27.24	-27.24	-27.24
钻孔底标高	-20.66	-26.93	-24.41	-37.80	-24.13	-32.45	-30.25	-30.45	/
第一层溶洞	/	-8.13 ~ -11.53	-9.01 ~ -13.21	-7.90 ~ -12.20	-5.96 ~ -13.06	/	/	-27.4 ~ -28.41	/
第二层溶洞	/	-12.23 ~ -15.83	/	-21.20 ~ -26.20	/	/	/	-28.81 ~ -30.27	/

钻孔位置分布	

分析

1. 前勘察资料中，可以看出K1-252位置未出现溶洞，而且钻孔底标高仅达到-20.66m，参考借鉴意义不大；
2. 超前钻资料中，可以看出1#、2#、4#孔位（分别位于西面、东面、北面），岩面较高，3#孔位（位于南面）岩面较低，南北岩面起伏较大；
3. 钻芯检测结果中，可以看出，1#、2#孔位（分别位于西面、东面），持力层均为微风化灰岩，而3#孔位在绝对标高-27.4 ~ -28.41m及-28.81 ~ -30.27m分别出现一个溶洞，结果与超前钻相符；
4. 结合超前钻与钻芯检测结果分析，钻芯结果显示3#（南面孔位）出现溶洞，与超前钻资料中揭示的持力层岩面北高南低这一结果很相似，因此可分为判断，此桩所在的持力层为斜岩面，而且是往南方向倾斜

3.6.2.2 成果分析

（1）单桩分析

（2）同承台分析

该承台为单桩承台，因此不做同承台内相邻桩分析。

（3）特征桩邻近桩分析（表3.6-3）

特征桩邻近桩分析表   表3.6-3

桩号	方位（相对于T8-237）	桩距（m）（相对于T8-237）	超前钻见岩面标高m（最低）	终孔标高（m）
T8-237	/	/	-26.20	-27.24
T8-233	北面	约7	-27.93	-29.04
T8-133	东北面	约15	-22.24	-23.46
T8-166	东南面	约18	-16.77	-17.81
T8-167	东南面	约20	-7.68	-8.84
T8-163	南面	约7	-21.94	-23.05
T8-164	南面	约9	-26.16	-27.18
T8-165	南面	约11	-15.33	-16.57

桩号	方位 （相对于T8-237）	桩距（m） （相对于T8-237）	超前钻见岩面标高m （最低）	终孔标高（m）
T8-160	西南面	约20	−14.16	−15.45
T8-236	西面	约18	−15.95	−16.98
T8-232	西北面	约18	−20.16	−21.51
平面 位置 分析				
分析	1. 从相邻桩超前钻见岩标高及桩的终孔标高数据可以看出，T8-237周边岩面起伏较大，与单桩分析结果一致； 2. 相邻桩位中未发现与T8-237抽芯揭示的邻近标高溶洞情况； 3. 相邻桩中，终孔标高最为接近（高差在±5m内）有T8-233、T8-133、T8-163、T8-164；上述桩作为扩检重点对象； 4. 对初定的扩检对象进行分析筛选：首先从桩距上看，T8-233、T8-163、T8-164与T8-237的距离均在10m以内， 而T8-133距离T8-237约15m之多，相对较远，因此先排除；其次，结合单桩分析结果，北高南低，因此建议T8- 163、T8-164作为扩检对象			

（4）分析成果及建议

通过对T8-237及其邻近桩进行分析，初步认为T8-237所在的持力层为斜岩面，而且是往南方向倾斜，结合对T8-237邻近桩的分析，基本确定将T8-163和T8-164作为扩检对象。

3.6.2.3　特征桩桩底溶洞处理方案

（1）处理依据：广东省建筑设计研究院工程项目设计通知书（编号：桩基础结联-016）

（2）施工原理：采用高压水头对溶洞岩壁进行高压旋喷（包括定喷）强压冲削，促使其溶洞洞壁的泥砂污皮清洗剥落，然后采用气举循环法进行清渣，将洞内积（泥）沙全部清出洞外排除，这样促使溶洞形成干净室腔，然后配制高标号水泥浆，通过原钻芯孔扦入导管直至溶洞底部。采用压力注浆泵从下至上进行压注水泥浆。以压注浆体排挤洞内积水，再通过孔口压力挤压水泥浆的方法促使洞室内填充密实，从而达到增补持力层强度的目的。假若溶洞无法清洗冲压干净，泥砂外泛不断，则采用高压水持续冲压，高压旋喷注浆法达到洞室充填密实，根据需要增设钻孔，采用小型水泵扦入抽水管一边冲压一边抽出泥砂（但在冲浆时要注意抽水管头不出水泥浆为原则，否则停抽）。要确保旋喷注浆后14d水泥固结体强度达到24MPa。

（3）施工工艺及流程

施工流程：高压旋喷冲压清洞-气举清渣-对孔底反向压浆-结合孔口挤压浆的方法。

①布孔及钻孔：利用已钻芯的2个钻孔并需增设1～2个钻孔于桩基南（北）方位。

②高压旋喷冲压：浆喷射器扦入孔内溶洞段，通过钻杆及高压管与高压泵连接，开动高压泵，同时使喷射器旋转并缓慢上提对溶洞反复旋喷冲压，达到溶洞洞壁及底部（泥）砂污皮削落随水泛出洞外，

有关施工参数：旋喷压力：27~30MPa；转动速度：10~15r/min；提升速度：10~15cm/min。

③气举正，反循环清渣

将压气管窜下至孔深1/3或2/3位置并连接压风机，从相串通的邻孔注入清水，开动空气压缩机，同时不停地提动气管管窜，利用气举正反循环方式将孔底沉渣或削落物等随水排出桩外，有关施工参数：空气压力：0.6~0.7MPa，空气排量：3m³/min。

反复进行步骤2、步骤3工作，必要时可同时进行，直至返出水较清且无砂为止。

将桩顶表面杂物清除干净，在已清洗好的钻孔孔口埋置压浆管。

④进行2次旋喷削割及气举反循环清渣，施工参数同步骤2及3。

⑤配制浆液：按水灰比0.5~0.6进行配浆，并按浆液需求量加入干水泥1‰~2‰减水粉剂。根据岩溶裂隙发育情况及浆液的漏浆量在水泥浆液中加入一定比例的水玻璃，水玻璃的配合比按经验或按产品说明书，水泥须采用52.5R普通硅酸盐水泥。为确保岩溶裂隙注浆后充盈饱满将掺入一定量的膨胀水泥，掺入量为水泥用量5%左右。

⑥注浆

连接注浆管，将配制好的水泥浆导引入蓄浆池。开动注浆泵进行注浆，通过原钻芯孔扞入导管直至溶洞底部。采用压力注浆泵从下至上进行压注水泥浆，直至孔口返出水泥与注入浆液浓度相近或一致后停止注浆。提升速度：10~15cm/min，转速10~15r/min，根据孔口返浆置换及耗浆量情况决定重复喷旋次数，如溶洞内耗浆量过大，孔口不返浆，可采取候凝的办法，停止喷灌浆约45~60min，使其洞内的浆液沉淀或初凝后，如此反复进行直至洞内灌满及孔口返浆为止。

⑦井口压浆

将井口压浆装置安装好后，开动压浆泵进行挤压浆。压力1~1.6MPa，当压力超过1.6MPa并稳压达10分钟或熔浆量达到理论浆量的3倍后停泵，进行间歇挤浆，间歇时间为1小时、4小时一次直至压力上为止。并关闭井口等候凝固，至此，处理施工全部结束。

（4）压浆成果判定及检验

待注浆完成两周后，钻芯取样检查注浆效果，且单根桩保留3组试件（70.7cm×70.7cm×70.7cm）立方体3个，标准养护28d，检测其抗压强度作为水泥浆质量的评定依据，另持力层补强桩芯大于0.1m时应做抗压试验。

上述试验成果提交设计方复核合格后，判定该桩处理合格。

3.7 本章小结

针对岩溶发育地区基础设计开展专项技术研究，得出以下结论：

（1）提出串珠式溶洞区域大直径嵌岩灌注桩采用大小直径桩，并采用弹塑性结构分析软件ABAQUS通过数值模拟和静载试验验证其做法的有效性，可在岩溶发育地区推广运用。

（2）采用物探方法——管波探测法作为辅助物探方法，详细探明桩位岩溶发育情况及持力层的完整性，真实反映基岩面的陡倾情况并用于指导施工，验证了探测手段的适宜性，丰富了桩位岩溶发育情况及持力层的完整性的探测方法，可在其他工程实际推广运用。

（3）针对抗拔桩，采取物探法对冲桩孔孔壁性状，区分土层、岩溶及完整岩体，为桩基抗拔力计算提供相应依据，可显著缩短部分桩基的长度，从而降低工程造价、缩短工期，可在其他工程实际推广运用。

4 下部主体结构设计与试验研究

4.1 抗震缝、伸缩缝与温度缝

本工程虽设缝分为数个较规则平面，但平面尺寸仍远大于《混凝土结构设计规范》GB 50010-2010（2015年版）中设置温度缝的长度要求，首层结构楼盖未设置温度缝，长度达到580m。通过研究建筑结构在温度作用下的内力，采取以下各种抵抗温度应力的措施：利用首层排水管沟设置通长凹槽，减小连续梁板的长度；在楼层梁中配置适量的预应力筋（分段施工成连续预应力线），以便有效地控制混凝土收缩及温度应力引起的结构裂缝的产生和发展；采用收缩小的水泥，减少水泥用量；在施工处理上，通过材料措施和施工措施来大幅度减少温差，并使温差变化及收缩尽量缓慢，以发挥混凝土应力松弛效应；混凝土施工时，混凝土入槽温度不应高于28℃，混凝土中心温度和表面温度之差不应超过25℃；采用分块施工方法，利用后浇带把结构分成若干块施工。使温差变化及收缩尽量缓慢，以发挥混凝土应力松弛效应，每隔40m设置一道施工后浇带，后浇带宽800～1000mm。后浇带用微膨胀混凝土，混凝土强度等级比所在层高一级，膨胀剂的掺量通过计算确定；加强养护措施，平整的底板面采用蓄水养护，否则满铺麻袋，浇水至饱和状态，面铺塑料薄膜，至少保持薄膜凝结水15d以上。保温覆盖层应分层逐步拆除。

4.1.1 膨胀混凝土补偿收缩计算

利用膨胀混凝土的补偿收缩性能，控制结构混凝土由干缩、冷缩、化学减缩、塑性收缩等原因引起的开裂现象，控制混凝土水化硬化期间由于水泥水化过程释放的水化热所产生的温度应力和混凝土干缩应力，要求结构梁板膨胀剂参考掺量8%～10%，混凝土水中14d限制膨胀率≥0.025%，水14d+干空28d限制干缩率≤0.030%，膨胀加强带掺量12%。根据公式 $D = \varepsilon_2 - (S_t + S_d - C_T)$，计算混凝土7d最终变形 $D = (0.82～0.13) \times 10^{-4}$，为正值，控制混凝土处于受压状态，故混凝土不会开裂（其中 ε_2 为限制膨胀率，S_t 为混凝土的最大冷缩率，S_d 为混凝土最大收缩率，C_T 为混凝土的受拉徐变率）。

4.1.2 裂缝诱导沟设计

利用室内的排水及设备沟设置裂缝诱导沟，间距控制在80m左右，沟底采取削弱处理以引导裂缝集中发生，并在诱导沟内设置固定的集水井和水泵，大样做法见图4.1-1。

4.2 大型预应力空心楼盖技术在大跨度结构的应用

4.2.1 概述

白云机场T2航站楼首层行李系统区建筑面层厚度200mm，使用活荷载为15kN/m²，跨度为18m，具有跨度大、荷载重的特殊性。比较了常用的楼盖形式，针对项目提出新型的泡沫填芯预应力混凝土密肋楼盖，其做法如下图所示。图4.2-1为剖面图，图4.2-2为预应力筋及标准板跨的平面示意（图示中的三角标识为预应力筋布置示意，预应力筋在柱上板带布置，每肋采用2束7Φs15.2预应力筋）。

和空心楼盖结构相比，泡沫内芯比市面上的空心楼盖内膜造价经济许多，只有不到内膜1/3的造价。同时采取无粘结的预应力钢绞线，和普通钢筋施工顺序一样，无需后期灌浆处理，施工方便高效。预应力提供一定的应力刚度并减小了楼盖的挠度和裂缝宽度。

楼盖厚度大且内芯轻，浇筑混凝土为避免内芯上浮导致较大面积的返工影响工期，采用分层浇筑及增加U形反压钢筋的处理措施，并在现场进行了浇筑试验，完工后通过抽芯复核内芯位置，有较好地使用效果。

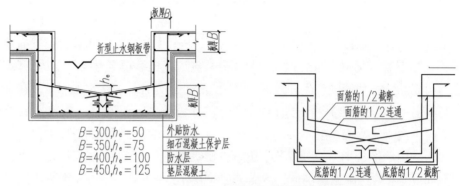

图4.1-1 诱导沟布置图及大样

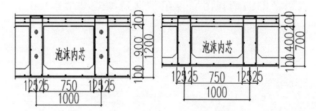

图4.2-1 700～1200mm泡沫填芯预应力混凝土密肋楼盖断面

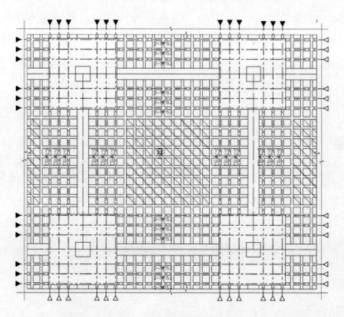

图4.2-2 泡沫填芯预应力混凝土密肋楼盖标准板跨预应力筋布置示意图

4.2.2   数值模拟分析

采用大型非线性有限元分析软件ABAQUS进行计算分析。对结构在1倍设计荷载作用下的受力进行计算，得到节点的应力水平及位移情况；然后计算结构在1倍标准荷载（恒+活）作用下的变形情况；最后，增加荷载至2倍设计附加荷载，查看钢筋应力水平及混凝土情况并获取板跨中荷载位移曲线。

4.2.2.1   模型参数

本次有限元计算选取了首层标准跨的空心楼盖区域，该区域为18m×18m的框架结构，框架梁与承台相连，采用双向密肋梁形式布置，双向的肋梁净距离约为750mm，跨中区域肋梁梁截面为250mm×700mm，其他区域肋梁梁截面为250mm×1200mm，框架暗梁尺寸为1200mm×1200mm。空心楼板的面层及底层板厚度分别为200mm和100mm，选择典型板块KXB-6板块进行数值模拟分析，平面布置如图4.2-3（斜线填充范围板厚为700mm）所示，剖面配筋如图4.2-4所示。

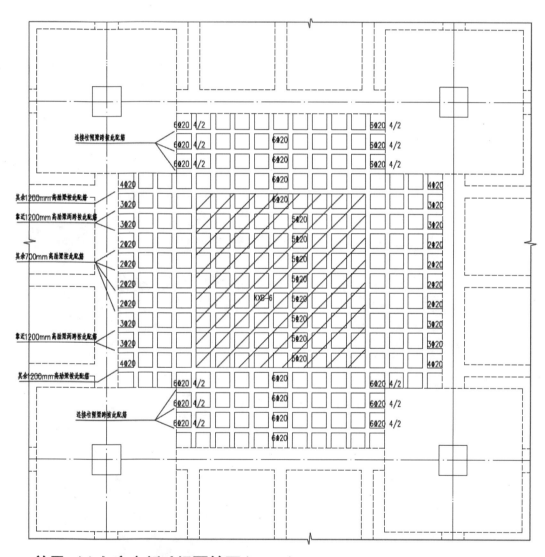

首层X(Y)向空心板肋梁配筋图(KXB-6)

未注明肋梁截面： 250mm×1200mm
///////// 区域肋梁截面： 250mm×700mm
未注明肋梁箍筋： 2Φ8@200
未注明跨中顶面架立筋： 2Φ10

图 4.2-3   空心楼盖肋梁平法配筋表示图

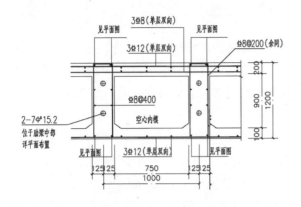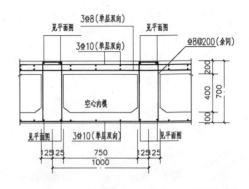

1200mm厚"工字形截面"组合构件空心楼盖断面图
肋梁均需锚入承台

700mm厚"工字形截面"组合构件空心楼盖断面图
肋梁均需锚入承台

图 4.2-4　空心楼盖楼板及肋梁做法剖面图

　　模型选取了一榀标准的空心楼布置，平面是双轴对称，为减少计算时间，提高有限元分析的收敛性，采取四分之一结构建模。在有限元软件中，几何模型的建立相对复杂，因此借助三维绘图软件AutoCAD进行三维几何模型的建立，通过输出ABAQUS所兼容的SAT及IGS文件格式，导入到ABAQUS CAE前处理中完成几何模型的建立（图4.2-5、图4.2-6）。

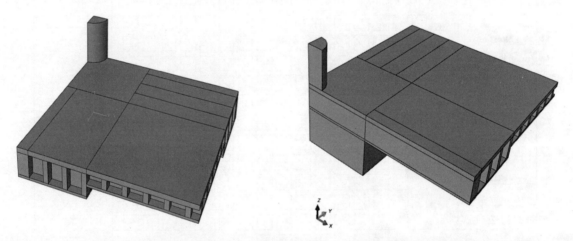

图 4.2-5　有限元模型示意图 1（四分之一的空心楼盖混凝土实体）

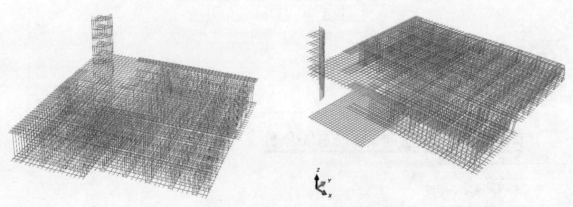

图 4.2-6　有限元模型示意图 2（钢筋）

4.2.2.2 材料本构的定义

钢材本构关系：

钢筋的强度等级为HRB400，其本构关系在有限元中采用动力强化模型，考虑包辛格效应，但不考虑卸载时的刚度退化现象。按照《建筑抗震设计规范》GB 50011-2010（2016年版）的要求，设计钢材的强屈比为1.25，极限应力对应的应变设定为$\varepsilon_{\mathrm{s,u}} = 0.025$，其他材料参数设置均按照《混凝土结构设计规范》GB 50010-2010（2015年版）进行确定。

混凝土本构关系：

楼板及肋梁混凝土为C35。在有限元软件中混凝土材料采用弹塑性本构模拟，塑性的混凝土材料本构曲线如图4.2-7与图4.2-8所示。

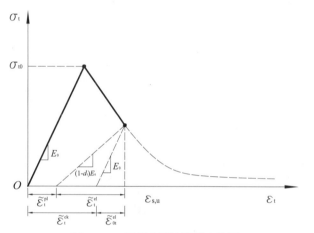

图 4.2-7 混凝土受拉塑性本构图

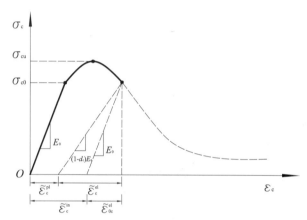

图 4.2-8 混凝土受压塑性本构

4.2.2.3 接触关系及单元类型

模型中不考虑钢筋与混凝土之间的粘结滑移，钢筋均采用embed的方式，嵌入到混凝土中；本模型的单元类型分为两种：线单元和实体单元。钢筋由于其单向受力的特性，采用了两节点线性桁架单元（T3D4）；混凝土均采用三维实体单元C3D8R，即八节点线性六面体减缩积分单元。

4.2.2.4 边界条件及加载方式

荷载的选取：

在有限元分析中，施加荷载的类型分为两种：自重荷载和楼面荷载。通过定义材料的密度和重力加速度g，程序便可自动计算模型的自重荷载。楼面荷载根据使用荷载采用压强方式施加，附加恒荷载标准值3.75kN/m²，活荷载标准值15kN/m²。

荷载施加分为三个工况，荷载标准值、1倍设计荷载及2倍设计荷载，分别对应三个计算模型。

加载方式及边界条件：

模型中柱顶及承台底采用固定边界，梁和板四周边界为对应X向及Y向的对称支座（图4.2-9）。

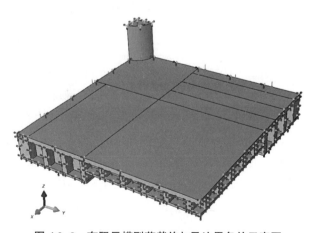

图 4.2-9 有限元模型荷载施加及边界条件示意图

4.2.3 计算结果与分析

4.2.3.1 标准值及1倍设计荷载结果

1. 变形结果

通过计算，在荷载标准值和1倍设计荷载作用下，节点竖向位移情况如图4.2-10所示。

从图4.2-10位移云图可知，标准值荷载作用下，节点最大竖向位移为-3.16mm，1倍设计荷载作用下，节点最大竖向位移为-4.26mm，均位于楼板跨中区域。

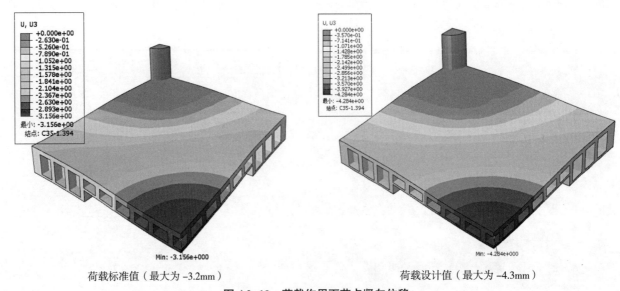

荷载标准值（最大为 -3.2mm）　　　　　　荷载设计值（最大为 -4.3mm）

图 4.2-10　荷载作用下节点竖向位移

图4.2-11所示，采用SATWE作为对比计算，在荷载条件相同情况下的竖向变形值为板跨中，最大挠度为8.35mm，大于ABAQUS的计算值。分析原因为：SATWE的计算单元为杆系单元，不能完全考虑楼板提供的刚度，且SATWE仅考虑空心楼盖的上层板，不能考虑梁底的楼板，而ABAQUS作为有限元软件能充分考虑到双层楼板对刚度的提高，因此ABAQUS的计算结果更接近实际，SATWE计算值会偏大。

2. 钢筋应力

钢筋应力在有限元中用Mises等效应力来描述，Mises应力是材料在三向受力状态下的等效应力，能够很好地表征钢材在三向受力下的屈服情况。

从钢筋应力分布图得知，在1倍设计荷载作用下，纵向钢筋Mises应力较大区域集中于250mm×1200mm的肋梁与承台相连的支座上。ABAQUS对应累梁支座截面弯矩为1200kN·m，而对应PKPM调幅后弯矩约为1230kN·m，两者数值基本吻合。由于有限元模型仍然考虑混凝土受拉工作，而实际结构中该处混凝土已经退出工作，因此将该区域上的混凝土平均拉应力（1.9MPa）换算到钢筋的应力，以得到准确的钢筋应力值。通过混凝土拉应力及梁T形截面面积与钢筋实际面积的比值，得到等效钢筋拉应力约为40MPa，与图4.2-12所示最大值132.4MPa相加得到钢筋实际拉应力约为172MPa，未超过钢筋屈服强度360MPa。

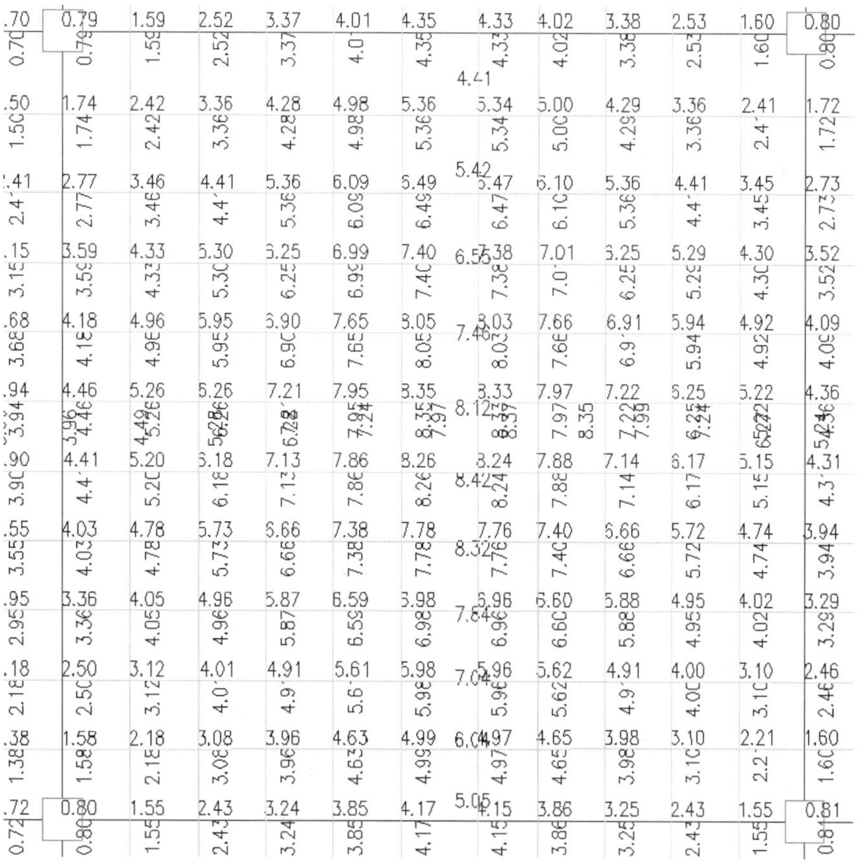

.70	0.79	1.59	2.52	3.37	4.01	4.35	4.33	4.02	3.38	2.53	1.60	0.80
							4.41					
.50	1.74	2.42	3.36	4.28	4.98	5.36	5.34	5.00	4.29	3.36	2.41	1.72
							5.42					
.41	2.77	3.46	4.41	5.36	6.09	6.49	6.47	6.10	5.36	4.41	3.45	2.73
.15	3.59	4.33	5.30	6.25	6.99	7.40	7.38/6.55	7.01	6.25	5.29	4.30	3.52
.68	4.18	4.96	5.95	6.90	7.65	8.05/7.46	8.03	7.66	6.91	5.94	4.92	4.09
.94	4.46	5.26	5.26	7.21	7.95	8.35/8.33/8.12/8.37	7.97	7.22	6.25	5.22	4.36
.90	4.41	5.20	6.18	7.13	7.86	8.26/8.24/8.42	7.88	7.14	6.17	5.15	4.31
.55	4.03	4.78	5.73	6.66	7.38	7.78/7.76/8.32	7.40	6.66	5.72	4.74	3.94
.95	3.36	4.05	4.96	5.87	6.59	6.98/7.84	6.96	6.60	5.88	4.95	4.02	3.29
.18	2.50	3.12	4.01	4.91	5.61	5.98/7.04/5.96	5.62	4.91	4.00	3.10	2.46
.38	1.58	2.18	3.08	3.96	4.63	4.99/6.04/4.97	4.65	3.98	3.10	2.21	1.60
.72	0.80	1.55	2.43	3.24	3.85	4.17/5.05/4.15	3.86	3.25	2.43	1.55	0.81

图 4.2-11 PKPM–ATWE 软件标准值荷载作用下节点竖向的位移（mm）

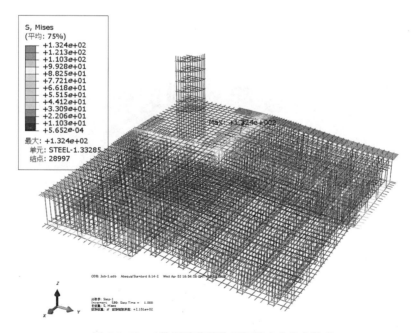

图 4.2-12 1 倍设计荷载作用钢筋应力分布情况

3. 混凝土应力

混凝土强度等级为C35，抗压强度设计值为15.7MPa，抗拉强度设计值为1.57MPa，应力云图如下：

从图4.2–13中灰色区域可知，1倍设计荷载作用下混凝土拉应力大于1.57MPa，混凝土已经退出工作，主要分布在250mm×1200mm肋梁的支座处，以及空心楼盖板底的跨中位置。考虑到混凝土受拉出现了较大的拉应力，设计时在空心楼盖中增加预应力筋，每根密肋梁设置2–7ϕ^s15.2，通过预应力筋张拉后折算为混凝土压应力值，约为1.3MPa，叠加设计荷载作用下的混凝土拉应力后，小于C35混凝土拉应力值1.57MPa，起到防止混凝土裂缝发生的情况。

从图4.2–14混凝土压应力分布可知，混凝土压应力最大值为9MPa，位于楼板底部支座的角部，体现为集中应力的情况，但均未超过混凝土的受压设计值。

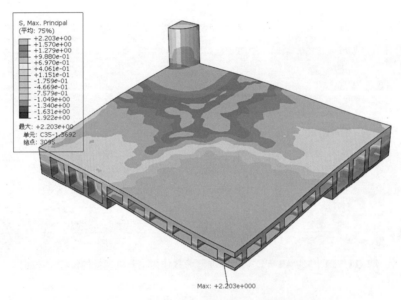

图 4.2–13　1倍设计荷载作用混凝土拉应力分布情况

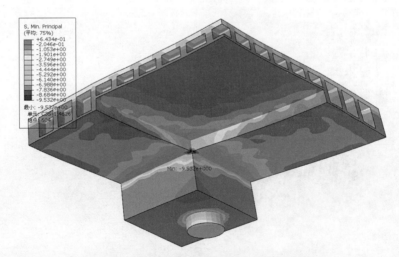

图 4.2–14　1倍设计荷载作用混凝土压应力分布情况

4.2.3.2　2倍设计荷载作用下计算结果

通过设计荷载作用下的分析可知，本项目空心楼盖在设计荷载作用下，钢筋及混凝土均处于弹性工作状态，楼板变形非常小，远低于混凝土结构设计规范GB 50010–2010（2015年版）"3.4.3条受弯构件的挠度限值"要求的限值。为了解本项目空心楼盖跨中的荷载位移曲线及极限荷载，在原设计荷载模型的基础上，增加至3倍设计荷载进行计算，但由于有限元模型在接近极限承载力时难以收敛，以下仅给出收敛前的计算结果。

1. 变形结果

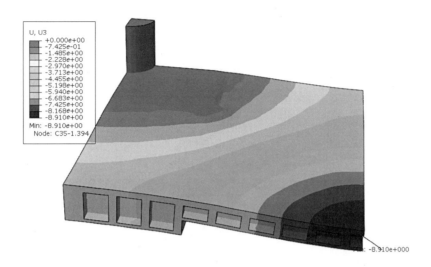

图4.2-15　2倍设计荷载作用下竖向位移（最大值 –8.910mm）

由图4.2-15可知，在2倍设计荷载作用下，空心楼盖竖向变形最大值为8.9mm，位于楼板跨中中心点位置，仍远小于混凝土结构设计规范GB 50010-2010（2015年版）"3.4.3条受弯构件的挠度限值"的限值。

2. 混凝土应力

从混凝土拉应力云图如图4.2-16可以看出，混凝土在2倍设计荷载作用下，位于混凝土肋梁支座及空心楼板底中部混凝土拉应力达到受拉极限值，且相应位置混凝土受拉已进入了下降段；从混凝土塑性应变云图图4.2-17可以看出，混凝土应变达到并超过峰值应变（0.00108）区域位于板底与承台角点处，最大应变值为0.00166，已经进入混凝土本构的下降段，但区域仅为局部应力集中区，未达到混凝土压碎的极限应变0.0033。

3. 钢筋应力

从图4.2-18可以看出，在2倍设计荷载作用下，钢筋应力最大值为295MPa，位于肋梁支座上表面，未达到钢筋的屈服强度。

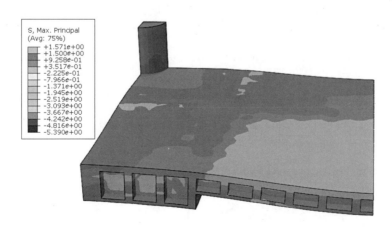

图4.2-16　2倍设计荷载作用下混凝土拉应力分布情况

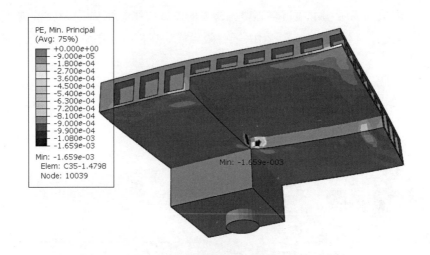

图4.2-17　2倍设计荷载作用混凝土塑性压应变分布情况

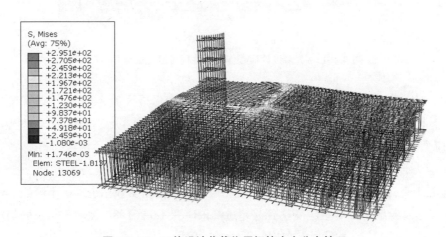

图4.2-18　2倍设计荷载作用钢筋应力分布情况

4.2.3.3　荷载—位移曲线

通过增大附加设计荷载计算得到，空心楼盖板正中心点处的位移最大，荷载位移曲线如下：其中纵坐标为附加设计荷载的倍数（自重除外），横坐标为楼板跨中竖向的位移，竖直向下为正。

从荷载位移曲线图4.2-19可知，当荷载达到1.5倍的设计附加荷载时，曲线近似线性，可认为结构完全处于弹性状态，当荷载达到2.7倍时，曲线切线接近于0，表明楼板接近极限承载力，由于荷载加载至弹塑性下降段时，难以收敛，只能根据曲线的趋势做一个判断，当荷载超过2.7倍时，结构已经进入塑性失效状态。

通过数值模拟计算进行厚板的水化放热及后期温度作用的详细计算研究，计算结果可对施工进行指导。

通过分析并设置合理的上下板厚度能达到《建筑设计防火规范》GB 50016-2014（2018年版）5.1.2条"不同耐火等级建筑相应构件的燃烧性能和耐久极限（h）"要求的耐火时间的要求，且利用混凝土传递热的惰性，泡沫内芯+混凝土在火灾时仍能正常工作，不会产生不利影响。

由于楼盖厚度大且内膜轻，浇筑混凝土如出现内膜上浮会导致较大面积的返工，严重影响工期。现场进行了浇筑试验，采用分层浇筑及增加U形反压钢筋的处理措施，通过抽芯复核内膜位置，有较好的效果，空心楼盖现场施工如图4.2-20所示。

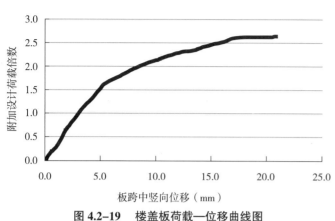

图 4.2-19 楼盖板荷载—位移曲线图

图 4.2-20 密肋空心楼盖现场施工图

4.2.4 结论

根据大跨度、超重荷载的使用条件，研究了新型的泡沫填芯预应力混凝土密肋楼盖，得到以下结论：

（1）利用泡沫填芯可有效减少结构自重，且造价比成品空心内膜造价低。

（2）通过数值模拟计算进行厚板的水化放热及后期温度作用的详细计算研究，计算结果可对施工进行指导。

（3）泡沫内芯兼具模板作用形成密肋形状便利，利用无粘结预应力钢绞线承载力高，施工便利，同时与密肋混凝土组合，受力高效。

4.3 预应力钢管混凝土柱井式双梁节点及 π 形组合扁梁设计分析与试验

4.3.1 π 形组合扁梁设计

普通混凝土柱的梁柱节点为设置刚性柱帽的组合扁梁做法，本工程由于框架梁自重大，在保证受压区和抗剪承载力的前提下采用梁掏空处理减小自重，梁截面形状优化为"π形（跨中）+倒π形（支座）组合扁梁"，梁柱节点采用柱帽刚性节点过渡，见图4.3-1。

钢管混凝土柱部分为减少预应力筋穿孔对钢管柱的削弱，采用双梁夹钢管钢柱的做法，梁柱节点（柱帽区域）设置抗剪钢牛腿，见图4.3-45双梁结构形式节点构造形式。设计时，通过合理设计"柱—节点—组合扁梁"的承载力，希望引导塑性铰发生在柱帽节点与组合扁梁交界外，通过ABAQUS有限元分析，能满足强柱弱梁、强节点弱构件的抗震构造原则。

π形组合扁梁和双梁夹钢柱的结构形式中，梁和柱在节点处没有对齐，仅通过节点构造完成力的传递。梁端剪力通过柱帽传给柱，特别在双梁夹钢管柱节点处，梁端一部分不平衡弯矩是通过围梁对钢管柱前后产生的压力形成的力偶来平衡，并传递给钢管混凝土柱，其余不平衡弯矩则是通过双梁自身的变形来平衡，节点受力复杂，不能简单地对节点域进行刚性假定。合理评估节点域的弹性刚度，反映梁柱错位的实际情况，是本工程结构体系设计需处理的技术问题。

通过π形组合梁节点优化设计，在保证承载力的同时能有效减小自重，各典型节点区域减小自重如图4.3-2～图4.3-4所示。

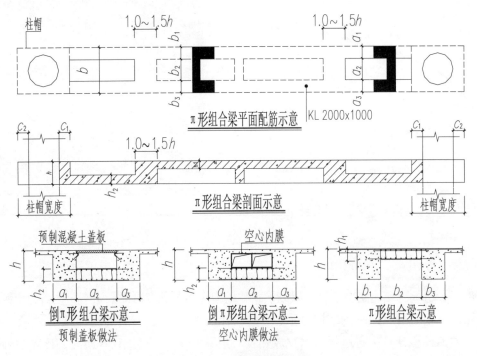

图 4.3-1　π 形组合扁梁图

3,梁板柱重叠区域的自重及框架梁开洞区域的自重计算

典型区域一:

梁柱重叠区域自重:	1.5386×1×4×25/2=	76.93	kN
主梁板重叠区域自重:	0.13×1.5×18×4×25=	351	kN
次梁板重叠区域自重:	0.13×0.5×15×6×25=	146.25	kN
主梁重叠区域自重:	0.5×0.82×1.5×12×25=	184.5	kN
次梁重叠区域自重:	0.5×0.5×0.82×9×25=	46.125	kN
框架梁开洞区域自重:	1.4×0.5×12×25=	210	kN
	共	1014.805	kN

分摊至板面: 1014.805/(18×18)=3.13kN/m²　　取2.5kN/m²

典型区域二:

梁柱重叠区域自重:	1.5386×1×4×25/2=	76.93	kN
主梁板重叠区域自重:	0.13×1.0×18×4×25=	234	kN
次梁板重叠区域自重:	0.13×0.5×16×6×25=	156	kN
主次梁重叠区域自重:	0.5×0.82×1.0×12×25=	123	kN
次梁重叠区域自重:	0.5×0.5×0.82×9×25=	46.125	kN
框架梁开洞区域自重:		0	kN
	共	636.055	kN

分摊至板面: 636.055/(18×18)=1.96kN/m²　　取1.5kN/m²

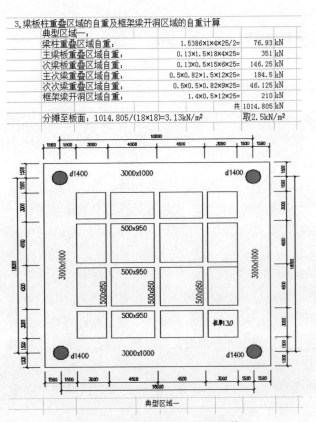

图 4.3-2　典型区域一减少自重计算图

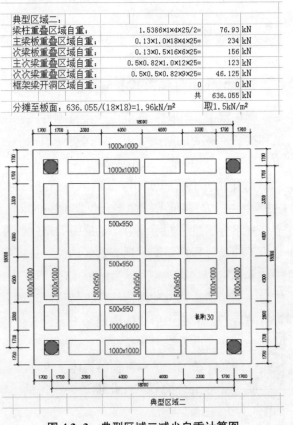

图 4.3-3　典型区域二减少自重计算图

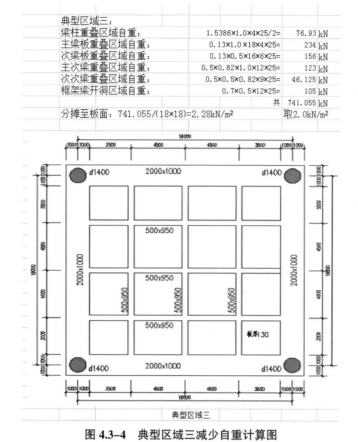

典型区域三：		
梁柱重叠区域自重：	1.5386×1.0×4×25/2=	76.93 kN
主梁板重叠区域自重：	0.13×1.0×18×4×25=	234 kN
次梁板重叠区域自重：	0.13×0.5×16×6×25=	156 kN
主次梁重叠区域自重：	0.5×0.82×1.0×12×25=	123 kN
次次梁重叠区域自重：	0.5×0.5×0.82×9×25=	46.125 kN
框架梁开洞区域自重：	0.7×0.5×12×25=	105 kN
	共	741.055 kN
分摊至板面：741.055/(18×18)=2.28kN/m²		取2.0kN/m²

图 4.3-4　典型区域三减少自重计算图

4.3.2　钢管混凝土柱井式双梁节点计算公式推导

广州新白云国际机场二号航站楼结构体系为钢筋混凝土框架。框架柱分为混凝土柱和圆形钢管混凝土柱，其中钢管混凝土柱柱距为36m×36m，直径为1400mm和1800mm，与钢管混凝土柱相连的框架梁跨度为18m。参考机场一期T1的设计经验，机场一期同样是18m跨度混凝土框架结构，梁柱均为混凝土构件，梁柱节点采用一般的框架节点（单梁）（即《建筑抗震设计规范》GB 50011-2010（2016年版）中的附录D.2的"扁梁框架的梁柱节点"），由于建筑层高要求，单梁的截面宽度为2.5~3.5m，高1m，T1的柱截面、部分异形柱，施工后出现了裂缝，主要由于以下原因造成：1）大体量混凝土水化热产生裂缝；2）由于自重大，施工过程中梁挠度大产生变形。

总结T1经验，T2航站楼支撑屋盖的柱子为钢管混凝土柱，如仍采用预应力单梁，预应力筋和钢筋需双向穿钢管柱，势必造成施工困难，严重影响工期。T2设计做了以下优化：框架单梁修改为双梁节点，双梁截面为1m宽，1m高，钢管混凝土柱直径为$D1400$mm和$D1800$mm。这样缩小梁柱截面，节约了建筑空间；大大减少了大体量混凝土水化热产生的裂缝问题；把一个很大扁单梁分成两个很小的双梁，混凝土体量变小了，用钢量降低，钢管混凝土柱与梁的混凝土分开浇筑，进一步减少了水化热。通过优化设计，避免了单梁钢筋穿钢管柱对钢管柱造成削弱，极大简化了施工工序，节省了工期和投资。

白云机场T2航站楼项目梁板混凝土均采用C40，f_{ck}=26.8N/mm²，f_c=19.1N/mm²，E_c=3.25×10⁴N/mm²；节点环梁环向钢筋和斜纵筋均采用HRB400，f_y=360N/mm²；栓钉材料性能等级为4.6级，直径采用22mm，A_s=380.1mm²，f=215N/mm²，r=1.67。

4.3.2.1 双梁节点类型一

（上下柱节点弯矩差值小于5000kN·m）抗弯承载力验算

主要是针对中梁节点，柱上下端不平衡弯矩不大的情况（小于5000kN·m），设计采用环板抗剪，主要依靠混凝土受压传递弯矩，节点仅布置少量斜纵筋传递弯矩。

1. 基本假设

环梁混凝土与柱子管壁间的局压应力在水平和竖直两个方向上的分布都比较复杂，为简化先作出一些假设：

（1）弹性阶段内，由外弯矩引起的管壁与环梁混凝土间的局压应力q在竖直方向上是线性分布的，且在柱子两侧分别分布在节点区截面1-1面的上、下部分，如图4.3-5所示。

（2）水平方向，采用图4.3-6所示的极坐标体系，以节点区对称轴为初始轴，以逆时针方向为角度的正方向，忽略管径切线方向的作用，只考虑径向的正应力，其在柱子的每一侧都分布在 $\theta \in [-\pi/2, \pi/2]$ 的范围内，局压应力的最大值在最上截面的对称轴上，即点（$D/2$, 0, $h/2$），其值为q_0，则节点区柱子管壁与环梁混凝土接触面上任一点的局压应力可由其极坐标完全确定，即：

$$q = 2q_0 \cdot z \cdot \cos\theta / h \qquad\qquad (4.3-1)$$

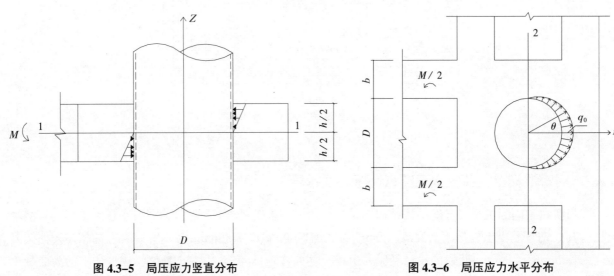

图 4.3-5　局压应力竖直分布　　　　　　　　　　图 4.3-6　局压应力水平分布

（3）不考虑受拉区环梁混凝土与柱子管壁间的粘结力，认为其不能承受拉力，一旦有外弯矩作用，二者即分离，之间没有相互作用，左侧上部、右侧下部应力为零。

（4）在$z=\pm h/2$面，即节点区上下两截面，局压应力值最大，在$\theta=0$处为最大值点。在外弯矩作用下，压区混凝土首先在该点达到弹性极限f_{ck}，承载力计算时不考虑受压混凝土塑性区的形成。

2. 弹性阶段局压应力q的计算

根据对局压应力q分布情况的假设，环梁混凝土与柱子管壁接触面上任一点$P(\theta, z)$的局压应力可表示为：$q = 2q_0 \cdot z \cdot \cos\theta / h$，式中，$h$为混凝土环梁的高度。

当有外弯矩M作用在节点上时，在柱子两侧环梁与管壁间产生局压应力q，q在弯矩作用方向上的合力为P，如图4.3-7所示。P可以通过在整个接触面上积分得到，计算如下：

任意选取一面积微元ds，作用在其上的力为 $dp = ds \cdot q(\theta, z)$，将局压应力$q(\theta, z)$的分布情况代入可得：

$$dp = q_0 \cdot z \cdot \cos\theta \cdot D / h \cdot d\theta \cdot dz / h \qquad\qquad (4.3-2)$$

dp在弯矩作用方向上的分力为：

$dp \cdot \cos\theta$

则局压应力在弯矩作用方向上的合力为：

$$P = 2\int_0^{\frac{x}{2}} \int_0^{\frac{h}{2}} dp \cos\theta$$
$$= 2\int_0^{\frac{x}{2}} \int_0^{\frac{h}{2}} q_0 \cdot z \cdot (\cos\theta)^2 \cdot D / h \cdot d\theta \cdot dz$$
$$= \frac{\pi}{16} q_0 \cdot D \cdot h$$

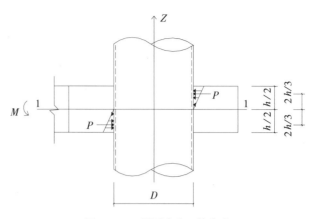

根据前面的假设，弹性阶段内局压应力q在竖直平面内是三角形分布的，因此可知其合力作用点位于$z=h/3$处，如图4.3-7所示，该力在柱子两侧分布，由其组成的力偶为$2/3 \cdot p \cdot h$。

图 4.3-7 局压应力 q 的合力

根据内外力的平衡条件，外弯矩M应与局压应力q组成的内力偶平衡，即：

$$M = \frac{2}{3} \cdot p \cdot h = \frac{2}{3} \cdot h \cdot \frac{\pi}{16} q_0 \cdot D \cdot h = \frac{\pi}{24} q_0 \cdot D \cdot h^2 \qquad (4.3-3)$$

当环梁混凝土最大压应力点应力达到混凝土抗压极限时，$q_0 = f_{ck}$

此时，局压应力的分布为：$q = \frac{2z}{h} \cdot f_{ck} \cdot \cos\theta$

对应的外弯矩为弹性极限弯矩：$M_c = \frac{\pi}{24} f_{ck} \cdot D \cdot h^2$

因此，井字梁节点1，钢管柱直径1800mm混凝土局压部分弹性极限弯矩承载力：

$$M_c = \frac{\pi}{24} f_{ck} \cdot D \cdot h^2 = \frac{3.14}{24} \times 26.8 \times 1800 \times 1000^2 = 6311.4\,\text{kN} \cdot \text{m} > 5000\,\text{kN} \cdot \text{m}$$

满足要求。

按国家现行有关标准的要求配置斜纵筋。

4.3.2.2 双梁节点类型二

（上下柱节点弯矩差值5000kN·m ~ 12000kN·m）抗弯承载力

主要是针对部分中梁节点及边梁节点，柱上下端不平衡弯矩较大的情况（5000kN·m ~ 12000kN·m），设计采用环板抗剪，混凝土受压传递弯矩，并布置斜纵筋受拉和牛腿栓钉受剪承受弯矩。如图4.3-8所示。

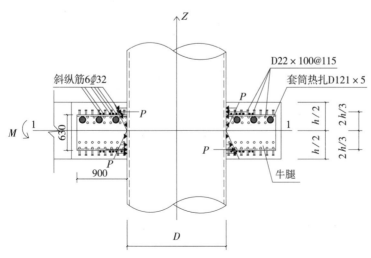

图 4.3-8 井式双梁节点 2 示意图

1）栓钉连接件的抗剪承载力：

$$N_v^c = 0.43A_s\sqrt{E_cF_c} = 0.43 \times 380.1 \times \sqrt{3.25 \times 10^4 \times 19.1} = 128.7 \times 10^3\text{N} = 128.7\text{kN}$$

$$> 0.7A_srf = 0.7 \times 380.1 \times 1.67 \times 125 = 95.5 \times 10^3\text{N} = 95.5\text{kN}$$

取 $N_v^c = 95.5\text{kN}$。

2）双梁节点混凝土局压部分弹性极限弯矩承载力：

$$M_c = \frac{\pi}{24}f_{ck} \cdot D \cdot h^2 = \frac{3.14}{24} \times 26.8 \times 1800 \times 1000^2 = 6311.4\text{kN} \cdot \text{m}$$

3）钢管混凝土柱四边各配置6根直径为32mm的斜纵筋，局部拉应力组成力偶与外弯矩平衡，抗弯承载力为：

$$P = f_yA_s\cos\theta = 360 \times 9651 \times \sqrt{2}/2 = 2456.4 \times 10^3 = 2456.4\text{kN}$$

$$M_s = \frac{2}{3} \cdot p \cdot h = \frac{2}{3} \times 2456.4 \times 10^3 \times 1 \times 10^3 = 1637.6 \times 10^6\text{N} \cdot \text{mm}$$

$$= 1637.6\text{kN} \cdot \text{m}$$

4）牛腿高度 h=700mm，其上布置72根栓钉，抗弯承载力为：

$$M_3 = 24 \cdot N_v^c \cdot h = 72 \times 95.5 \times 0.7 = 4813.2\text{kN} \cdot \text{m}$$

总抗弯承载力为：

$M = M_c + M_s + M_3 = 6311.4 + 1637.6 + 4813.2 = 12762.2\text{kN} \cdot \text{m} > 12000\text{kN} \cdot \text{m}$

满足设计要求。

4.3.2.3 井式双梁节点类型三

（上下柱节点弯矩差值12000kN·m～18200kN·m）抗弯承载力

主要是针对边梁节点柱上下端不平衡弯矩很大的情况（12000kN·m～18200kN·m），设计采用环板抗剪，混凝土受压传递弯矩，并布置环向纵筋受拉和牛腿栓钉受剪承受弯矩。如图4.3-9所示，钢管柱外直径 D=1800mm，混凝土环梁高度 h=1000mm，环梁宽度 b=1000mm。

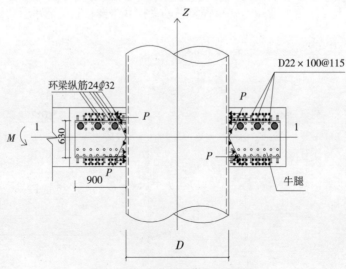

图4.3-9 井式双梁节点3示意图

1）井式双梁混凝土局压部分弹性极限弯矩承载力：

$$M_{\mathrm{c}}=\frac{\pi}{24}f_{\mathrm{ck}}\cdot D\cdot h^2=\frac{3.14}{24}\times 26.8\times 1800\times 1000^2=6311.4\mathrm{kN\cdot m}$$

2）根据《钢管混凝土结构技术规程》CECS28：2012附录A的规定，环梁面筋和底筋分别布置24根和20根直径为32mm的钢筋。环梁底筋和面筋相当于斜纵筋，局部拉应力组成力偶与外弯矩平衡，抗弯承载力计算过程如下：

环梁受拉环筋面积计算公式为：

$$A_{\mathrm{sh}}\geqslant \frac{M_{\mathrm{k}}}{1.4\alpha_{\mathrm{dp}}f_{\mathrm{yh}}l_{\mathrm{r}}\left\{\dfrac{5}{7}\sin\theta_2+\lambda\sin\theta_2+\lambda\dfrac{R-r}{l_{\mathrm{r}}}\left[\sin(\theta_2-\alpha_0)-\sin\theta_2\right]\right\}} \quad (4.3-4)$$

$$\theta_2=\pi/4+arc\sin\left[\frac{r}{R}\sin(\theta-\pi/4)\right] \quad (4.3-5)$$

$$\alpha_0=\min\left\{\frac{\sqrt{3}h_{\mathrm{r}}}{3R},arc\cos\frac{r}{R}-\theta_2,\pi/4-\theta_2\right\} \quad (4.3-6)$$

$$\theta_1=arc\sin\left[b_{\mathrm{k}}/(2R)\right] \quad (4.3-7)$$

式中：A_{sh}——环向钢筋的截面积（mm²）；

$\quad\quad M_{\mathrm{k}}$——由实配钢筋计算得出的框架梁梁端截面弯矩（kN·m）；

$\quad\quad \alpha_{\mathrm{dp}}$——试验修正系数，取值为1.3；

$\quad\quad f_{\mathrm{yh}}$——环梁环向钢筋的抗拉强度设计值（N/mm²）；

$\quad\quad l_{\mathrm{r}}$——环梁受拉环筋合力作用点到受压区合力点的力臂，取min{0.87h_{r0}，h_{r}-50}；

$\quad\quad \lambda$——剪环比，$\lambda=F_{\sqrt{}}/F_{\mathrm{h}}$，即环梁箍筋名义拉力与环梁受拉环筋名义拉力的比值，可取 0.35～0.7；不考虑楼板的作用时刻取较高值且不应小于（2sinθ_2）/（7sinθ_1）；考虑楼板的作用时可取较低值，且不应小于（2sinθ_2）/（7sinθ_1）；

$\quad\quad r$——钢管半径；

$\quad\quad R$——环梁半径（环梁边缘到钢管中心的径向距离）；

$\quad\quad b_{\mathrm{k}}$——与环梁连接的框架梁宽度。

通过计算可得：θ_1=0.27，θ_2=0.55，α_0=0.24，l_{r}=783mm，λ=0.57。

按照环梁受拉钢筋为24根直径为32mm反算抗弯承载力，根据以上公式可求得M_{s1}=7934kN·m；

按照环梁受拉钢筋为20根直径为32mm反算抗弯承载力，根据以上公式可求得M_{s2}=6612kN·m；

取平均值M_{s}=（7934+6612）/2=7273kN·m。

3）牛腿高度h=700mm，其上布置72根栓钉，抗弯承载力为：

M_3=24·$N_{\mathrm{v}}^{\mathrm{c}}$·$h$=72×95.5×0.7=4813.2kN·m

总抗弯承载力为：

$M=M_{\mathrm{c}}+M_{\mathrm{s}}+M_3$=6311.4+7273+4813.2=18397.6kN·m>18200kN·m

满足要求。

4.3.3　钢管混凝土柱井式双梁节点有限元分析

4.3.3.1　节点设计现状

钢管混凝土柱—双梁节点为规范推荐节点形式，《高层建筑混凝土结构技术规程》JGJ 3–2010附录F圆形钢管混凝土构件设计，第F.2.7条规定：钢筋混凝土梁与钢管混凝土柱的管外弯矩传递可采用井式双梁、环梁、穿筋单梁和变宽度梁，也可采用其他符合受力分析要求的连接方式。第F.2.8条规定：井式双梁的纵向钢筋可从钢管侧面平行通过，并宜增设斜向构造钢筋（图4.3–10）；井式双梁与钢管之间应浇筑混凝土。

《钢管混凝土结构设计规程》CECS 28–2012第6.3.1条规定"钢筋混凝土梁与钢管混凝土柱的管外弯矩传递可采用井式双梁、环梁、穿筋单梁和变宽度梁，也可采用其他符合本规程第6.1.1条要求的连接方式"。第6.3.2条规定"井式双梁可采用图4.3–10所示的构造，梁的钢筋可从铜管侧面平行通过，井式双梁与钢管之间应浇筑混凝土"。

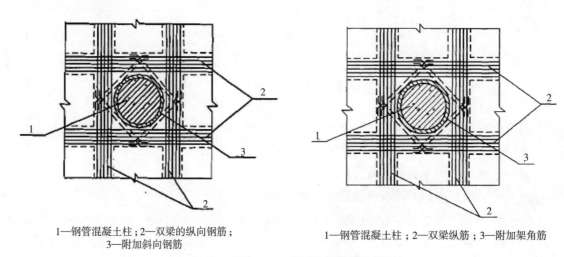

1—钢管混凝土柱；2—双梁的纵向钢筋；
3—附加斜向钢筋

1—钢管混凝土柱；2—双梁纵筋；3—附加架角筋

图4.3–10　井式双梁构造示意图

两本规范均推荐了井式双梁的形式，这种节点的优点是框架梁（井式双梁）的纵向钢筋可从钢管侧面平行通过，不需要穿过钢管柱或与钢管柱发生关系，不会削弱钢管混凝土柱的节点，施工方便，构造简单。但关于节点的性能和计算方法规范中都没有明确给出，虽然该节点在一些项目中已经采用，但学术界对于该类节点性能是刚性连接、铰接连接、半刚性连接还未达成一致，在本项目中，井式双梁节点需设计成刚性连接，针对双梁节点受力情况，分别设计了不同节点形式的井式双梁节点，有的节点附加了斜向纵筋，有的节点附加了钢牛腿，有的节点附加了钢环牛腿等，对每种不同形式的双梁节点进行了有限元计算分析，计算分析表明，设计的井式双梁节点可以满足刚性连接性能。

4.3.3.2　有限元计算的必要性

对于复杂的节点，有限元计算是有效可行的计算方法，有必要对每种不同形式的双梁节点进行有限元分析，确定其受力性能。

4.3.3.3　有限元建模条件

采用大型非线性有限元分析软件ABAQUS对广州新白云机场项目中二区直径为1800mm的钢管混凝土边柱双梁节点进行计算分析。首先，对节点在1倍设计荷载作用下的受力进行计算，得到节点的应力水平及位移情况，评估节点在设计荷载作用下能否满足设计的要求；其次，增加节点的荷载，对两倍设计荷载时的应力水平及混凝土损伤情况进行分析；最后，提取节点的弯矩—转角曲线，对节点的刚度特性进行分析，判断节点的连接特性。

1. 有限元模型的建立

模型的几何尺寸及配筋

本次有限元计算选取了直径为1800mm的钢管混凝土边柱双梁节点，按照如下施工图进行了三维有限元模型的建立。

2. 有限元模型

1）几何模型的建立

在有限元软件中，几何模型的建立相对复杂，因此借助三维绘图软件AutoCAD进行部分三维几何模型的建立（图4.3-11~图4.3-15），如钢管混凝土、节点混凝土及加劲肋等，通过输出ABAQUS所兼容的SAT文件格式，导入到ABAQUS CAE前处理中完成几何模型的建立，而钢筋等三维线单元则在有限元软件中直接建模，有限元模型如图4.3-16~图4.3-19所示。

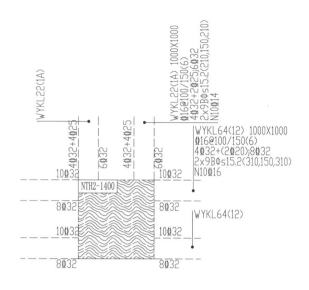

图4.3-11　边柱节点梁配筋平法表示图

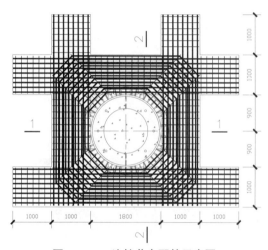

图4.3-12　边柱节点配筋示意图

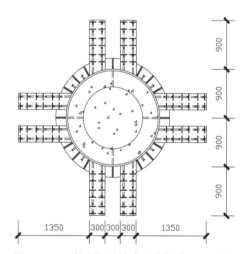

图4.3-13　节点钢结构牛腿大样（1800柱）

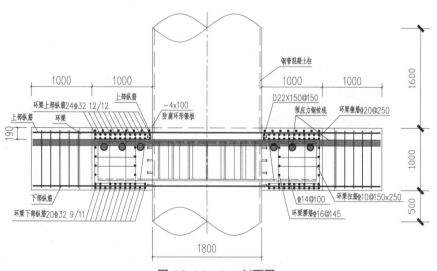

图4.3-14　1-1剖面图

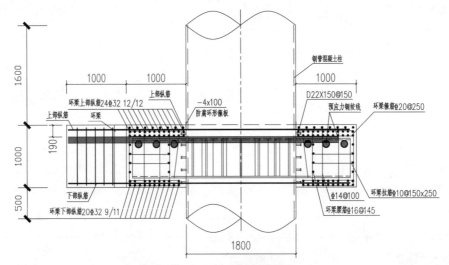

图 4.3-15 2-2 剖面图

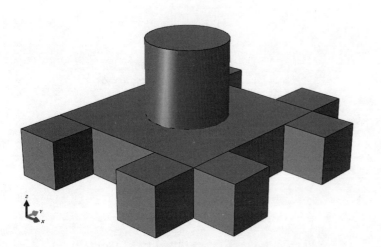

图 4.3-16 梁柱混凝土模型图

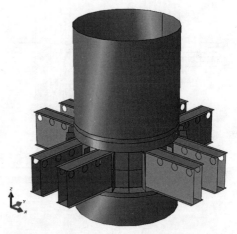

图 4.3-17 柱钢管、牛腿及加劲肋模型图

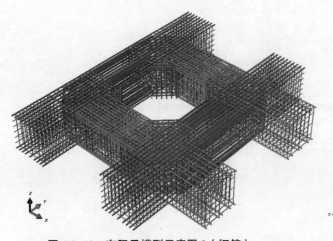

图 4.3-18 有限元模型示意图 3（钢筋）

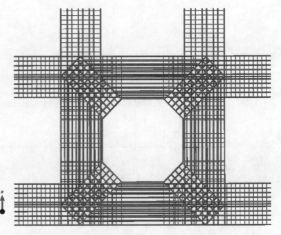

图 4.3-19 有限元模型示意图 4（钢筋）

2）材料本构的定义

钢材本构关系：

钢材的强度等级为Q345B，钢筋的强度等级为HRB400，其本构关系在有限元中采用动力强化模型，考虑包辛格效应，但不考虑卸载时的刚度退化现象，如图4.3-20所示：

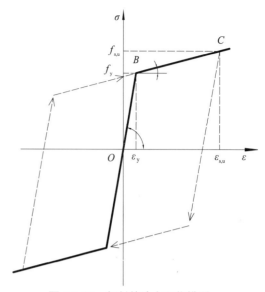

图4.3-20　钢材的动力硬化模型

按照《建筑抗震设计规范》GB 50011-2010的要求，设计钢材的强屈比为1.25，极限应力对应的应变设定为 $\varepsilon_{s,u} = 0.025$，其他材料参数设置均按照《混凝土结构设计规范》GB 50010-2010（2015年版）进行确定。

混凝土本构关系：

该节点混凝土强度等级分为两种，钢管内混凝土为C50，环梁混凝土为C40。在有限元软件中混凝土材料采用塑性损伤模型模拟，当混凝土材料进入塑性状态后，材料即发生损伤。混凝土的损伤由受拉损伤因子 d_t 和受压损伤因子 d_c 来表达，混凝土损伤程度由其进入塑性状态的程度来决定，考虑损伤的混凝土材料本构曲线如图4.3-21、图4.3-22所示：

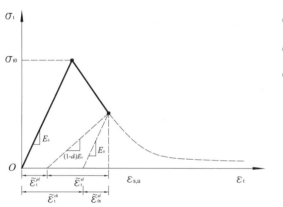

图 4.3-21　混凝土受拉损伤塑性本构图

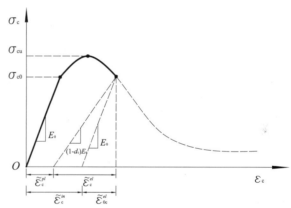

图 4.3-22　混凝土受压损伤塑性本构

当荷载从受拉变为受压时，混凝土材料的裂缝闭合，抗压刚度恢复至原有的抗压刚度；当荷载从受压变为受拉时，混凝土材料的抗拉刚度不恢复，如图4.3-23所示：

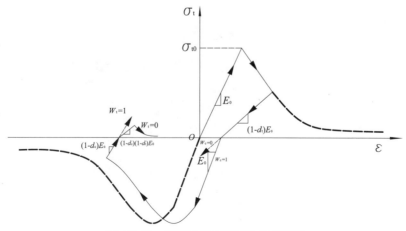

图 4.3-23　混凝土拉压刚度恢复示意图

3. 接触关系及单元类型

本报告中边柱双梁节点内有柱钢管、柱混凝土、环梁混凝土、钢牛腿、内外加劲肋、环梁纵筋、箍筋及预应力钢筋等，相互之间的接触关系较为复杂。通过查找相关资料，对于带肋钢筋与混凝土之间可不考虑粘结滑移的效应；钢牛腿中布置了一定数量的栓钉，增强了牛腿与栓钉之间的粘结力，在软件中可不考虑钢牛腿与混凝土之间的粘结滑移，钢筋均采用embed的方式，嵌入到混凝土中；钢管与混凝土之间在受力过程中可能会发生脱离的现象，而在软件中对其接触关系进行简化，以混凝土受拉软化的方式，绑定了钢管与混凝土单元间的自由度。

本节点的单元类型分为三种：线单元、实体单元和壳单元。钢筋和预应力筋由于其单向受力的特性，采用了两节点线性桁架单元（T3D4）；钢管、牛腿及加劲肋由于其宽厚比较大，因此采用壳单元进行模拟（S4R），以增加计算效率，同时在壳单元厚度方向采用九个积分点来提高计算精度；节点混凝土均采用三维实体单元C3D8R，即八节点线性六面体减缩积分单元。

4. 边界条件及加载方式

在有限元分析中，施加荷载的类型分为三种：自重荷载、组合内力和预应力。

自重荷载通过定义材料的密度和重力加速度g，程序便可自动计算模型的自重。

组合内力荷载为将最不利荷载组合工况下的杆端内力施加到有限元模型相应位置，即梁端和柱顶处设置的耦合点上，将柱底设置为固定端，约束其所有自由度。同时将MIDAS/Gen局部坐标系下的组合内力转换为有限元模型中整体坐标系下的内力，如表4.3–1所示，内力位置与有限元模型加载点相对应，如图4.3–24所示。

整体坐标系下的单元内力 表4.3–1

位置	加载点	F_x（kN）	F_y（kN）	F_z（kN）	M_x（kN·m）	M_y（kN·m）	M_z（kN·m）
I[20325]	RP-1	3274.88	−23.21	13906.02	2710.57	1163.54	237.79
J[20317]	RP-3	−201.56	852.22	−729.41	1133.23	880.55	−224.61
J[20318]	RP-4	−256.12	827.68	−1287.43	1422.52	537.07	−232.48
J[20319]	RP-5	−1739.92	−84.32	−1369.69	−91.94	1497.34	−103.6
J[20320]	RP-6	−1663.61	−86.29	−1394.12	−72.88	1497.87	−114.27
I[20321]	RP-8	103.42	−928.62	−742.35	−1677.82	354.29	169.27
I[20322]	RP-7	119.14	−967.77	−1222.86	−1786.22	67.92	171.34
J[20323]	RP-2	−1644.92	345.45	−4471.02	−2346.2	−12211.93	0

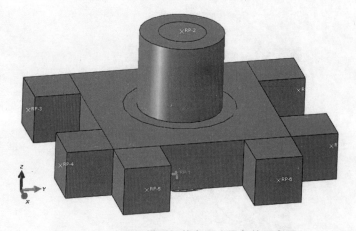

图4.3–24　有限元模型加载点及边界条件示意图

预应力为有粘结预应力，常用降温法按如下公式换算成温度施加到预应力筋上，达到施加预应力的效果。

$$\Delta t = \frac{\sigma_{\text{con}}}{E_{\text{p}} \cdot \alpha} \tag{4.3-8}$$

式中，控制应力 σ_{con} 取 1320N/mm²，预应力筋弹性模量 E_{p} 取 $2.0e^5$N/mm²，线膨胀系数 α 取 $1.2e^{-5}$，降温法计算得到温度荷载为 −550℃。

对本节点施加内力荷载分为三个等级，1倍设计荷载、2倍设计荷载及增加到极限荷载，分别计算其在三个荷载等级下的受力状态和变形性能。

4.3.3.4　有限元计算结果与分析

1. 位移情况

通过 ABAQUS 后处理结果 ODB 文件中，可以得到节点各部分的位移情况，本报告中边节点在最不利工况的 1 倍和 2 倍设计荷载作用下，节点竖向位移情况如图所示。

从图 4.3-25 和图 4.3-26 位移情况云图可知，1 倍设计荷载作用下，节点最大位移为 −6.9mm，为 X 方向梁端部的竖向位移。2 倍设计荷载作用下，节点最大位移为 −23.7mm，为 X 方向的梁端部的竖向位移。

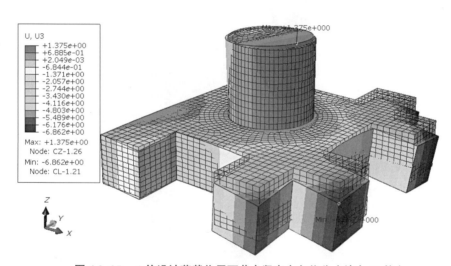

图 4.3-25　1 倍设计荷载作用下节点竖直方向位移（放大 50 倍）

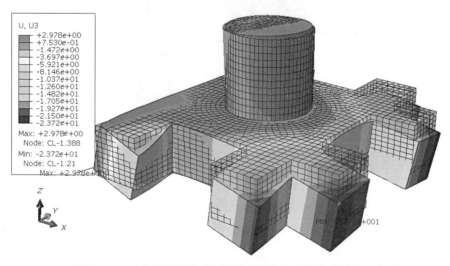

图 4.3-26　2 倍设计荷载作用下节点竖直方向位移（放大 20 倍）

2. 钢材内力

钢材应力在有限元中用Mises等效应力来描述，Mises应力是材料在三向受力状态下的等效应力，能够很好地表征钢材在三向受力下的屈服情况。

从图4.3-27可知，1倍设计荷载作用下钢材Mises应力最大值为176.1MPa，位于牛腿上部柱钢管X正向受拉侧，未达到钢材的屈服强度标准值345MPa。图4.3-28显示，2倍设计荷载作用下，牛腿上部柱钢管X方向受拉侧局部范围已达到屈服应力，最大Mises应力值为345MPa，且牛腿与钢管柱连接处出现应力集中，部分钢材应力已经达到了屈服。

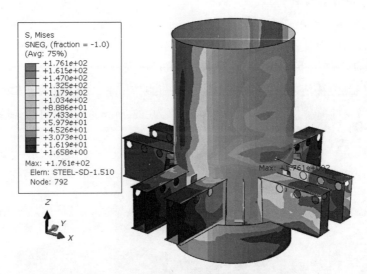

图 4.3-27　1倍设计荷载作用钢材应力分布

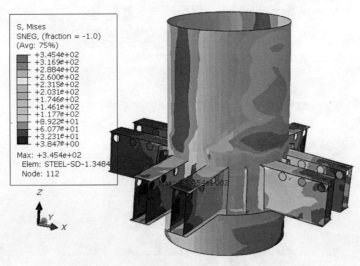

图 4.3-28　2倍设计荷载作用钢材应力分布

从钢筋应力分布图知，在1倍设计荷载作用下（图4.3-29、图4.3-30），纵向钢筋Mises应力最大值为180.1MPa，位于X方向梁顶纵筋位置；箍筋应力最大值为361.7MPa，位于预应力钢筋在Y方向梁锚固端局部位置，均未达到钢筋的屈服强度值400MPa。当荷载达到2倍设计荷载时（图4.3-31、图4.3-32），X、Y方向梁上部纵筋在受力较大的中部位置达到了屈服应力，同时，Y方向两端由于受扭矩较大，纵筋和箍筋应力均已超过屈服应力，纵筋和箍筋应力最大值分别为408.7MPa、412.5MPa。

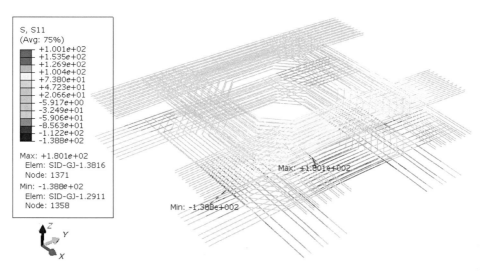

图 4.3-29　1 倍设计荷载作用梁纵向钢筋应力分布情况

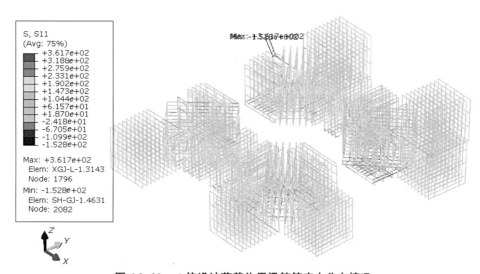

图 4.3-30　1 倍设计荷载作用梁箍筋应力分布情况

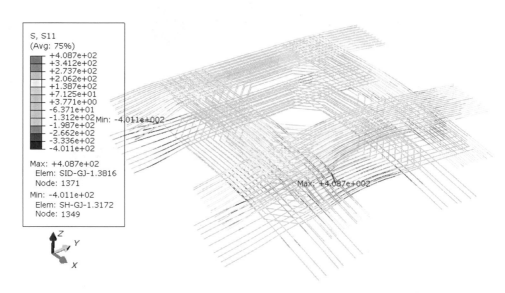

图 4.3-31　2 倍设计荷载作用梁纵向钢筋应力分布情况

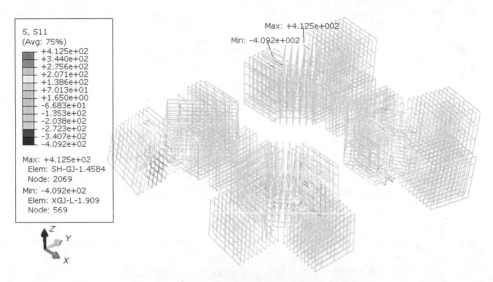

图 4.3–32　2倍设计荷载作用箍筋应力分布情况

3. 混凝土损伤情况

混凝土受拉及受压进入塑性阶段后，就会发生损伤，在有限元中对于混凝土进入塑性阶段的发展程度可以用损伤程度来表示，损伤程度从0到1，当损伤程度为0时，材料无损伤，卸载刚度与初始弹性模量一致，当损伤程度达到1时，表明材料已经完全损坏，无卸载刚度。一般认为当混凝土的损伤程度达到0.5时，其强度下降到峰值的50%，混凝土视为已经压碎。图4.3–33～图4.3–38给出了梁柱混凝土在1倍和2倍设计荷载作用下的受拉和受压损伤情况。

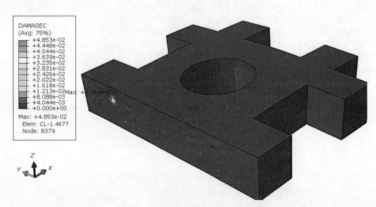

图 4.3–33　1倍设计荷载下节点混凝土受压损伤图

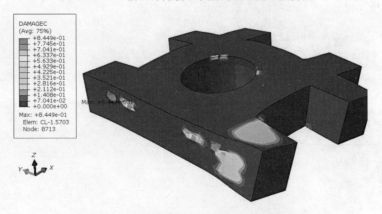

图 4.3–34　2倍设计荷载下节点混凝土受压损伤图 1

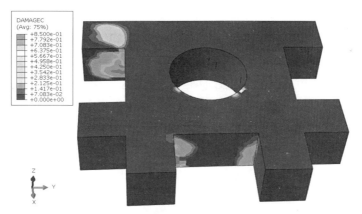

图 4.3-35　2 倍设计荷载下节点混凝土受压损伤图 2

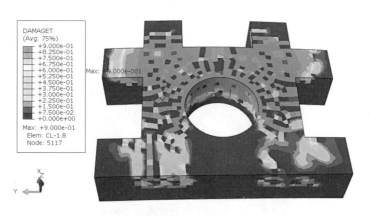

图 4.3-36　1 倍设计荷载下节点混凝土受拉损伤图（梁顶）

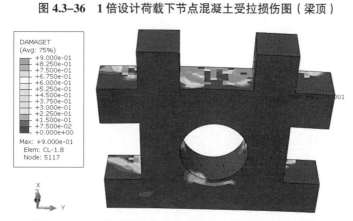

图 4.3-37　1 倍设计荷载下节点混凝土受拉损伤图（梁底）

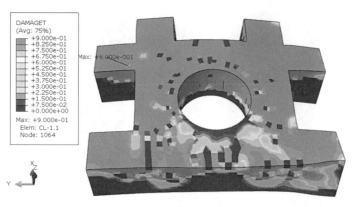

图 4.3-38　1 倍设计荷载下节点混凝土受拉损伤图（梁顶）

　　图4.3-33和图4.3-35显示，梁混凝土受压损伤较大处均发生在预应力钢筋的锚固端位置，损伤程度从1倍设计荷载下的0.05发展到2倍设计荷载下的0.84；同时，在2倍设计荷载作用下，Y方向边梁端部由于受扭严重，混凝土的损伤程度达到0.75，损伤非常严重；在X方向梁与环梁连接处混凝土也出现了局部受压损伤，其损伤程度达到了0.77，表明此处混凝土已经处于压碎状态。

　　图4.3-36~图4.3-39显示，在1倍设计荷载作用下，梁混凝土受拉损伤主要发生在环梁X正向内侧、环梁X方向顶面及预应力筋锚固端处，损伤程度达到了0.9，受拉非常严重，而环梁底面只有局部范围出现受拉损伤。在2倍设计荷载作用下，受拉损伤从环梁的顶面延伸到侧面和预应力筋锚固端的附近范围内，同时梁底部也出现了较大范围的受拉损伤，损伤程度为0.9，表明节点区环梁和框架梁受拉损伤严重，造成了大范围的开裂现象。

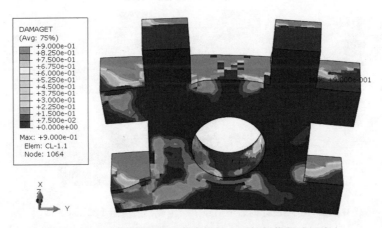

图 4.3-39　2倍设计荷载下节点混凝土受拉损伤图（梁底）

　　柱混凝土受压和受拉损伤见图4.3-40、图4.3-41，柱混凝土在1倍设计荷载作用下，受压损伤程度为0，而在2倍荷载作用下出现了局部受压损伤，位于梁高范围内，损伤程度最大仅为0.0035，混凝土大部分未进入塑性阶段。而在柱混凝土受拉侧，受拉损伤严重，在1倍设计荷载作用下就已经出现了较大范围的损伤，最大达到了0.9，当荷载增大到2倍设计荷载时，受拉损伤范围继续扩大到整个受拉侧面，损伤开裂严重。

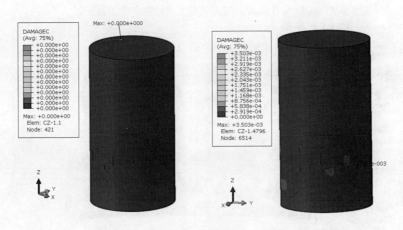

图 4.3-40　1倍（左）、2倍（右）设计荷载下柱混凝土受压损伤对比

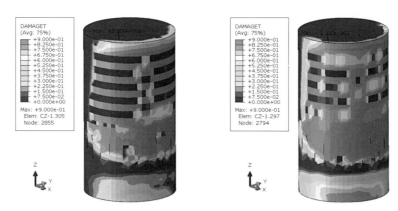

图 4.3-41　1 倍（左）、2 倍（右）设计荷载下柱混凝土受拉损伤对比

4. 节点 $M-\theta$ 曲线

在 MIDAS/Gen 三维整体模型建模中，一般将梁柱节点作为刚接处理，为了验算节点的刚度特性，就必须对节点进行三维的有限元分析，判断节点的设计是否符合刚接的特性。工程中所有的节点均为半刚性的节点，完全刚性的连接是不存在，因此本文按照相关规定，将节点刚度满足以下条件时视为刚性连接。

$$k_\theta \geq \frac{25EI}{l} \tag{4.3-9}$$

式中，E，I，l 为梁混凝土的弹性模量、梁截面惯性矩和梁的跨度。

在有限元分析中，节点的弯矩通过输出柱顶和柱底的反力换算得到，而节点的转角即梁柱间的相对转角需要输出多个点的水平或竖向位移进行换算得到，如图4.3-42所示。

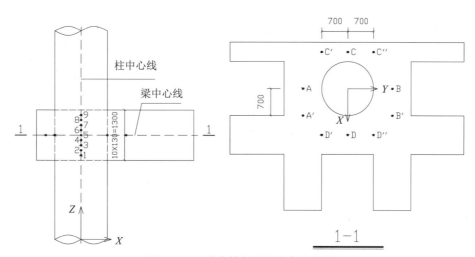

图 4.3-42　输出转角位移的点分布图

柱的转角通过输出点1~9相邻两点的水平位移除以相互之间的距离得到，取其中最大值作为柱的转角。梁的转角分为 X 方向和 Y 方向，梁 X 方向转角通过输出点A、A′ 和B、B′ 的竖向位移除以相应的距离再取平均值得到；梁 Y 方向转角通过输出 C、C′、C″ 和 D、D′、D″ 的竖向位移除以相应的距离再取平均值得到。

综合以上计算，得到节点 X、Y 方向的 $M-\theta$ 转角曲线如图4.3-43、图4.3-44所示。

由如图4.3-43、图4.3-44得知，节点 X 方向的弯矩—转角曲线在弯矩小于10000kN · m时，近似为直线段，其直线斜率即节点刚度为 3.79×10^7 kN · m/rad，大于由公式（4.3-9）计算得到的刚度 7.97×10^6 kN · m/rad，可将梁柱 X 方向的连接视为刚性连接。而 Y 方向的弯矩—转角曲线在弯矩为3000kN · m时，近似为直线段，

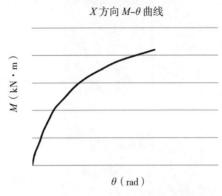

图4.3-43 节点X方向弯矩—转角曲线

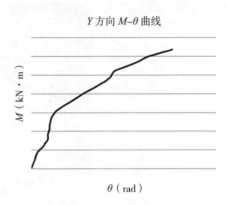

图4.3-44 节点Y方向弯矩—转角曲线

其直线斜率即节点刚度为5.69×10^7kN·m/rad，大于由公式（4.3-9）计算得到的刚度7.52×10^6kN·m/rad，可将梁柱X方向的连接视为刚性连接。

5. 补充分析

为了得到本报告边节点的极限承载能力，在有限元中进行了补充计算，将节点的荷载增大，通过有限元不断的迭代计算，当荷载接近于节点的极限承载力时，单元变形不断地增大，荷载无法继续增加，导致有限元计算将出现不收敛的现象。以此为判断依据，通过极限承载力的计算得到，当荷载增加到设计荷载的3.2倍时，有限元计算出现了不收敛的现象，其计算过程终止。因此，可以判断节点的极限承载能力接近于2.8倍的设计荷载。

6. 结论

通过有限元软件ABAQUS的对节点的计算和分析，得到以下结论：

（1）位移情况。在1倍设计荷载作用下，节点最大位移为-6.9mm，为X方向梁端部的竖向位移。2倍设计荷载作用下，节点最大位移为-23.7mm，为X方向的梁端部的竖向位移。

（2）应力情况。在1倍设计荷载作用下钢材Mises应力最大值为176.1MPa，位于牛腿上部柱钢管X正向受拉侧，未达到钢材的屈服强度标准值345MPa。2倍设计荷载作用下，牛腿上部柱钢管X方向受拉侧局部范围已达到屈服应力，最大Mises应力值为345MPa，且牛腿与钢管柱连接处出现应力集中，部分钢材应力已经达到屈服。

钢筋在1倍设计荷载作用下，纵向钢筋Mises应力最大值为180.1MPa，位于X方向梁顶纵筋位置；箍筋应力最大值为361.7MPa，位于预应力钢筋在Y方向梁锚固端局部位置，均未达到钢筋的屈服强度值400MPa。当荷载达到2倍设计荷载时，X、Y方向梁上部纵筋在受力较大的中部位置达到了屈服应力，同时，Y方向两端由于受扭矩较大，纵筋和箍筋应力均已超过屈服应力，纵筋和箍筋应力最大值分别为408.7MPa、412.5MPa。

（3）混凝土损伤情况。梁混凝土受压损伤较大处均发生在预应力钢筋的锚固端位置，损伤程度从1倍设计荷载下的0.05发展到2倍设计荷载下的0.84；同时，在2倍设计荷载作用下，Y方向边梁端部由于受扭严重，混凝土的损伤程度达到0.75，损伤非常严重；在X方向梁与环梁连接处混凝土也出现了局部受压损伤，其损伤程度达到了0.77，表明此处混凝土已经处于压碎状态。而主要发生在环梁X正向内侧、环梁X方向顶面及预应力筋锚固端处，损伤程度达到了0.9，受拉非常严重，而环梁底面只有局部范围出现受拉损伤。在2倍设计荷载作用下，受拉损伤从环梁的顶面延伸到侧面和预应力筋锚固端的附近范围内，同时梁底部也出现了较大范围的受拉损伤，损伤程度为0.9，表明节点区环梁和框架梁受拉损伤严重，造成了大范围的开裂现象。

柱混凝土在1倍设计荷载作用下，受压损伤程度为0，而在2倍荷载作用下出现了局部受压损伤，位于梁高范围内，损伤程度最大仅为0.0035，混凝土大部分未进入塑性阶段。而在柱混凝土X正向受拉侧，受拉损伤严重，在1倍设计荷载作用下就已经出现了较大范围的损伤，最大达到了0.9，当荷载增大到2倍设计荷载时，受拉损伤范围继续扩大到整个受拉侧面，损伤开裂严重。

（4）弯矩转角曲线。节点X方向的弯矩—转角曲线在弯矩小于10000kN·m时，近似为直线段，其直线斜率即节点刚度为3.79×10^7kN·m/rad，大于由公式4.3-9计算得到的刚度7.97×10^7kN·m/rad，可将梁柱X方向的连接视为刚性连接。而Y方向的弯矩—转角曲线在弯矩为5000kN·m时，近似为直线段，其直线斜率即节点刚度为9.0×10^6kN·m/rad，大于由公式4.3-9计算得到的刚度7.52×10^6kN·m/rad，可将梁柱X方向的连接视为刚性连接。

4.3.4 扁梁节点刚度模拟与杆系模型的对比分析

由于钢管混凝土柱优越的力学性能，其作为重载柱在建筑结构中的应用日益广泛。目前，对钢管混凝土柱的承载力研究已很成熟。《钢管混凝土结构设计与施工规程》CECS 28对钢管混凝土柱的承载力提出了较为完整的计算方法，并对施工工艺、节点构造等方面作了一些规定。但《钢管混凝土结构设计与施工规程》CECS 28只对变梁宽节点、上下环梁节点及双梁节点等三种节点形式提出了一定的构造措施，节点形式较少。近些年来，许多结构工程师根据经验和实际情况设计出一些新型节点。许多学者也提出了新的节点形式，并对其受力性能进行了试验研究和理论分析。而每种节点形式都有其自身的优点和缺点，所以面对如此多样化的节点形式，设计人员应根据实际情况，综合考虑结构体系、施工等方面的因素，选取合适的节点形式。

本工程柱子采用圆形钢管混凝土柱—混凝土梁结构形式，为了减小梁截面的尺寸，采用预应力技术对梁进行施加预应力，从而大大减小梁的尺寸。同时为了避免预应力筋穿过钢管混凝土柱在施工方面的困难，本工程在节点的处理上采用新型双梁形式的节点。如图4.3-45为新型双梁节点构造形式。

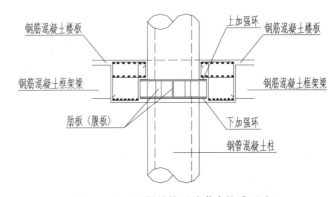

图4.3-45　双梁结构形式节点构造形式

在数值计算中，节点的合理计算是得到可靠结果的重要前提。双梁结构形式中，梁和柱在节点处并没有对齐，而是通过节点的构造完成力的传递。梁端剪力通过抗剪牛腿传给核心混凝土。梁端一部分不平衡弯矩是通过围梁对钢管柱前后产生的压力形成的力偶来平衡，并传递给钢管混凝土柱。梁端一部分不平衡弯矩是通过双梁自身的变形来平衡的。这两部分平衡弯矩的比例大小取决于围梁刚度的大小。围梁的刚度越大，通过第一种方式平衡梁端弯矩就越大，传给钢管混凝土柱的弯矩就越大，节点刚度就越大。反之，围梁的刚度越小，通过第二种方式平衡梁端弯矩就越大，传给钢管混凝土柱的弯矩几乎为零，节点刚度就越小，节点趋近为铰接节点。第一种方式双梁顶纵筋的拉力是通过对钢管后面产生的压力来平衡的，这一传递路径过长。围梁产生的累积变形使其对框架梁端的约束作用减少。一般，节点围梁的纵筋与双梁端部的纵筋基本相同，围梁的截面也与双梁的单肢截面基本相同。围梁的刚度不大，通过第二种方式平衡梁端弯矩就越大，节点刚度就越小，节点趋近为铰接节点。

综上可知新型双梁节点受力复杂，不能对节点域进行刚性假定，因此合理评估节点域的刚度，并在数值计算中考虑节点区刚度的影响，是双梁结构设计必须考虑的因数。而现有的建筑结构设计软件都是基于杆系单元，并不能精确模型节点构造，只能通过简化计算模型来等效模拟复杂节点的构造。因此如何确定合理等效的双梁形式节点力学计算模型，是整体计算得到与设计的基础。

4.3.4.1　研究内容介绍

该工程采用了新型双梁形式的节点，为了得到基于杆系单元的建筑设计软件对该节点进行合理等效建模方案。本文工作内容如下：①采用Abaqus软件，对节点建立精细程度不同的模型（其中最为简化的是弹性节点模型），对比节点弹性段刚度，得到弹性节点模型能够较好模拟节点力学特性的结论，误差在9%左右；②基于弹性节点模型，对比十字形和X字形简化节点的力学特性，确定了X字形节点简化方法的可行性，并确定其刚度放大系数取值3.5；并且分别以节点为弹性模型和节点为X字形简化模型进行结构整体建模，对比整体模型力学特性及各构件内力，进一步验证刚度放大系数取值的X字形节点简化计算方案的可行性。

采用Abaqus对节点建立精细程度不同的模型，分为：弹性模型M1（整个节点由弹性混凝土模拟）、弹性接触无配筋模型M2（考虑：构造要求精确的几何尺寸、钢管与混凝土之间接触问题）、弹性接触有配筋模型M3（考虑：构造要求精确的几何尺寸、钢管与混凝土之间接触问题及节点配筋）、弹塑性接触有配筋模型M4（考虑：构造要求精确的几何尺寸、钢管与混凝土之间接触问题、节点配筋及材料非线性问题）。模型精细程度如表4.3-2所示。

不同精细程度节点模型　　　表4.3-2

	构造尺寸	弹性	考虑接触	配筋	材料非线性
M1	—	√			
M2	√	√	√	—	
M3	√	√	√	√	—
M4	√	—	√	√	√

以M4模型为例，柱直径1400mm，钢管厚度30mm，每层4000mm，共两层；梁截面为1000mm×1000mm，顶面标高4000mm，截取长度为8000mm。图4.3-46为M4模型节点网格划分情况，图4.3-47为钢管环盘细部网格，图4.3-48为与柱接触部分网格加密，图4.3-49为节点配筋情况，具体配筋数据见图4.3-50。实体部分单元采用减缩积分的一阶单元（C3D8R），钢筋采用一阶桁架单元（T3D2）。钢管内混凝土强度取C60，钢管为Q235钢，梁及节点其他混凝土强度为C40，材料非线性本构关系如图4.3-51，具体参数取值参照《混凝土结构设计规范》GB 50010-2010（2015年版）；钢管与混凝土之间定义为只受压不受拉的接触对，不考虑其中的摩擦。柱底施加固端约束，考虑自重荷载，顶部加500t轴压力，耦合一侧两根梁截面，并在耦合面上加向下10mm的位移，监测该耦合面的力和位移关系。

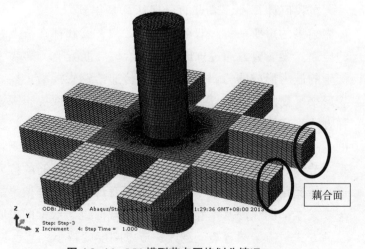

图4.3-46　M4模型节点网格划分情况

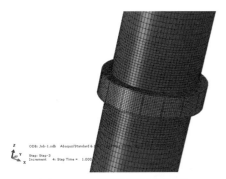

图 4.3-47 钢管环盘细部网格

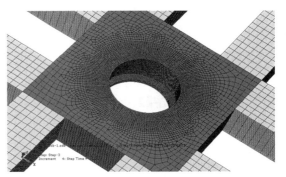

图 4.3-48 与柱接触部分网格加密

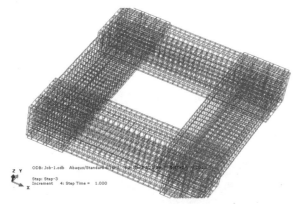

图 4.3-49 节点配筋情况

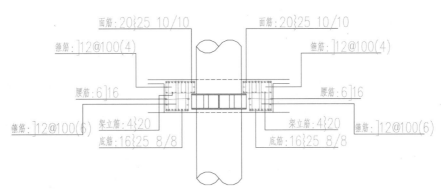

图 4.3-50 节点配筋情况

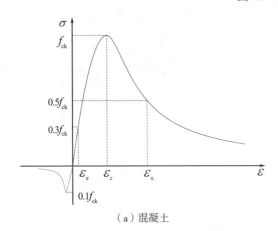

（a）混凝土

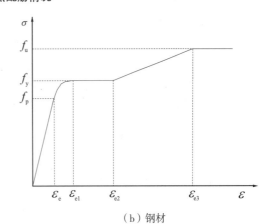

（b）钢材

图 4.3-51 材料应力—应变曲线

4.3.4.2 扁梁节点性能评价

如图4.3-52为M4模型力—位移曲线图，横坐标为梁中耦合面的加载位移（单位：mm），纵坐标为耦合面上的内力（单位：N）。由计算结果数据可知，在加载到17mm位移时，节点在受压侧底部混凝土等效塑性应变超过峰值应力的等效塑性应变，即认为局部混凝土开始出现压碎情况，如图4.3-53所示。当位移加载到26mm时，受压侧搭在环盘上的箍筋先屈服，如图4.3-54位置1所示，当位移加载到30mm时，梁两侧顶部受拉纵筋屈服，如图4.3-54位置2、3所示，即认为节点破坏。图4.3-55所示为钢管应力分布情况，加载全过程均处于弹性状态。图4.3-56为钢管与混凝土之间的裂缝（变形放大100倍显示）。

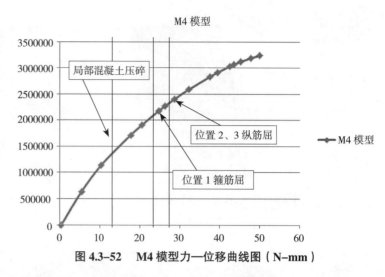

图4.3-52 M4模型力—位移曲线图（N-mm）

图4.3-53 混凝土出现压碎现象

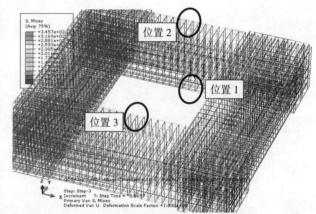

图4.3-54 钢筋应力分布及屈服位置

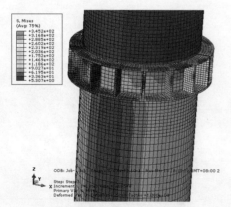

图4.3-55 钢管应力分布情况

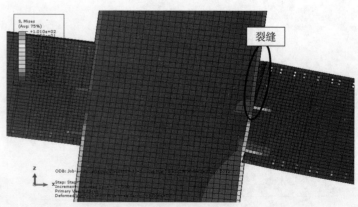

图4.3-56 钢管与混凝土之间的裂缝（变形放大100倍）

4.3.4.3 局部节点刚度分析

图4.3-57为各不同精度模型刚度对比，横坐标为梁中耦合面的加载位移（单位：mm），纵坐标为耦合面上的内力（单位：N）。可以看出M1刚度最大，M4刚度最小，在位移为5mm时，刚度相差9%左右。主要是由于混凝土和钢管开裂导致M4刚度比M1小，但考虑到实际情况会在钢管上焊钢钉以增加混凝土和钢管的粘结力，这个误差将会更小。因此，弹性节点模

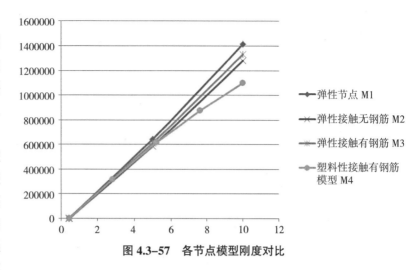

图 4.3-57 各节点模型刚度对比

型M1方式可以等效代替精细模型M4，且具有计算效率高，满足工程精度要求等优点。

以M4为例介绍了有限元模型的相关参数及计算结果中不同部分应力分布情况等，说明有限元模型的合理性。对比各模型的刚度，结果表明：弹性节点模型M1方式可以等效代替精细模型M4，且具有计算效率高，满足工程精度要求等优点。

4.3.4.4 整体模型双梁节点简化计算的方法研究

ETABS是由美国Computer and Structures Inc.（CSI）公司开发研制的房屋建筑结构分析与设计软件，是一个在全世界公开发行的三维空间有限元分析程序，能够进行整体结构静力、反应谱、动力时程反应分析。集成化的模型能够包含纯弯框架、支撑框架、交错桁架、简支梁或单向板框架、刚性和弹性楼板、坡屋顶、行车坡道、错层、多塔结构、混凝土和钢结构组合楼板等。ETABS非线性版（Nonlinear）除了提供钢、混凝土框架、组合梁和混凝土剪力墙设计外，还提供了大位移分析、顺序荷载、静力推倒（PUSHOVER）分析、非线性动力分析、基础减震、缝/钩单元和外部阻尼器单元，从而可对带非线性构件（如橡胶垫、阻尼器等）的结构进行非线性反应分析。本章主要利用ETABS建立有限元模型并计算分析，同时编制转换程序SapToAbaqus以实现有限元模型从ETASB到Abaqus的导入。

基于杆系单元的有限元分析软件对双梁节点的简化处理有十字形和X字形两种方案，如图4.3-58所示。并通过调整连接支撑的刚度，模拟节点的刚性程度。基于上一章的研究结论，假定弹性节点模型为合理精确有限元模型，如图4.3-59所示。由计算结果可知该节点的刚度，并通过对十字形和X字形两种方案连接支撑刚度系数的调整，使二者刚度与弹性节点模型的刚度相当，即可得到等效的简化模型，其合理性还有待在整体模型计算中进一步验证。

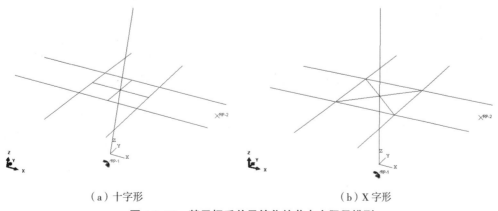

（a）十字形　　　　　　　　　　　　　（b）X字形

图 4.3-58　基于杆系单元简化的节点有限元模型

通过对截面尺寸为1000mm×1000mm的连接支撑刚度系数的调整，调整简化模型的刚度并不断试算，计算结果表明：X形支撑刚度系数为3.5时，节点刚度与弹性模型计算结果吻合；十字形支撑刚度系数为100时，节点刚度与弹性模型计算结果吻合。如图4.3-60为简化模型连接支撑刚度调整后加载点力位移关系，横坐标为梁中耦合面的加载位移（单位：mm），纵坐标为耦合面上的内力（单位：N）。

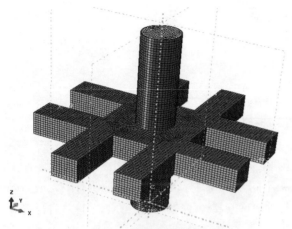

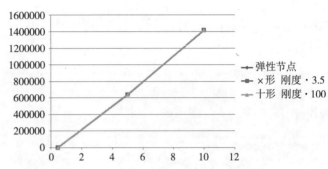

图 4.3-59　基于实体单元的节点有限元模型　　　　图 4.3-60　简化模型连接支撑刚度调整后加载点力位移关系

综上分析，考虑到十字型刚度放大系数太大，节点传力不直接，且两单元受到较大的扭转分量，计算精度低，故而不建议采用。而X形连接支撑简化方法，受力直接、明确，单元受力以弯剪为主，扭转分量很小，计算精度高，建议采用。

简化方案的验证与模型的建立：

通过建立整体模型计算分析，验证刚度系数为3.5时，X型连接支撑节点简化计算方案与弹性节点方案计算结果一致性。

对该分析模型进行全实体单元建模，单元尺寸为100mm×100mm，网格划分结构共有9400000个节点，7360000个单元，按每个节点3个自由度估算计算模型将有28200000个自由度。因此，采用实体单元和杆系单元组合使用方案。即在节点区采用实体建模方案，最大尺寸取100mm，其他部分采用杆系单元，最大尺寸取600mm，楼板采用壳单元，最大尺寸为1000mm。最终建立的有限元模型，节点679533个，单元587450个，其中实体单元（C3D8R）578000个，杆系单元（B31）4650个，壳单元（S4R）4800个。图4.3-61为所建整体有限元模型，图4.3-62为局部节点建模有限元模型。

图 4.3-61　整体有限元模型　　　　　　　　　图 4.3-62　局部节点有限元模型

结构自振特性对比：

分别采用PKPM、ETABS和ABAQUS三个软件建立杆系有限元模型（图4.3-63、图4.3-64）。计算过程楼板采用弹性楼板假定。分别对连接支撑刚度系数为1.0时和3.5时的模型进行计算，计算结果见表4.3-3。可知，三个软件计算结果基本一致。质量不同，主要是由于节点区简化计算时单元重叠导致。对比不同刚度系数计算结果可知，刚度系数对结构周期影响较大。当刚度系数为3.5时，三个软件基于杆系单元计算结果周期与弹性节点模型计算结果基本一致。

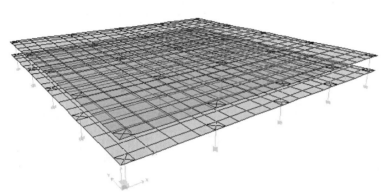

图 4.3-63　ETABS 整体有限元模型　　　　　图 4.3-64　ETABS 中局部有限元模型

不同计算方法计算结果对比　　　　　　　　　　　　　　　　　表4.3-3

	连接支撑刚度系数	质量（t）	周期（s）		
			T_1	T_2	T_3
PKPM	*1	24589	0.337	0.337	0.299
PKPM	*3.5	24589	0.318	0.318	0.281
ETABS	*1	24720	0.338	0.338	0.297
ETABS	*3.5	24720	0.311	0.311	0.275
ABAQUS（杆系）	*1	24588	0.325	0.325	0.286
ABAQUS（杆系）	*3.5	24588	0.304	0.304	0.268
ABAQUS（混合精细）	—	23884	0.294	0.294	0.260

构件内力对比：

考虑到结构的对称性，分别对比了在1*恒载+0.5*活载作用下，一层中如图4.3-65中的角柱、边柱和中柱梁端弯矩和剪力，并且对比图中1跨-4跨的梁跨中弯矩。如图4.3-66~图4.3-72可知，不同程序计算梁端剪力基本一致，误差在3%左右；框中弯矩也基本一致，误差在7%左右；梁端弯矩比较可知，中柱的梁端弯矩吻合良好，误差在1.6%左右，而角柱梁端PKPM（SATWE）计算结果与其他计算程序相差较大，最大达到了25%左右。综上分析可知，采用3.5刚度放大系数的X型连接支持方案，通过ETABS和ABAQUS程序计算可以得到构件合理的计算内力；而通过PKPM（SATWE）程序计算边梁梁端弯矩值偏小，特别是在角柱边梁梁端弯矩差异甚至达到25%左右。

在配筋设计中建议使用ETABS进行设计。若使用PKPM（SATWE）进行配筋设计，外边梁弯矩需乘1.15的放大系数，角柱外边梁梁端弯矩需乘1.25的放大系数，或者使用ETABS或Abaqus校核内力。

基于弹性节点提出了刚度系数为3.5的X形连接支撑简化计算方案，采用此简化计算方案建立整体模型，并与节点为弹性实体单元的整体模型进行对比。分析表明：采用此简化计算方法计算整体模型质量、周期及构件内力都基本吻合，验证了该简化计算方法的合理性。最后再对梁内力进行分析，建议使用ETABS进行配筋设计。若使用PKPM（SATWE）进行配筋设计，外边梁弯矩需乘1.15的放大系数，角柱外边梁梁端弯矩需乘1.25的放大系数，或者使用ETABS或Abaqus校核内力。

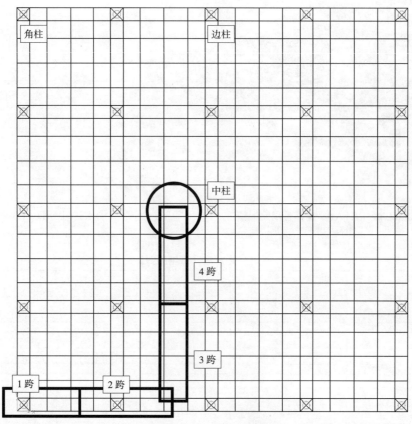

图4.3-65 柱子标注示意

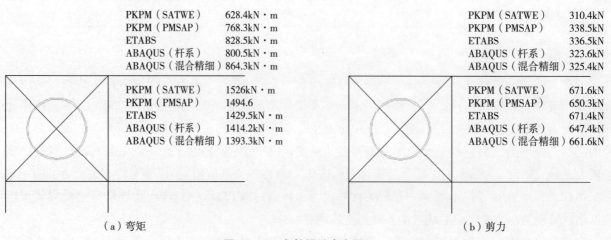

PKPM（SATWE） 628.4kN·m	PKPM（SATWE） 310.4kN
PKPM（PMSAP） 768.3kN·m	PKPM（PMSAP） 338.5kN
ETABS 828.5kN·m	ETABS 336.5kN
ABAQUS（杆系） 800.5kN·m	ABAQUS（杆系） 323.6kN
ABAQUS（混合精细）864.3kN·m	ABAQUS（混合精细）325.4kN
PKPM（SATWE） 1526kN·m	PKPM（SATWE） 671.6kN
PKPM（PMSAP） 1494.6	PKPM（PMSAP） 650.3kN
ETABS 1429.5kN·m	ETABS 671.4kN
ABAQUS（杆系） 1414.2kN·m	ABAQUS（杆系） 647.4kN
ABAQUS（混合精细）1393.3kN·m	ABAQUS（混合精细）661.6kN
（a）弯矩	（b）剪力

图4.3-66 角柱梁端内力图

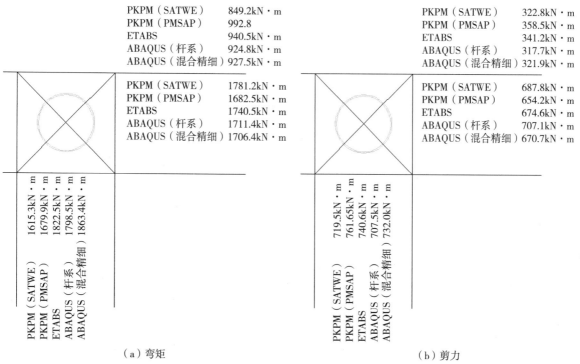

图 4.3-67　边柱梁端内力图

（a）弯矩　　　　　　　　　　　　　　　　　（b）剪力

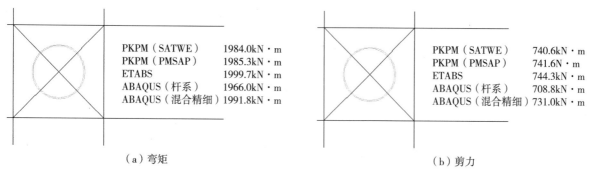

（a）弯矩　　　　　　　　　　　　　　　　　（b）剪力

图 4.3-68　中柱梁端内力图

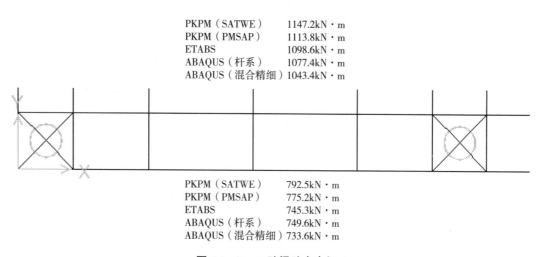

图 4.3-69　1 跨梁跨中弯矩

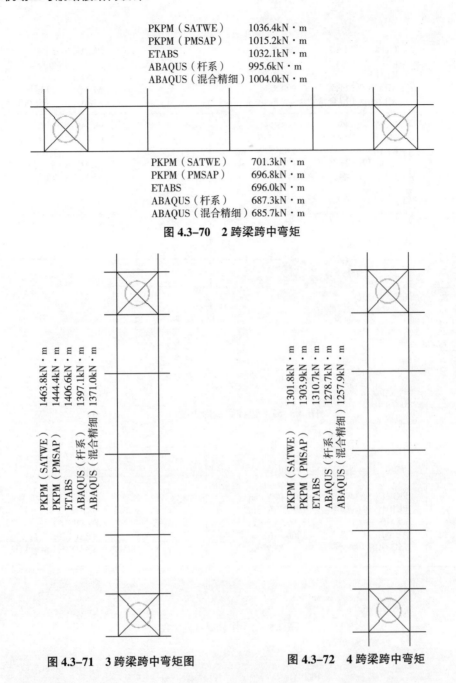

图 4.3-70 2 跨梁跨中弯矩

图 4.3-71 3 跨梁跨中弯矩图　　　　　图 4.3-72 4 跨梁跨中弯矩

4.3.4.5 结论

该工程采用了新型双梁形式的节点，为了得合理的节点简化计算方案。本文做了相关工作，得到以下结论：

（1）节点采用弹性实体单元建模能够较好模拟节点力学特性，刚度误差在9%左右；

（2）提出了3.5倍刚度放大系数的X字形节点简化计算方案，并分别在节点层次和整体层次验证了该简化方案的合理性；

（3）采用该简化计算方案时，ETABS和ABAQUS计算构件内力吻合较好，而PKPM（SATWE）计算构件内力时，外边梁梁端弯矩相差较大；

（4）若PKPM（SATWE）采用该简化计算方案进行配筋设计，外边梁梁端弯矩需乘1.15的放大系数，角柱外边梁梁端弯矩需乘1.25的放大系数。

4.3.5 小结

通过对预应力钢管混凝土柱井式双梁节点及π形组合扁梁的研究，得出以下结论：

（1）提出基于截面形状优化的组合扁梁结构构造，提出梁截面形状优化的"π形（跨中）+倒π形（支座）组合扁梁"构造设计，在保证受压区和抗剪承载力前提下采用梁掏空处理减小自重。对比普通钢筋混凝土结构，有效地降低混凝土高度与自重，同时提高材料利用率与空间利用率。

（2）在有限元模拟分析与结构试验的基础上，结合混凝土规范要求，提出扁梁夹钢管柱设计计算公式。提出了截面过渡段合理的钢筋构造与计算公式。

（3）基于精细化构件有限元模拟结果，在整体结构分析过程中将节点实体单元转换为杆系单元，考虑不同类型梁柱构件在同一结构中的协同作用，在不丧失计算精度下提高空间结构计算效率。

4.4 层间位移角控制指标

《建筑抗震设计规范》GB 5011-2010（2015年版）及《高层建筑混凝土结构技术规程》JGJ 3-2010规定钢筋混凝土框架结构的弹性层间位移角限值为1/550。本工程航站楼为层高较大的框排架结构，柱顶铰接，排架结构的位移比框架结构大，位移角限值往往成为柱截面的控制因素。这些建筑的围护结构多为金属或玻璃幕墙，能承受较大的变形，如混凝土柱仍按1/550的位移角限值设计，柱截面往往偏大。为满足使用功能及空间效果的要求，建筑专业对柱的截面尺寸提出严格要求，支撑屋盖的框架柱直径不得大于1.4m，局部不大于1.6m。结构整体计算结果显示，本工程的柱截面大小主要是由风荷载作用下的柱顶位移控制，为满足建筑专业对柱截面尺寸的要求，在初步设计阶段，支撑屋盖的柱采用了钢管混凝土柱，顶层柱的层间位移角控制在1/350以内，钢管混凝土柱直径可控制在1.2m以内，混凝土强度等级为C40，钢管柱壁厚25mm。

在施工图设计阶段，业主提出限额设计要求，需优化设计、减少结构造价，要求将指廊的钢管混凝土柱改为普通混凝土柱。经计算，如按照框架结构的层间位移角限值1/550控制，改为普通混凝土柱后，柱直径需增大至1.8m，局部2.0m才能满足位移角限值，但柱截面尺寸不满足建筑使用及空间效果的要求。

2013年4月18日，我院对二号航站楼是否属超限工程以及其他一些结构设计问题向广东省超限高层建筑抗震设防审查专家委员会提出咨询，与会专家对层间位移角限值问题的意见如下：①本工程为框排架结构，建议一、二层框架结构的层间位移角按不大于1/550考虑，顶层排架结构层间位移角不宜大于1/250。②建议指廊钢管混凝土柱改为普通混凝土柱，必要时可在顶层柱根部附近施加预应力。

4.5 预应力混凝土柱设计

4.5.1 指廊混凝土柱设计难点

为满足使用功能及空间效果的要求，建筑专业对柱的截面尺寸提出严格要求，支撑屋盖的框架柱直径不得大于1.4m，局部不得大于1.6m。结构整体计算结果显示，本工程的柱截面大小主要是由风荷载作用下的柱顶位移控制，为满足建筑专业对柱截面尺寸的要求，在初步设计阶段，支撑屋盖的柱采用了钢管混凝土柱，顶层柱的层间位移角控制在1/250以内，钢管混凝土柱直径可控制在1.2m以内，混凝土强度等级为C40，钢管柱壁厚25mm，承载力及位移满足规范要求。

在施工图设计阶段，业主提出限额设计要求，需优化设计、减少结构造价，要求将指廊的钢管混凝土柱改为普通混凝土柱。经计算，如按照框架结构的层间位移角限值1/550控制，改为普通混凝土柱后,柱直径需增大至1.8m,局部2.0m才能满足位移角限值,但柱截面尺寸不满足建筑使用及空间效果的要求。

4.5.2 层间位移角的相关规定

《建筑抗震设计规范》GB 50011–2010规定钢筋混凝土框架结构的弹性层间位移角限值为1/550,根据第5.5.1条的条文说明,框架结构试验结果表明,对于开裂层间位移角,不开洞填充墙框架为1/2500,开洞填充墙框架为1/926;有限元分析结果表明,不带填充墙时为1/800,不开洞填充墙为1/2000。规范不再区分有填充墙和无填充墙,均按《建筑抗震设计规范》GBJ 11–89规定的1/550采用,并仍按构件截面弹性刚度计算。

《高层建筑混凝土结构技术规程》JGJ 3–2010规定钢筋混凝土框架结构的弹性层间位移角限值为1/550,根据第3.7.1条的条文说明,在正常使用条件下,限制高层建筑结构层间位移的主要目的有两点:①保证主结构基本处于弹性受力状态,对钢筋混凝土结构来讲,要避免混凝土墙或柱出现裂缝;同时,将混凝土梁等楼面构件的裂缝数量、宽度和高度限制在规范允许范围之内。②保证填充墙、隔墙和幕墙等非结构构件的完好,避免产生明显损伤。

我国在20世纪80年代进行过几十榀填充墙框架的试验研究,《建筑抗震设计规范》GBJ 11–89中框架结构抗震变形验算限值是以墙面裂缝连通时的侧移角为依据,填充墙一般会先于框架柱开裂。对于多层多跨框架结构,如果不满足1/550的弹性位移角,可以采用加大梁柱截面的措施减少层间位移。

华南理工大学韩小雷教授通过K–S(Kolmogorov–Smirnov)检验法检验,认为屈服点位移角限值较为稳定,对各因素的变化相对不敏感。取定屈服点限值时,对应于有限元模型中第一根钢筋屈服时的位移角,取值相对保守。分别以弯曲状态的位移角均值0.0040,弯剪状态的位移角均值0.0030,作为柱构件的完好状态的变形限值。

美国UBC 1997规范允许突破层间位移限值,在非抗震关键部位,层间位移角超出规范限值是容许的。IBC2000规范中层间位移角计算公式为:

$$\delta_x = \frac{C_d \delta_{xe}}{I_E} \qquad (4.5\text{-}1)$$

式中:C_d为变形放大系数,$C_d=2.5\sim5.5$;I_E为重要性系数,$I_E=1.00\sim1.50$;δ_{xe}为弹性分析的位移。

4.5.3 预应力混凝土柱设计思路

对于层高较大的单跨框排架结构,例如机场航站楼、铁路站房、体育馆等建筑,这些大跨度结构的柱顶铰接,侧向刚度较弱,要提高结构的侧向刚度,需要增加柱支撑或剪力墙,或增大柱截面,这些措施难以满足建筑使用及空间效果要求。框架结构的弹性层间位移角限值的确定是以控制填充墙不出现严重开裂为主要依据。根据国内的研究结果,在区分有无填充墙和填充墙开洞与否的情况下,框架结构中填充墙的初裂或框架柱开裂的平均位移角大致分布在1/2500~1/400的范围内。其中,上限值主要是针对开洞填充墙框架柱的开裂位移角,下限值是无开洞填充墙墙面初裂的平均位移角。1/550的位移角限值,是对混凝土楼盖框架结构的位移限值,对于无填充墙的轻型钢屋盖排架结构,采用1/550的位移角限值过于严格。我们的设计思路是:①采用钢柱或钢管混凝土柱,这些结构有较大的位移角限值;②如果采用混凝土柱,采取控制裂缝的措施,以控制混凝土裂缝为主要控制指标,可适当放宽位移角限值。

本工程围护结构采用玻璃幕墙，其具有较大的变形能力，根据《玻璃幕墙工程技术规范》JGJ 102-2003，玻璃幕墙平面内变形性能在抗震设计时，应按主体结构弹性层间位移角限值的3倍进行设计。即使我们放宽了混凝土柱的弹性位移角限值，幕墙非结构构件仍然能够保持完好，不会发生明显损伤；本工程屋面结构为钢网架及压型钢板，不存在混凝土屋面梁开裂，适当放宽结构位移角限值，不影响建筑使用要求。

规范是根据不同结构体系耐受变形的能力来确定结构的弹性层间位移值，结构的侧向刚度越大，相应的层间位移限制越严格。本工程顶层是柱顶铰接的排架结构，侧向刚度较小，采用混凝土框架结构的弹性位移角限制并不合理，放宽顶层的层间位移限制符合相关规范规定。只要能够限制混凝土柱出现裂缝，就能够保证主结构基本处于弹性受力状态，满足限制结构层间位移角的目标。

4.5.4　混凝土柱有限元分析及方案比较

框架结构的层间位移主要由弯曲作用位移、轴力作用位移、剪力作用位移、节点区挠曲变形位移产生。对于中低层的框架结构，几乎所有的层间位移都是由弯曲作用产生，弯剪状态的位移角均值0.0030作为柱构件的完好状态的变形限值，以1/350层间位移角为无填充墙框架结构设计指标，在设计中采取了限制裂缝的措施，补充了柱的弹性有限元开裂侧移角的计算。

弹塑性有限元计算分析由我院计算中心采用有限元分析软件进行。建立单个混凝土柱构件模型：混凝土柱直径为1.4m，混凝土强度等级C40，配筋率为1.5%，箍筋D12@100，底部嵌固，如图4.5-1所示。在顶部施加$L/350$的水平向位移，按梯度线性加载，柱顶竖向力按实际施加，分别按普通钢筋混凝土柱、底部加钢筋网的钢筋混凝土柱、底部加型钢的钢筋混凝土柱、预应力钢筋混凝土柱4种方案分别计算。

方案一：普通钢筋混凝土柱

柱顶位移$L/350$时，混凝土受拉损伤情况如图4.5-2所示：

方案二：加抗裂钢筋网　12@100*100，采用1.13mm壳单元等代：

混凝土受拉损伤情况如图4.5-3所示：

方案三：柱底加8条槽钢，槽钢高150mm，宽70mm，厚度为35mm，如图4.5-4所示：

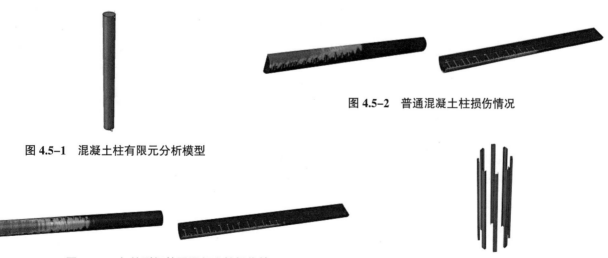

图4.5-2　普通混凝土柱损伤情况

图4.5-1　混凝土柱有限元分析模型

图4.5-3　加抗裂钢筋网混凝土柱损伤情况

图4.5-4　柱底加槽钢模型

混凝土受拉损伤情况如图4.5-5所示：

方案四：加设6500kN预应力，按均布荷载施加到柱顶，如图4.5-6所示，柱底作嵌固约束。

混凝土受拉损伤情况如图4.5-7所示：

图4.5-5　加型钢混凝土柱损伤情况

图4.5-6　柱截面预应力施加

图4.5-7　加预应力混凝土柱损伤情况

分析结果：

普通钢筋混凝土柱的变形达到$L/350$时，柱底部$L/3$以下的混凝土受拉损伤明显，损伤深入到柱中心，此时钢筋的最大应力不超过160MPa，并未达到屈服强度。增加抗裂钢筋网后，混凝土受拉损伤情况有改善，但不明显。加设8条抗裂型钢后，柱底部混凝土受拉损伤明显改善，此时混凝土受拉损伤出现在型钢的端部，为柱底部$L/3$位置，型钢、纵筋、箍筋的应力较小，最大Mises应力不超过130MPa。在各种受力状况中，预应力对抗裂最有效。对直径1400mm、高度为18m、16m、13m，位移角为$L/350$的混凝土柱加设6.5MPa的预应力后，柱的受拉损伤大大减少，主要表现在柱底表面出现轻微—轻度的受拉损伤，13m高柱为较轻度损伤，16m及18m高的柱子为轻微损伤（表4.5-1）。

不同截面及高度混凝土柱有限元分析结果　　　　　　　　　　　　　　　表4.5-1

柱截面柱高	预应力	受拉损伤范围	受拉损伤程度	钢筋最大应力（MPa）
直径1.4m 柱高18m	无	下端$L/3$以下	损伤深入到柱中心	112
	有	下端$L/4$以下	柱表面出现轻微损伤	86
直径1.4m 柱高16m	无	下端$L/3$以下	损伤深入到柱中心	130
	有	下端$L/4$以下	柱表面出现轻微损伤	94
直径1.4m 柱高13m	无	下端$L/3$以下	损伤深入到柱中心	156
	有	下端$L/4$以下	轻度损伤	110

4.5.5　圆形混凝土柱的裂缝验算

根据现行《混凝土结构设计规范》GB 50010-2010第7.1.2条的规定，钢筋混凝土受拉、受弯、偏心受压构件及预应力混凝土轴心受拉和受弯构件中，验算构件最大裂缝宽度ω_{max}的公式适用于矩形、T形、倒T形和I形截面，对于圆形截面的偏心受压构件抗裂验算未作具体规定。

本工程参考《水运工程混凝土结构设计规范》JTS 151-2011第6.4.2条的圆形截面偏心受压构件裂缝宽度验算公式：

$$\omega_{max} = a_1 a_2 a_3 \frac{\sigma_s}{E_s} \left(\frac{c+d}{0.3 + 1.4 p_{te}} \right)$$　　　　　　　　　（4.5-2）

圆形截面纵向受拉钢筋的有效配筋率按下式计算：

$$\rho_{te} = \frac{\beta A_s}{\pi(r^2 - r_1^2)} \quad\quad (4.5-3)$$

$$r_1 = r - 2a_s \quad\quad (4.5-4)$$

式中：a_1 为构件受力特征系数；a_2 为考虑钢筋表面形状的影响系数；a_3 为考虑作用的准永久组合或重复荷载影响的系数；σ_s 为钢筋混凝土构件纵向受拉钢筋的应力（N/mm²）；E_s 为钢筋弹性模量（N/mm²）；c 为最外排纵向受拉钢筋的保护层厚度（mm）；d 为钢筋直径（mm）；ρ_{te} 为纵向受拉钢筋的有效配筋率；β 为构件受拉纵向钢筋对最大裂缝看诊贡献的系数；A_s 为全部纵向钢筋截面面积（mm²）；r 为圆形截面的半径（mm）；r_1 为圆形截面半径与钢筋中心到构件边缘2倍距离的差值（mm）；a_s 为钢筋中心到构件边缘的距离（mm）。

以西指廊直径1.4米的圆形混凝土柱为例，计算长度 $l_0=18.3$m，柱顶轴力 $N=2491$kN，柱底弯矩 $M=6815$kN·m。

柱顶不施加预应力时：

$$\sigma_s = 214\text{N/mm}^2$$

$$\rho_{te} = 0.055$$

$$\begin{aligned}
\omega_{max} &= a_1 a_2 a_3 \frac{\sigma_s}{E_s}\left(\frac{c+d}{0.3+1.4\rho_{te}}\right)/\tau_1 \\
&= 0.95 \times 1 \times 1.5 \times \frac{213}{2\times10^5} \times \left(\frac{50+40}{0.3+1.4\times0.055}\right)/1.5 \\
&= 0.24\text{mm}
\end{aligned}$$

柱顶施加预应力 $N_p=6500$kN时：

$$\sigma_s = 168.13\text{N/mm}^2$$

$$\rho_{te} = 0.071$$

$$\begin{aligned}
\omega_{max} &= a_1 a_2 a_3 \frac{\sigma_s}{E_s}\left(\frac{c+d}{0.3+1.4\rho_{te}}\right)/\tau_1 \\
&= 0.95 \times 1 \times 1.5 \times \frac{168.13}{2\times10^5} \times \left(\frac{50+40}{0.3+1.4\times0.071}\right)/1.5 \\
&= 0.18\text{mm}
\end{aligned}$$

（式中为考虑长期作用影响的扩大系数，本工程柱顶位移由风荷载控制，裂缝宽度按《混凝土结构设计规范》GB 50010-2010（2015年版）第7.1.2条条文说明，除以考虑长期作用影响的扩大系数。）

由计算结果可见，支撑钢结构的混凝土柱在施加预应力后，柱底截面裂缝宽度可明显减小。

4.5.6 预应力柱钢筋布置及节点设计

混凝土圆柱采用的有粘结预应力筋，规格为公称直径15.2mm的钢绞线，抗拉强度标准值f_{ptk}=1860 N/mm²，张拉控制应力σ_{con}=0.75f_{ptk}。柱内设置6个波纹管，每孔设置7根钢绞线，孔道沿环向均匀布置（图4.5-8）。由于指廊主体结构的长向为超长混凝土框架结构，短向为较大跨度的框架梁及悬挑梁，沿建筑物长向的框架梁、次梁配置无粘结预应力钢筋，沿梁中直线布置，主要作用是抵抗超长结构的温度应力；沿建筑物短向的大跨梁、悬臂梁配置有粘结预应力筋，曲线布置，主要作用是控制梁的裂缝和挠度。梁柱节处，双向框架梁的普通钢筋、预应力筋，柱的普通钢筋、预应力筋共同穿越，对施工产生了一定难度。为保证现场施工可行性及施工质量，对梁柱节点处的钢筋排布进行了优化设计，提供钢筋排布图供现场施工参考（图4.5-9）。

由于支撑钢结构的混凝土柱直径为1.4m，局部1.6m，屋盖钢结构支座的直径为1.3m，预应力钢筋的张拉端与钢结构支座埋件产生冲突。节点设计时，直径1.4m的柱，在柱顶预埋件以下进行张拉；直径1.6m的柱，在柱顶张拉，钢结构预埋件的钢板作特殊处理（图4.5-10）。经现场施工验证，张拉方案可行。

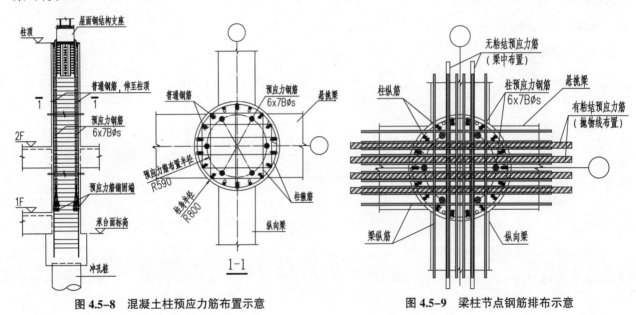

图 4.5-8　混凝土柱预应力筋布置示意　　　　　图 4.5-9　梁柱节点钢筋排布示意

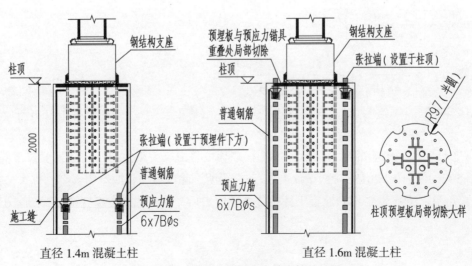

图 4.5-10　混凝土柱预应力筋张拉端设置

4.5.7 小结

本工程采用了预应力混凝土柱，经有限元分析表明，预应力混凝土柱的层间位移角放松至1/350时仍基本处于弹性状态，柱受拉损伤情况及裂缝宽度较不施加预应力的普通混凝土柱有明显改善，柱截面尺寸比按1/550的层间位移角限值执行时明显减少（约减少40%），建筑效果和经济效益显著。对预应力柱的梁柱节点、张拉端节点进行优化设计后，施工操作可行，施工质量可靠。

4.6 夹层影响及楼板应力分析

项目不存在高度和体系超限的情况，从规则性判断，包含扭转不规则、楼板不连续和其他不规则几种，其中其他不规则为穿层柱和夹层两种类型。

楼板不连续、穿层柱和局部夹层的原因均由于航站楼大空间建筑功能要求需要大面积的挑空后造成的，其不规则项统计为一项。采取补充楼板弹性和穿层柱屈曲计算分析处理。

局部夹层带来层刚度比如何计算的问题，夹层单独计算不考虑穿层柱和夹层考虑周边穿层柱协同计算的两种计算结果差异较大，设计采用第二种计算结果判定，层刚度比能满足规范限值要求。

本书后面通过弹塑性时程分析复核。

4.7 钢管混凝土柱专项

4.7.1 钢管混凝土柱计算长度系数确定

4.7.1.1 概述

T2航站楼屋盖采用正放四角锥网架结构体系，航站楼大部分11.25m标高以上钢管混凝土柱柱顶支撑网架，钢管柱柱长最大为25.625m长且为变截面锥形柱，11.25m标高以下及局部21.875m标高为与钢筋混凝土框架梁相连。

柱作为重要的结构构件，其稳定性及计算长度的确定很重要，然而，已有规范（规程）对支撑钢屋盖的钢管混凝土柱计算长度的确定尚未给出明确规定。事实上，结构和构件的稳定问题是一个整体性问题，柱、楼盖、屋盖等之间相互约束，单一构件的屈曲稳定必然会受到其他构件的约束作用，因此钢管混凝土柱计算长度系数应根据结构的整体屈曲稳定分析结果合理确定。

本工程支撑屋盖的钢管混凝土柱计算长度系数根据结构的整体屈曲稳定分析结果合理确定；楼盖间钢管混凝土柱的计算长度系数，考虑柱端约束条件，根据梁柱刚度的比值，按《钢结构设计规范》GB 50017-2017确定。

4.7.1.2 计算分析方法

《钢结构设计标准》GB 50017-2017关于稳定设计的近似公式是基于两端铰接这一理想构件的研究和推导得到的，但实际结构中各构件的端部约束条件十分复杂，根据实际构件和理想构件屈曲临界荷载相等的原则，可以得到实际构件的计算长度，从而可以将规范的稳定设计公式应用于实际构件。

钢管混凝土柱稳定及计算长度的确定主要包括以下三个步骤：①基于第一类稳定原理，对整体结构进行线性屈曲稳定分析，得到整体结构的各阶屈曲模态以及屈曲临界荷载系数；②检查各阶屈曲模态形状，确定各钢管混凝土柱发生屈曲失稳时的临界荷载系数，并计算出结构整体失稳时屈曲临界荷载N_{cr}；③由欧拉临界荷载公式反算该构件的计算长度系数μ。

结构的屈曲与荷载分布模式密切相关。本工程选取两种荷载分布模式进行线性屈曲分析：①1.0恒载（包括自重）和1.0活载共同作用；②1.0恒载（包括自重）和1.0风活载（0度）共同作用，钢管混凝土柱的计算长度取两种荷载模态分布模式的包络。为了更精确地获得构件的屈曲临界荷载，有限元计算时，将一～三区锥形钢管混凝土柱细划为8段，采用分别加载方式，四～六区钢管混凝土柱细化为10段，柱顶集中加载。

4.7.1.3　整体屈曲稳定分析结果

1.　1.0恒荷载+1.0活荷载

恒荷载（包括自重）和活荷载（标准值）共同作用的荷载分布模式，一～六区各区的最低阶屈曲模态如图4.7-1~图4.7-6所示（仅显示支撑屋盖的柱）。由图4.7-1~图4.7-8可知，各区整体失稳的屈曲系数均较高，结构整体稳定性有较高的安全储备。

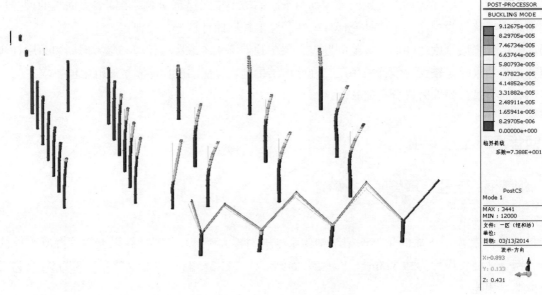

图4.7-1　一区最低阶屈曲模态

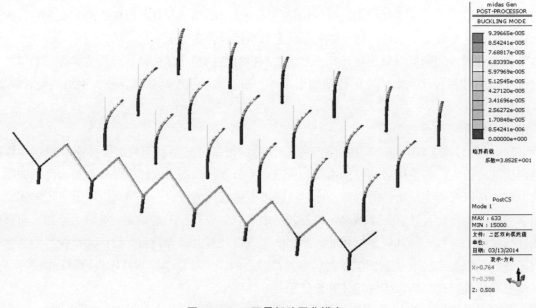

图4.7-2　二区最低阶屈曲模态

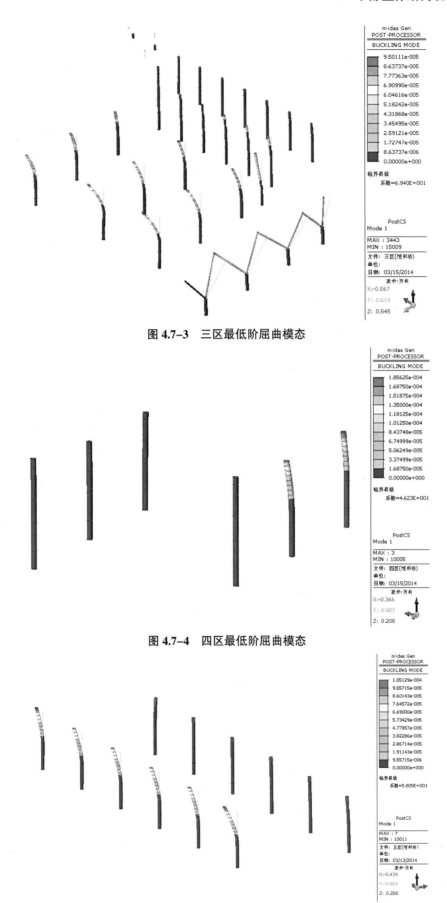

图 4.7-3 三区最低阶屈曲模态

图 4.7-4 四区最低阶屈曲模态

图 4.7-5 五区最低阶屈曲模态

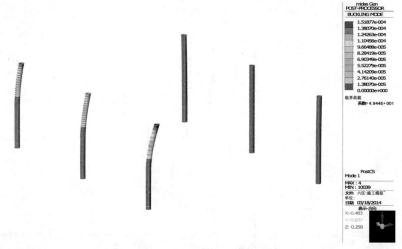

图 4.7-6 六区最低阶屈曲模态

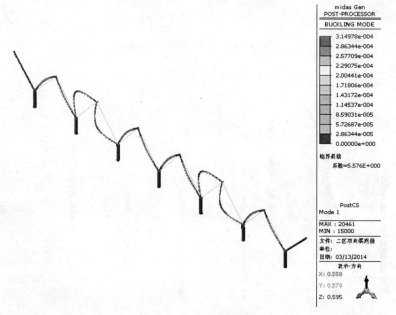

图 4.7-7 V 字柱面内

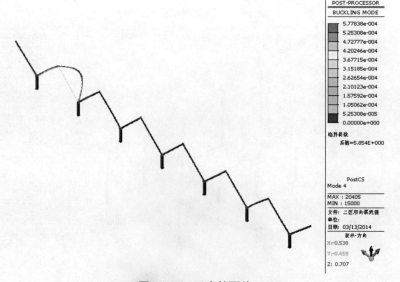

图 4.7-8 V 字柱面外

2. 1.0恒荷载+1.0风荷载

恒荷载（包括自重）和0度风荷载（标准值）共同作用的荷载分布模式，一~六区各区的最低阶屈曲模态如图4.7-9~图4.7-14所示（仅显示支撑屋盖的柱）。由图可知，各区整体失稳的屈曲系数均大于10，说明结构在恒荷载和风荷载作用下不会产生失稳。

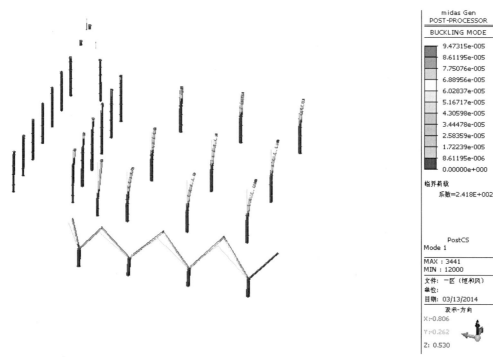

图4.7-9 一区最低阶屈曲模态

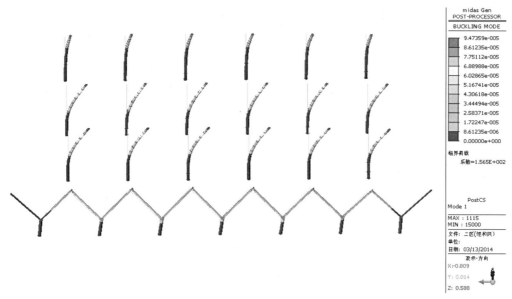

图4.7-10 二区最低阶屈曲模态

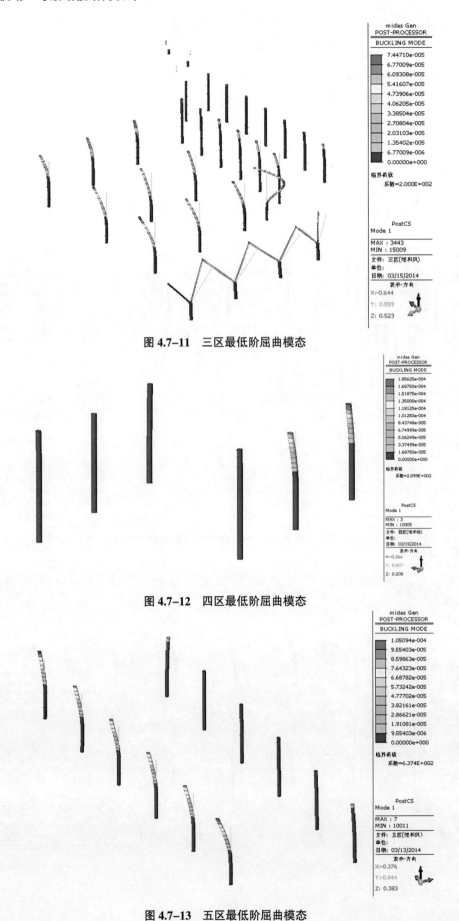

图 4.7–11　三区最低阶屈曲模态

图 4.7–12　四区最低阶屈曲模态

图 4.7–13　五区最低阶屈曲模态

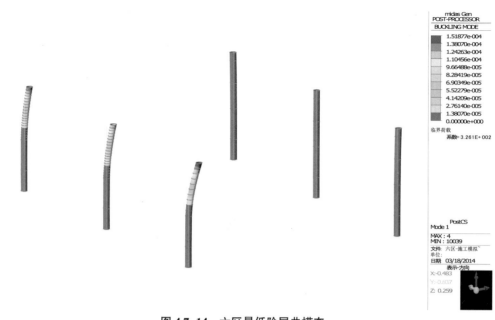

图 4.7-14　六区最低阶屈曲模态

4.7.1.4　计算长度系数的确定

1. 支撑屋盖的关键钢管混凝土柱和V字柱计算长度系数

各区支撑屋盖的关键钢管混凝土柱和V字柱计算长度系数根据结构的整体屈曲稳定分析结果确定，屈曲临界荷载、抗弯刚度、几何长度和计算长度系数等详见表4.7-1。

各区关键钢管混凝土柱和V字柱计算长度系数　　　　　　　　　表4.7-1

区号	柱位	标高范围	抗弯刚度（kN·m²）	初始荷载（kN）	临界荷载系数	临界荷载（kN）	几何长度（m）	计算长度系数
一区	T-1/D×T-10	11.25~32.33	2.62E+07	5309	73.88	392228	21.08	1.28
	T-K/T-12	24.475~30.522	2.62E+07	6545	73.88	483545	6.047	2.56
二区	T-1/D×T-17	11.25~35.273	2.62E+07	6420	38.52	247298	24.023	1.42
	T-K×T-12	24.475~32.23	2.62E+07	3512	38.52	135282	7.755	3.77
三区	T-G×T-30	11.25~32.33	2.62E+07	5332	69.4	370000	21.08	1.25
	T-K×T-28	24.475~30.522	2.62E+07		69.4		6.047	3.0
四区	T-M×T-10	11.25~23.769	1.17E+07	3972	46.23	184000	10.625	2.0
	T-Q×T-10	21.875~23.664	1.17E+07	3459	434.3	1501206	1.789	4.9
五区	T-M×T-15	11.25~23.769	1.17E+07	3466	58.05	201201	10.625	1.91
	T-Q×T-15	21.875~23.664	1.17E+07	3459	434.3	1501206	1.789	4.9
六区	T-M×T-28	11.25~23.769	1.17E+07	3773	49.44	187000	10.625	1.99
	T-Q×T-28	21.875~23.664	1.17E+07	3459	434.3	1501206	1.789	4.9
V柱	面内	11.25~33.298	1.6E+06	3283	5.576	18306	26.863	1.09
	面外	11.25~33.298	1.6E+06	3283	5.854	19219	26.863	1.07

为便于设计，一二三区支撑屋盖的钢管柱计算长度系数取值如下：柱位T-1/D×T-10、T-1/D×T-17、T-G×T-30的取值为1.6；柱位T-K/T-12、T-K×T-28的取值为3.0；柱位T-K×T-12的取值为4.0。四五六区支撑屋盖的钢管柱计算长度系数取值如下：柱位T-M×T-10、T-M×T-15、T-M×T-28的取值为

2.0；柱位T–Q×T–10、T–Q×T–15、T–Q×T–28的取值为5.0。V字柱面内和面外计算长度系数均取1.1。

2. 与框架梁相连的钢管混凝土柱计算长度系数

与框架梁相连的典型钢管混凝土柱计算长度系数，考虑柱端约束条件，根据梁柱刚度的比值，按《钢结构设计规范》GB 50017–2017有侧移框架柱确定，见表4.7–2。

各区与框架梁相连的钢管混凝土柱计算长度系数 表4.7–2

区号		柱位	标高范围（m）	几何长度（m）	计算长度系数
一二三区	跨层柱	T–1/D×T–15	0~4.5	4.5	1.7
		T–1/D×T–15	4.5~11.25	6.75	2.45
		T–G×T–15	0~11.25	11.25	1.6
	框架柱	T–K×T–15	0~4.5	4.5	1.82
			4.5~11.25	6.75	4.11
			11.25~16.875	5.625	4.11
			16.875~21.875	5.0	3.9
四五六区	跨层柱	T–M×T–15	0~11.25	11.25	1.5
	框架柱	T–Q×T–15	0~4.5	4.5	1.5
			4.5~11.25	6.75	1.5
			11.25~16.875	5.625	2.0
			16.875~21.875	5.0	2.0

4.7.2 大直径钢管混凝土柱混凝土浇筑及检测

4.7.2.1 前言

为使钢管混凝土结构中钢材和混凝土两种材料达到最佳的组合效果，钢管内混凝土的浇筑质量是关键。在施工过程中，由于钢管内混凝土存在泌水和沉缩，加上施工现场恶劣环境下振捣不充分，导致混凝土不可避免地存在空洞、脱粘和不密实等缺陷。为有效地控制钢管混凝土的施工质量，需正确选择合理的钢管混凝土施工工艺和超声波检测技术。

本工程二号航站楼采用了钢管混凝土结构，钢管混凝土柱直径有1400mm和1800mm两种规格，属于大直径钢管混凝土柱。钢管柱节点区域存在较为密集的加劲肋，对钢管混凝土的浇筑质量有一定的影响，为保证大直径钢管混凝土柱施工质量，进行了1∶1的钢管混凝土柱施工模拟试验。

4.7.2.2 试件设计和制作

1. 试件制作

为真实模拟钢管混凝土柱施工情况，特制作1∶1钢管混凝土模型试验柱，采用与现场施工中相同的混凝土浇筑工艺和密实度检测技术。柱试件型号为T–GGZ–1400，柱高度6.27m，分三段焊接而成，钢管壁厚30mm，钢材为Q345B，混凝土强等级为C50，详见图4.7–15。

2. 缺陷设置

在1∶1钢管混凝土柱试件制作时，预先在钢管内埋入三种已知缺陷到指定的位置，如图4.7–16所示，三种缺陷分别为空洞、不密实和脱空，具体缺陷尺寸如表4.7–3所示。

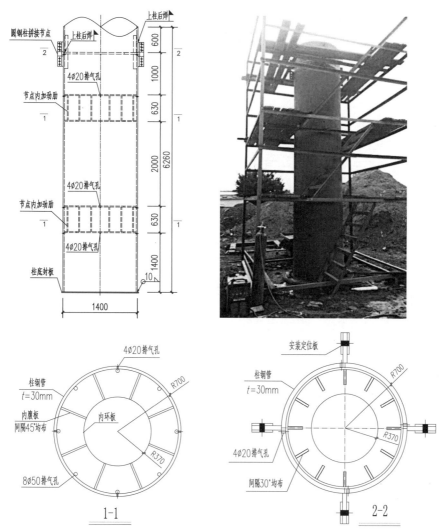

图 4.7-15　钢管混凝土试验柱

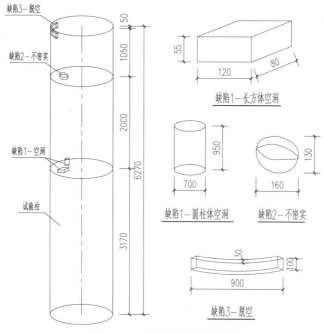

图 4.7-16　缺陷位置示意图

缺陷设置统计表 表4.7-3

序号	缺陷类型	缺陷尺寸	缺陷模拟	埋设位置
1	长方体空洞	12cm×8cm×5.5cm	茶叶盒	见图9.6.2.2
	圆柱体空洞	7.0cm×9.5cm	圆形烟盒	
2	不密实	16cm×13cm	粗石子	
3	脱空	90cm×3.0cm×10cm	钢板	

3. 钢管内混凝土施工工艺

1）混凝土配合比

钢管内混凝土强度等级为C50，其配合比如表4.7-4所示。

混凝土配合比 表4.7-4

水胶比	配合比 （水泥：砂：石：水：外加剂：混合材）		砂率（%）	坍落度（mm）	表观密度（kg/m³）
0.31	1：1.69：2.88：0.36：0.03：0.18		37.0	155	2360
材料用量（kg/m³）					抗压强度（MPa）
水泥	砂	石	水	混合材	外加剂	28d
384	650	1107	140	68	10.62	59.9

2）混凝土施工工艺

钢管内混凝土的施工采用高抛法，振捣采用常规人工振捣法。高抛法自由倾落高度不大于2m，当大于2m时，采用溜槽、串筒等器具辅送，内部振捣器振实。浇筑过程中，采用分层浇筑，一次浇灌高度不大于1.5m，边浇灌边振捣，振捣棒棒头全部浸入混凝土内，随混凝土浇筑缓慢上升。

4. 密实度检测技术

钢管内混凝土密实度无损检测方法有两种，一种是径向对测法，一种是预埋声测管法，检测的依据是《超声波检测混凝土缺陷技术规程》CECS 21：2000。由于在钢管柱节点区设置了两层内加劲环，内环板只预留了浇筑孔，采用预埋声测管受到限制，无法检测到管壁附近及加劲肋范围内的缺陷情况，因此本次检测采用超声波径向对测法。

4.7.2.3 密实度检测

1. 检测截面布置

根据已知的缺陷位置，在试验柱中共设置了4个测试区：Ⅰ-Ⅰ、Ⅱ-Ⅱ、Ⅲ-Ⅲ、Ⅳ-Ⅳ，每个测试区有3~7个测试截面（表4.7-5、图4.7-17、图4.7-18）。

测试截面分布 表4.7-5

测试部位	对应缺陷	截面间距	测距	截面数量
Ⅰ-Ⅰ	无缺陷	0.15m	1400mm	5
Ⅱ-Ⅱ	空洞	0.15m	1400mm	7
Ⅲ-Ⅲ	不密实	0.15m	1400mm	6
Ⅳ-Ⅳ	脱空	0.15m	1400mm	3

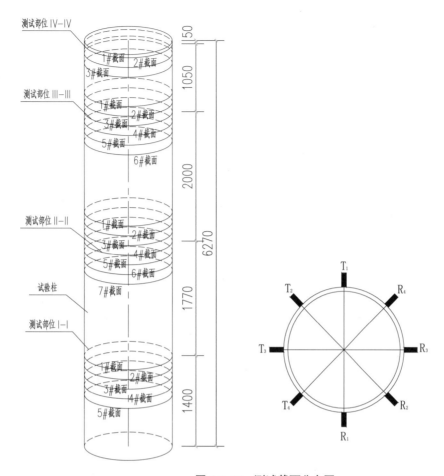

图 4.7–17　测试截面分布图

图 4.7–18　现场检测照片

2. 检测数据和结果分析

根据实测波形及声学参数分析，本工程钢管混凝土柱混凝土质量检测数据见表4.7-6和表4.7-7，波形图如图4.7-19～图4.7-23所示。由于试验检测数量较多，限于篇幅，仅从每个测试部位中列出具有代表性的数据结果。

各测试部位检测数据汇总表　　　　　　　　　　　　　　　表4.7-6

测试部位	测试编号	声时（μs）	声速（km/s）	幅值（dB）	频率（Hz）	备注
Ⅰ-Ⅰ	1-1-01	413.6	3.39	58.45	48.83	
	1-4-01	389.2	3.60	47.66	49.44	
Ⅱ-Ⅱ	2-1-01	419.6	3.34	42.13	48.22	
	2-3-01	657.6	2.13	43.35	50.05	异常
	2-3-02	670.8	2.09	42.01	48.83	异常
	2-5-04	412.8	3.39	60.42	48.22	
Ⅲ-Ⅲ	3-1-01	531.2	2.64	45.14	50.66	异常
	3-3-04	424.0	3.30	57.62	48.22	
Ⅳ-Ⅳ	4-1-04	411.2	3.16	33.2	48.22	异常
	4-3-01	425.6	3.52	59.63	48.83	

各测试部位参数统计表　　　　　　　　　　　　　　　表4.7-7

测试部位	Ⅰ-Ⅰ		Ⅱ-Ⅱ		Ⅲ-Ⅲ		Ⅳ-Ⅳ	
参数	声速（km/s）	幅值（dB）	声速（km/s）	幅值（dB）	声速（km/s）	幅值（dB）	声速（km/s）	幅值（dB）
平均值	3.44	57.63	3.56	70.46	3.39	55.02	3.46	50.58
标准差	0.12	8.75	0.56	5.72	0.11	4.35	0.08	8.32
变异系数	0.03	0.15	0.16	0.08	0.03	0.08	0.02	0.16
λ	1.65	1.65	1.8	1.8	1.73	1.73	1.35	1.35
临界值	3.24	43.2	2.56	60.56	3.2	47.67	3.33	36.86
异常点数	0		3		2		2	

　　综合试验检测结果可知：测试部位Ⅰ-Ⅰ及附近，声速值、幅值、声时值及波形图均未出现异常；测试部位Ⅱ-Ⅱ的3#截面附近声速值减小，幅值降低，波形异常；测试部位Ⅲ-Ⅲ的1#截面附近声速值减小，幅值降低，波形异常；测试部位Ⅳ-Ⅳ的1#截面和2#截面附近，幅值降低，波形异常。

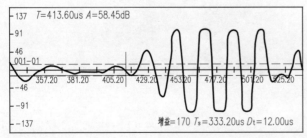

1-1-01 波形图

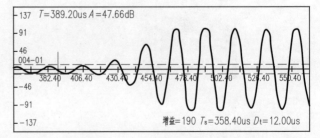

1-4-01 波形图

图4.7-19　测试部位Ⅰ-Ⅰ部分波形图

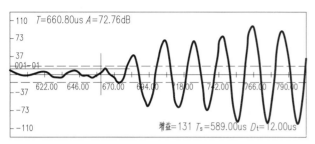

2-1-01 波形图

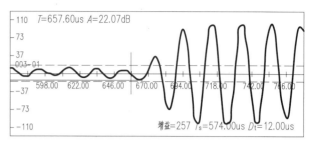

2-3-01 波形图

图 4.7-20　测试部位 Ⅱ-Ⅱ 部分波形图 1

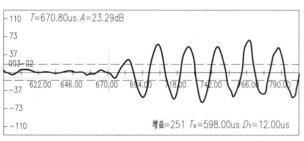

2-3-02 波形图

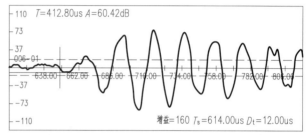

2-6-01 波形图

图 4.7-21　测试部位 Ⅱ-Ⅱ 部分波形图 2

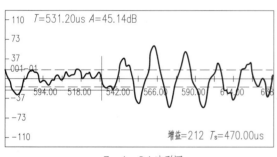

3-1-01 波形图

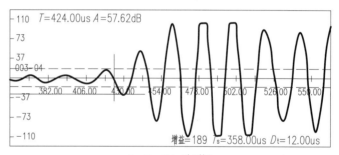

3-3-04 波形图

图 4.7-22　测试部位 Ⅲ-Ⅲ 部分波形图

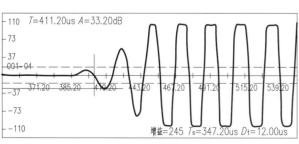

4-1-04 波形图

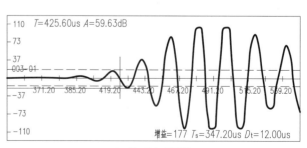

4-3-01 波形图

图 4.7-23　测试部位 Ⅳ-Ⅳ 部分波形图

4.7.2.4 检测结论

根据试验结果得出以下结论：

（1）测试部位 Ⅱ–Ⅱ、Ⅲ–Ⅲ、Ⅳ–Ⅳ均存在声速值小，幅值低，波形异常等现象，与预先人为设置的空洞、脱粘及不密实等缺陷相符，验证了超声波径向对测法检测大直径钢管混凝土密实度的可靠性。由于预埋缺陷试件时未能固定缺陷试件，导致混凝土浇筑时缺陷试件位置偏移，实测缺陷位置与设计位置有所偏差。

（2）测试部位 Ⅰ–Ⅰ无人为设置缺陷，且检测结果未出现异常，表明大直径钢管混凝土柱浇筑工艺可满足密实度的要求。

4.7.2.5 大直径钢管混凝土柱焊缝应力消除及检测

1. 焊接残余应力消减原理

焊接应力消除设备的原理是利用大功率能量推动冲击工具以每秒20000次以上的频率冲击金属物体表面，使金属表层产生较大的压缩塑性变形。豪克能具有高频、高效和聚焦下的大能量，其冲击波改变了原有的应力场，产生一定数值的压应力，并使被冲击部位得以强化，为本试验焊接残余应力的消减方法。

2. 焊接残余应力检测原理

本试验焊接残余应力检测采用盲孔法，其原理为：假设在各向同性材料上某一区域内存在一般状态的残余应力场，其最大、最小主应力分别为σ_1和σ_2，在应力场内任意处钻一个一定直径和深度的孔后，该处金属连同其中的残余应力即被释放，使原有残余应力场失去平衡。这时孔周围将产生一定量的释放应变，其大小与被释放的应力是相对应的。测出这种释放应变值，即可利用计算公式（4.7.1），确定测点处的原始残余应力大小（图4.7–24）。

$$\begin{cases} \sigma_1 = \dfrac{E}{4A}(\varepsilon_1 + \varepsilon_3) - \dfrac{E}{4B}\sqrt{(\varepsilon_1 - \varepsilon_3)^2 + (2\varepsilon_2 - \varepsilon_1 - \varepsilon_3)^2} \\[2mm] \sigma_2 = \dfrac{E}{4A}(\varepsilon_1 + \varepsilon_3) + \dfrac{E}{4B}\sqrt{(\varepsilon_1 - \varepsilon_3)^2 + (2\varepsilon_2 - \varepsilon_1 - \varepsilon_3)^2} \\[2mm] tg2\theta = \dfrac{2\varepsilon_2 - \varepsilon_1 - \varepsilon_3}{\varepsilon_1 - \varepsilon_3} \end{cases} \tag{4.7-1}$$

式中：ε_1、ε_2、ε_3为三个方向的释放应变；σ_1、σ_2为最大、最小主应力；θ为σ_1与1号片参考轴的夹角；E是材料弹性模量；A、B为两个残余应力应变释放系数。

其中A、B的大小与钻孔的孔径、应变片尺寸、孔深有关。

$$A = \frac{1+v}{2E}\left(\frac{d^2}{4r_1 r_2}\right) \tag{4.7-2}$$

$$B = \frac{d^2}{2Er_1 r_2}\left(-1 + \frac{1+v}{4} \cdot \frac{d^2(r_1^2 + r_1 r_2 + r_2^2)}{4r_1^2 r_2^2}\right) \tag{4.7-3}$$

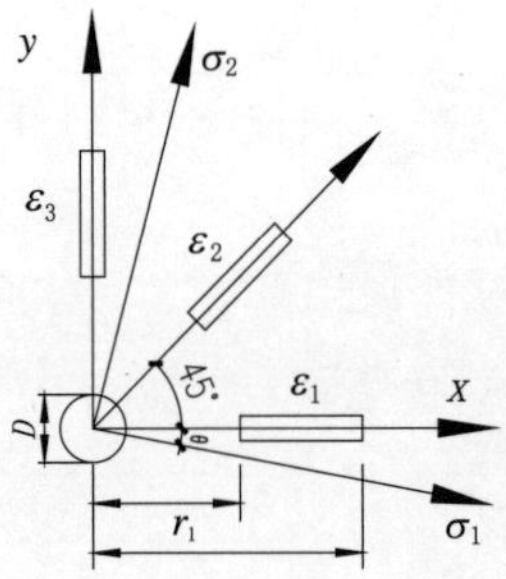

图 4.7–24 应变片示意图

式中：E、v分别为被测材料的弹性模量和泊松比，d、r_1、r_2分别为孔径和盲孔中心到应变计近孔端、远孔端的距离。

3. 试验数据和结果分析

根据试验要求对钢管柱对接焊缝残余应力进行消减和检测，消减设备采用豪克能HY2050焊接应力消减仪，检测设备采用HK21B残余应力检测仪（图4.7-25）。应力消减前后测试结果见表4.7-8。

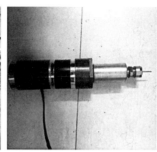

图 4.7-25　现场检测照片

对接焊缝残余应力消减前后数据对比　　　　　　表4.7-8

测点位置		应变值			夹角 θ（°）	应力值（MPa）	
		ε_1	ε_2	ε_3		σ_1	σ_2
消减前	1	−248.59	−174.96	38.17	−12.97	321.15	99.7
	2	−275.55	−178.61	141.67	14.08	298.2	−30.43
	3	−247.14	−165.48	21.28	−10.69	325.95	125.77
消减后	1	34.27	26.25	28.63	30.75	−58.79	−66.99
	2	39.38	37.91	44.78	−28.52	−80.71	−87.61
	3	23.33	51.76	37.43	35.88	−45.12	−76.39

注：拉应力为正值，压应力为负值。

由表4.7-8检测数据可以看出：对接焊缝应力消减前，测点位置残余应力大部分为拉应力，且数值较大，最大值达到325.95MPa，接近于钢材的屈服强度；消减后，100%的测点将拉应力转化为较小的压应力。由此表明，采用豪克能方法可有效地消减焊接残余应力并产生理想的压应力，在实际工程中应用是可行的。

4.7.2.6　钢管混凝土柱施工技术要求（高抛混凝土法）

1. 混凝土材料

采用商品混凝土，由广州长河混凝土公司提供，自公司运输至工地的时间约1h。运输时间较短，和易性、坍落度等技术指标参数能得到很好的保证。本工程所采用的C50混凝土的配合比与1∶1试验柱所采用混凝土配合比见表4.7-9。

混凝土配合比　　　　　　表4.7-9

水胶比	配合比（水泥∶砂∶石∶水∶外加剂∶混合材）			砂率（%）	坍落度（mm）	表观密度（kg/m³）	
0.31	1∶1.69∶2.88∶0.36∶0.03∶0.18			37.0	155	2360	
材料用量（kg/m³）						抗压强度（MPa）	
水泥	砂	石	水	混合材	外加剂	7d	28d	快速法
384	650	1107	140	68	10.62		59.9	

配置混凝土所用原材料应符合以下规定：

1）选用质量稳定，强度等级不低于42.5级的硅酸盐水泥或普通硅酸盐水泥；

2）粗骨料的最大料径不应大于31.5mm，针片状颗粒含量不应大于5%。含泥量应符合《普通混凝土用砂、石质量及检验方法标准》JGJ 52-2006的规定。

3）细骨料的细度模数宜大于2.6，含泥量不应大于2%，泥块含量不应大于0.5%，其他质量指标应符合《普通混凝土用砂质量标准及检验方法》JGJ 52的规定。

2. 混凝土试块

1）做好施工记录资料，包括：浇筑部位、日期、水温、材料配合比、搅拌后浆温，试验员、技术员、质安员均应签字，作为交工资料。

2）在28d前，与监理人员共同送试件到具有相应资质的委托试验单位，按试验单位的要求填写委托书和办理其他手续。

3）同一工作班组或每100m³留置同养与标养试块各1组。

3. 混凝土泵送

混凝土泵送时，重点注意如下几个要点：

1）混凝土泵与泵管连通后，经检查符合要求后，方可开机，先用水湿润整个管道，待水泥砂浆到达现场后，进行试泵，该试泵的水泥砂浆需倒入沉淀池，不可作为结合层使用。

2）开始泵送时，混凝土泵应处于慢速、匀速并随时可反泵的状态，泵送速度先慢后快，待运转顺利后，才可正常速度进行泵送。

3）混凝土泵送应连续进行，必要时可降低泵送速度以维持泵送连续性。

4）泵送终止后，及时冲洗泵机泵管。

4. 混凝土浇筑

混凝土浇筑总体按照1：1模型试验结论确定的施工工艺进行施工，即采用常规人工浇捣法浇灌混凝土，主要操作要点如下：

1）混凝土运至施工现场后，随即进行浇筑，并在初凝前浇筑完毕。

2）浇筑过程中，需分层浇筑，不可一次投料过多，混凝土一次浇灌高度不宜大于1.5m，上层混凝土必须在下层混凝土初凝前进行覆盖。混凝土送料采用串筒辅送至浇筑面2m范围内。

3）浇灌混凝土前，先灌入约150mm厚的与混凝土强度等级相同的水泥砂浆，防止自由下落的骨料产生弹跳。

4）钢管柱端部节点处的混凝土振捣，时间不小于20s，当节点处内环板排气孔溢浆和混凝土冒出气泡不再下落方能停止振捣。混凝土振捣完成后静置30min后查看混凝土面有无下沉，若有应及时补浇混凝土，以确保混凝土的密实度。振捣过程中，振捣棒不得碰撞到钢管壁，每点的振捣时间约15~30s。

5）除最后一节钢管柱外，每段钢管柱的混凝土只浇筑到离钢管顶端500mm处，以防焊接高温影响混凝土质量。

混凝土浇筑时需边浇边振捣，振捣棒棒头需全部浸入混凝土内，位置随管内混凝土面的升高而调整。目前市面上可采购到的振捣棒的长度规格最长可达16m（非定做）。故在混凝土最低浇筑面距浇筑（振捣）操作平台在16m以内时，操作工可直接立于操作平台手持振动棒升入管内对混凝土进行振捣。

而在混凝土最低浇筑面距浇筑（振捣）操作平台大于16m时，则需对振捣棒采取外套钢管的固定措施后再同钢管一起整体吊入柱内，边振捣边缓慢拉升。因此时振捣棒无法在柱内自由的水平移动，为保证柱内每处混凝土均能振捣密实，根据所采用的规格为50的振捣棒，其有效振动半径约为400mm，经计算，设置4个振捣棒即可完全覆盖φ1800的截面，故在柱口设置4个带钢管套的振捣棒形成一个振捣棒组，再吊入柱内同时振捣。振捣棒组通过架在柱顶支架上的手拉葫芦进行同步拉升或者下降。具体方案如图4.7-26所示。

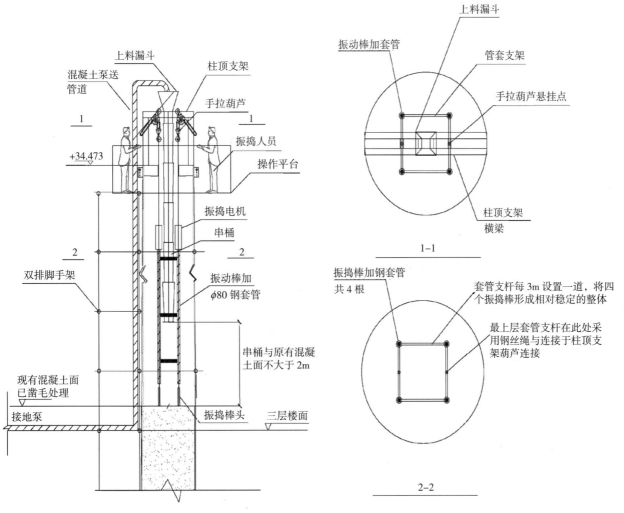

图4.7-26　现场检测照片

5. 混凝土养护

混凝土终凝完成后，注入清水养护，水深不小于200mm。养护时间14d。

浇筑过程及浇筑完毕后，进行温度测量，在升温阶段，每3h测温一次，在温度下降阶段，每8h测温一次，当钢管外壁与大气温度差异大于20℃时，钢管外壁需进行淋水降温。

6. 混凝土施工缝

施工缝留在钢管端口以下500mm左右处，在施工缝处继续浇筑混凝土前，已浇筑的混凝土抗压强度不小于1.2MPa，并将该面凿毛，清除异物，用清水湿润，再浇一层厚度为100~200mm的与混凝土强度等级相同的水泥砂浆。

当局部施工缝留置不具备凿毛条件时，可采用在前次浇筑的混凝土初凝前抛洒一层与混凝土粗骨料同级别的碎石。

7. 混凝土检测

根据1:1模拟试验结论报告，采用超声波检测法进行钢管混凝土柱浇筑质量的检测。检测比例为25%。结合目前现场已浇钢管混凝土柱的检测结论，混凝土的浇筑质量均可靠，满足有关标准与设计的要求，详附部分检测报告。

为进一步加强对钢管混凝土柱浇筑质量的监测控制，对一次浇筑16m以上的钢管柱，每根钢管柱均须做超声波检测混凝土浇筑质量。

4.7.3 钢管混凝土柱防火层厚度计算

4.7.3.1 计算标准

《建筑钢结构防火技术规范》CECS200：2006，以下简称GFA。

《钢管混凝土结构技术规程》CECS28：2012，以下简称GFB。

GFA中表8.1.1提供了圆形截面钢管混凝土柱非膨胀型防火涂料保护层厚度参考值，但截面直径只提供到1200mm；GFB中表7.0.3也提供了参考值，但也只提供到1400mm的截面；然而本工程中截面为1400mm和1800mm，已经超过表中计算值，因此需进行补充计算。

根据GFA和GFB的条文说明，可以得知保护层厚度由公式（4.7–4）计算得到：

$$\begin{cases} a = k_{LR} \cdot (19.2 \cdot t + 9.6) \cdot C^{-(0.28-0.0019\lambda)} \\ k_{LR} = \begin{cases} \begin{rcases} p \cdot n + q & (k_t < n < 0.77) \\ \dfrac{1}{3.65 - 3.5 \cdot n} & (n \geq 0.77) \end{rcases} (k_t < 0.77) \\ \dfrac{\omega \cdot (n - k_t)}{1 - k_t} & (k_t \geq 0.77) \end{cases} \\ p = \dfrac{1}{0.77 - k_t} \\ q = \dfrac{k_t}{k_t - 0.77} \\ \omega = 7.2 \cdot t \end{cases}$$

（4.7–4）

式中：a为保护层厚度（mm），k_{LR}为考虑火灾荷载比n影响的系数；k_t为火灾下承载力影响系数；t为耐火极限，以h计；$C=3.14D$，D为钢管外直径，D为200mm～2000mm。公式的适用范围是：k_{LR}为0～1，f_y为235MPa～420MPa；C30～C80等级的混凝土，含钢率为0.04～0.2，λ为10～80，t≤3h。

虽然两本团体标准条文说明中提供的计算公式相同，但是在正文中提供的保护层厚度参考值却相差较大，这主要是因为在GFA中为简化计算，没有考虑火灾荷载比的影响，即在公式中k_{LR}统一取1；而GFB则考虑了该因素的作用，反映出的结果更为细致全面。本设计取值参考GFB。

观察公式（4.7–4）可知：k_t为计算的关键参数，GFB的条文说明提供了详细计算公式，此处不列举，同时也可以直接查正文表7.0.2得到。根据已知计算模型条件查表可得到表4.7–10的数据。

火灾下钢管混凝土柱承载力影响系数　　　　　　　表4.7–10

	耐火极限	直径（mm）	长细比	K_t
办票区—楼面	3	1800	35	0.48
办票区—屋面	3	1400	80	0.38
安检区—楼面	3	1400	45	0.44
安检区—屋面	3	1400	80	0.38

4.7.3.2　计算过程

1. 基本组合工况

办票区范围的钢管混凝土柱的基本条件为：支撑楼面钢管混凝土柱截面为1800mm×30mm，火灾荷载比n为0.58，构件长细比为35；支撑屋面钢管混凝土柱截面为（1800~1400）mm×30mm，火灾荷载比n为0.55，构件长细比为85，计算按1400mm×30mm截面计算。

安检区范围的钢管混凝土柱的基本条件为：支撑楼面钢管混凝土柱截面为1400mm×30mm，火灾荷载比n为0.77，构件长细比为45；支撑屋面钢管混凝土柱截面为1400mm×30mm，火灾荷载比n为0.69，构件长细比为80。

通过公式（4.7-4）和表4.7-10可计算得到保护层厚度，具体见表4.7-11。

基本组合工况下保护层厚度　　　　　　　　　　　表4.7-11

	荷载比n	p	q	K_{LR}	GFA厚度	GFB厚度
办票区—楼面	0.58	3.4483	−1.6552	0.3448	10.6237	3.6633
办票区—屋面	0.55	2.5641	−0.9744	0.4359	22.9645	10.0102
安检区—楼面	0.77	3.0303	−1.3333	1.0000	13.1460	13.1460
安检区—屋面	0.69	2.5641	−0.9744	0.7949	22.9645	18.2539

注：根据GFB中条文说明第7.0.3条：为保证水泥砂浆和非膨胀型钢结构防火涂料防火保护层的施工质量，规定当计算的防火保护厚度小于7mm时取7mm，因此表4.7-11中小于7mm的值均取7。

2. 偶然组合工况

办票区范围的钢管混凝土柱的基本条件为：支撑楼面钢管混凝土柱截面为1800×30，火灾荷载比n为0.45，构件长细比为35；支撑屋面钢管混凝土柱截面为（1800~1400）mm×30mm，火灾荷载比n为0.39，构件长细比为85，计算按1400mm×30mm截面计算。

安检区范围的钢管混凝土柱的基本条件为：支撑楼面钢管混凝土柱截面为1400mm×30mm，火灾荷载比n为0.58，构件长细比为45；支撑屋面钢管混凝土柱截面为1400mm×30mm，火灾荷载比n为0.53，构件长细比为80。

通过公式（4.7-4）可计算得到保护层厚度，具体见表4.7-12。

偶然组合工况下保护层厚度　　　　　　　　　　　表4.7-12

	荷载比n	p	q	K_{LR}	GFA厚度	GFB厚度
办票区—楼面	\multicolumn{6}{c}{0.45<K_t=0.48}					
办票区—屋面	0.39	2.5641	−0.9744	0.0256	22.9645	0.5888
安检区—楼面	0.58	3.0303	−1.3333	0.4242	13.1460	5.5771
安检区—屋面	0.53	2.5641	−0.9744	0.3846	22.9645	8.8325

注：1）根据GFB中条文说明第7.0.3条：为保证水泥砂浆和非膨胀型钢结构防火涂料防火保护层的施工质量，规定当计算的防火保护厚度小于7mm时取7mm，因此表4.7-12中小于7mm的值均取7。

2）根据GFA的8.1.5条或者GFB的7.0.2条，当火灾条件下的荷载比n<火灾下钢管混凝土柱承载力影响系数K_t时，钢管混凝土柱可不采取防火保护措施。

4.7.3.3　防火层厚度设计取值

综合考虑，层高（柱高）超过12m钢管混凝土柱采用厚型（非膨胀型），耐火极限为3.0h，干膜厚度≥15mm（挂镀锌钢丝网）。层高（柱高）不超过12m钢管混凝土柱采用厚型（非膨胀型），耐火极限为3.0h，干膜厚度≥20mm（挂镀锌钢丝网）。

4.8 一种用于种植大型乔木的梁柱节点专利的应用

随着我国人口城市化的不断发展，在市民物质文化水平不断提高的同时，他们的居住环境也在不断恶化。城镇不同于农村，并没有开阔的空间用于拓展绿地面积。这样造成的直接后果就是空气质量的不断恶化，城市热岛效应的不断加强，这就迫切要求城市里的人们要寻找一种合适的方式来开拓绿化空间。而屋顶绿化作为一种解决上述问题的有效办法，近年来逐渐进入人们的视线。

对于传统的屋顶绿化工程，多是注重于园艺植物及隔热保温等方面，鲜有从结构方面对整体结构进行分析设计。往常对具有屋顶绿化特别是使用大型乔木进行绿化的建筑进行结构设计时，只是单单考虑到绿化植物及种植土的恒活荷载，并没有从结构的构造形式上给种植的乔木预留种植空间。这种现象的后果就是整个结构力的传递路径并不明确，板、梁等构件尺寸过大，整个建筑造价上升。

在结构分析方面，梁柱节点作为整个主体结构受力的关键部位和核心区，受力情况比较复杂，它既承受柱子传来的压力，又要承担梁端和柱端的弯矩、剪力。因此梁柱节点往往是决定该结构承载和抗震能力的主要因素。而目前在结构工程技术领域上，主要的节点形式有传统的钢筋混凝土节点、钢管混凝土梁柱节点、型钢混凝土框架梁柱节点。与传统节点类型相比，所述的一种能够用于种植大型乔木的新型梁柱节点由于内置有型钢加强构件，在含钢率上不受限制，故具有更高的极限的承载力、更大的延性与耗能能力；而与新型的钢骨混凝土或钢管混凝土相比，在施工的便捷性和整体结构造价的控制上又具有明显优势。

根据白云机场交通中心工程的实际情况提出了一种能够用于种植大型乔木的新型梁柱节点，其目的在于：在屋顶绿化方面，从结构构件具体构造形式上考虑由绿化引起的较大恒活荷载对整个结构的影响；在结构工程方面，解决传统钢筋混凝土节点同等条件下承载能力较低的问题，同时解决了钢管混凝土和钢骨混凝土等新型节点工程造价过高及施工困难等问题。

用于种植大型乔木的新型梁柱节点形式为一种对结构作用力具有不同传递方式的新型节点形式，其特征在于，种植的大型乔木与整体结构连接性较好，力的传递路径明确。由种植土壤和大型乔木产生的较大的恒活荷载并不依靠梁来传递，而是直接传递给柱帽，在所述的这种能够用于种植大型乔木的新型梁柱节点中，梁只是负责传递其上楼板所受的恒活荷载。该新型梁柱节点的特征在于，其内部具有型钢加强构件，节点配筋不受含钢率的限制。在确保构件截面尺寸不变的情况下，显著地提升节点的承载能力、耗能能力和延性。相对于型钢混凝土和钢管混凝土节点，其内部加强构件较小，整体造价较低；同时可以在施工现场制作、浇筑时易于固定，且便于整个节点钢筋笼的绑扎。本新型梁柱节点所述的加强构件可以根据结构设计人员对节点承载能力、延性等多方面考虑，可以选择X形、十字形等不同的加强构件布置形式。

在上述的一种能够用于种植大型乔木的新型梁柱节点中，所述的X形、十字形不同的加强构件布置形式是指加强构件水平部分在锥型柱帽的布置位置不同而区分。X形是指加强构件水平部分按锥型柱帽顶端四边形对角线方向布置；十字形是指加强构件水平部分轴线按垂直于锥形柱帽顶端四边形边长度方向布置。

由于GTC屋面节点结构承受的荷载主要是屋面的覆土和绿化荷载，采用ABAQUS对GTC屋面节点结构建立实体模型进行竖向荷载作用下的力—位移分析，并建立各杆系模型，其实体节点结构模型在竖向荷载的作用下力—位移关系与各杆系模型在同样的竖向荷载作用下的力—位移关系较为吻合，则可采用相应的杆系模型的简化计算方法作为施工设计计算方法，并应用该方法建立5×5的整体结构模型，同样采用实体模型与杆系模型对比分析，明确该方法的可行性。

4.8.1 节点实体模型建立与分析

GTC屋面采用坡型柱帽，柱帽在柱边处厚800mm，梁外侧壁处厚500mm，井字形梁布置，梁截面为250mm×1800mm，柱截面700mm×700mm，均采用C30级别混凝土，钢筋级别有HRB400和HPB300。

由于杆系模型计算是基于弹性模型，所以ABAQUS也基于弹性模型计算，混凝土弹性模型均取为3E+4N/mm²，密度取为2700kg/m³，单元采用C3D8R。

ABAQUS实体模型建立以及结构网格划分如图4.8-1~图4.8-3，底部固结，节点上方设置一参考点，使参考点与节点耦合，对该参考点施加竖向荷载至3000kN，得出该节点的力与位移关系。

ETABS、SAP2000、Midas GEN、PKPM的杆系模型建立了两类模型，即十字形和X形，均在节点中部的上方施加荷载至3000kN，提取并计算节点模型上各关键结点的竖向位移平均值，以明确其简化计算方法。

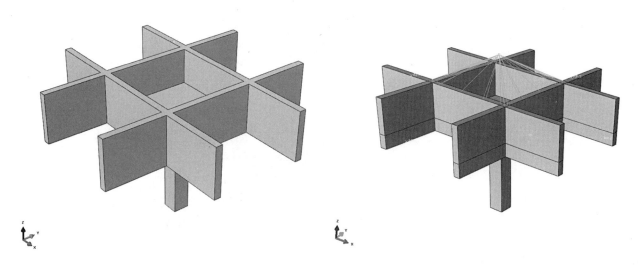

图 4.8-1　ABAQUS 实体模型建立　　　　　　图 4.8-2　ABAQUS 实体模型参考点耦合建立

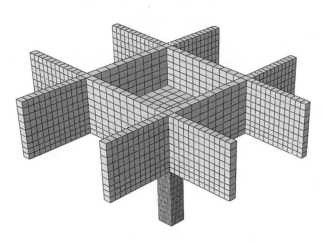

图 4.8-3　ABAQUS 实体模型网格划分

4.8.2 节点模型分析结果

1. 实体弹性模型分析结果

从节点的应力分布可以知道，节点的大部分区域应力分布都较为连续，但在柱顶，柱帽底部和柱子四周角部出现了明显的应力集中现象（图4.8-4），出现相应开裂，应对这部分区域进行构造加强措施。

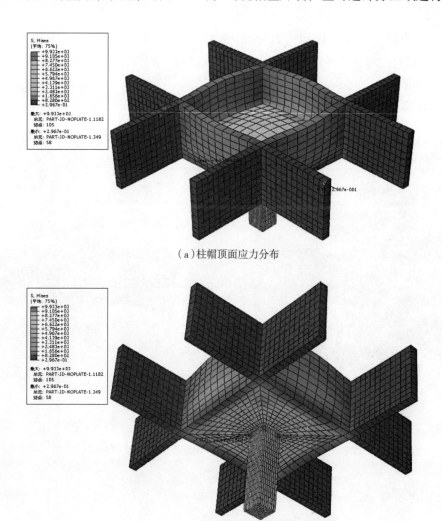

（a）柱帽顶面应力分布

（b）柱顶应力分布

图4.8-4 实体模型受荷应力分布

得出实体模型受荷力与位移关系如表4.8-1所示。

				实体弹性模型加载数据	表4.8-1
加载时间点（s）	受压荷载（kN）	节点Z向位移（mm）	加载时间点（s）	受压荷载（kN）	节点Z向位移（mm）
0	0	0	4.825	1447.5	0.71329
0.2	6	0.029566	5.825	1747.5	0.861122
0.4	12	0.059133	6.825	2047.5	1.00895
0.7	21	0.103482	7.825	2347.5	1.15679
1.15	34.5	0.170007	8.825	2647.5	1.30462
1.825	54.75	0.269794	9.825	2947.5	1.45245
2.825	847.5	0.417626	10	3000	1.47832
3.825	1147.5	0.565458			

2. 杆系弹性模型分析结果

杆系模型计算的准确性在于节点X形或者十字形的两根节点支撑杆件，以实体弹性模型的加载数据和实际的节点尺寸为依据，反复验算可知，X形节点杆件截面尺寸采用柱帽宽度的50%，柱帽的最大截面高度，这样分析的结果与实体模型最为接近，也即800mm×1725mm。

支撑截面；同样采用十字形节点杆件截面尺寸采用柱帽宽度的50%，柱帽最大高度的75%，也即1725mm×600mm支撑截面，如图4.8-5所示。

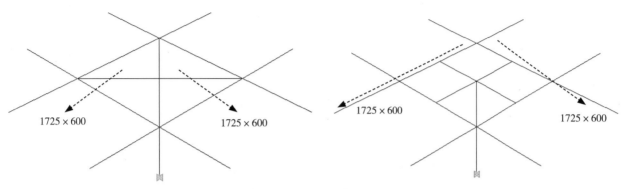

图4.8-5　X形和十字形节点支撑形式

表4.8-2是X形杆系支撑节点模型和十字形杆系支撑节点模型的受压荷载位移数据。图4.8-6为各软件分析模型力—位移对比曲线。

各软件节点杆系模型荷载—位移数据对比　　　　　　　　　　　　　　　表4.8-2

杆系模型分析软件	X形节点（1725mm×800mm）		十字形节点X型节点（1725mm×600mm）	
	受压荷载（kN）	位移（mm）	受压荷载（kN）	位移（mm）
ETABS	3000	1.48393	3000	1.47352
SAP2000	3000	1.46500	3000	1.48870
Midas GEN	3000	1.48400	3000	1.46550
PKPM	3000	1.47923	3000	1.46710

实体模型分析软件	实体节点	
	受压荷载（kN）	位移（mm）
ABAQUS	3000	1.47832

	X形节点（1725mm×800mm）		十字形节点X型节点（1725mm×600mm）	
杆系节点与实体节点位移对比	A/E	1.003795	A/E	0.996753
	A/S	0.99099	A/S	1.007021
	A/M	1.003842	A/M	0.991328
	A/P	1.000616	A/P	0.99241

注：A、E、S、M、P为ABAQUS、ETABS等软件结果的简称。

通过以上分析可知，采用X形节点支撑截面1725mm×800mm和十字形节点支撑截面1725mm×600mm的分析数据与实体模型数据均吻合较好。

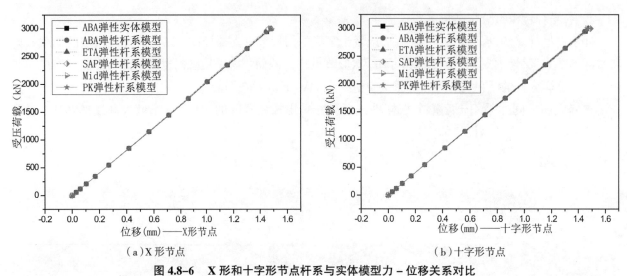

（a）X形节点　　　　　　　　　（b）十字形节点

图4.8-6　X形和十字形节点杆系与实体模型力-位移关系对比

图4.8-7是各杆系模型的受荷时弯矩对比图。

从上图可以看出，节点模型在受压荷载作用下，X形节点四周的梁弯矩无突变，符合实际受力形式，十字形节点四周梁弯矩有明显突变，不符合节点的实际受力形式，且X形节点将节点区域分成4个同等的三角形区域，也符合柱帽顶面覆土荷载的导荷形式和设计采用的变截面柱帽形式。所以综上所述，采用X形节点支撑截面1725mm×800mm的形式来模拟杆系模型的计算是合理可行的。

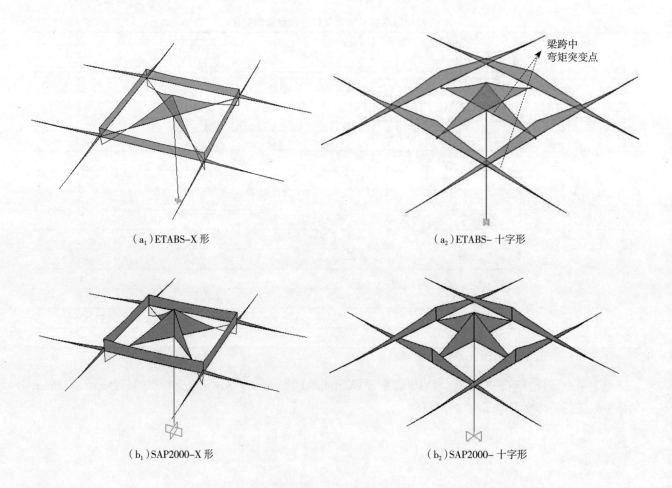

（a₁）ETABS-X形　　　　　　　　　（a₂）ETABS-十字形

（b₁）SAP2000-X形　　　　　　　　　（b₂）SAP2000-十字形

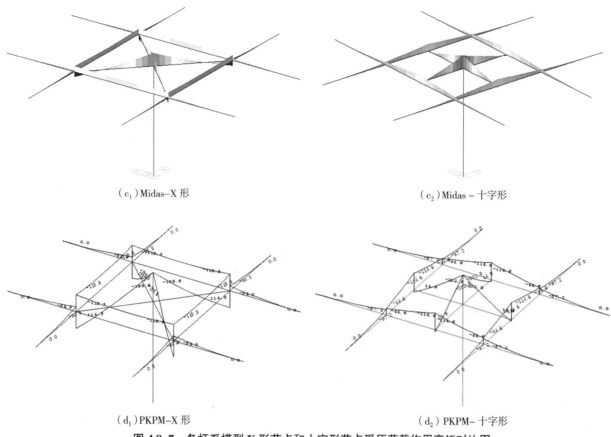

（c₁）Midas-X 形　　　　　　　　　　　　　　（c₂）Midas - 十字形

（d₁）PKPM-X 形　　　　　　　　　　　　　　（d₂）PKPM- 十字形

图 4.8-7　各杆系模型 X 形节点和十字形节点受压荷载作用弯矩对比图

4.9　本章小结

1. 针对大跨度、超重荷载的使用条件，研究了新型的泡沫填芯预应力混凝土密肋楼盖，得到以下结论：

（1）利用泡沫填芯可有效较少结构自重，且造价比成品空心内膜造价低。

（2）泡沫内芯兼具模板作用形成密肋形状，利用无粘结预应力钢绞线，承载力高，施工便利，同时与密肋混凝土组合，受力高效。

2. 通过对预应力钢管混凝土柱井式双梁节点及 π 形组合扁梁的研究，得到以下结论：

（1）提出基于截面形状优化的组合扁梁结构构造，提出梁截面形状优化的"π 形（跨中）+倒 π 形（支座）组合扁梁"构造设计，在保证受压区和抗剪承载力前提下采用梁掏空处理减小自重。对比普通钢筋混凝土结构，有效地降低混凝土高度与自重，同时提高材料利用率与空间利用率。

（2）在有限元模拟分析与结构试验的基础上，结合混凝土规范要求，提出扁梁夹钢管柱设计计算公式。提出了截面过渡段合理的钢筋构造与计算公式。

（3）基于精细化构件有限元模拟结果，在整体结构分析过程中将节点实体单元转换为杆系单元，考虑不同类型梁柱构件在同一结构中的协同作用，在不丧失计算精度下提高空间结构计算效率。

3. 通过对种植大型乔木的梁柱节点的研究，得到以下结论：

针对屋面种植的特殊要求，提出一种用于种植大型乔木的梁柱节点，可种植大型乔木的梁柱节点池状空间内的土壤和树木的恒活荷载力的传递方式明确，树木和整体结构具有较强的连接能力，梁柱节点整体具有较高的极限承载力、更大的延性与耗能能力，施工便捷，整体结构造价低。

5 钢屋盖设计与节点试验研究

5.1 钢屋盖对比方案研究

本工程方案设计阶段考虑不同柱网间距支承屋面的结构方案,柱距方案一:横向柱网间距为18m、纵向为两跨柱距(108m+18m),檐口悬挑24m;柱距方案二:横向柱网间距为18m,纵向为单跨156m;柱距方案三:横向柱网间距为36m的网架结构方案;柱距方案四:横向柱网间距为36m、纵向柱距为(54m+45m+54m)。

(1)柱距方案一

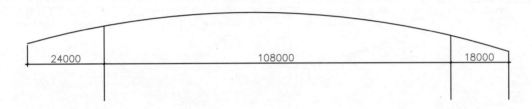

5.1.1 网架结构方案(图5.1-1)

采用正放四角锥三层网架结构6m×6m×3.5m,三层网架总高度为7m。下部支撑柱采用混凝土结构,外排柱直径2.2m,内侧柱直径1.5m;用钢量约87kg/m²。

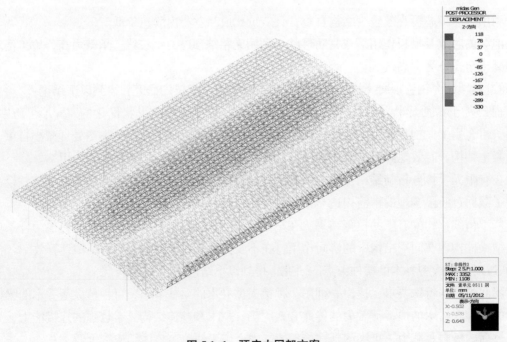

图5.1-1 预应力网架方案

预应力网架结构方案：

本方案屋盖网格尺寸为 4m×4m，结构厚度为 4.5m，对应柱布置预应力拉索。预应力拉索最大矢高 7.5m，下部支撑柱采用混凝土结构，支撑柱直径 1.5m；用钢量约 102kg/m²。

5.1.2　桁架结构方案

本方案采用倒三角立体桁架结构体系，桁架高度 $H=6m$，两上弦杆间距 $L=4m$。主桁架弦杆各节点间距约为 8m，下部支撑柱采用混凝土结构，外排柱直径 2.2m，内侧柱直径 1.5m；用钢量约 95kg/m²（图 5.1-2）。

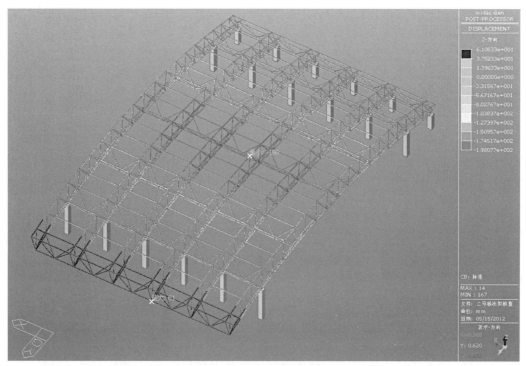

图 5.1-2　桁架结构方案

5.1.3　预应力桁架（张弦梁）结构方案

本方案采用（张弦梁）结构方案，主桁架采用倒三角立体桁架高度 $H=3m$，上弦杆水平间距 $L=3m$，桁架矢高 5.5m，预应力索垂度为 2m，下部支撑柱采用混凝土结构，支撑柱直径 1.5m，用钢量约 88kg/m²（图 5.1-3）。

5.1.4　张弦梁＋网架结构方案

本方案采用（张弦梁）结构方案，主桁架采用倒三角立体桁架高度 $H=3m$，上弦杆水平间距 $L=3m$，桁架矢高 5.5m，预应力索垂度为 2m，张弦桁架间布置正放四角锥网架结构，网架高度为 1.8m，下部支撑柱采用混凝土结构，支撑柱直径 1.5m，用钢量约 93.5kg/m²（图 5.1-4）。

图 5.1-3 预应力桁架（张弦梁）结构方案

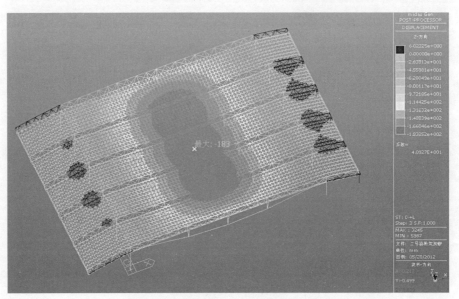

图 5.1-4 张弦梁 + 网架结构结构方案

5.1.5 不同柱距方案一（表 5.1-1）

柱距方案一汇总   表 5.1-1

		结构类型				
		三层网架	预应力网架	桁架	张弦梁	张弦梁 + 网架结构
用钢量 （kg /m^2）	型钢	87	97.5	94.9	81	86.7
	索	—	4.5	—	6.45	6.45
恒 + 活荷载作用下单 支座水平推力（kN）		1611	219	1890	318	236
优缺点		1 结构杆件数量较多	1 对支座要求不高	1 对支座要求高	1 对支座要求不高	1 对支座要求不高
		2 对支座要求高	2 对建筑净空有一 定要求	2 用钢量适中 3 对屋面板有一定要求	2 对建筑净空及屋 面板有一定要求	2 对建筑净空有一定要求 3 屋面网格小于 3m，屋 面板选型及设计方便

5.1.6 不同柱距方案二

5.1.6.1 箱型梁 + 拉索结构方案

本方案根据希思罗机场结构形式，采用箱型梁 + 拉索结构体系，拉索水平布置，张弦梁最大高度9m，钢梁截面较大，从而用钢量比较大，达到约160kg/m²（图5.1-5）。

5.1.6.2 双箱型梁 + 拉索结构方案

本方案根据结构形式，采用上弦双箱型梁 + 拉索结构体系，拉索下悬1.5m布置，张弦梁最大高度9m，上弦采用双弦杆，弦杆钢梁截面尺寸为2500mm×600mm×20mm，钢梁截面较大，用钢量比较高，约175kg/m²（图5.1-6）。

5.1.6.3 桁架 + 拉索结构方案

本方案根据结构形式，采用张弦梁结构体系，拉索下悬从0～1.5m调整高度布置，张弦梁最大高度10.5～11.5m。桁架上弦采用500mm×16mm，上弦600mm×18mm，用钢量适中，约117kg/m²，分别计算拉索下悬1.5m、1.0m、0.5m和0m（拉索水平）四种情况，其计算结果：1 模态基本同上述结果方案；2 张弦梁的矢高对结构的位移及应力均有影响，但对结构位移的影响明显大于应力影响（图5.1-7）。

5.1.7 不同柱距方案三

柱距36m×36m网架结构方案（图5.1-8）：

本方案采用正放四角锥网架结构，网格尺寸为3.6m×3.6m，网架高度取值2.5m。下部支撑柱采用钢管混凝土结构，直径1.5m，用钢量约45kg/m²（图5.1-8）。

本方案采用正放四角锥网架结构，网格尺寸为3.6m×3.6m，网架高度取值采用两种，分别为：54m跨网架结构中心线（下同）高度3.0m，36m跨网架高度2.5m。下部支撑柱采用钢管混凝土结构，直径1.6m，用钢量约55kg/m²（图5.1-9）。

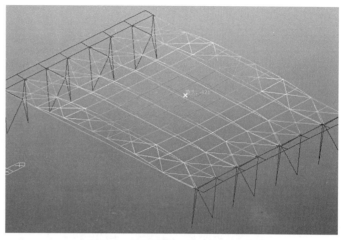

图5.1-5 箱形梁 + 拉索结构方案

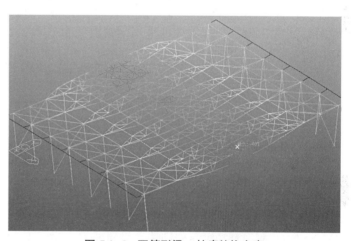

图5.1-6 双箱形梁 + 拉索结构方案

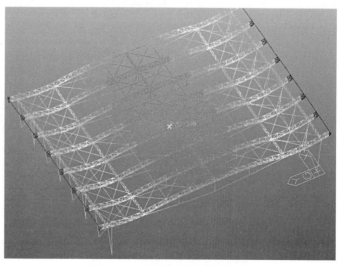

图5.1-7 桁架 + 拉索结构方案

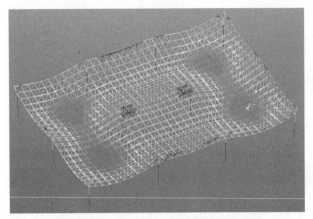

图 5.1-8　柱距 36m×36m 网架结构方案

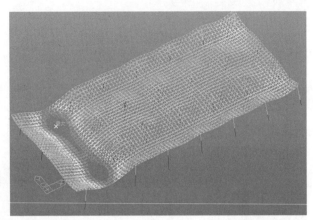

图 5.1-9　柱距（54m+36m×5）×36m 分叉柱网架结构方案

本方案采用正放四角锥网架结构，网格尺寸为 3.6m×3.6m，网架高度取值采用两种，分别为：54m 跨网架结构中心线（下同）高度 3.0m，36m 跨网架高度 2.5m。下部支撑柱采用钢管混凝土结构，直径 1.5m，用钢量约 52kg/m²（图 5.1-10）。

本方案采用正放四角锥网架结构，网格尺寸为 9.0m×9.0m，网架高度取值 8.0m。下部支撑柱采用方钢管混凝土结构，钢管柱直径为 2.5m，用钢量约 85kg/m²（图 5.1-11）。

本方案采用正放四角锥网架结构，在柱对应位置采用网架加层对屋面进行加强，形成加强网

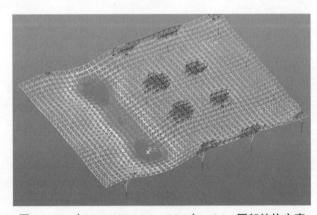

图 5.1-10　（90m+18m+36m+90m）×36m 网架结构方案

格结构，网格尺寸为 4.5m×4.5m，网架高度取值采用两种，分别为：一般屋面网架结构中心线（下同）高度 3.6m，对应柱部位双层网架，总高度为 7.2m，加强网架内部施加预应力，以控制结构挠度，减少结构用钢量。下部支撑柱采用钢管混凝土结构，直径 2.5m，用钢量约 105kg/m²（图 5.1-12）。

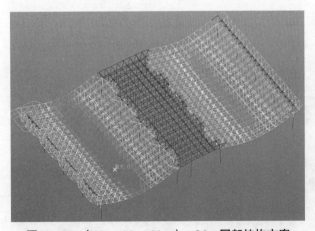

图 5.1-11　（90m+54m+90m）×36m 网架结构方案

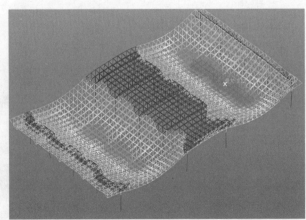

图 5.1-12　（90m+54m+90m）×36m 网架结构方案

5.1.8 不同柱距方案四

经建筑方案调整，横向柱网间距调整为36m、纵向柱距调整为（54m+45m+54m），根据建筑造型考虑了三种结构方案。

加肋网架方案（图5.1-13）：

本方案采用正放四角锥网架结构，在柱对应位置采用网架加层对屋面进行加强，形成加强网格结构，网格尺寸为3m×3m，网架高度取值采用两种，分别为：一般屋面网架结构中心线（下同）高度2.5m；对应柱部位双层网架，总高度为6m，用钢量约52kg/m²。

图5.1-13 加肋网架结构方案

交叉平面弧形网架（图5.1-14）：

将加强网架的加强肋修改为交叉平面弧形桁架形式，内部为四角锥网架，网格尺寸3m×3m，网架高度2.5m，桁架高度5.5m，用钢量约87kg/m²。

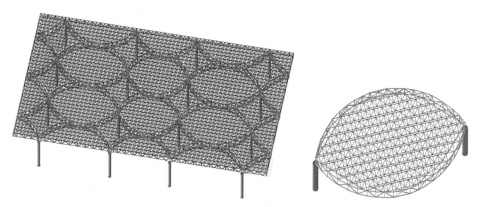

图5.1-14 交叉平面网架结构方案

环形网架形式（图5.1-15）：

将四角锥网架修改为环形网架形式，环形直径2.5m，环形网架高度4.5m，用钢量约95kg/m²。

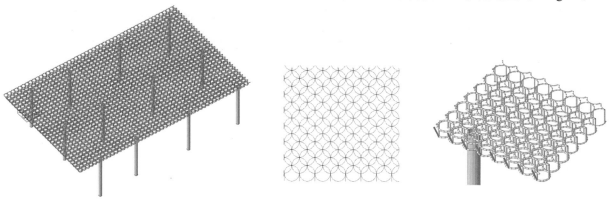

图5.1-15 环形网架形式

5.1.9 对比方案结论

综上，根据建筑专业调整，柱网间距变化，最终柱网确定为横向柱距36m，纵向柱距为54m+45m+54m。综合考虑各专业及经济性，最终选择柱距方案四中的加肋网架方案，在方案的深化阶段进行了加肋处的抽空处理。

5.2 钢屋盖设计与计算

5.2.1 钢网架屋面设计

航站楼屋盖为自由曲面形状，如图5.2-1所示。根据建筑功能布局分为办票区和安检区，办票区东西向柱距为36m，南北向柱距为（54m+45m+54m）；安检区东西向柱距36m，南北向柱距为单跨52.9m。整体屋盖结构采用正放四角锥双层网架结构，并沿主跨方向设置加强网架，屋面采用檩条支承的铝镁锰金属屋面系统。

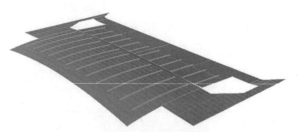

图5.2-1　屋盖曲面

网架弦杆网格尺寸为3m，双层网架之间网架高度为2.5m，加强网架高度为6m，网架节点采用热压成型焊接空心球。办票区支承钢结构屋盖的结构柱采用直径1800~1400mm锥形钢管混凝土柱及直径1400mm和直径1600mm的混凝土柱；安检区支承钢结构屋盖的结构柱采用直径1400mm钢管混凝土柱。主楼南端入口的人字形柱采用直径900mm钢管柱，钢结构屋盖与下部结构柱及人字形柱支承采用铰接形式。由于整个钢结构屋盖覆盖范围为东西向约578m，南北向约268m，属于超长结构，受温度影响较大，因此将结构沿南北向设置两道结构缝，结构体系模型划分为六个区（图5.2-2、图5.2-3）。

图5.2-2　网架结构模型

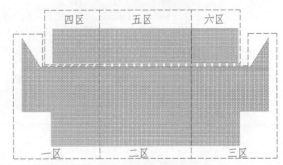

图5.2-3　结构模型分区

网架杆件截面及球节点见表5.2-1、表5.2-2。

网架弦杆和腹杆截面　　　　　　　　　　　　　表5.2-1

构件编号	截面	材质	构件编号	截面	材质
1	P60.3×5	Q345B	8	P273×10	Q345B
2	P76.1×5	Q345B	9	P325×12	Q345B
3	P88.9×5	Q345B	10	P351×14	Q345B
4	P114×6	Q345B	11	P377×16	Q345B
5	P140×8	Q345B	12	P402×16	Q345B
6	P168×8	Q345B	13	P426×20	Q345B
7	P219×10	Q345B			

网架焊接空心球   表 5.2-2

编号	焊接空心球规格	材质	编号	焊接空心球规格	材质
1	WS220×8	Q345B	5	WSR400×14	Q345B
2	WS260×8	Q345B	6	WSR500×18	Q345B
3	WSR300×10	Q345B	7	WSR650×25	Q345B
4	WSR350×12	Q345B	8	WSR800×30	Q345B

5.2.2 结构分析结果

5.2.2.1 变形分析结果

1. 竖向荷载

一区模型（图 5.2-4~ 图 5.2-6）：

在恒荷载和活荷载标准值下，跨中网架挠度为 191mm，191/54000=1/283 ＜ 1/250，悬挑处相对挠度为 82mm，82/18000=1/220 ＜ 1/125，满足规范要求。

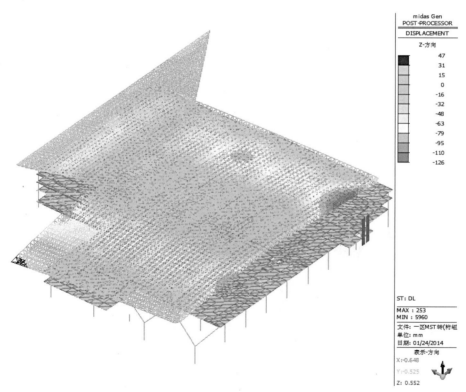

图 5.2-4 恒荷载标准值下位移（mm）

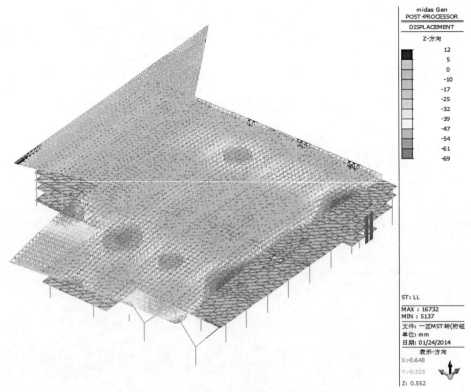

图 5.2-5　活荷载标准值下位移（mm）

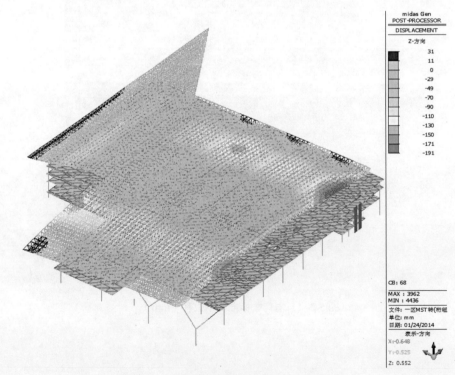

图 5.2-6　恒荷载和活荷载标准值下位移（mm）

二区模型（图 5.2-7~ 图 5.2-9）：

在恒活荷载标准组合下，跨中网架挠度为 177mm，177/54000=1/305 ＜ 1/250，悬挑处相对挠度为 78mm，78/18000=1/230 ＜ 1/125，满足规范要求。

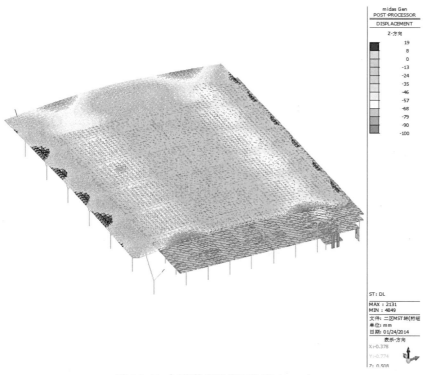

图 5.2-7　恒荷载标准值下位移（mm）

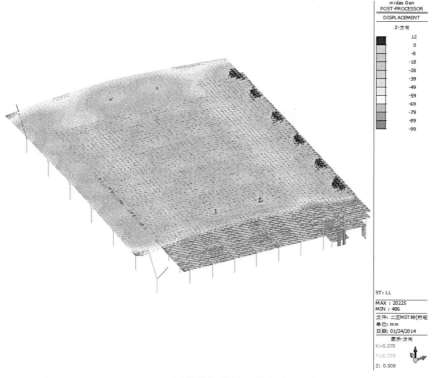

图 5.2-8　活荷载标准值下位移（mm）

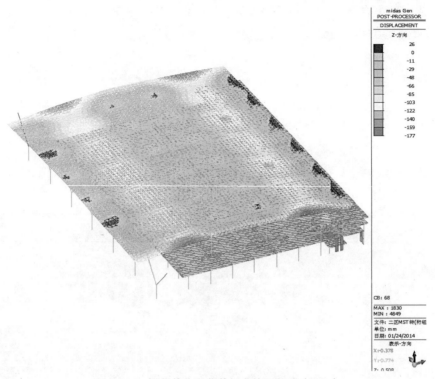

图 5.2-9　恒荷载和活荷载标准值下位移（mm）

三区模型（图 5.2-10～图 5.2-12）：

在恒活荷载标准值下，跨中网架挠度为 196mm，196/54000=1/276 ＜ 1/250，悬挑处相对挠度为 87mm，87/18000=1/206 ＜ 1/125，满足规范要求。

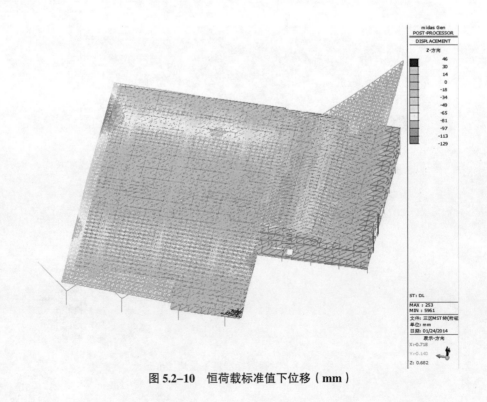

图 5.2-10　恒荷载标准值下位移（mm）

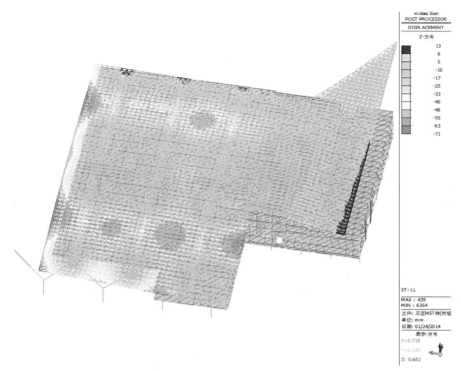

图 5.2–11　活荷载标准值下位移（mm）

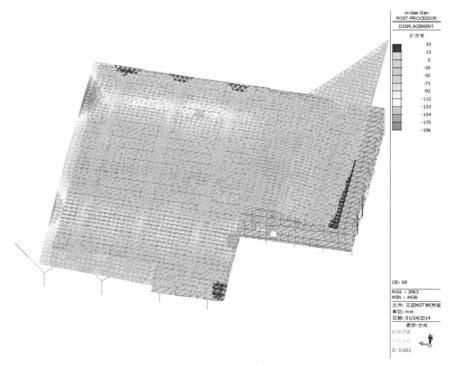

图 5.2–12　恒荷载和活荷载标准值下位移（mm）

四区模型（图 5.2-13~图 5.2-15）：

在恒活荷载标准值下，跨中网架挠度为 191mm，191/52900=1/277 < 1/250，悬挑处相对挠度 74mm，74/18000=1/243 < 1/125，满足规范要求。

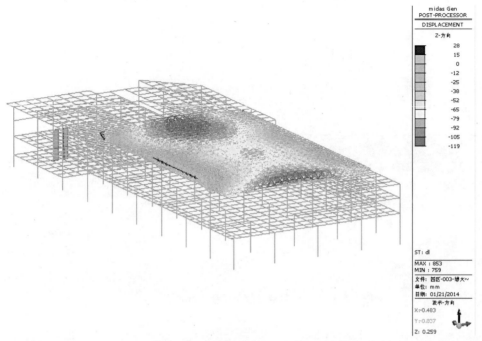

图 5.2-13　恒荷载标准值下位移（mm）

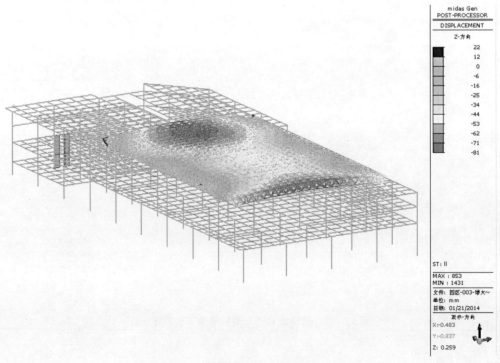

图 5.2-14　活荷载标准值下位移（mm）

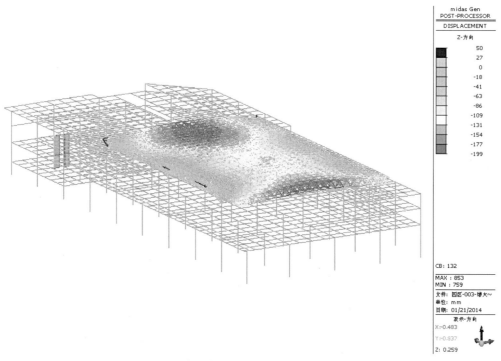

图 5.2-15　恒荷载和活荷载标准值下位移（mm）

五区模型（图 5.2-16~ 图 5.2-18）：

在恒活荷载标准值下，跨中网架挠度为 144mm，144/52900=1/367 ＜ 1/250，悬挑处相对挠度 80mm，80/18000=1/225 ＜ 1/125，满足规范要求。

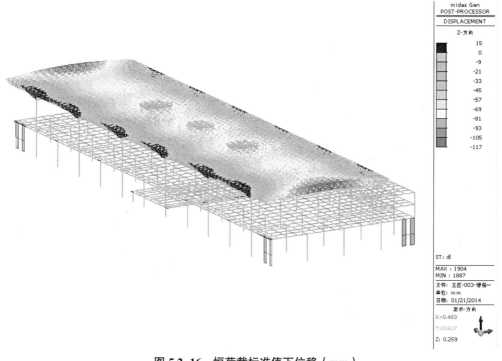

图 5.2-16　恒荷载标准值下位移（mm）

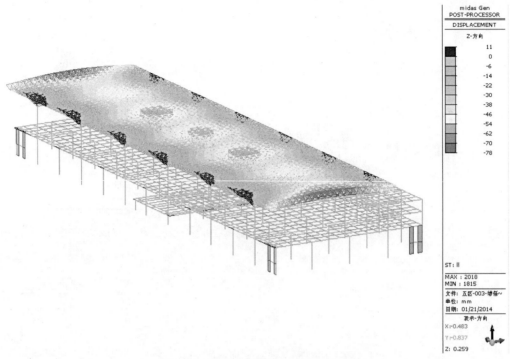

图 5.2–17 活荷载标准值下位移（mm）

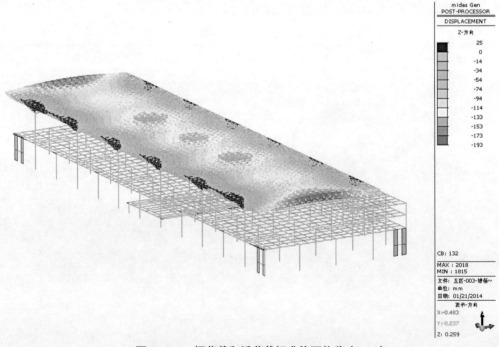

图 5.2–18 恒荷载和活荷载标准值下位移（mm）

六区模型（图 5.2-19~ 图 5.2-21）：

在恒活荷载标准值下，跨中网架挠度为 139mm，139/52900=1/381 ＜ 1/250，悬挑处相对挠度 85mm，85/18000=1/212 ＜ 1/125，满足规范要求。

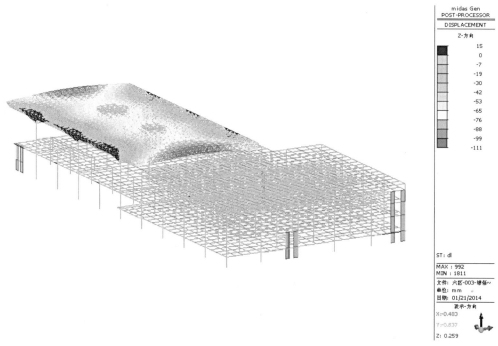

图 5.2-19　恒荷载标准值下位移（mm）

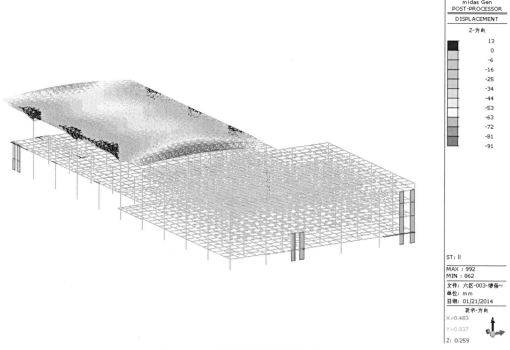

图 5.2-20　活荷载标准值下位移（mm）

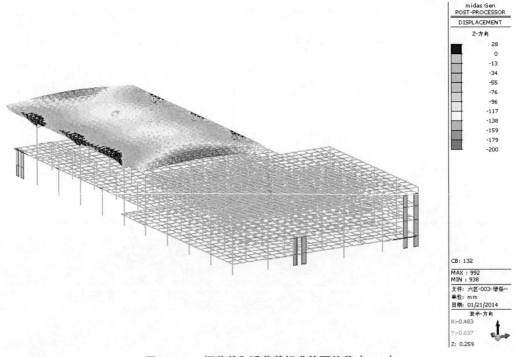

图 5.2–21　恒荷载和活荷载标准值下位移（mm）

2. 风荷载

一区模型：

0度风向角作用下，柱顶最大位移为31mm，位移角为31/15397=1/497，满足不大于1/350（图5.2–22）。

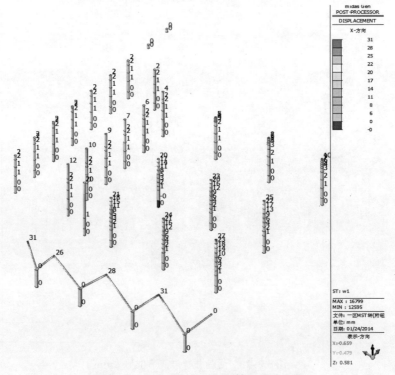

图 5.2–22　0度风向角作用下柱顶位移云图

90度风向角作用下，柱顶最大位移为15mm，位移角为15/15397=1/1026，满足不大于1/350（图5.2-23）。

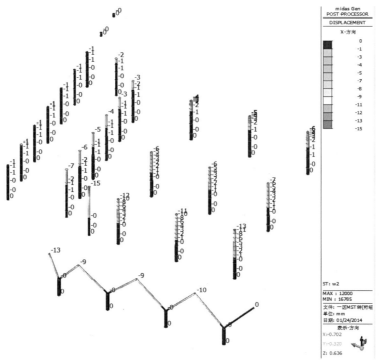

图 5.2-23　90 度风向角作用下柱顶位移云图

180度风向角作用下，柱顶最大位移为17mm，位移角为17/15397=1/906，满足不大于1/350（图5.2-24）。

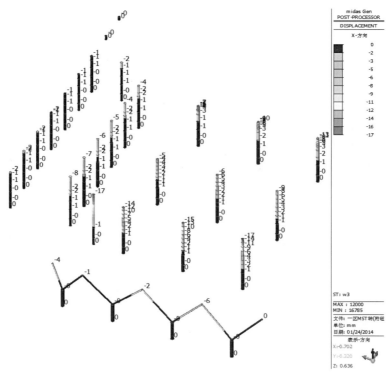

图 5.2-24　180 度风向角作用下柱顶位移云图

270 度风向角作用下，柱顶最大位移为 15mm，位移角为 15/15397=1/1026，满足不大于 1/350（图 5.2–25）。

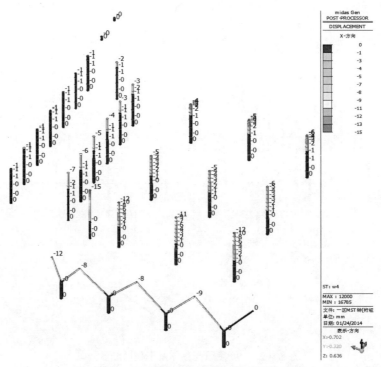

图 5.2–25　270 度风向角作用下柱顶位移云图

二区模型：

0 度风向角作用下，柱顶最大位移为 46mm，位移角为 46/23940=1/520，满足不大于 1/350（图 5.2–26）。

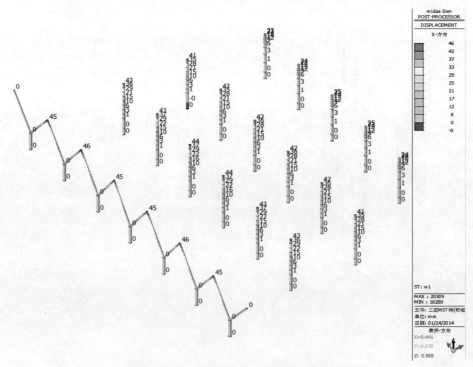

图 5.2–26　0 度风向角作用下柱顶位移云图

90 度风向角作用下，柱顶最大位移为 18mm，位移角为 18/23940=1/1330，满足不大于 1/350（图 5.2–27）。

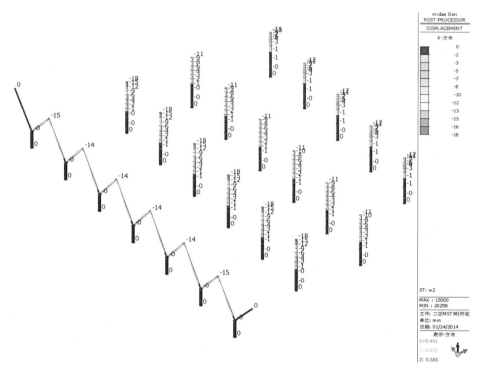

图 5.2–27　90 度风向角作用下柱顶位移云图

180 度风向角作用下，柱顶最大位移为 32mm，位移角为 32/23940=1/748，满足不大于 1/350（图 5.2–28）。

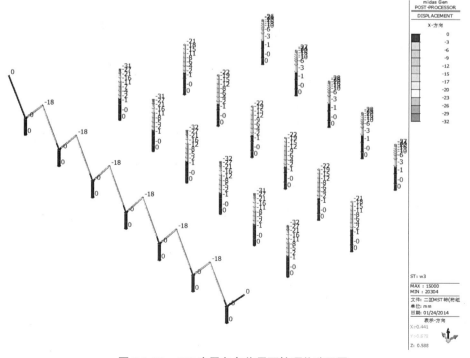

图 5.2–28　180 度风向角作用下柱顶位移云图

270 度风向角作用下，柱顶最大位移为 18mm，位移角为 18/23940=1/1330，满足不大于 1/350（图 5.2–29）。

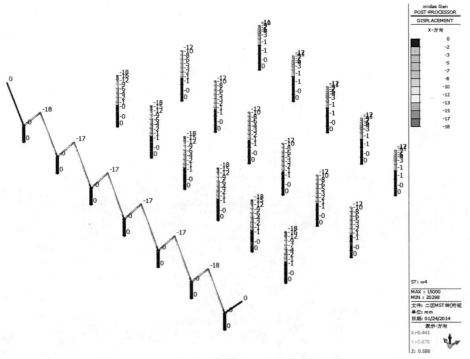

图 5.2–29　270 度风向角作用下柱顶位移云图

三区模型：

0 度风向角作用下，柱顶最大位移为 33mm，位移角为 33/15397=1/467，满足不大于 1/350（图 5.2–30）。

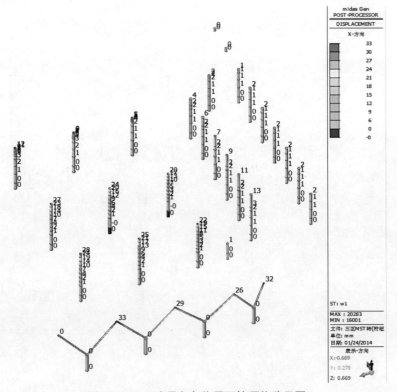

图 5.2–30　0 度风向角作用下柱顶位移云图

90度风向角作用下，柱顶最大位移为14mm，位移角为14/15397=1/1080，满足不大于1/350（图5.2-31）。

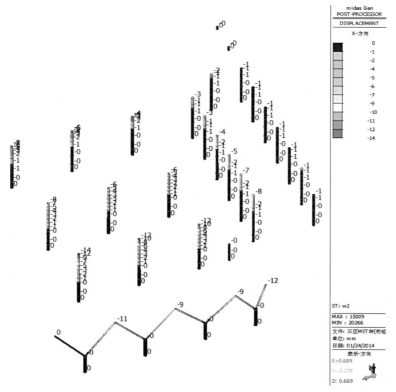

图5.2-31　90度风向角作用下柱顶位移云图

180度风向角作用下，柱顶最大位移为19mm，位移角为19/15397=1/810，满足不大于1/350（图5.2-32）。

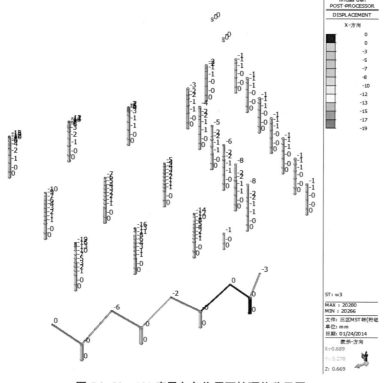

图5.2-32　180度风向角作用下柱顶位移云图

270 度风向角作用下，柱顶最大位移为 14mm，位移角为 14/15397=1/1100，满足不大于 1/350（图 5.2–33）。

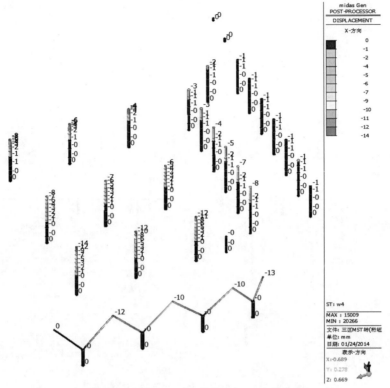

图 5.2–33　270 度风向角作用下柱顶位移云图

四区模型：

0 度风荷载作用下结构最大位移 27mm，位移角为 1/464，满足不大于 1/350（图 5.2–34）。

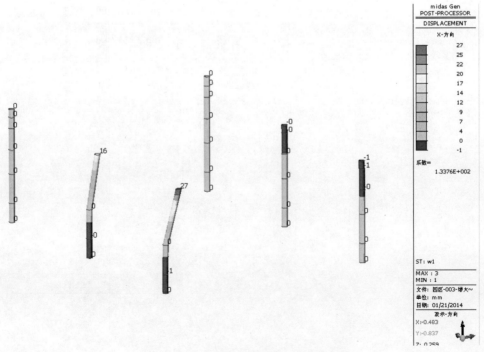

图 5.2–34　0 度风向角的柱顶水平位移云图

90 度风荷载作用下结构最大位移 27mm，位移角为 1/464，满足不大于 1/350（图 5.2-35）。

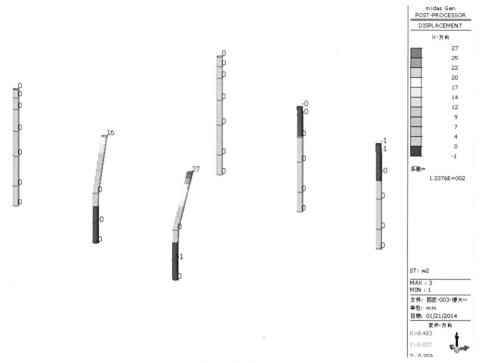

图 5.2-35　90 度风向角的柱顶水平位移云图

180 度风荷载作用下结构最大位移 31mm，位移角为 1/404，满足不大于 1/350（图 5.2-36）。

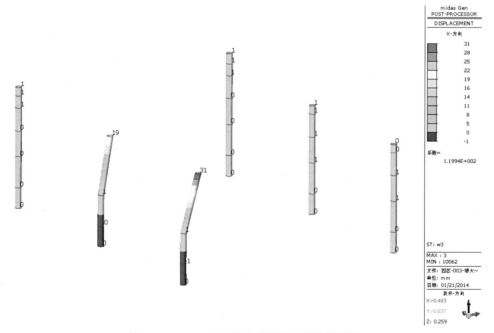

图 5.2-36　180 度风向角的柱顶水平位移云图

270 度风荷载作用下结构最大位移 27mm，位移角为 1/464，满足不大于 1/350（图 5.2–37）。

图 5.2–37　270 度风向角的柱顶水平位移云图

五区模型：

0 度风荷载作用下结构最大位移 25mm，位移角为 1/500，满足不大于 1/350（图 5.2–38）。

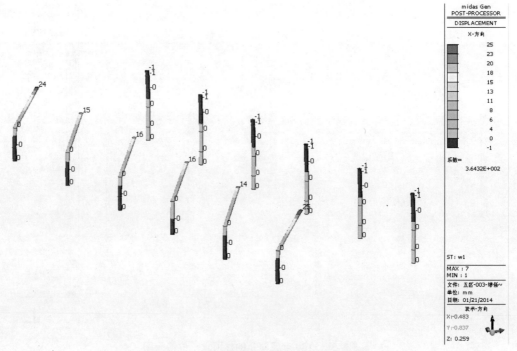

图 5.2–38　0 度风向角的柱顶水平位移云图

90 度风荷载作用下结构最大位移 25mm，位移角为 1/500，满足不大于 1/350（图 5.2-39）。

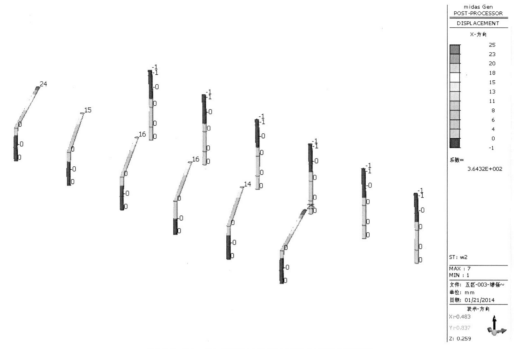

图 5.2-39　90 度风向角的柱顶水平位移云图

180 度风荷载作用下结构最大位移 28mm，位移角为 1/447，满足不大于 1/350（图 5.2-40）。

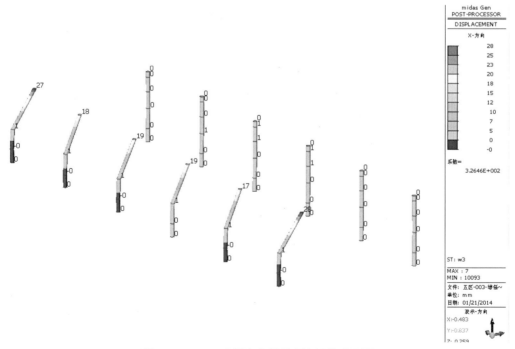

图 5.2-40　180 度风向角的柱顶水平位移云图

270 度风荷载作用下结构最大位移 25mm，位移角为 1/500，满足不大于 1/350（图 5.2–41）。

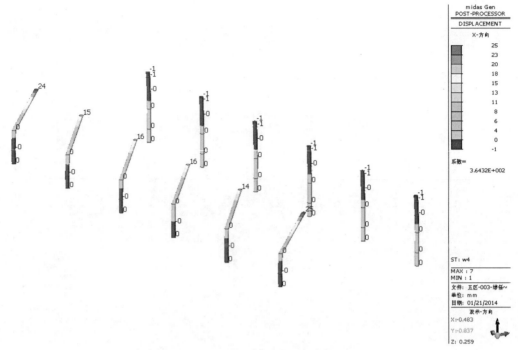

图 5.2–41　270 度风向角的柱顶水平位移云图

六区模型：

0 度风荷载作用下结构最大位移 26mm，位移角为 1/481，满足不大于 1/350（图 5.2–42）。

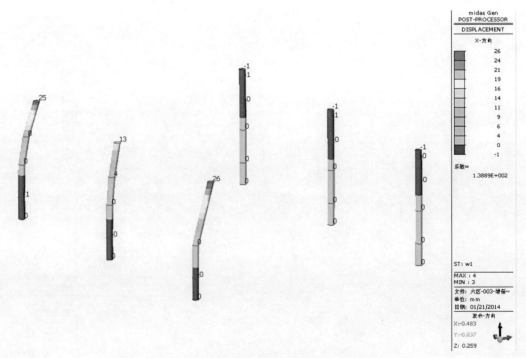

图 5.2–42　0 度风向角的柱顶水平位移云图

90度风荷载作用下结构最大位移26mm，位移角为1/481，满足不大于1/350（图5.2-43）。

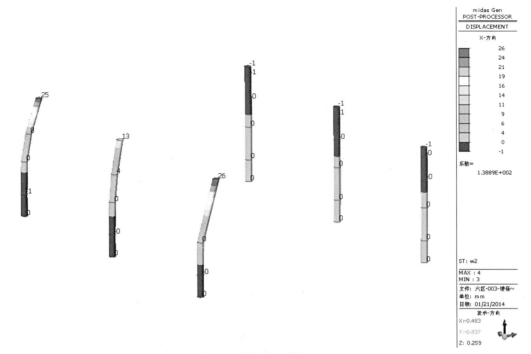

图 5.2-43　90度风向角的柱顶水平位移云图

180度风荷载作用下结构最大位移29mm，位移角为1/432，满足不大于1/350（图5.2-44）。

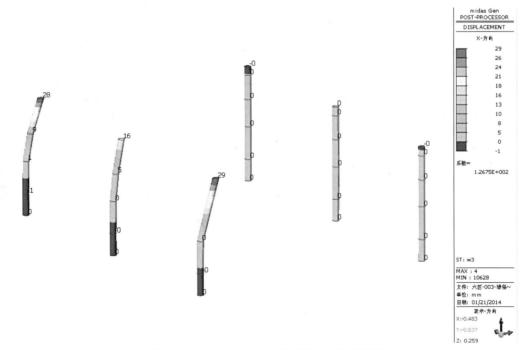

图 5.2-44　180度风向角的柱顶水平位移云图

270 度风荷载作用下结构最大位移 26mm，位移角为 1/4811，满足不大于 1/350（图 5.2–45）。

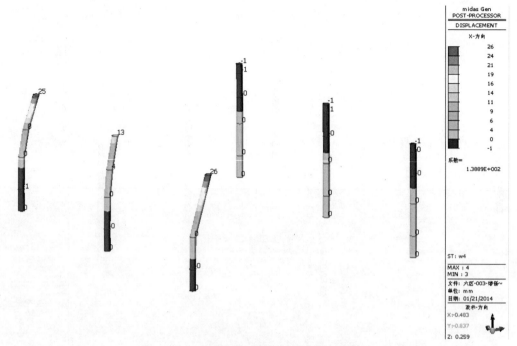

图 5.2–45　270 度风向角的柱顶水平位移云图

3. 温度作用

一区模型：

升温作用下，最大水平位移为 39mm，位移角为 39/15397=1/395（图 5.2–46）。

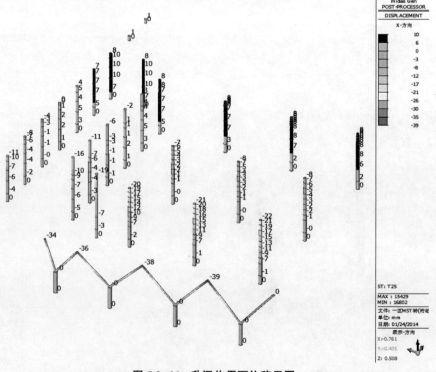

图 5.2–46　升温作用下位移云图

降温作用下，最大水平位移为 39mm，位移角为 39/15397=1/395（图 5.2-47）。

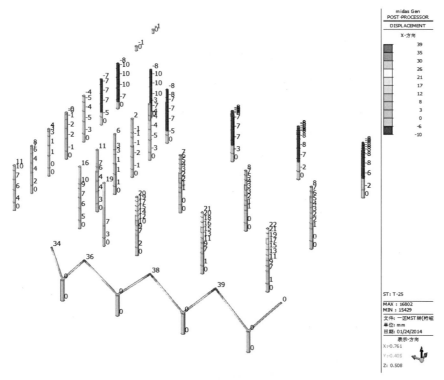

图 5.2-47　降温作用下位移云图

二区模型：

升温作用下，最大水平位移为 34mm，位移角为 34/23940=1/704（图 5.2-48）。

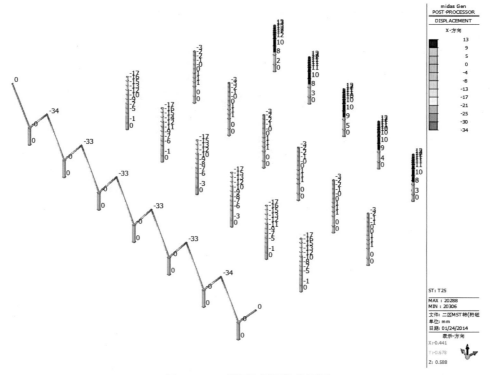

图 5.2-48　升温作用下位移云图

降温作用下，最大水平位移为 34mm，位移角为 34/23940=1/704（图 5.2-49）。

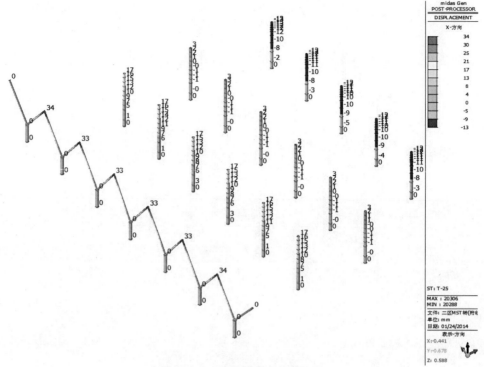

图 5.2-49　降温作用下位移云图

三区模型：

升温作用下，最大水平位移为 39mm，位移角为 39/15397=1/395（图 5.2-50）。

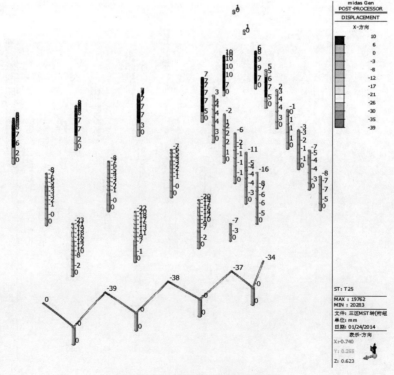

图 5.2-50　升温作用下位移云图

降温作用下，最大水平位移为 39mm，位移角为 45/15397=1/395（图 5.2–51）。

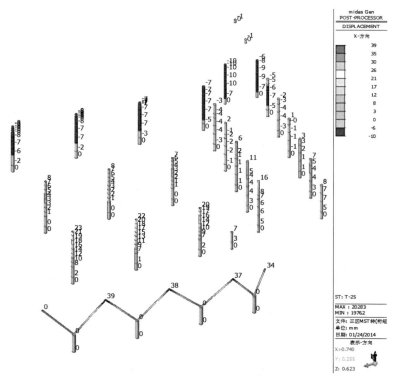

图 5.2–51   降温作用下位移云图

四区模型：

升温作用下柱子最大位移 18mm（图 5.2–52）。

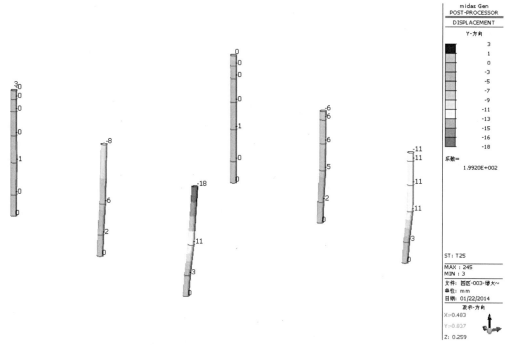

图 5.2–52   升温作用下位移云图

降温作用下结构最大位移 23mm（图 5.2-53）。

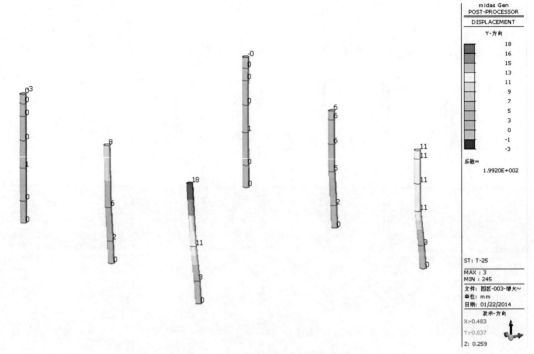

图 5.2-53 降温作用下位移云图

五区模型：

升温作用下结构最大位移 23mm（图 5.2-54）。

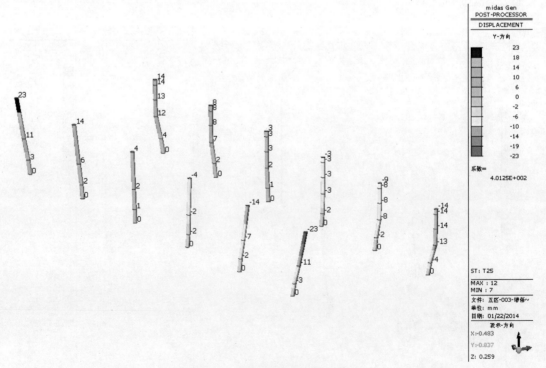

图 5.2-54 升温作用下位移云图

降温作用下结构最大位移 23mm（图 5.2–55）。

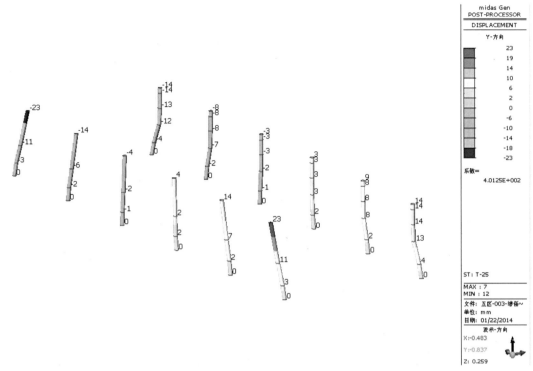

图 5.2–55　降温作用下位移云图

六区模型：

升温作用下结构最大位移 17mm（图 5.2–56）。

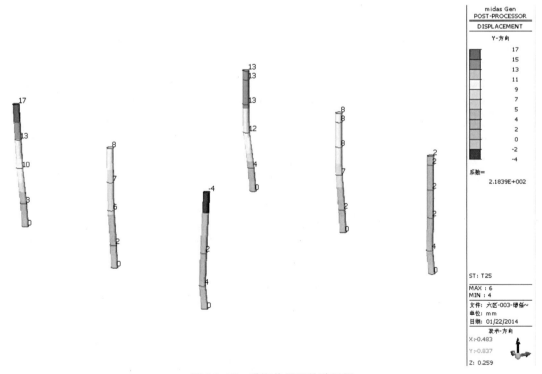

图 5.2–56　升温作用下位移云图

降温作用下结构最大位移 17mm（图 5.2–57）。

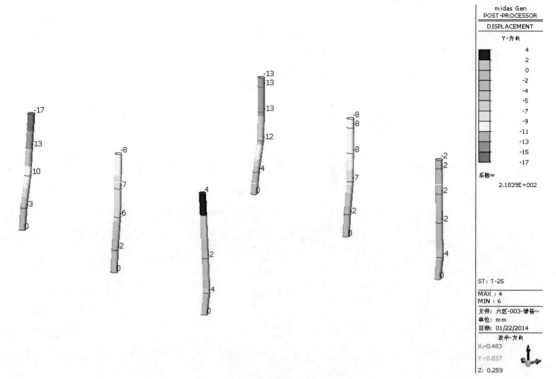

图 5.2–57　降温作用下位移云图

5.2.2.2　模态分析

一区模型（表 5.2–3、图 5.2–58~ 图 5.2–63）：

前 10 阶及第 90 阶振型与累计质量参与系数　　　　　　　　　　　　　　　　表 5.2–3

模态	周期	X 向平动		Y 向平动		Z 向平动		RZ 向	
		质量（%）	合计（%）	质量（%）	合计（%）	质量（%）	合计（%）	质量（%）	合计（%）
1	1.0648	43.8448	43.8448	0.4618	0.4618	0.0092	0.0092	1.0533	1.0533
2	1.0217	0.0093	43.854	61.5005	61.9622	0.0052	0.0144	6.4126	7.4658
3	0.9141	12.347	56.201	0.5938	62.5561	0.0004	0.0148	34.3988	41.8647
4	0.8511	0.0237	56.2247	0.0016	62.5576	0.0149	0.0297	0.0032	41.8679
5	0.8337	0.3813	56.606	1.036	63.5936	0.0212	0.051	0.4125	42.2804
6	0.8100	1.179	57.785	1.2749	64.8685	0.0043	0.0552	2.8884	45.1688
7	0.7634	1.8907	59.6757	1.0945	65.963	0.0097	0.0649	0.7078	45.8766
8	0.7370	2.1494	61.8251	0.6994	66.6624	0.0272	0.0921	0.4653	46.3419
9	0.7360	4.2302	66.0553	0.2376	66.9	0.0872	0.1793	7.0652	53.4071
10	0.7057	0.1172	66.1725	1.9281	68.828	0.0323	0.2116	0.08	53.4871
90	0.0262	0.0001	99.9727	0.0001	99.9749	4.5097	99.0584	0.0004	88.4784

注：周期比为 0.858。

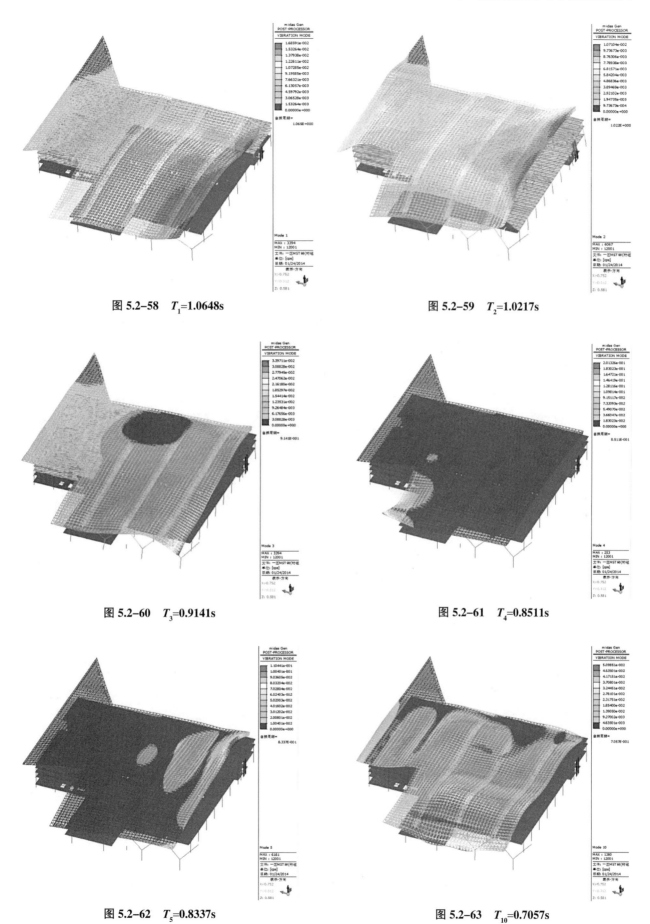

图 5.2–58　T_1=1.0648s

图 5.2–59　T_2=1.0217s

图 5.2–60　T_3=0.9141s

图 5.2–61　T_4=0.8511s

图 5.2–62　T_5=0.8337s

图 5.2–63　T_{10}=0.7057s

二区模型（表 5.2-4、图 5.2-64~ 图 5.2-69）：

表 5.2-4

前 10 阶及第 90 阶振型与累计质量参与系数

模态	周期	X 向平动		Y 向平动		Z 向平动		RZ 向	
		质量（%）	合计（%）	质量（%）	合计（%）	质量（%）	合计（%）	质量（%）	合计（%）
1	1.3333	25.6660	25.6660	0.0016	0.0016	0.0027	0.0027	0.0044	0.0044
2	1.2560	0.0007	25.6668	21.4680	21.4696	0.0000	0.0027	2.0924	2.0967
3	1.1059	0.0003	25.6671	0.1616	21.6312	0.0000	0.0027	22.9220	25.0187
4	0.8773	0.0014	25.6685	31.0879	52.7191	0.0000	0.0027	8.0359	33.0546
5	0.8244	0.0443	25.7128	0.0019	52.7210	0.0143	0.0170	0.0100	33.0646
6	0.8105	0.0051	25.7178	1.6521	54.3732	0.0001	0.0171	1.5504	34.6151
7	0.8042	0.0014	25.7193	0.0055	54.3787	0.0000	0.0171	0.2233	34.8384
8	0.7938	0.0440	25.7633	0.0009	54.3796	0.0006	0.0177	0.0117	34.8501
9	0.7409	2.1057	27.8690	0.0518	54.4314	0.0036	0.0212	3.2553	38.1054
10	0.7372	34.7074	62.5764	0.0332	54.4646	0.0582	0.0794	0.1136	38.2191
90	0.0313	0.0117	99.9618	0.0004	99.9526	7.7131	98.3762	0.0001	88.0934

注：周期比为 0.829。

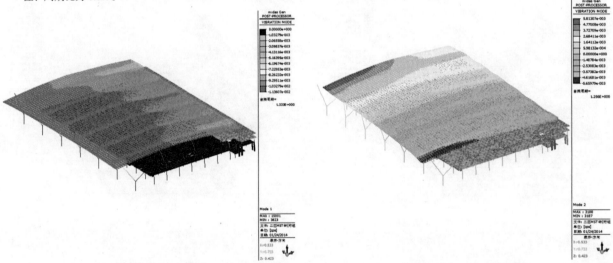

图 5.2-64　T_1=1.3333s　　　　　　　图 5.2-65　T_2=1.2560s

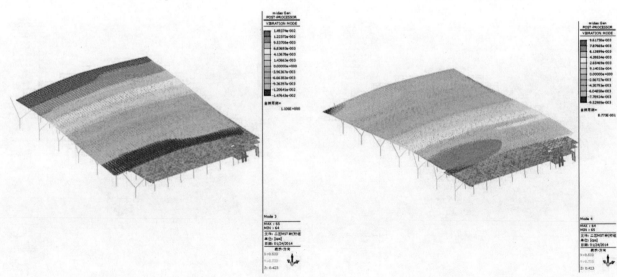

图 5.2-66　T_3=1.1059s　　　　　　　图 5.2-67　T_4=0.8773s

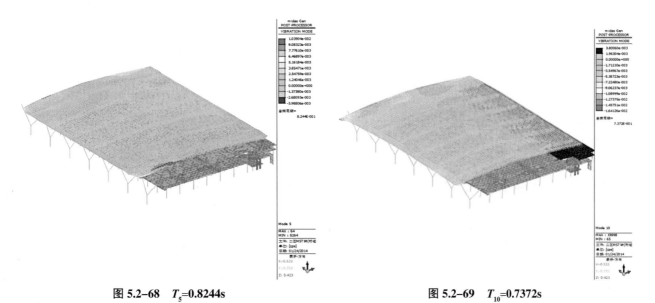

图 5.2-68　T_5=0.8244s　　　　　　　图 5.2-69　T_{10}=0.7372s

三区模型（表 5.2-5、图 5.2-70~ 图 5.2-75）：

前 10 阶及第 90 阶振型与累计质量参与系数　　　　　　　　表 5.2-5

模态	周期	X 向平动		Y 向平动		Z 向平动		RZ 向	
		质量（%）	合计（%）	质量（%）	合计（%）	质量（%）	合计（%）	质量（%）	合计（%）
1	1.1050	36.9788	36.9788	0.0428	0.0428	0.0061	0.0061	3.7208	3.7208
2	1.0642	0.5933	37.5721	60.3372	60.3800	0.0021	0.0083	5.0636	8.7844
3	0.9205	16.9114	54.4835	0.4797	60.8597	0.0008	0.0091	27.7272	36.5116
4	0.8575	0.0496	54.5331	0.0406	60.9004	0.0154	0.0245	0.0016	36.5132
5	0.8442	0.6073	55.1405	1.2065	62.1069	0.0180	0.0425	0.2037	36.7170
6	0.8157	2.4724	57.6128	1.8145	63.9214	0.0062	0.0487	2.8616	39.5785
7	0.7752	3.0066	60.6195	1.7919	65.7133	0.0071	0.0559	0.2652	39.8437
8	0.7562	2.0267	62.6462	1.2567	66.9700	0.0249	0.0808	3.9477	43.7914
9	0.7437	0.6361	63.2823	0.1173	67.0873	0.0246	0.1053	3.6746	47.4661
10	0.7205	1.9608	65.2431	1.7246	68.8119	0.0299	0.1352	2.8112	50.2772
90	0.0300	0.0006	99.9695	0.0037	99.9718	5.2602	98.9013	0.0017	85.8259

注：周期比为 0.833。

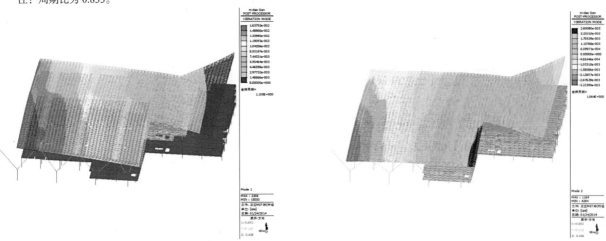

图 5.2-70　T_1=1.1050s　　　　　　　图 5.2-71　T_2=1.0642s

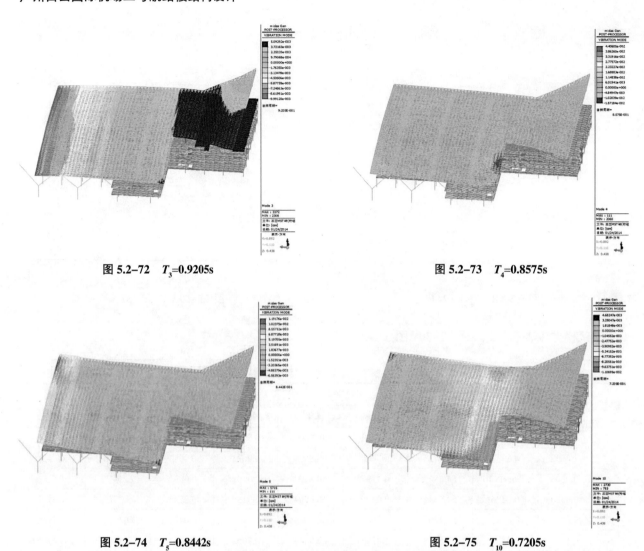

图 5.2–72　$T_3=0.9205$s　　　　　　　　　　图 5.2–73　$T_4=0.8575$s

图 5.2–74　$T_5=0.8442$s　　　　　　　　　　图 5.2–75　$T_{10}=0.7205$s

四区模型（表 5.2–6、图 5.2–76~ 图 5.2–81）：

前 10 阶及第 90 阶振型与累计质量参与系数　　　　　　　　　　表 5.2–6

模态	周期	X 向平动		Y 向平动		Z 向平动		RZ 向	
		质量（%）	合计（%）	质量（%）	合计（%）	质量（%）	合计（%）	质量（%）	合计（%）
1	1.1431	0.461	0.461	83.3259	83.3259	0	0	0.0896	0.0896
2	1.1053	75.5801	76.041	0.3166	83.6425	0	0	11.8318	11.9214
3	0.9418	8.765	84.806	0.8318	84.4743	0	0	58.822	70.7434
4	0.8361	0.7013	85.5072	3.4946	87.9689	0	0.0001	10.6553	81.3987
5	0.5183	0.2878	85.7951	0.3127	88.2816	0.0005	0.0005	0.0286	81.4273
6	0.4808	2.0722	87.8673	0.0645	88.3461	0.0247	0.0252	2.7381	84.1653
7	0.4558	0.6841	88.5514	0.02	88.3661	0.0001	0.0253	1.6759	85.8413
8	0.3876	0.4411	88.9925	1.9083	90.2744	0.0144	0.0397	1.1331	86.9743
9	0.3663	0.951	89.9435	4.0767	94.3511	0.0114	0.0511	0.0228	86.9971
10	0.353	0.7002	90.6437	0.0112	94.3623	0.0014	0.0525	0.0003	86.9974
90	0.0131	0	99.9961	0	99.9997	2.0691	99.6437	0	98.032

注：四区周期比 $T_3/T_1=0.82$。

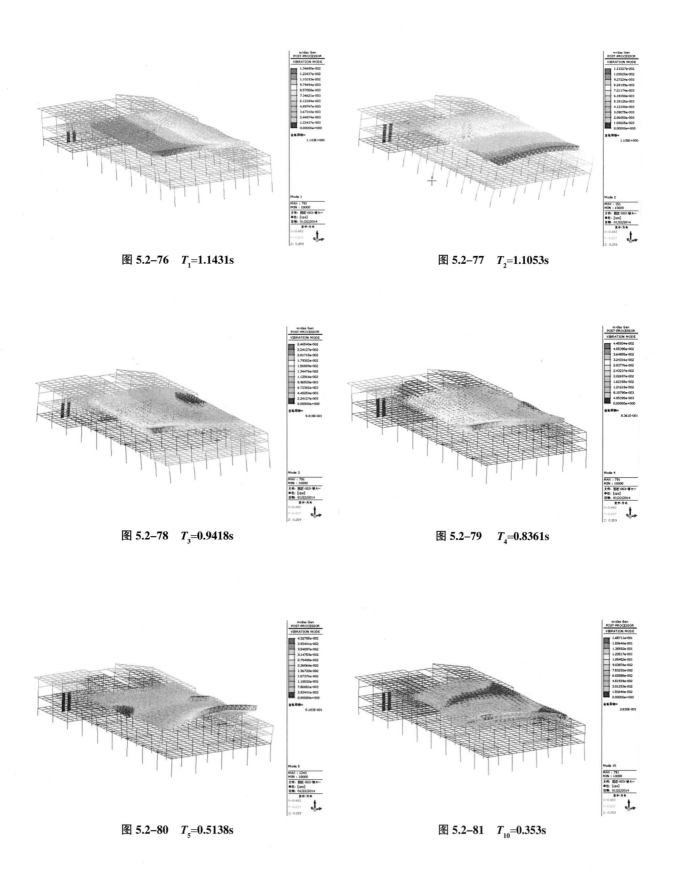

图 5.2-76　T_1=1.1431s

图 5.2-77　T_2=1.1053s

图 5.2-78　T_3=0.9418s

图 5.2-79　T_4=0.8361s

图 5.2-80　T_5=0.5138s

图 5.2-81　T_{10}=0.353s

五区模型（表5.2-7、图5.2-82~图5.2-87）：

前10阶及第90阶振型与累计质量参与系数 表5.2-7

模态	周期	X向平动		Y向平动		Z向平动		RZ向	
		质量（%）	合计（%）	质量（%）	合计（%）	质量（%）	合计（%）	质量（%）	合计（%）
1	1.0072	0.0703	0.0703	71.8449	71.8449	0	8.8465	8.8465	0.0703
2	0.9734	79.6199	79.6902	0.1035	71.9484	0.0001	0.0935	8.9401	79.6199
3	0.8899	0.1401	79.8303	1.7788	73.7272	0	60.5147	69.4548	0.1401
4	0.6704	0.0013	79.8317	11.5837	85.3108	0	6.9748	76.4296	0.0013
5	0.5598	0.3504	80.1821	0	85.3109	0	0	76.4296	0.3504
6	0.4659	11.8769	92.059	0.0002	85.3111	0.0244	0.0009	76.4305	11.8769
7	0.4469	0.0032	92.0622	0.6849	85.9959	0	16.4891	92.9196	0.0032
8	0.43	0.0012	92.0634	4.6258	90.6217	0	0.7505	93.6701	0.0012
9	0.4117	0.0011	92.0645	0.0007	90.6224	0.0019	0.0001	93.6702	0.0011
10	0.3924	0.0115	92.0759	0.0095	90.6319	0.0025	0.0061	93.6764	0.0115
90	0.0139	0	99.9954	0	99.9954	2.4518	99.4251	0.0001	97.1028

注：五区周期比 T_3/T_1=0.88。

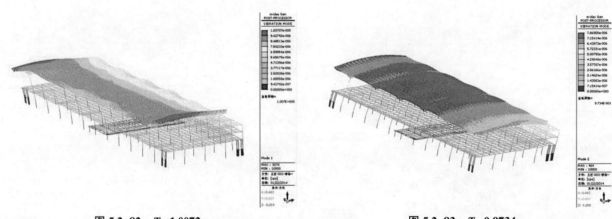

图5.2-82 T_1=1.0072s　　　　图5.2-83 T_2=0.9734s

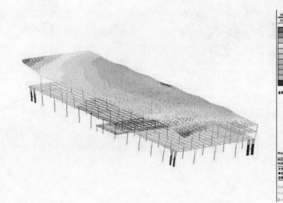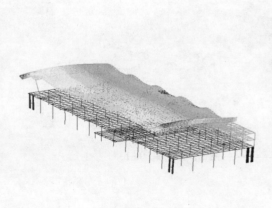

图5.2-84 T_3=0.8899s　　　　图5.2-85 T_4=0.6704s

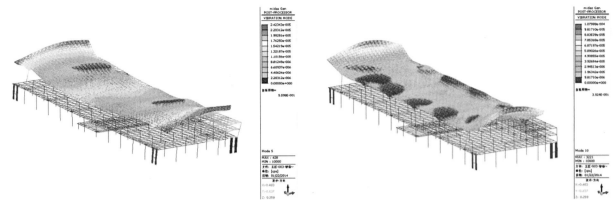

图 5.2-86　T_5=0.5159s　　　　　　　图 5.2-87　T_{10}=0.3924s

六区模型（表 5.2-8、图 5.2-88～图 5.2-93）：

前 10 阶及第 90 阶振型与累计质量参与系数　　　　　　　　　　表 5.2-8

模态	周期	X 向平动		Y 向平动		Z 向平动		RZ 向	
		质量（%）	合计（%）	质量（%）	合计（%）	质量（%）	合计（%）	质量（%）	合计（%）
1	1.0608	0.3624	0.3624	74.843	74.843	0.0001	0.0001	0.5944	0.5944
2	1.0287	76.3166	76.679	0.3602	75.2032	0.0001	0.0002	0.1828	0.7772
3	0.9026	0.7741	77.4531	0.0255	75.2287	0.0003	0.0004	73.1422	73.9194
4	0.7912	0.068	77.5211	2.3873	77.616	0	0.0004	3.3996	77.319
5	0.5579	0.5804	78.1015	0.3744	77.9904	0.0004	0.0009	0.7004	78.0194
6	0.4762	0.0158	78.1172	0.1412	78.1316	0.0041	0.005	0.014	78.0334
7	0.4453	2.8446	80.9618	0.0033	78.1349	0.0084	0.0134	5.3562	83.3896
8	0.3795	0.003	80.9648	0.0065	78.1414	0.0058	0.0192	0.0264	83.416
9	0.3656	0.0492	81.0139	9.3638	87.5052	0.0026	0.0218	0.6491	84.065
10	0.3481	3.5238	84.5378	1.4864	88.9916	0.0008	0.0226	0.189	84.254
90	0.0144	0.0001	99.9952	0	99.9968	2.4028	99.6884	0.0001	96.7831

注：六区周期比 T_3/T_1=0.85。

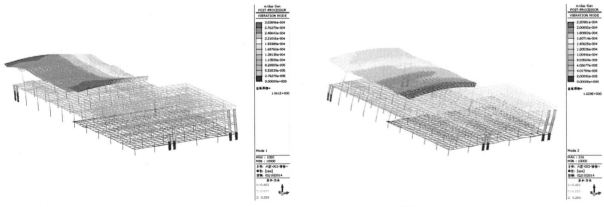

图 5.2-88　T_1=1.0608s　　　　　　　图 5.2-89　T_2=1.0287s

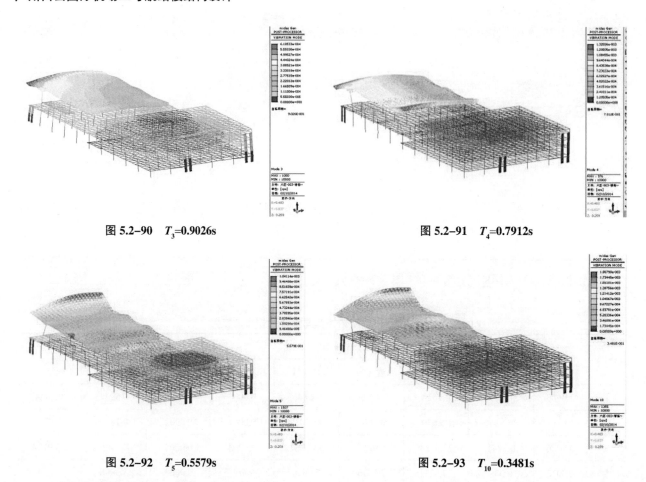

图 5.2-90　T_3=0.9026s　　　　　　　　　　　图 5.2-91　T_4=0.7912s

图 5.2-92　T_5=0.5579s　　　　　　　　　　　图 5.2-93　T_{10}=0.3481s

5.2.2.3　地震作用（小震）

一区模型：

单向反应谱

X向地震作用下结构最大位移 31mm，位移角为 31/15397=1/497，满足不大于 1/250（图 5.2-94）。

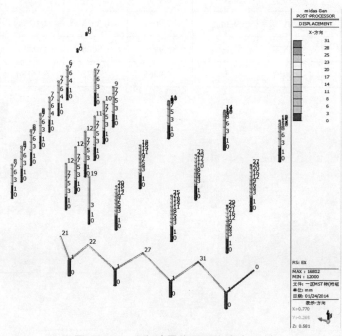

图 5.2-94　X向地震作用下位移（mm）

Y 向地震作用下结构最大位移 20mm，位移角为 20/15397=1/770，满足不大于 1/250（图 5.2–95）。

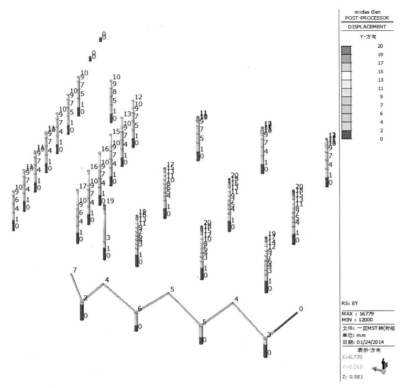

图 5.2–95　Y 向地震作用下位移（mm）

二区模型：

单向反应谱

X 向地震作用下结构最大位移 26mm，位移角为 26/23940=1/921，满足不大于 1/250（图 5.2–96）。

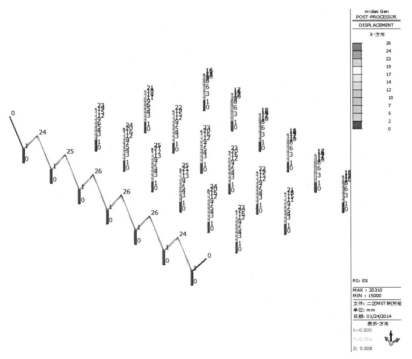

图 5.2–96　X 向地震作用下位移（mm）

　　Y向地震作用下结构最大位移25mm，位移角为25/23940=1/958，满足不大于1/250（图5.2-97）。

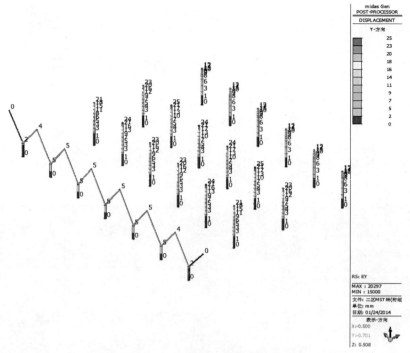

图 5.2-97　Y向地震作用下位移（mm）

三区模型：

单向反应谱

　　X向地震作用下结构最大位移33mm，位移角为33/15397=1/467，满足不大于1/250（图5.2-98）。

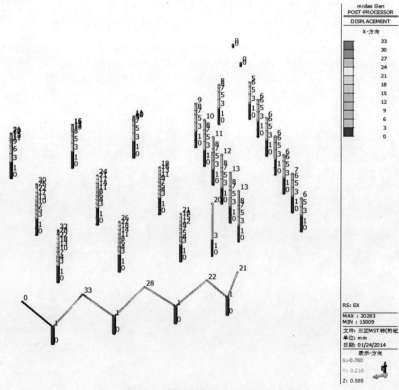

图 5.2-98　X向地震作用下位移（mm）

Y向地震作用下结构最大位移 22mm，位移角为 22/15397=1/700，满足不大于 1/250（图 5.2-99）。

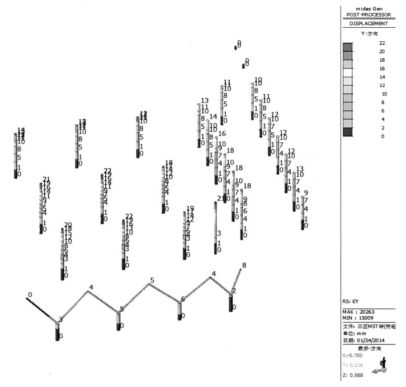

图 5.2-99 Y 向地震作用下位移（mm）

四区模型：

单向反应谱

X向地震作用下结构最大位移 19mm，位移角为 1/1251，满足不大于 1/250（图 5.2-100）。

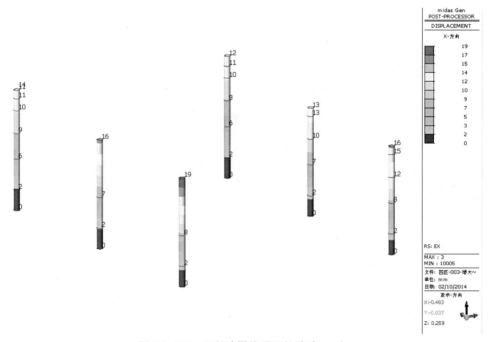

图 5.2-100 X 向地震作用下位移（mm）

　　Y向地震作用下结构最大位移27mm，位移角为1/880，满足不大于1/250（图5.2-101）。

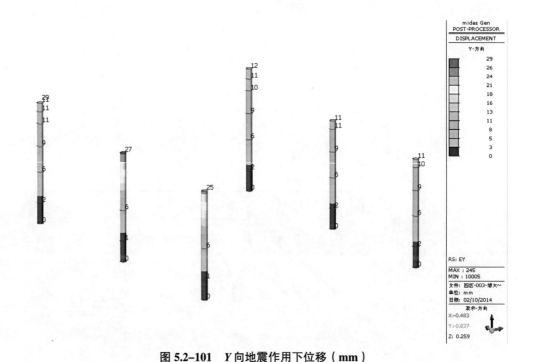

图5.2-101　Y向地震作用下位移（mm）

五区模型：

单向反应谱

X向地震作用下结构最大位移15mm，位移角为1/1585，满足不大于1/250（图5.2-102）。

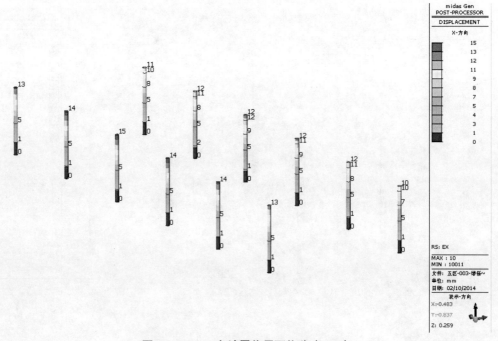

图5.2-102　X向地震作用下位移（mm）

Y向地震作用下结构最大位移 18mm，位移角为 1/1320，满足不大于 1/250（图 5.2-103）。

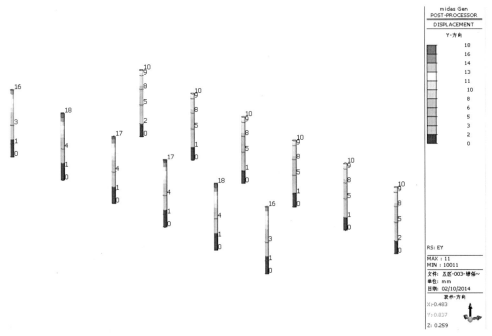

图 5.2-103 Y向地震作用下位移（mm）

六区模型：

单向反应谱

X向地震作用下结构最大位移 14mm，位移角为 1/1698，满足不大于 1/250（图 5.2-104）。

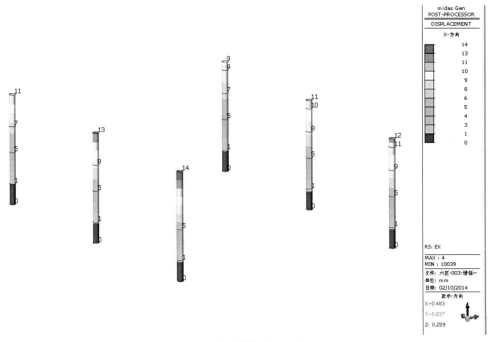

图 5.2-104 X向地震作用下位移（mm）

Y 向地震作用下结构最大位移 20mm，位移角为 1/1188，满足不大于 1/250（图 5.2-105）。

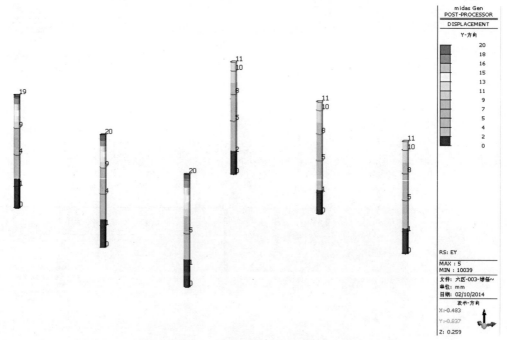

图 5.2-105　Y 向地震作用下位移（mm）

5.2.2.4　屋盖构件应力比验算结果

网架弦杆及支座腹杆计算长度系数取 0.9，其他腹杆计算长度系数取 0.8。

一区模型（图 5.2-106~ 图 5.2-115）：

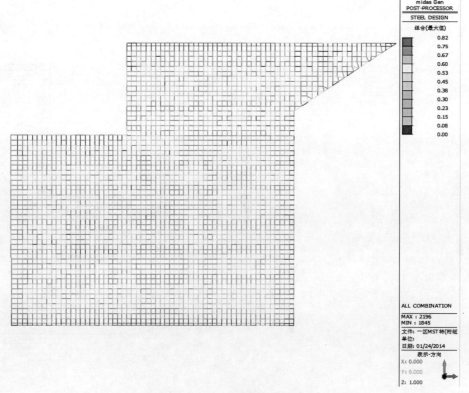

图 5.2-106　上弦构件应力比云图

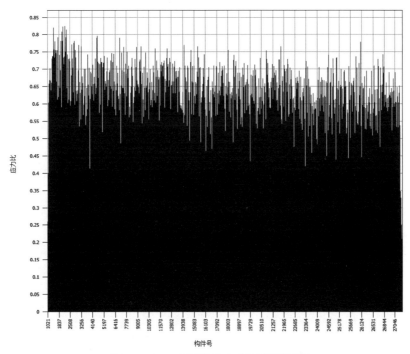

图 5.2-107　上弦构件应力比验算结果

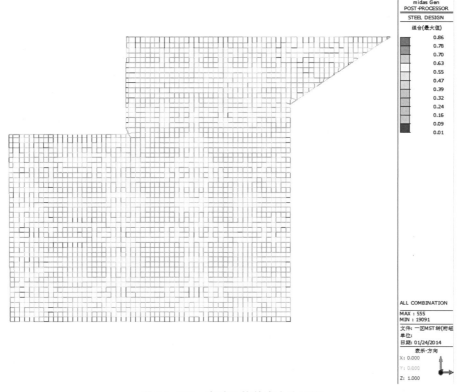

图 5.2-108　中弦 1 构件应力比云图

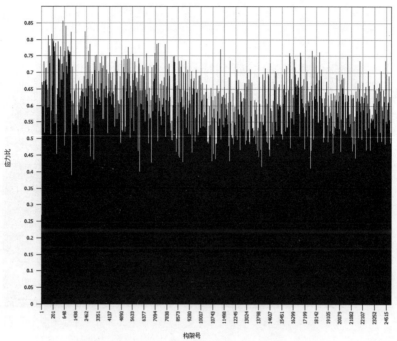

图 5.2-109　中弦 1 构件应力比验算结果

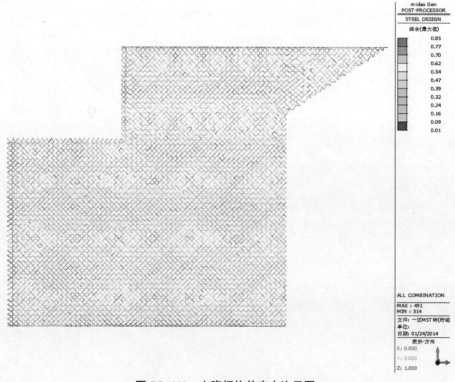

图 5.2-110　上腹杆构件应力比云图

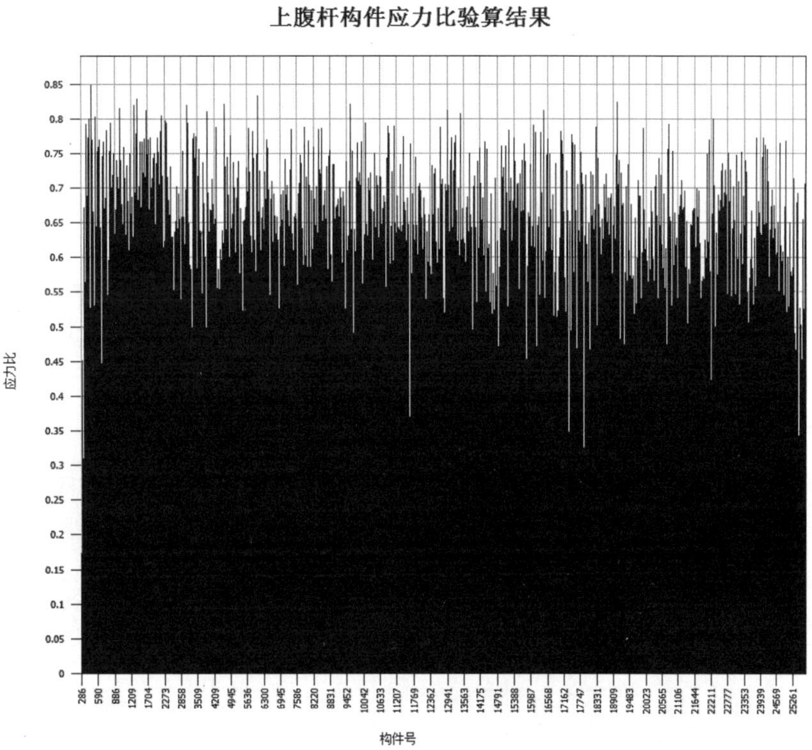

上腹杆构件应力比验算结果

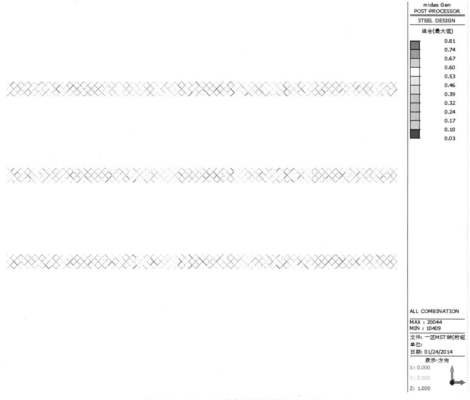

图 5.2-111　上腹杆构件应力比验算结果

图 5.2-112　中腹杆构件应力比云图

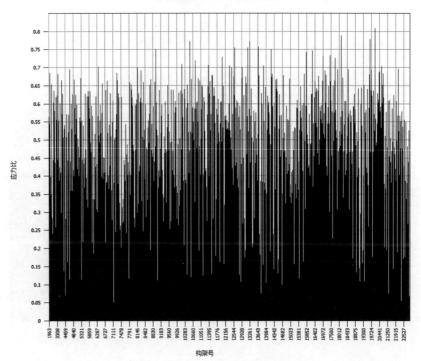

图 5.2-113　中腹杆构件应力比验算结果

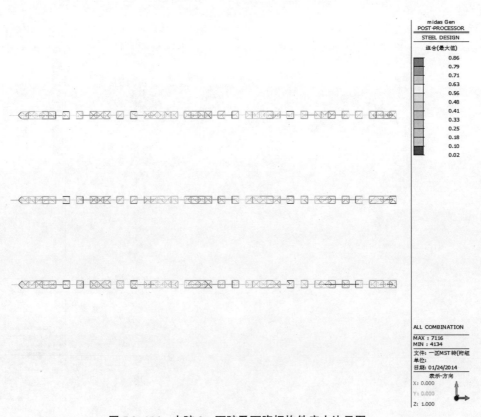

图 5.2-114　中弦 2、下弦及下腹杆构件应力比云图

中弦2、下弦及下腹杆构件应力比验算结果

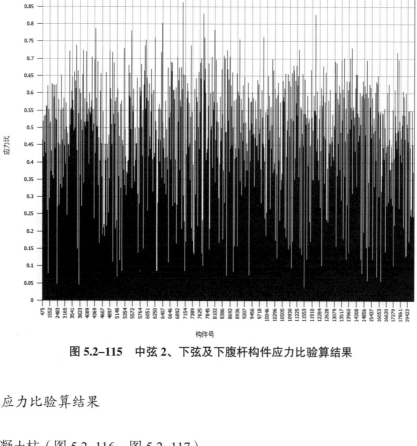

图 5.2-115 中弦 2、下弦及下腹杆构件应力比验算结果

5.2.2.5 柱应力比验算结果

一区模型：

（1）钢管混凝土柱（图 5.2-116、图 5.2-117）

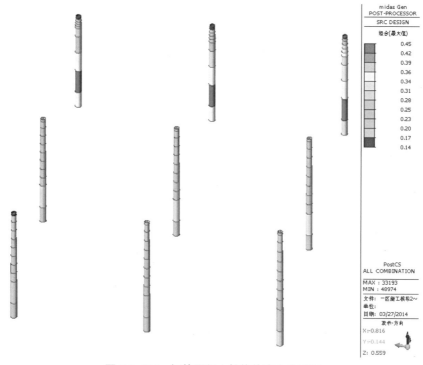

图 5.2-116 钢管混凝土柱构件应力比云图

钢管混凝土柱构件应力比验算结果

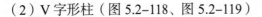

图 5.2–117　钢管混凝土柱构件应力比验算结果

（2）V 字形柱（图 5.2-118、图 5.2-119）

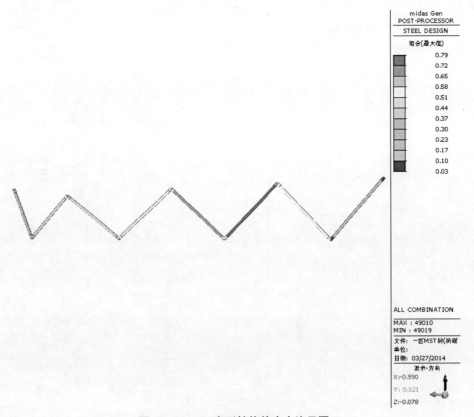

图 5.2–118　V 字形柱构件应力比云图

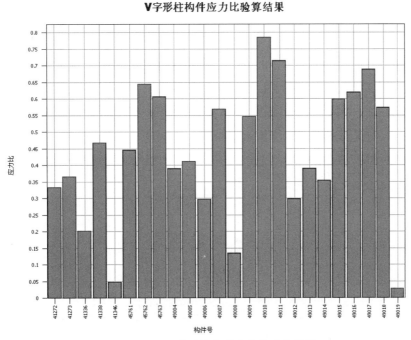

图 5.2-119　V 字形柱构件应力比验算结果

5.3　节点设计与验算

节点验算类型多，数量大，仅做节选。

5.3.1　焊接空心球节点

根据《空间网格技术规程》JGJ7-2010 第 5.2.6 条和第 5.2.7 条要求设计空心球直径，空心球直径＞300mm 时采用加肋空心球，部分杆件节点处为减小空心球直径，允许腹杆与腹杆或腹杆与弦杆相汇交。以下取部分节点验算为例进行分析（图 5.3-1~图 5.3-3）。

空心球直径 650mm、壁厚 25mm，采用在球内加肋，根据《空间网格技术规程》第 5.2.2 条，可得空心球的承载力设计值如下：

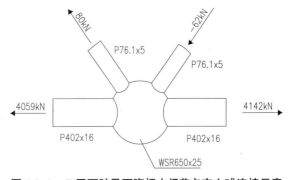

图 5.3-1　二区下弦及下腹杆中间节点空心球连接示意

当与空心球相连杆件为 P402×16 时，$N_R = \eta_0\left(0.29 + 0.54\dfrac{d}{D}\right)\pi t d f$

$$= 0.9\left(0.29 + 0.54\frac{402}{650}\right)\pi \times 25 \times 402 \times 295 = 4895\text{kN}$$

考虑空心球加肋承载力提高 $N_R = \eta_d N_R = 1.1 \times 4895 = 5385\text{kN} > 4142\text{kN}$，满足要求。

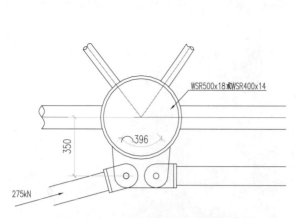

图 5.3-2　下弦空心球与幕墙连接示意

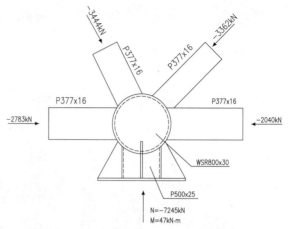

图 5.3-3　一区支座处焊接空心球示意

当与空心球相连杆件为 P76.1×5 时，$N_R = \eta_0 \left(0.29 + 0.54 \dfrac{d}{D}\right) \pi t d f$

$$= 0.9 \left(0.29 + 0.54 \frac{76.1}{650}\right) \pi \times 25 \times 76.1 \times 295 = 561 \text{kN}$$

考虑空心球加肋承载力提高 $N_R = \eta_d N_R = 1.1 \times 561 = 617 \text{kN} > 80 \text{kN}$，满足要求。

空心球直径 400mm、壁厚 14mm，采用在球内加肋，根据《空间网格技术规程》第 5.2.2 条，可得空心球的承载力设计值如下：

当幕墙连杆与空心球连接时：$N=275 \text{kN}$，$M = 275000 \times 350 = 96250000 \text{N·mm}$，

$$c = \frac{2M}{Nd} = \frac{2 \times 96250000}{275000 \times 396} = 1.77,$$

$$\eta_m = \frac{2}{\pi} \sqrt{3 + 0.6c + 2c^2} - \frac{2}{\pi}\left(1 + \sqrt{2}c\right) + 0.5 = 0.316, \quad N_R = \eta_0 \left(0.29 + 0.54 \frac{d}{D}\right) \pi t d f$$

$$= 1.0 \left(0.29 + 0.54 \frac{396}{500}\right) \pi \times 18 \times 396 \times 295 = 4741 \text{kN}$$

$N_m = \eta_m N_R = 0.316 \times 4147 = 1498 \text{kN} > 275 \text{kN}$，满足要求。

空心球直径 800mm、壁厚 30mm，采用在球内加肋，根据《空间网格技术规程》第 5.2.2 条，可得空心球的承载力设计值如下：

当与空心球相连杆件为 P377×16 时，$N_R = \eta_0 \left(0.29 + 0.54 \dfrac{d}{D}\right) \pi t d f$

$$= 0.9 \left(0.29 + 0.54 \frac{377}{800}\right) \pi \times 30 \times 377 \times 295 = 5136 \text{kN}$$

考虑空心球加肋承载力提高 $N_R = \eta_d N_R = 1.4 \times 5136 = 7190 \text{kN} > 3444 \text{kN}$，满足要求。

当与空心球相连杆件为 P500×25 时，

$$N_R = \eta_0 \left(0.29 + 0.54 \frac{d}{D}\right) \pi t d f$$

$$= 0.9 \left(0.29 + 0.54 \frac{500}{800}\right) \pi \times 30 \times 500 \times 295 = 7851 \text{kN}$$

杆件受轴力和弯矩同时作用，$N=7245\text{kN}$，$M=47\text{kN·m}$，

$$c=\frac{2M}{Nd}=\frac{2\times47\times10^6}{7245\times10^3\times500}=0.026 \qquad \eta_\mathrm{m}=\frac{1}{1+c}=\frac{1}{1+0.026}=0.975$$

$$N_\mathrm{m}=\eta_\mathrm{m}N_\mathrm{R}=0.975\times7851=7655\text{kN}$$

考虑空心球加肋承载力提高

$$Nd=\eta_\mathrm{d}N_\mathrm{m}=1.4\times7655=10717\text{kN}>7245\text{kN}，满足要求。$$

5.3.2 支座节点

5.3.2.1 柱顶万向支座 ZZ1 验算

1. 节点基本资料

钢管混凝土柱直径为 1400mm，壁厚 30mm，柱顶上安装 $d=1000$mm 的万向支座，计算时按等效的钢柱，材料：Q345-B；支座与底板全截面采用 T 形对接与角接组合焊缝，焊缝等级为二级；圆形底板尺寸：$D=1400$mm，$T=30$mm；在钢管壁上焊接加劲板 2 以传递支座上荷载，均匀布置 8 块，高度 $h=300$mm，宽度 $b=300$mm，厚度 $t=20$mm；加劲肋 1：高度 $h=250$mm，宽度 $b=200$mm，厚度 $t=25$mm；底板下混凝土采用 C50（图 5.3-4）。

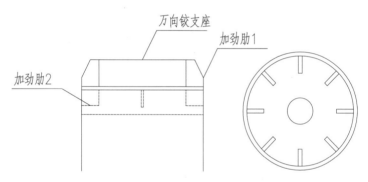

图 5.3-4 柱顶支座图

2. 节点荷载工况（表 5.3-1）

节点荷载工况				表 5.3-1
工况	N（kN）	V_x（kN）	V_y（kN）	M_x（kN·m）	M_y（kN·m）
工况 1	7500	1500	1500	300	300
工况 2	2000（拉力）	1500	1500	300	300

3. 混凝土最大压应力验算

控制工况：工况 1

底板下混凝土的最大压应力不应大于其轴心抗压强度设计值，即：

$$\left.\begin{array}{c}\sigma_\mathrm{max}\\\sigma_\mathrm{min}\end{array}\right\}=\frac{N}{A}\pm\frac{M}{W}=\frac{4N}{\pi D^2}\pm\frac{32M}{\pi D^3}=\begin{cases}+6.45\\+3.30\end{cases}$$

考虑混凝土局部承压时的混凝土等级影响系数：

$$\sigma_\mathrm{max}=6.45\leqslant f_\mathrm{c}\beta_\mathrm{c}=23.1\times1.0=23.1，满足要求。$$

混凝土中未出现拉应力,按全截面计算混凝土受压,加劲钢板按构造配置。

4. 加劲肋 2 钢板承载力验算（图 5.3-5）

加劲肋 2 起到抗拔作用,将加劲肋 2 等效成锚栓进行计算。

控制工况为拉弯状态的工况 2

$$\left.\begin{array}{c}\sigma_{\max}\\ \sigma_{\min}\end{array}\right\} = \frac{N}{A} \pm \frac{M}{W} = \frac{4N}{\pi D^2} \pm \frac{32M}{\pi D^3} = \begin{cases} +0.28 \\ -2.88 \end{cases}$$

按部分截面混凝土受压,部分锚栓受拉来计算:

受拉区范围（反弯点位置）为:

$$x = \frac{|\sigma_{\min}|}{|\sigma_{\max}| + |\sigma_{\min}|} D = \frac{|-2.88|}{|0.28| + |-2.88|} \times 1400 = 1276\text{mm}$$

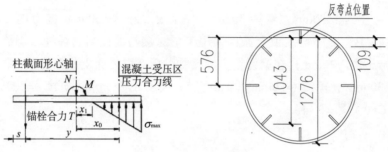

图 5.3-5 加劲肋计算图

反弯点位置离中点距离:

$x_1 = x - 0.5 \times D = 1276 - 700 = 576\text{mm}$

混凝土受压区压力合力点位置（通过 MATLAB 积分计算）:

$$x_0 = \frac{\int_{x_1}^{R} 2\sqrt{R^2 - x^2} \dfrac{\sigma_{\max}(x - x_1)}{R - x_1} x \, \mathrm{d}x}{\int_{x_1}^{R} 2\sqrt{R^2 - x^2} \dfrac{\sigma_{\max}(x - x_1)}{R - x_1} \, \mathrm{d}x} = 647\text{mm}$$

锚栓所受拉力合力:

$$T = \frac{M - N \cdot x_0}{y} = 1378\text{kN}$$

根据刚性底板假定,受拉锚栓的拉力状态呈线性关系,则将受拉区的锚栓均可按相对距离折算成最外端的锚栓,折算个数 n 为:

$$n = 1 + \sum \frac{a_i}{a} = 3.7$$

单个锚栓所受拉力为: $T_i = \dfrac{T}{n} = 372\text{kN}$。

加劲肋与底板板的焊缝取 10:

$$\sigma_f = \frac{T_i}{2 \times 0.7 \times h_f \times l_w} = \frac{372000}{2 \times 0.7 \times 10 \times 300} = 89 < f_f^w = 160\text{MPa}$$

加劲肋与钢管的焊缝取 15：

$$\tau_f = \frac{T_i}{2 \times 0.7 \times h_f \times l_w} = \frac{372000}{2 \times 0.7 \times 15 \times 300} = 59 < f_f^w = 160$$

5．底板厚度验算

支座底板与钢管混凝土柱钢柱壁采用剖口焊接，因此可按四边支撑等效矩形板计算，最大弯矩发生在短边方向的板中央：

$$M_{max} = \beta \sigma_{max} a^2 = 0.125 \times 6.45 \times 200^2 = 0.033 \text{kN} \cdot \text{m}$$

$$t \geq \sqrt{\frac{6M_{max}}{f}} = \sqrt{\frac{6M_{max}}{295}} = 26 \text{mm}$$

式中 β 与四边支承板中长短边之比有关，具体取值可见钢结构设计手册，a 为短边长度，f 为钢板强度设计值。

底板厚度取 30mm，满足要求。

6．加劲肋 1 验算（图 5.3-6）

1）假设底板每个区隔内所产生的剪力均由垂直加劲肋承担，其宽度与厚度比应满足如下构造要求：

$$\beta = \max(b, h)/t_1 = 10 \leq 18\sqrt{\frac{235}{f_y}} = 14.85$$

每个加劲肋所承担的剪力取相邻两个螺栓间弧板底部的反力：

$$V = \sigma_{max} \cdot A = 6.45 \times 200 \times \frac{3.14 \times 1400}{8} = 708 \text{kN}$$

$$\tau = \frac{V_i}{ht} = \frac{708000}{250 \times 25} = 113 \leq f_v = 170，满足要求。$$

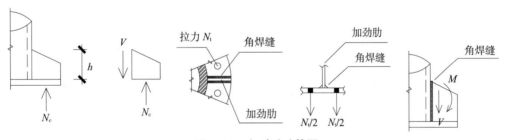

图 5.3-6　加劲肋验算图

2）加劲肋焊缝验算：

受压侧加劲肋与端板的焊缝：

$$\tau_f = \frac{N_c}{2 \times 0.7 \times h_f \times l_w} = \frac{708000}{2 \times 0.7 \times 16 \times 200} = 158 < f_f^w = 160$$

加劲肋与钢管的焊缝：

$$\tau_f = \frac{N_c}{2 \times 0.7 \times h_f \times l_w} = \frac{708000}{2 \times 0.7 \times 16 \times 250} = 126 < f_f^w = 160$$

7. 抗剪件验算

$F=\mu N=0.4\times7500=3000 > F_{v}=1500$

可按构造要求加抗剪件。抗剪件厚度 t=25mm，宽度 B=300，H=150mm。

抗剪键与底板采用单面坡口对接焊缝采用或双面坡口。

5.3.2.2 柱顶圆管支座 ZZ5 验算

1. 节点基本资料

混凝土柱上安装 d=880mm 的万向支座，计算按等效的钢柱，材料：Q345-B；支座与底板全截面采用 T 形对接与角接组合焊缝，焊缝等级为二级；圆形底板尺寸：D=1600mm；锚栓信息：双螺母焊板锚栓库 Q345-M36，16 个；锚栓至底板边距 L_{t}=180mm，锚栓至钢管边距 a=180mm；加劲肋：高度 h=250mm，宽度 b=200mm，厚度 t_{1}=25mm；底板下混凝土采用 C50（图 5.3-7）。

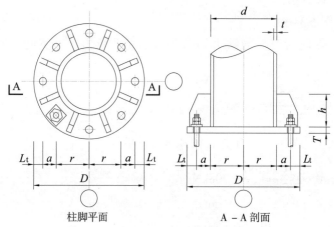

柱脚平面   A－A 剖面

图 5.3-7 柱脚示意图

2. 节点荷载工况（表 5.3-2）

节点荷载工况   表 5.3-2

工况	N（kN）	Vx（kN）	Vy（kN）	Mx（kN）	My（kN）
工况 1	3500	1000	1000	200	200
工况 2	500（拉）	1000	1000	200	200

3. 混凝土最大压应力验算

控制工况：工况 1

底板下混凝土的最大压应力不应大于其轴心抗压强度设计值，即：

$$\left.\begin{array}{c}\sigma_{\max}\\\sigma_{\min}\end{array}\right\}=\frac{N}{A}\pm\frac{M}{W}=\frac{4N}{\pi D^{2}}\pm\frac{32M}{\pi D^{3}}=\begin{cases}+2.45\\+1.04\end{cases}$$

考虑混凝土局部承压时的混凝土等级影响系数：

$\sigma_{\max}=2.45\leqslant f_{c}\beta_{c}=23.1\times1.0=23.1$，满足要求。

混凝土中未出现拉应力，按全截面计算混凝土受压，锚栓按构造配置。

4. 锚栓承载力验算（图 5.3-8）

控制工况：拉弯状态的工况 2

$$\left.\begin{array}{c}\sigma_{max}\\\sigma_{min}\end{array}\right\}=\frac{N}{A}\pm\frac{M}{W}=\frac{4N}{\pi D^2}\pm\frac{32M}{\pi D^3}=\begin{cases}+0.46\\-0.96\end{cases}$$

按部分截面混凝土受压，部分锚栓受拉计算，受拉区范围（反弯点位置）为：

$$x=\frac{|\sigma_{min}|}{|\sigma_{max}|+|\sigma_{min}|}D=1082\text{mm}$$

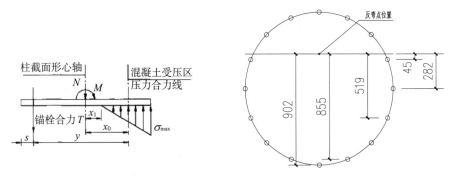

图 5.3-8 锚栓承载力验算图

反弯点位置离中点距离：

$$x_1=x-0.5\times D=1082-800=282\text{mm}$$

混凝土受压区压力合力点位置：

$$x_0=\frac{\int_{x_1}^{R}2\sqrt{R^2-x^2}\,\frac{\sigma_{max}(x-x_1)}{R-x_1}x\mathrm{d}x}{\int_{x_1}^{R}2\sqrt{R^2-x^2}\,\frac{\sigma_{max}(x-x_1)}{R-x_1}\mathrm{d}x}=583\text{mm}$$

锚栓所受拉力合力：

$$T=\frac{M-N\cdot x_0}{y}=478\text{kN}$$

根据刚性底板假定，所以受拉锚栓的拉力状态呈线性关系，则将受拉区的锚栓均可按想对距离折算成最外端的锚栓，折算个数 n 为：

$$n=1+\sum\frac{a_i}{a}=4.8$$

单个锚栓所受拉力为：$T_i=\dfrac{T}{n}=99\text{kN}<f_t=147\text{kN}$（M36），满足要求。

5. 抗剪件验算

$F=\mu N=0.4\times 3500=1400>F_v=1000$

可按构造要求加抗剪件。

5.3.2.3　向心关节轴承支座ZC1验算

1. 节点基本资料

V字形柱柱顶及柱底采用向心关节轴承支座，具体尺寸和材料见表5.3-3及图5.3-9所示。

向心关节轴承参数　　　　　　　　　表5.3-3

零件名称	材料名称	材料标准	备注
向心关节轴承	4Cr13	GB/T 1220	热处理
销轴	40Cr	GB/T 3077	热处理
销轴盖板	45	GB/T 699	
轴承压盖	Q345B	GB/T 1591	
外耳板	Q345B	GB/T 1591	
中耳板	Q345B	GB/T 1591	
高强螺栓		GB/T 1228	
螺母		GB/T 5783	

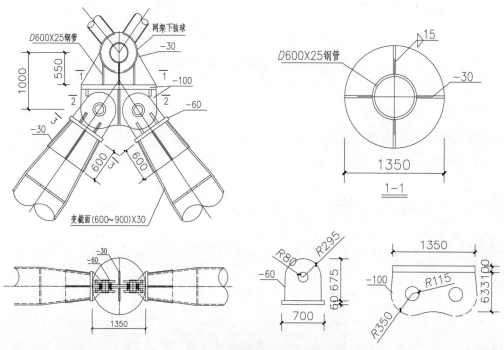

图5.3-9　V字柱柱顶支座节点

2. V字柱柱顶节点计算

向心关节轴承支座节点竖向承载力设计值为6000kN（压力），向心关节轴承销轴直径$D=160$mm，销轴的抗剪强度设计值$f_v^b=300$N/mm²，

1）销轴的抗剪计算

$$N_v = n_v \cdot \frac{\pi D^2}{4} \cdot f_v^b = 2 \cdot \frac{\pi \cdot 160^2}{4} \cdot 300 = 12057\text{kN} > 6000\text{kN}，满足要求。$$

2）60厚耳板的净截面抗拉强度计算

$$\delta = \frac{F}{A} = \frac{3000 \times 10^3}{(2 \cdot 295 - 2 \cdot 80) \cdot 60} = 116\text{N/mm}^2 < f = 250\text{N/mm}^2，满足要求。$$

3）60 厚耳板的局部承压计算

$$\delta_{ce} = \frac{F}{Dt} = \frac{3000 \times 10^3}{160 \cdot 60} = 313\text{N/mm}^2 < f_{ce} = 400\text{N/mm}^2，满足要求。$$

4）60 厚耳板的抗剪承载力计算

$$\tau = \frac{F}{2at} = \frac{3000 \times 10^3}{2 \cdot (295-80) \cdot 60} = 116\text{N/mm}^2 < f_v = 145\text{N/mm}^2，满足要求。$$

5）100 厚耳板的净截面抗拉强度计算

$$\delta = \frac{F}{A} = \frac{6000 \times 10^3}{(2 \cdot 350 - 2 \cdot 115) \cdot 100} = 128\text{N/mm}^2 < f = 250\text{N/mm}^2，满足要求。$$

6）100 厚耳板的局部承压计算

$$\delta_{ce} = \frac{F}{Dt} = \frac{6000 \times 10^3}{115 \cdot 100 \cdot 2} = 260\text{N/mm}^2 < f_{ce} = 400\text{N/mm}^2，满足要求。$$

7）100 厚耳板的抗剪承载力计算

$$\tau = \frac{F}{2at} = \frac{6000 \times 10^3}{2 \cdot (350-115) \cdot 100} = 128\text{N/mm}^2 < f_v = 145\text{N/mm}^2，满足要求。$$

8）V 字柱顶顶板厚度验算（图 5.3-10）

柱顶顶板竖向力 $N=6000$kN，水平剪力 $V=1600$kN，$M=V \cdot h = 576$kN·m，$D=1350$mm，$h=360$mm。

$$\left.\begin{array}{r}\sigma_{max}\\\sigma_{min}\end{array}\right\} = \frac{N}{A} \pm \frac{M}{W} = \frac{4N}{\pi D^2} \pm \frac{32M}{\pi D^3} = \begin{cases} +6.58 \\ +1.81 \end{cases}$$ 钢管内区隔按照

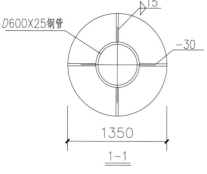

D600X25钢管   15   -30

1350

1-1

图 5.3-10　V 字柱顶顶板

四边支承计算，

$$M_{max} = \beta\sigma_{max}a^2 = 0.048 \times 6.58 \times 675^2 = 143904\text{N·mm}$$

$$t \geqslant \sqrt{\frac{6M_{max}}{f}} = \sqrt{\frac{6M_{max}}{295}} = 54\text{mm}$$

钢管外区隔按三边支承计算

$$M_{max} = \beta\sigma_{max}a = 0.066 \times 4.19 \times 668 = 185\text{N·mm}$$

$$t \geqslant \sqrt{\frac{6M_{max}}{f}} = \sqrt{\frac{6M_{max}}{295}} = 2\text{mm}$$

因而，顶板板厚取 100mm，满足要求。

9）垂直加劲肋验算（图 5.3-11）

a）假设底板每个区隔内所产生的剪力均由垂直加劲肋承担，其宽度与厚度比应满足如下构造要求：

$$\beta = \max(a,h)/t_1 = 8.3 \leqslant 18\sqrt{\frac{235}{f_y}} = 14.85$$

每个加劲肋所承担的剪力取相邻两个螺栓间弧板底部的反力：

$$V = \sigma_{max} \cdot A = 6.58 \times 750 \times \frac{3.14 \times 1950}{16} = 1889 kN$$

$$\tau = \frac{V_i}{ht} = \frac{1889000}{370 \times 30} = 170 \leqslant f_v = 180 \text{,满足要求}$$

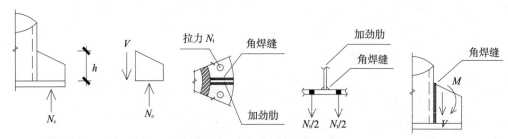

图 5.3-11 垂直加劲肋验算图

b) 加劲肋焊缝验算:

受压侧加劲肋与端板的焊缝 $h_f = 15mm$:

$$\tau_f = \frac{N_c}{2 \times 0.7 \times h_f \times l_w} = \frac{0.5 \times 1889000}{2 \times 0.7 \times 15 \times 375} = 120 < f_f^w = 160$$

加劲肋与钢管的焊缝 $h_f = 15mm$:

$$\tau_f = \frac{V}{2 \times 0.7 \times h_f \times l_w} = \frac{0.5 \times 1889000}{2 \times 0.7 \times 15 \times 370} = 122 < f_f^w = 160$$

3. V 字柱柱底节点计算(图 5.3-12)

向心关节轴承支座节点竖向承载力设计值为 6000kN(压力),向心关节轴承销轴直径 $D = 160mm$,销轴的抗剪强度设计值 $f_v^b = 300 N/mm^2$。

1)销轴的抗剪计算

$$N_v = n_v \cdot \frac{\pi D^2}{4} \cdot f_v^b = 2 \cdot \frac{\pi \cdot 160^2}{4} \cdot 300 = 12057 kN > 6000 kN \text{,满足要求。}$$

2)60 厚耳板的净截面抗拉强度计算

$$\delta = \frac{F}{A} = \frac{3000 \times 10^3}{(2 \cdot 295 - 2 \cdot 80) \cdot 60} = 116 N/mm^2 < f = 250 N/mm^2 \text{,满足要求。}$$

3)60 厚耳板的局部承压计算

$$\delta_{ce} = \frac{F}{Dt} = \frac{3000 \times 10^3}{160 \cdot 60} = 313 N/mm^2 < f_{ce} = 400 N/mm^2 \text{,满足要求。}$$

4)60 厚耳板的抗剪承载力计算

$$\tau = \frac{F}{2at} = \frac{3000 \times 10^3}{2 \cdot (295 - 80) \cdot 60} = 116 N/mm^2 < f_v = 145 N/mm^2 \text{,满足要求。}$$

5)100 厚耳板的净截面抗拉强度计算

$$\delta = \frac{F}{A} = \frac{6000 \times 10^3}{(2 \cdot 350 - 2 \cdot 115) \cdot 100} = 128 N/mm^2 < f = 250 N/mm^2 \text{,满足要求。}$$

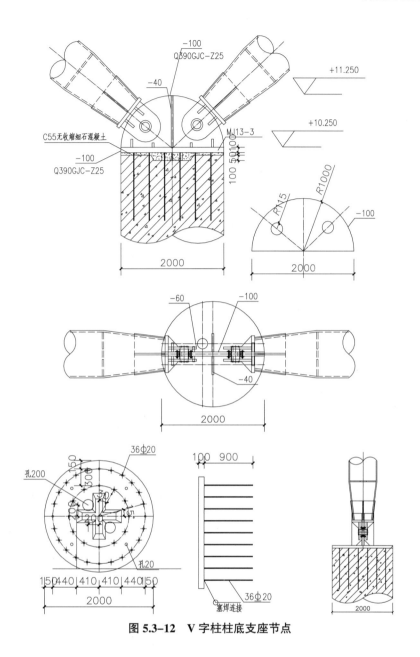

图 5.3-12　V 字柱柱底支座节点

6）100 厚耳板的局部承压计算

$$\delta_{ce} = \frac{F}{Dt} = \frac{6000 \times 10^3}{115 \cdot 100 \cdot 2} = 260 \text{N/mm}^2 < f_{ce} = 400 \text{N/mm}^2，满足要求。$$

7）100 厚耳板的抗剪承载力计算

$$\tau = \frac{F}{2at} = \frac{6000 \times 10^3}{2 \cdot (350-115) \cdot 100} = 128 \text{N/mm}^2 < f_v = 145 \text{N/mm}^2，满足要求。$$

8）V 字柱底底板厚度验算

竖向合力 N_V=5580kN，水平合力 N_H=2000kN。

底板产生的弯矩 M=2000×0.45=900kN·m，底板下混凝土的最大压应力不应大于其轴心抗压强度设计值，假定当底板应力均匀分布底板时即：

$$\left.\begin{array}{r}\sigma_{\max}\\\sigma_{\min}\end{array}\right\} = \frac{N}{A} \pm \frac{M}{W} = \frac{4N}{\pi D^2} \pm \frac{32M}{\pi D^3} = \begin{cases}+2.92\\+0.63\end{cases}$$

考虑混凝土局部承压时的混凝土等级影响系数：

$\sigma_{\max} = 2.92 \leqslant f_c\beta_c = 23.1 \times 1.0 = 23.1$，混凝土最大压应力满足要求。底板按照两边支承板计算，

$$M_2 = \alpha\sigma a_2^2 = 0.041 \times 2.92 \times 1078^2 = 139125$$

$t \geqslant \sqrt{\dfrac{6M_{\max}}{f}} = 58\text{mm}$，底板厚度取 100mm，满足要求。

假定最不利底板应力均匀为竖向耳板接触面即：

$$\left.\begin{array}{r}\sigma_{\max}\\\sigma_{\min}\end{array}\right\} = \frac{N}{A} \pm \frac{M}{W} = \frac{N}{Dt} \pm \frac{6M}{tD^2} = \begin{cases}+5.186\\+1.79\end{cases}$$

考虑混凝土局部承压时的混凝土等级影响系数：

$\sigma_{\max} = 5.186 \leqslant f_c\beta_c = 23.1 \times 1.0 = 23.1$，混凝土最大压应力满足要求。底板按照两边支承板计算，

$$M_2 = \alpha\sigma a_2^2 = 0.041 \times 5.186 \times 1078^2 = 247089$$

$t \geqslant \sqrt{\dfrac{6M_{\max}}{f}} = 77\text{mm}$，底板厚度取 100mm 满足要求。

9）锚筋承载力验算

$$\left.\begin{array}{r}\sigma_{\max}\\\sigma_{\min}\end{array}\right\} = \frac{N}{A} \pm \frac{M}{W} = \frac{4N}{\pi D^2} \pm \frac{32M}{\pi D^3} = \begin{cases}+2.92\\+0.63\end{cases}$$

由底板应力分布可知，柱底底板并未出现受拉，锚筋按构造要求设置。

10）抗剪键验算（图5.3-13）

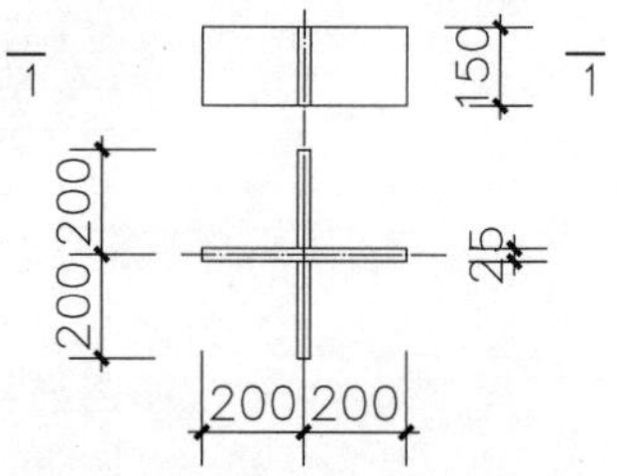

设置抗剪键宽度 B=400mm，高度 H=150mm，厚度 25mm。取水平剪力最大时相应工况：V=2000kN，N=4654kN。

$$V_x = 0.69f_cBH = 0.69 \times 23.1 \times 400 \times 150 = 956\text{kN} > V - 0.4N = 138\text{kN}$$

$$\sigma = \frac{M}{W} = \frac{V \cdot 0.5H}{W} = \frac{138000 \times 0.5 \times 150}{229260} = 45 < f_y = 295$$

图 5.3-13 抗剪键验算图

5.3.2.4 关节轴承数值模拟

1. 计算模型

利用有限元分析软件对 BYJC-ZZ01 建筑关节轴承承受径向载荷的工况进行强度校核，分析轴承装配体及其各零部件在径向加载条件下的应力、位移分布情况，为轴承的设计制造以及试验提供依据。

主要分析 BYJC-ZZ01 建筑关节轴承在径向静载荷 9829.82kN 作用下，轴承装配体及其各零部件在径向加载条件下的应力、位移分布情况。

根据原始数据，单套轴承所承受的径向静载荷是 6000kN。图5.3-14是根据CAD二维图纸装配起来的轴承装配体，可得外耳板的中轴线（Y方向）与中耳板的中轴线交角为35°。因此，当采取外耳板底面固定、中耳板中间加载的边界条件时，施加在中耳板的竖直向下的合力为 2·6000KN·cos（35°）=9829.82KN。

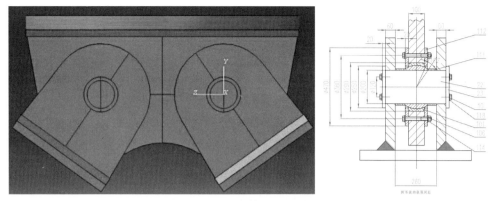

图 5.3-14 向心关节轴承几何模型及尺寸

上述装配体属于对称结构，为了减少计算量，取一半模型进行有限元计算。

装配体模型由顶平板、中耳板、外圈、内圈、销轴、定位套、外耳板、底平板等多个零件组成。边界条件是：外耳板的下底面完全固定约束，径向载荷 4914.91KN（一半载荷）施加于中耳板的上端面，方向沿 −Y 方向（图 5.3-15）。

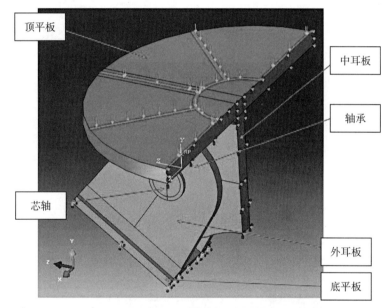

图 5.3-15 加载模型与边界条件

2. 网格划分

在有限元软件的前处理设置中，将主要的接触对均设置成"面面接触"的形式，这些接触对包括中耳板销轴孔与外圈的接触对、外圈与内圈的接触对、内圈与销轴的接触对、定位套与销轴的接触对、定位套与内圈的接触对、定位套与外耳板的接触对、销轴与外耳板的接触对。其余的次要接触对及焊接等地方采用固接连接的方式。网格划分如图 5.3-16 所示。

3. 材料属性

依据各零件实际的材料类型、厚度、硬度等确定其材料参数，如表 5.3-4 所示。

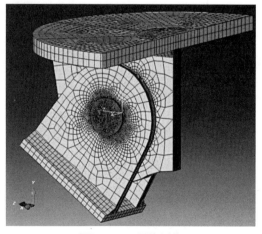

图 5.3-16 网格划分

各零件材料参数 表5.3-4

零部件	材料	弹性模量（GPa）	泊松比	屈服强度（MPa）	抗拉强度（MPa）	硬度（HRC）
外圈	40Cr13	220	0.3	735	930	48~55
内圈						
中耳板	Q345B	206	0.3	275	470	钢厂供货状态
外耳板						
销轴	40Cr	211	0.277	490	685	25~35
定位套	Q345B	206	0.3	345	630	
连接中耳板的顶平板	Q345B	206	0.3	275	470	钢厂供货状态
连接外耳板的底平板						
销轴压盖	Q345B	206	0.3	345	630	钢厂供货状态

4. 径向 CAE 分析计算结果（图 5.3-17、图 5.3-18）

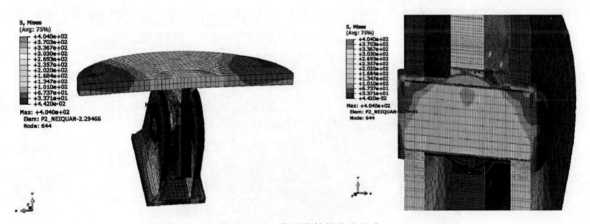

图 5.3-17 装配体等效应力分布

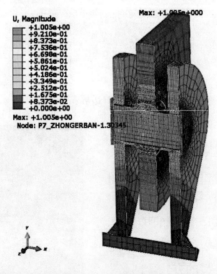

图 5.3-18 核心装配体位移分布

从上图可知，各零部件的应力基本沿几何模型的中轴线对称分布。载荷传递的主体路径是：顶平板—中耳板—外圈—内圈—销轴—外耳板—底平板。

装配体的最大 Mises 等效应力是 404MPa，出现在内圈的受载部位处，为应力集中。

核心装配体的位移分布如上图所示,最大位移值是 1.005mm。

5. 径向 CAE 分析数据汇总(表 5.3-5)

径向加载仿真结果 表 5.3-5

序号	名称	最大 Mises 等效应力(MPa)	材料屈服强度(MPa)	最大位移值(mm)	状态	等效塑性应变值	屈服区域占比
1	装配体	404	—				
2	中耳板	276.4	275	1.005	超过屈服值 1.4MPa	0.000834	3.9%
3	顶平板	276.8	275	—	超过屈服值 1.8MPa	0.001584	2.3%
4	外圈	377.5	735	0.808			
5	内圈	404	735	0.7607			
6	销轴	334.5	490	0.7078			
7	定位套	237.7	345	—			
8	销轴盖板	123.4	345				
9	外耳板	283.3	275	0.437	超过屈服值 8.3MPa	0.00508	11.35%
10	底平板	82.17	275				

从以上有限元分析可以看到:

1)当加载至额定载荷时,外耳板的内孔只有 11.35% 的区域发生微小屈服,但因 Q345B 钢材伸长率高达 20%,故具有良好的塑性,即使节点内部有局部区域进入塑性,也应能通过应力重分布有效防止节点破坏。

2)当加载载荷值变为原来的 2.5 倍时,外耳板的最大 Mises 等效应力是 351.4MPa,小于外耳板材料 Q345B 的抗拉强度值 470MPa。同时,中耳板的最大 Mises 等效应力是 364MPa,小于中耳板材料 Q345B 的抗拉强度值 470MPa。

3)本关节轴承节点在给定载荷下是安全的。

6. 万向支座设计(图 5.3-19~ 图 5.3-22)

万向支座平面及剖面如下图所示。

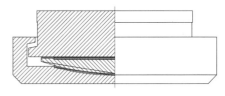

图 5.3-19 A 型万向支座

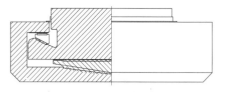

图 5.3-20 B 型万向支座

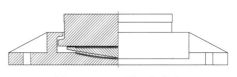

图 5.3-21 C 型万向支座

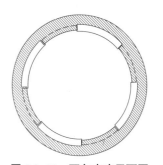

图 5.3-22 万向支座平面图

5.3.3 万向支座试验

5.3.3.1 工程背景

由于结构受力需要，在广州白云国际机场扩建工程二号航站楼布置了球铰支座 KLQZ-7500kN-GD 和 SJQZ-6000kN-GD。支座均为固定铰支座。

5.3.3.2 试验目的

本次试验为检验性试验，目的是检验支座的质量和可靠性，为工程质量验收、改进制作和设计提供依据。

本次试验主要检测支座在承受极限拉剪、压剪的性能状态，测定拉弯、压弯性下转动能力。

5.3.3.3 依据

《钢结构设计规范》GBS 0017-2003

《铸钢节点应用技术规程》CECS 235：2008

《桥梁球型支座》GB/T 17955-2009

《公路桥梁盆式支座》JT/T 391-2009

BSEN1337-2：2001 Structural Bearings–sliding Elements

白云机场二号航站楼钢结构施工图

5.3.3.4 试样设计参数

1. KLQZ-7500kN-GD

竖向压力设计值：7500kN；

竖向拉力设计值：2000kN；

X 向水平剪力设计值：2000kN；

Y 向水平剪力设计值：2000kN；

转角：0.05 rad。

2. SJQZ-6000kN-GD

竖向压力设计值：6000kN；

竖向拉力设计值：2000kN；

X 向水平剪力设计值：3000kN；

Y 向水平剪力设计值：3000kN；

转角：0.05 rad

5.3.3.5 试验内容

（1）整体支座承载能力试验（压剪）

（2）整体支座转动力矩测定（压转）

（3）整体支座承载能力试验（拉剪）

（4）整体支座转动力矩测定（拉转）

5.3.3.6 整体支座承载能力试验（压剪）（表5.3-6）

试验荷载取支座竖向抗压设计承载力的1.2倍，取支座水平设计承载力的1.2倍（根据 GB/T 17955—2009）。

（1）将试验支座安装在试验机内，用试验机施加竖向荷载，试验机与支座上加载板之间放置聚四氟乙烯滑板，以尽量减小试验机加载端部与支座顶面之间的摩擦力。

（2）在试验支座四角安装4个竖向位移传感器，一侧安装2个水平向位移传感器。

整体支座承载能力试验　　　　　　　　　　　　　　　　表 5.3-6

型号	试验荷载（kN）	试验方法	测试内容
KLQZ-7500kN-GD	竖向：9000 水平：2400	预载三次，然后将试验荷载分十级加载	1. 竖向荷载 2. 水平荷载 3. 水平位移 4. 关键部位的应变
SJQZ-6000kN-GD	竖向：7200 水平：3600		

（3）预载试验：将支座竖向荷载加至设计荷载的 50%（根据《桥梁球型支座》GB/T 17955-2009），加水平荷载至支座水平设计荷载的 20%，恒载 3min，卸载至 0，停载 3min。重复上述预载试验共三次。

（4）正式加载：先将竖向试验荷载施加至竖向压力设计荷载的 1.2 倍（根据《桥梁球型支座》GB/T 17955-2009），将位移计读数调零，以最大水平试验荷载的 10% 为级差，分 10 级进行水平加载试验，每级荷载稳压 2min 后读取并记录相应的水平荷载、各位移计读数，直至最大试验荷载稳压 3min 后卸载，往复加载 3 次。以 0.5% 水平向设计荷载作用下的位移计读数为初读数。

（5）卸去水平荷载，试验结束。

5.3.3.7　整体支座转动力矩测定（压转）（表 5.3-7）

试验荷载取支座竖向抗压设计承载力的 1.0 倍（根据《桥梁球型支座》GB/T 17955-2009），加载同时测量支座的竖向变形。位移计的布置参见图 5.3-24，共 4 只位移计。

整体支座竖向抗压承载能力试验　　　　　　　　　　　　表 5.3-7

型号	试验荷载（kN）	试验方法	测试内容
KLQZ-7500kN-GD	7500kN	预载三次，然后将试验荷载分十级加载	1. 竖向荷载 2. 支座四角竖向变形 3. 关键部位的应变
SJQZ-6000kN-GD	6000kN		

试验步骤：

（1）将试样安装在试验机内。

（2）在试验支座 4 角安装位移传感器。

（3）预载试验：四个竖向千斤顶同时加压力荷载至支座竖向设计荷载，恒载 3min，卸载至 0，停载 3min。重复上述预载试验共三次。

（4）正式加载：将位移计读数调零，加载至竖向设计荷载。稳压 3min 后读取并记相应的竖向荷载、各位移计、应变读数，然后调整两组竖向液压千斤顶的油压。一组缓慢增加，另一组缓慢减少，维持平均荷载保持在设计荷载，当两侧的位移计读数有明显差异时（位移差 1mm），说明支座已发生转动，记录两组竖向千斤顶的荷载，其差值所产生的力矩即为转动力矩。

5.3.3.8　整体支座承载能力试验（拉剪）（表 5.3-8）

试验荷载取支座竖向抗拉设计承载力的 1.2 倍，试验荷载取支座水平设计承载力的 1.2 倍（根据《桥梁球型支座》GB/T 17955-2009）。

（1）将试验支座安装在试验机内，用 4 台液压千斤顶配合工装反力架施加竖向荷载，用 3 台液压千斤顶施加水平荷载加载。

整体支座承载能力试验 表 5.3-8

型号	试验荷载（kN）	试验方法	测试内容
KLQZ-7500kN-GD	竖向：2400 水平：3000	预载三次，然后将试验荷载分十级加载	1. 竖向荷载 2. 水平荷载 3. 水平位移 4. 关键部位的应变
SJQZ-6000kN-GD	竖向：2400 水平：3600		

（2）竖向千斤顶顶部垫设橡胶板。

（3）在试验支座四角安装 4 个竖向位移传感器，一侧安装 2 个水平向位移传感器。

（4）预载试验：将支座竖向荷载加至设计荷载的 50%（根据《桥梁球型支座》GB/T 17955-2009），加水平荷载至支座水平设计荷载的 20%，恒载 3min，卸载至 0，停载 3min。重复上述预载试验共 3 次。

（5）正式加载：先将竖向试验荷载施加至竖向压力设计荷载的 1.2 倍（根据《桥梁球型支座》GB/T 17955-2009），将位移计读数调零，以最大水平试验荷载的 10% 为级差，分 10 级进行水平加载试验，每级荷载稳压 2min 后读取并记录相应的水平荷载、各位移计读数，直至最大试验荷载稳压 3min 后卸载，往复加载 3 次。以 0.5% 水平向设计荷载作用下的位移计读数为初读数。

（6）卸去水平荷载，试验结束。

5.3.3.9 整体支座转动力矩测定（拉转）（表 5.3-9）

试验荷载取支座竖向抗拉设计承载力的 1.0 倍（根据《桥梁球型支座》GB/T 17955-2009）。

整体支座竖向抗压承载能力试验 表 5.3-9

型号	试验荷载（kN）	试验方法	测试内容
KLQZ-7500kN-GD	2000kN	预载 3 次，然后将试验荷载分十级加载	1. 竖向荷载 2. 支座四角竖向变形 3. 关键部位的应变
SJQZ-6000kN-GD	2000kN		

加载同时测量支座的竖向变形。位移计的布置参见图 5.3-24，共 4 只位移计。

试验步骤：

（1）将试样安装在试验机内。

（2）在试验支座 4 角安装位移传感器。

（3）预载试验：加拉力荷载至支座竖向设计荷载，恒载 3min，卸载至 0，停载 3min。重复上述预载试验共 3 次。

（4）正式加载：将位移计读数调零，加载至竖向设计荷载。稳压 3min 后读取并记相应的竖向荷载、各位移计、应变读数，然后调整两组竖向液压千斤顶的油压，一组缓慢增加，另一组缓慢减少，维持总荷载保持在设计拉力，当两侧的位移计读数有明显差异时（支座两侧的位移差 3mm），说明支座已发生转动，记录两组竖向千斤顶的荷载，其差值所产生的力矩即为转动力矩。

5.3.3.10 试验设备

（1）10000kN 液压千斤顶 1 只，施加轴向压力。

（2）2000kN 液压千斤顶 2 只，用于施加轴向拉力以及转动力矩。

（3）4000kN 液压千斤顶 1 只，用于施加水平剪力。

（4）3818 静态应变采集系统。

（5）滑动板1片。

（6）转动球铰3只。

（7）电子百分表6只，用于测量竖向以及水平位移。

（8）三向应变花用于测量关键部位应变。

5.3.3.11　附图（图5.3-23、图5.3-24）

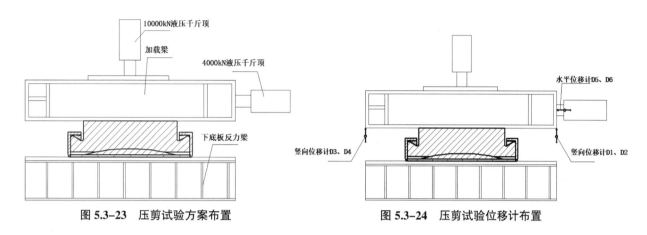

图5.3-23　压剪试验方案布置　　　　　　　图5.3-24　压剪试验位移计布置

5.4　施工模拟仿真

针对屋面钢结构施工成型态与设计态应力不一致的问题，根据网架不同区域采取不同的实施方案（滑移和提升等）进行施工全过程模拟仿真分析，按分析结果修改结构构件的方法。

其中二号航站楼主楼屋面网架结构采用整体提升的安装方案，北指廊采用高空滑移的安装方案。

5.4.1　整体提升

根据工程整体部署，航站楼主楼西二区、西三区、西四区、西五区、东二区、东三区、东四区、东五区采用楼面分块拼装，整体液压提升的施工方法。

5.4.1.1　整体提升网架安装思路

1. 吊装条件分析

网架屋盖结构安装高度较高，纵横向跨度较大。结构杆件众多，自重较大。若采用常规的分件高空散装方案，需要搭设大量的高空脚手架，不但高空组装、焊接工作量巨大，而且存在较大的质量、安全风险，施工的难度较大，并且对整个工程的施工工期会有很大的影响，方案的技术经济性指标较差。

根据以往类似工程的成功经验，若将网架屋盖结构在地面拼装成整体后，利用"超大型液压同步提升施工技术"将其一次提升到位，再进行柱顶支座处及部分预留后装杆件的安装，将大大降低安装施工难度，于质量、安全和工期等均有利。

2. 液压提升方案简述

因网架屋盖结构安装高度较高，若全部从地面设置提升用临时提升支架（提升上吊点），除临时支架设施用量较大之外，设施本身的稳定性也较差，于施工安全不利。结合本工程中网架屋盖结构的特点，提升支架（提升上吊点）可设在原结构支撑柱上方（考虑到支撑柱自身截面较大，有一定的承载能力和抗弯刚度，且网架屋盖结构安装过程荷载远小于设计使用荷载，故考虑利用原结构支撑柱设置提升上吊点），与预先设置在柱侧面的牛腿焊接牢靠。

因钢屋盖支座位于支撑柱的顶部，这给网架屋盖结构的整体提升制造了障碍。即为使提升过程中网架屋盖结构不与提升支架相碰，网架屋盖结构在地面散件拼装时，每一支撑柱顶部的节点球可预先安装在柱顶，与柱顶相连的所有杆件均暂不安装（以避开提升支架的影响），这些杆件待网架屋盖结构整体提升至设计位置后再补装。这些暂不安装的杆件（或节点球等）的缺失，导致了原结构支撑边界条件的变化，提升点附近部分杆件和球节点需要用能够满足受力要求的杆件替换。

在支撑柱顶上方安装相应的液压提升器及相关设备，待网架屋盖结构在地面拼装完成后，然后在液压提升器垂直对应的钢屋盖上弦球结点安装提升下吊点（局部加固），上下吊点通过提升钢绞线连接，通过液压提升技术整体提升钢屋盖，直至提升到设计标高位置就位焊接、补杆。

3. 方案优越性

本工程中航站楼主楼西二、西三、西四、西五、东二、东三、东四、东五区网架屋盖结构采用"超大型液压同步提升施工技术"进行安装，具有如下的优点：

a. 网架屋盖结构在地面拼装成整体，网架屋盖结构一次提升到位后，土建专业可立即进行设备基础、地坪的施工。有利于专业交叉施工，对土建专业施工影响较小。

b. 网架屋盖结构主要的拼装、焊接及油漆等工作在地面进行，施工效率高，施工质量易于保证。

c. 网架屋盖结构上的附属构件在地面预先安装，可最大限度地减少高空吊装工作量，缩短安装施工周期。

d. 采用"超大型液压同步提升施工技术"安装网架屋盖结构，技术成熟，有大量类似工程成功经验可供借鉴，吊装过程的安全性有充分的保障。

e. 通过网架屋盖结构的整体液压提升安装，将高空作业量降至最少，加之液压整体提升作业绝对时间较短，能够有效保证安装工期。

f. 液压同步提升设备设施体积、重量较小、机动能力强、倒运和安装方便。

g. 提升支架、平台等临时设施结构利用支撑柱等已有结构设置，使得临时设施用量降至最小，有利于施工成本的控制。

1）提升流程

根据本工程网架特点提升分八个提升单元。本方案采用超大型液压提升技术进行钢结构提升，以提升分区东四区为例。

提升分区东四区提升流程如下：

a. 屋面网架提升东四区在其安装位置的投影面正下方的地面上拼装成整体提升单元；

b. 利用屋面网架支撑钢管柱（钢骨柱）顶安装提升支架（上吊点），根据提升单元的不同，共设置9组提升支架（15个提升吊点）；

c. 在柱顶提升支架上安装液压同步提升系统设备，包括液压泵源系统、液压提升器、传感器等；

d. 在屋面网架提升单元下弦标高处与上吊点对应的位置安装提升下吊点临时球及临时加固杆件等；

e. 在提升上下吊点之间安装专用钢绞线及专用底锚；

f. 调试液压同步提升系统；

g. 张拉钢绞线，使得所有钢绞线均匀受力；

h. 检查屋面网架提升单元以及所有临时措施是否满足设计要求；

i. 确认无误后，对分区按照设计荷载的 20%、40%、60%、70%、80%、90%、95%、100% 的顺序逐级加载，直至屋面网架分区提升单元脱离拼装平台；

j. 屋面网架提升单元整体提升约 250mm 后，暂停提升；

k. 微调提升单元的各个吊点的标高，使其与设计姿态保持基本一致。

l. 静置约 12 小时后，再次检查屋面网架提升单元以及临时措施有无异常；

m. 确认无异常情况后，开始正式提升，中间过程可根据现场实际情况进行单点调平；

n. 将屋面网架提升单元提升至距离设计安装标高约 500mm 左右暂停提升；

o. 降低提升速度，继续提升屋面网架至距离设计标高约 50mm 左右时，暂停提升，各提升吊点通过计算机系统的"微调、点动"功能，使各提升吊点依次分步达到设计标高，满足对接要求；

p. 安装屋面网架提升单元与钢柱连接的杆件，使之形成整体；

q. 屋面网架对接工作完毕后，液压提升系统各吊点同步分级卸压，使屋面网架自重转移至屋面支撑钢柱上，达到设计状态；

r. 拆除液压提升设备，单个屋面网架提升单元整体提升提升作业结束；

s. 按照同样的方法完成其余提升单元的整体提升作业。

2）提升单元划分

根据结构布置特点及目前现场施工安排，计划将该部分屋面钢网架划分为 8 个提升单元，采取分块累积提升的施工工艺分别依次提升到位，见图 5.4-1。

提升顺序为：西二区→东二区→西三区→东三区→西四区→西五区→东四区→东五区。提升单元具体划分及吊点位置如下图所示：

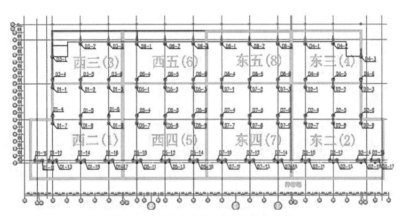

图 5.4-1　提升单元划分及吊点布置

4. 提升流程图

提升流程图简述：

STEP1：地面拼装提升单元（东四分区），立柱上安装提升支架。吊装提升设备，并连接设备管线、调试液压提升控制系统，见图 5.4-2。

STEP2：提升工作准备就绪，对网架、提升支架进行全面检查，一切正常后，对结构分级加载离地 250mm。静止 12h，对原结构和提升措施、提升设备进行全面检查，见图 5.4-3。

STEP3：检查无误后，正式提升。提升过程中，如有不同步进行单点调平，确保提升同步，见图 5.4-4。

STEP4：提升至就位位置附近 500mm 左右，进行精确调平，确保每个提升吊点的同步性，见图 5.4-5。

STEP5：提升至就位位置附近 20～30mm 处，暂停提升，点动，微调，精确就位。焊接网架结构未装杆件，见图 5.4-6。

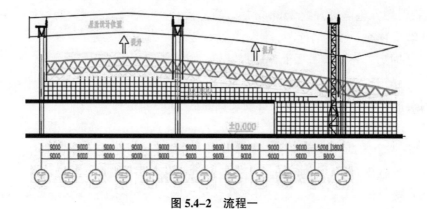

图 5.4-2　流程一

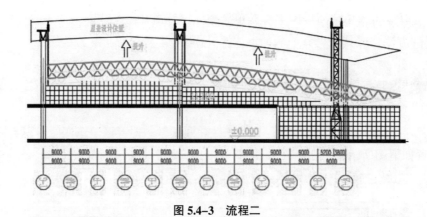

图 5.4-3　流程二

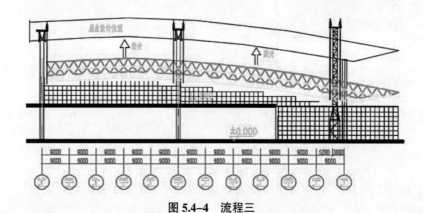

图 5.4-4　流程三

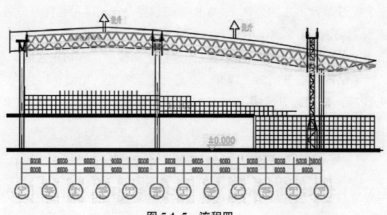

图 5.4-5　流程四

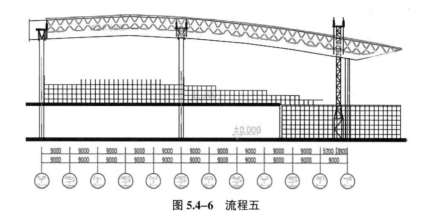

图 5.4-6　流程五

STEP6：结构焊接完成，液压提升设备卸载，拆除提升设备与提升措施。其他分区网架提升完成。其余分区提升流程与此类似，不再赘述，见图 5.4-7。

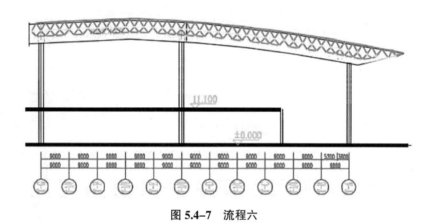

图 5.4-7　流程六

5.4.1.2　整体提升施工模拟分析

采用 SAP2000 进行施工模拟分析。东二区应力比超过 0.6 的杆件 73 根（约 0.6%），替换后结构应力比云图如图 5.4-8 所示，最大应力比为 0.588。

同理，东四区的应力比云图如图 5.4-9 所示：

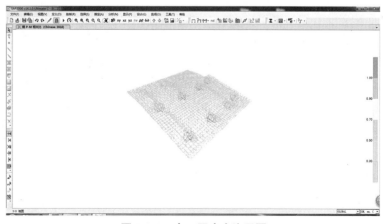

图 5.4-8　东二区应力比云图

227

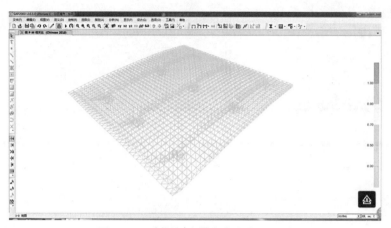

图 5.4-9　东四区（最大应力比 0.595）

5.4.2　高空滑移

在广州白云国际机场二号航站楼钢网架北指廊施工中，运用滑移平台施工工艺。滑移平台法施工方法是在滑移法的基础上，具体化后的一种施工方法。拼装脚手架滑移而结构本身在原位逐块高空拼装到位，结构无需移动。此方法的关键在于将滑移法进行改进，通过自制的滑轮，成功地减小了滑移过程中的阻力，也减小了滑移脚手架在滑移过程中的内力，减少了不可控因素，使得滑移过程更易于控制，避免不必要的危险发生。

滑移脚手架（图 5.4-10）由滑移轨道、滚轮（图 5.4-11）、脚手架等组成，架体脚手管采用 1.2m×1.2m 排距、1.5m 步距的扣件式脚手管，高约 8m。为减少滑移摩擦，方便脚手架的滑移操作，本工程采用 H 型钢作为轨道，轨道规格为 H150×150×7×10。滑移轨道直接铺设在楼板上，并保证水平度和直线度，每间隔 5m 将轨道与混凝土楼板用膨胀螺栓固定，轨道上表面打磨光滑。采用自制的轴承滚轮作为滑移滚动装置，沿轨道方向，每间隔 4.8m 设置一组滚轮。滚轮处立杆套入滚轮上部圆钢并焊接牢固，使滚轮与上部脚手架连成整体（图 5.4-12）。

图 5.4-10　脚手架滑移图

滑移平台法施工流程：按图纸坐标放线定位轨道边线→安装、固定型钢轨道→放置滚轮→钢管脚手架搭设→脚手架试滑移→脚手架加固、固定→拼装单元网架→单元网架质量检查验收→脚手架滑移→进入下一个单元→直到整个网架安装完成。

脚手架正式滑移前进行试滑移，试滑移脚手架的距离在 1m 左右。试滑移主要确定架体刹车后因惯性向前运行的距离，同时观察架体的稳定性，架体本身有无变形，如有变形则需加强，并且观察滑轮在轨道上滑动状况。

脚手架正式滑移前应做以下准备：a. 网架卸载完成，网架与脚手架完全脱空；b. 脚手架底部临时支撑立杆确保全部拆除；c. 脚手架与混凝土结构柱的抱箍拆除；d. 两个滑移脚手架单元

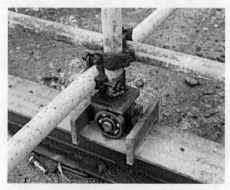

图 5.4-11　脚手架与滚轮连接节点图

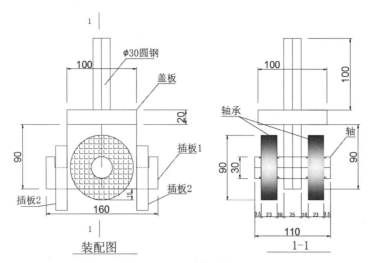

图 5.4-12 滚轮大样图

之间的连系拆除；e. 脚手架上的设备、工机具或杂物清理干净或固定。

做完以上准备，正式进行脚手架滑移。为了确保不同轨道的同步，由专人统一指挥，派专人全程查看轨道及滚轮，查看是否有跑偏现场，若有则及时调整，仔细查看轨道上是否有杂物，若有杂物则及时清理。若有异常响动，则立即停止滑移，检查没有问题后继续滑移。

控制滑动速度，保持稳定，直至滑移到预定位置。当每一块架体单元都到位后，脚手架按脚手架搭设有关规定，所有杆件受力点要重新设置，连接加固成一个整体，检查无异常状况后开始下一个网架单元拼装。

6 弹塑性时程与多点激振分析结果简述（摘选）

6.1 分析目的

进行弹塑性时程分析，以达到以下的目的：

（1）评价结构在罕遇地震下（包括一致激振和多点激振）的弹塑性行为，根据主要构件的塑性损伤情况和整体变形情况，确认结构是否满足"大震不倒"的设防水准要求；

（2）研究大跨度空间结构抗震性能，包括罕遇地震下的双梁节点、钢管柱、支撑屋盖的斜撑构件的屈服情况；

（3）研究比较一致激振和多点激振分析方法对平面超长结构的影响。

根据计算结果，针对结构薄弱部位和薄弱构件提出相应的加强措施。

6.2 结构模型参数

本结构模型根据结构施工图建立，梁、柱、楼板及剪力墙构件配筋根据结构施工图输入，结构整体模型如图6.2-1、图6.2-2所示：

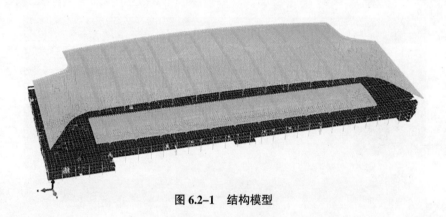

图 6.2-1 结构模型

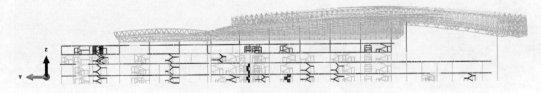

图 6.2-2 结构 ABAQUS 模型侧视图

采用大型通用有限元软件ABAQUS。计算采用《混凝土结构设计规范》GB 50010-2010（2015年版）附录C提供的受拉、受压应力-应变关系作为混凝土滞回曲线的骨架线，加上损伤系数（d_c、d_t）构成了一条完整的混凝土拉压滞回曲线，如图6.2-3所示。钢材采用等向强化二折线模型和Mises屈服准则，滞回曲线如下图所示，其中强化段的强化系数取0.01。

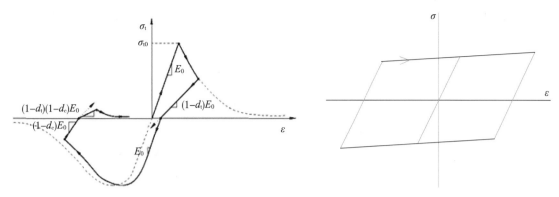

图 6.2-3 混凝土和钢材拉压滞回示意图

ABAQUS有限元软件的剪力墙和楼板采用壳单元S4R，梁、柱构件采用梁单元B31。

采用弹塑性时程分析方法，直接模拟结构在地震力作用下的非线性反应。

几何非线性：结构的动力平衡方程建立在结构变形后的几何状态上。

材料非线性：直接在材料的应力-应变关系水平上模拟。

动力方程积分方法：隐式积分。

预应力钢筋模拟：降温法。

地震加载方法：一致激振和多点激振输入。

结构分析步骤如图6.2-4所示，首先对结构预应力梁施加预张拉应力，随后施加结构恒活荷载，之后在此基础上进行一致激振和多点激振地震加载。

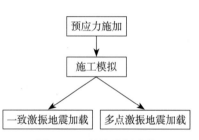

图 6.2-4 结构分析步骤

1. 预应力施加

首先对预应力构件施加初始温度场（$T_0=1$），随后改变温度场温度（$T_1=0$），如图6.2-5所示，使结构整体温度下降，预应力钢筋由于温度降低产生收缩变形，进而在预应力构件内产生预压应力，通过调整预应力钢筋热膨胀系数使预张拉应力达到要求值，如下式：

$$\sigma = \alpha E \Delta T$$

式中：σ为张拉应力，α为热膨胀系数，ΔT为温度变化量。结构最大预张拉应力为1395MPa。

预应力钢筋如图6.2-5～图6.2-8所示。

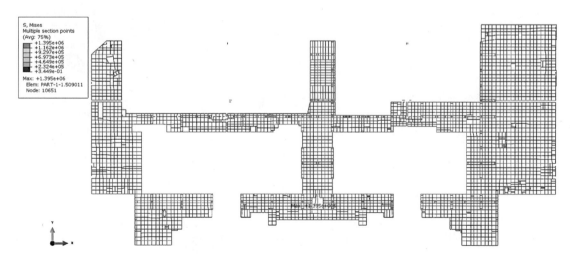

图 6.2-5 首层预应力施加

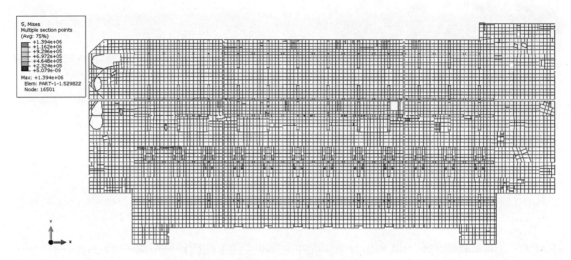

图 6.2-6　第 2 层预应力施加

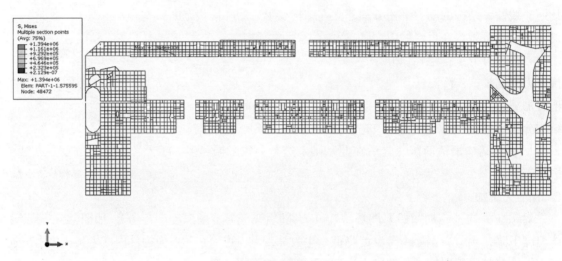

图 6.2-7　第 3 层预应力施加

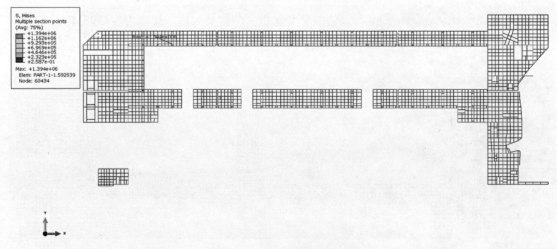

图 6.2-8　第 4 层预应力施加

2. 施工模拟

通过单元的"生"与"死"来实现施工阶段的结构受力模拟。第一步先建立整个模型，然后将第一阶段施工以外的构件"杀死"，求得第一阶段结构的应力状态。依此步骤，再逐步"放生"各施工阶段的构件，从而求得结构在施工完成后的应力状态。施工过程分析是一个高度非线性求解过程，是属于"状态"非线性的一种。模拟施工过程示意如图6.2-9~图6.2-13所示。

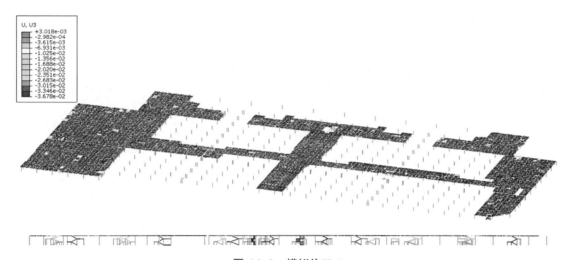

图 6.2-9 模拟施工 1

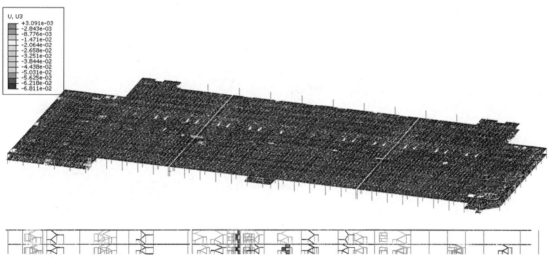

图 6.2-10 模拟施工 2

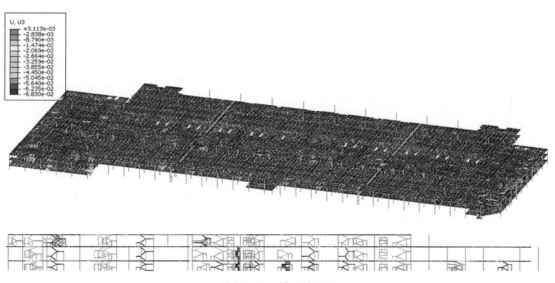

图 6.2-11 模拟施工 3

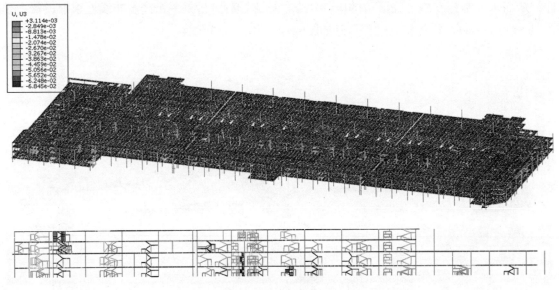

图 6.2–12   模拟施工 4

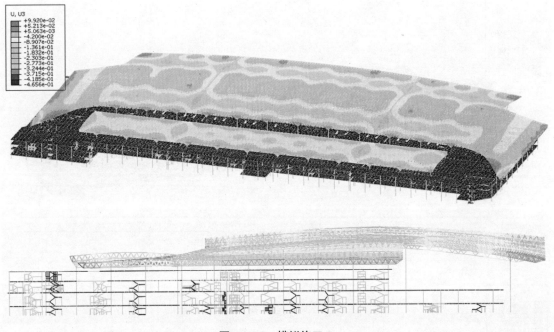

图 6.2–13   模拟施工 5

结构模拟施工分5步进行,模拟施工全部完成后最大竖向位移为0.4656m,出现在屋盖角端。

6.3   地震加载

按照《建筑抗震设计规范》GB 50011–2010(2016年版)的要求,罕遇地震弹塑性时程分析所选用的单条地震波需满足以下频谱特性:

(1)特征周期与场地特征周期接近;

(2)最大峰值符合规范要求;

(3)有效持续时间为结构第一周期的5~10倍。

地震发生时，地震能量由震源以地震波的形式经过不同路径、地形和介质传播至地面，由于地震波的传播特性导致地面运动具有随时间和空间不断变化的特征。通常的一致激振输入计算方法仅考虑地面运动的时变特性，而忽略地面运动随空间变化带来的影响，该分析方法对于高层结构等在水平面内的集合尺寸比较小的结构物来说，地面运动空间效应影响很小，计算结果基本能够满足工程需要，而对于平面尺度较大的结构体，不同支撑点处输入的地震地面运动存在一定的差异，从而对结构的地震反应有一定影响。

行波法是一种常见的考虑地震非一致性的计算方法，适用于一般平坦、均匀的场地上的长、大跨工程结构。行波的时滞主要由结构支撑间距L和波速C_s决定，位移差动大小则由地震本身决定。根据地质勘察报告，该结构地质剪切波速约为180m/s，结构主要柱距约为18m，因此，结构各柱之间地震波存在0.1s相位差，依次类推，据此对结构进行多点激振输入。

时程曲线如图6.3-1~图6.3-7所示。

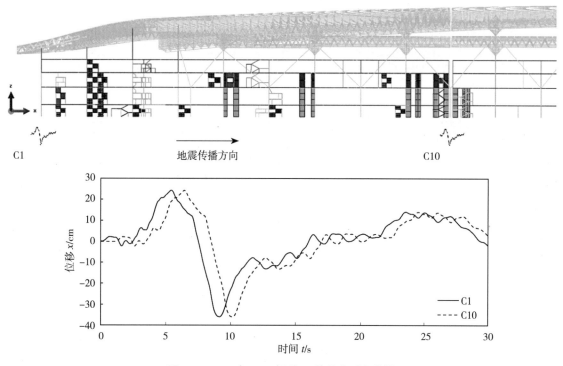

图 6.3-1　C1 与 C10 相差 1s 的位移时程曲线

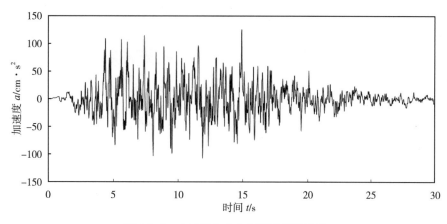

图 6.3-2　人工波主方向加速度时程曲线

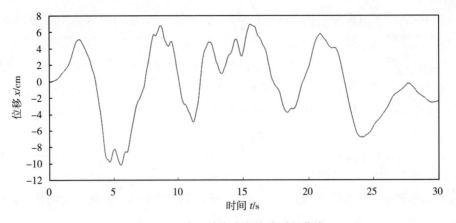

图 6.3-3　人工波主方向位移时程曲线

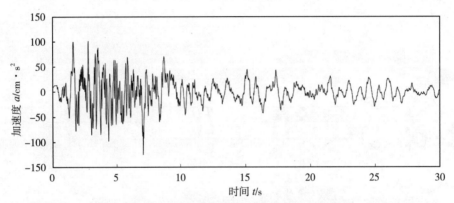

图 6.3-4　天然波 1 主方向加速度时程曲线

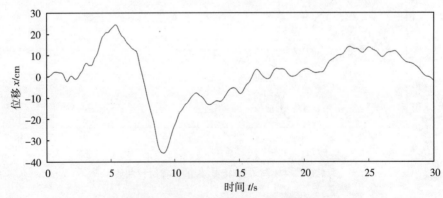

图 6.3-5　天然波 1 主方向位移时程曲线

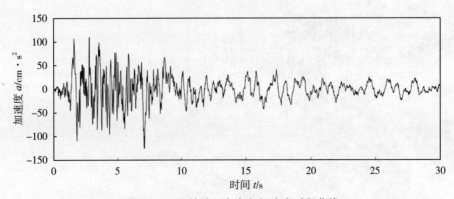

图 6.3-6　天然波 2 主方向加速度时程曲线

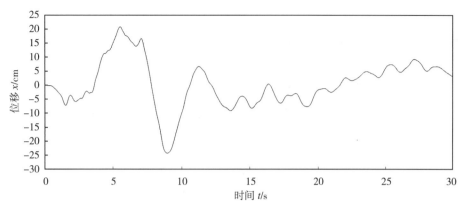

图 6.3-7 天然波 2 主方向位移时程曲线

根据提供的安评报告，对罕遇地震验算选择一组人工波和二组天然波作为非线性动力时程分析的地震输入，三向同时输入，地震波计算持时取15s；水平向地震为主方向时，水平向PGA调整为125gal，竖向调整为81.25gal；竖向地震为主方向时，竖向PGA调整为125gal，水平向调整为50.0gal。

人工波主方向加速度时程曲线及位移时程曲线如图6.3-2、图6.3-3所示。

地面加速度时程记录有三向地面加速度分量，由两个水平分量和一个垂直分量组成。根据《建筑抗震设计规范》GB 50011-2010（2016年版）的规定，罕遇地震波三个分量峰值加速度比值为1.0：0.85：0.65和1.0：0.4：0.4，计算分别从0°、90°、竖向三个方向进行地震波输入，如图6.3-8所示。

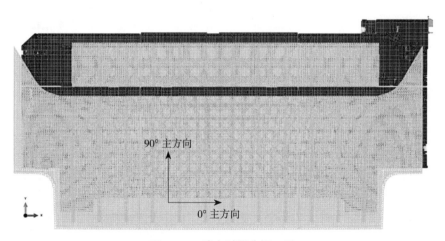

图 6.3-8 动力时程分析工况

6.4 动力弹塑性模型构件性能评价方法

动力弹塑性模型计算采用ABAQUS，ABAQUS中构件的损坏主要以混凝土的受压损伤因子及钢材的塑性应变程度作为评定标准，其与《高层民用建筑设计防火规范》JCJ 3-2010中构件的损坏程度对应关系如表6.4-1所示。

（1）钢材借鉴FEMA356标准中塑性变形程度与构件状态的关系，规定钢材塑性应变分别为屈服应变的2、4、6倍时分别对应轻微损坏，轻度损伤和中度损坏。钢材屈服应变近似为0.002，则上述三种状态钢材对应的塑性应变分别为0.004，0.008，0.012。

（2）剪力墙混凝土单元受压出现刚度退化和承载力下降的程度通过受压损伤因子D_c来描述，D_c指混凝土的刚度退化率，如受压损伤因子达到0.5，则表示抗压弹性模量已退化50%。另外，因剪力墙边缘单元出现受压损伤后，整个剪力墙构件的承载力不会立即下降，故考虑剪力墙受压损伤横截面面积可作为其严重损坏的判断标准。

ABAQUS计算结果与《高层民用建筑设计防火规范》JCJ 3–2010构件损坏程度的对应关系表　　　　表6.4–1

结构构件	损坏程度				
	无损坏	轻微损坏	轻度损坏	中度损坏	比较严重损坏
梁、柱、斜杆	完好	混凝土开裂或钢材塑性应变0~0.004	钢材塑性应变0.004~0.008	钢材塑性应变0.008~0.012或混凝土受压刚度退化<0.1	钢材塑性应变>0.012或混凝土受压刚度退化>0.1
剪力墙	完好	混凝土开裂或钢材塑性应变0~0.004	混凝土受压损伤<0.1且损伤宽度<50%横截面宽度，或钢材塑性应变0.004~0.008	混凝土受压损伤<0.1且损伤宽度>50%横截面宽度，混凝土受压损伤0.1~0.5损伤宽度<50%横截面宽度，或钢材塑性应变0.008~0.012	混凝土受压损伤>0.5，或混凝土受压损伤0.1~0.5损伤宽度>50%横截面宽度，或钢材塑性应变>0.012

6.5　计算结果摘录

6.5.1　整体参数结果汇总

由于结构平面尺寸较大，分别在结构各区均匀选取参考点讨论结构的水平变形情况，参考点位置如图6.5–1所示。

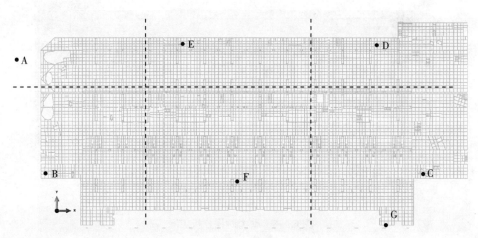

图6.5–1　动力时程分析工况

水平位移参考点（红色点）

采用一致激振计算方法，三向地震波作用下结构基底剪力、顶点位移及最大层间位移角如表6.5–1所示。

一致激振计算结果　　　　表6.5–1

地震波	人工波		天然波1		天然波2	
分析工况	0°	90°	0°	90°	0°	90°
基底剪力（kN）	721599	882838	724908	767664	**849646**	**886421**
结构总重量（kN）	7883170					
剪重比	9.15%	11.20%	9.20%	9.74%	10.78%	11.24%

地震波		人工波		天然波1		天然波2	
顶点位移（m）	A	0.0458	0.0550	0.0588	**0.0605**	**0.0650**	0.0556
	B	0.0879	0.0548	0.0891	0.0534	**0.0902**	**0.0743**
	C	0.0711	0.0595	0.0557	0.0754	**0.0618**	**0.0805**
	D	0.0361	0.0415	0.0553	0.0950	**0.0571**	**0.1038**
	E	0.0380	0.0477	0.0534	0.0650	**0.0593**	**0.0693**
	F	0.1293	0.0933	0.1058	0.1710	**0.1516**	**0.1599**
	G	0.2174	0.1740	0.1993	0.1931	**0.2413**	**0.1999**
最大层间位移角	A	1/357	1/379	**1/278**	**1/344**	1/317	1/369
	B	**1/168**	1/352	1/170	1/344	1/185	**1/295**
	C	1/213	1/345	1/251	1/263	**1/213**	**1/246**
	D	1/471	1/262	1/332	1/183	**1/321**	**1/168**
	E	1/441	1/260	1/307	1/205	**1/282**	**1/183**
	F	1/202	1/268	1/236	**1/150**	**1/175**	1/159
	G	1/128	1/160	1/132	1/144	**1/115**	**1/139**

上述结果表明，采用一致激振计算方法，结构一条人工波和两条天然波剪重比均为10%左右；结构参考点顶点位移最大值分别为0.1516m（混凝土结构X向）、0.1599m（混凝土结构Y向）、0.2413m（钢结构支撑X向）、0.1999m（钢结构支撑Y向）；混凝土结构参考点层间位移角最大值分别为1/168（混凝土结构X向）和1/150（混凝土结构Y向），满足规范限值要求；钢结构支撑部分参考点最大层间位移角分别为1/115（X向）和1/139（Y向）。

采用多点激振计算方法，三向地震波作用下结构基底剪力、顶点位移及最大层间位移角如表6.5-2所示：

多点激振计算结果　　　　　　　　　　　　　　表6.5-2

地震波		人工波		天然波1		天然波2	
分析工况		0°	90°	0°	90°	0°	90°
基底剪力（kN）		**361046**	250625	334587	**433496**	355249	392847
剪重比		4.58%	3.18%	4.24%	5.50%	4.51%	4.98%
结构总重量（kN）		7883170					
顶点位移（m）	A	**0.1403**	**0.0706**	0.0931	0.0408	0.1240	0.0470
	B	0.1250	0.0942	0.1381	0.1021	**0.1703**	**0.1116**
	C	0.0721	0.0534	0.0768	**0.0670**	**0.1037**	0.0644
	D	**0.0652**	0.0746	0.0354	0.0797	0.0420	**0.0884**
	E	0.0535	0.0982	**0.0564**	0.1014	0.0557	**0.1104**
	F	**0.1205**	0.0798	0.0835	**0.1335**	0.0873	0.1230
	G	**0.3921**	0.1291	0.2549	0.1890	0.2810	**0.1992**
最大层间位移角	A	**1/62**	**1/238**	1/93	1/294	1/83	1/269
	B	**1/82**	**1/65**	1/106	1/66	1/92	1/67
	C	1/281	**1/78**	1/278	1/86	**1/215**	1/92
	D	**1/76**	1/185	1/94	1/175	1/96	**1/170**
	E	1/214	1/187	**1/208**	1/168	1/213	**1/151**
	F	1/239	**1/72**	1/242	1/84	**1/234**	1/84
	G	**1/71**	1/182	1/109	1/147	1/99	**1/140**

上述结果表明，采用多点激振计算方法结构一条人工波和两条天然波剪重比均为5%左右；结构参考点顶点位移最大值分别为0.0.1703m（混凝土结构X向）、0.1335m（混凝土结构Y向）、0.3921m（钢结构支撑X向）、0.1992m（钢结构支撑Y向）；混凝土结构参考点层间位移角最大值分别为1/62（混凝土结构X向）和1/65（混凝土结构Y向），满足规范限值要求；钢结构支撑部分参考点最大层间位移角分别为1/71（X向）和1/140（Y向）。

上述对照结果表明，相比一致激振输入计算方法，多点激振输入计算方法的结构基底剪力降低50%左右，主要是由于各激振点存在相位差，使得部分激振点反力相互抵消，导致结构总基底剪力减小；混凝土结构顶点位移变化较小，分别为12%和-17%；钢结构部分0°主方向顶点位移变化较大，多点激振算法相比一致激振增大62%，90°主方向基本保持不变；对于最大层间位移角，多点激振算法计算结果大于多点激振算法，对于下部混凝土结构分别增大171%和131%，对于钢结构支撑部分，分别曾大30%和10%，结果表明多点激振输入计算方法得出的结构位移更为不利（表6.5-3）。

一致激振计算方法和多点激振计算方法主要计算指标比较　　　　　　表6.5-3

计算项目		一致激振输入	多点激振输入	变化量
基底剪力（kN）	0°	849646	361046	-58%
	90°	886421	433496	-51%
最大顶点位移（混凝土结构）（m）	0°	0.1516	0.1703	12%
	90°	0.1599	0.1335	-17%
最大顶点位移（钢结构支撑）（m）	0°	0.2413	0.3921	62%
	90°	0.1999	0.1992	0%
最大层间位移角（混凝土结构）	0°	1/168	1/62	+171%
	90°	1/150	1/65	+131%
最大层间位移角（钢结构支撑）	0°	1/115	1/71	+30%
	90°	1/139	1/140	+10%

注："+"表示多点激振相比一致激振增大，"-"表示多点激振相比一致激振降低

6.5.1.1　基底剪力时程

各地震波一致激振和多点激振输入计算方法基底剪力时程曲线如图6.5-2～图6.5-7所示：

人工波0°主方向工况：一致激振计算方法基底剪力最大值为721599kN，多点激振计算方法基底剪力最大值为361046kN；人工波90°主方向工况，一致激振计算方法基底剪力最大值为882838kN，多点激振计算方法基底剪力最大值为250625kN。

天然波1　0°主方向工况：一致激振计算方法基底剪力最大值为724908kN，多点激振计算方法基底剪力最大值为334587kN；天然波1　90°主方向工况，一致激振计算方法基底剪力最大值为767664kN，多点激振计算方法基底剪力最大值为433496kN。

天然波2　0°主方向工况，一致激振计算方法基底剪力最大值为849646kN，多点激振计算方法基底剪力最大值为355249kN；天然波2　90°主方向工况，一致激振计算方法基底剪力最大值为886421kN，多点激振计算方法基底剪力最大值为392847kN。

上述分析结果显示，多点激振算法得出结构最大基底剪力比一致激振算法得出最大基底剪力小50%左右，是因为多点激振算法各激振点存在相位差，导致结构不同区域达到峰值时刻不同，甚至会出现激振区反力相互抵消。图6.5-8为天然波0°主方向工况下，结构各分区基底剪力时程曲线，结果表明，各分区基底剪力达到峰值时刻各不相同，在某些时刻分区基底剪力会出现符号相反的情况。

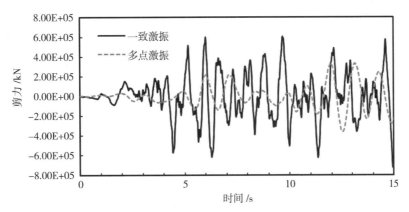

图 6.5-2　人工波 0° 主方向基底剪力时程曲线

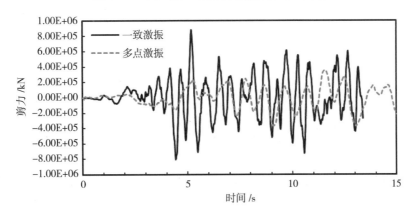

图 6.5-3　人工波 90° 主方向基底剪力时程曲线

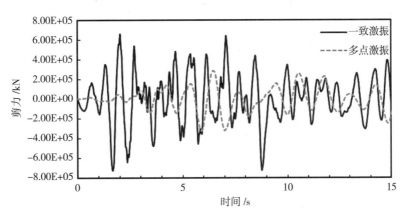

图 6.5-4　天然波 1　0° 主方向基底剪力时程曲线

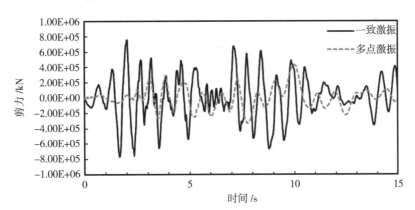

图 6.5-5　天然波 2　90° 主方向基底剪力时程曲线

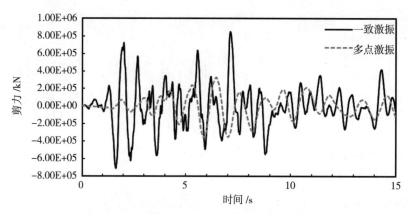

图 6.5-6　天然波 1　0° 主方向基底剪力时程曲线

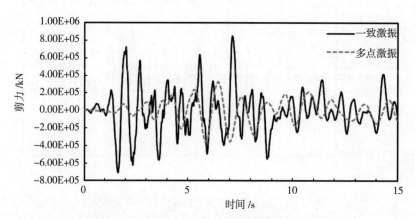

图 6.5-7　天然波 2　0° 主方向基底剪力时程曲线

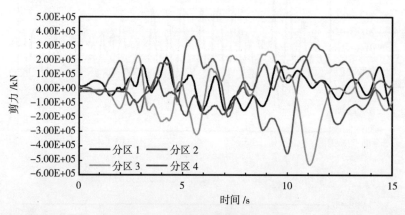

图 6.5-8　不同分区基底剪力时程

6.5.1.2　最大层位移和层间位移角曲线

0° 主方向工况下各地震波一致激振和多点激振输入计算方法结构层位移及层间位移角如图6.5-9、图6.5-10所示。

90° 主方向工况下各地震波一致激振和多点激振输入计算方法结构层位移及层间位移角如图6.5-11、图6.5-12所示。

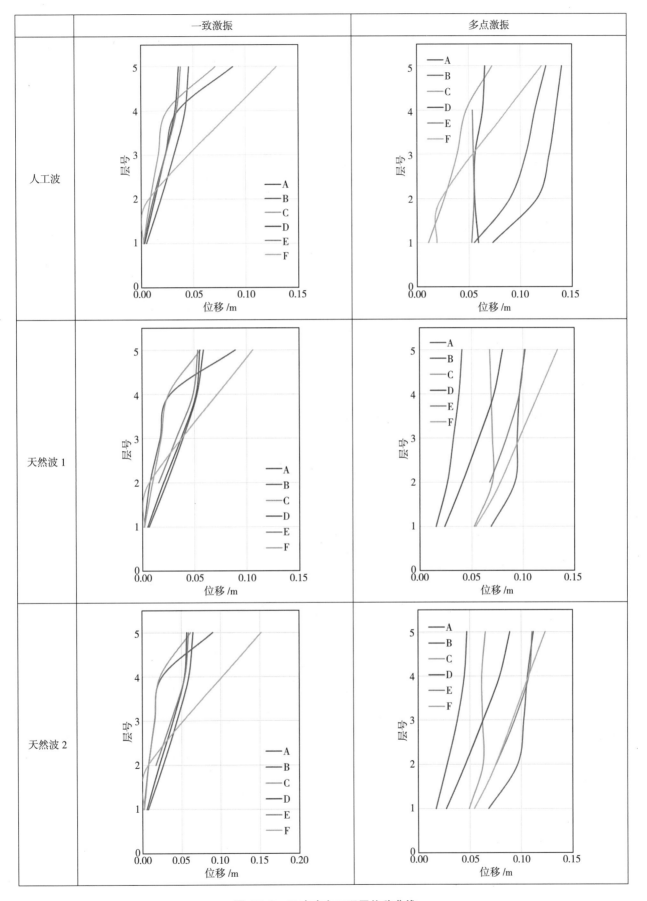

图 6.5–9　0° 主方向工况层位移曲线

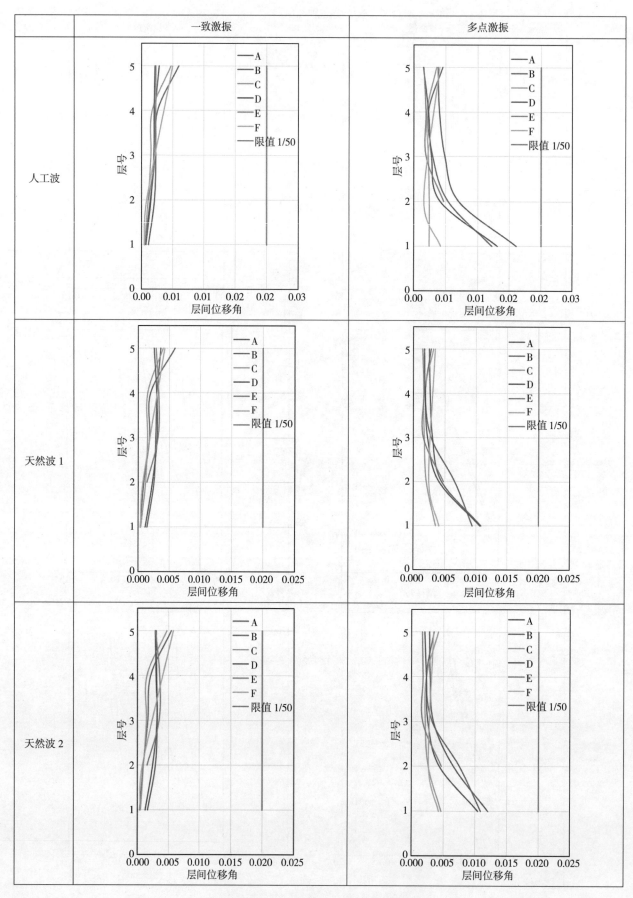

图 6.5-10　0° 主方向工况层间位移角曲线

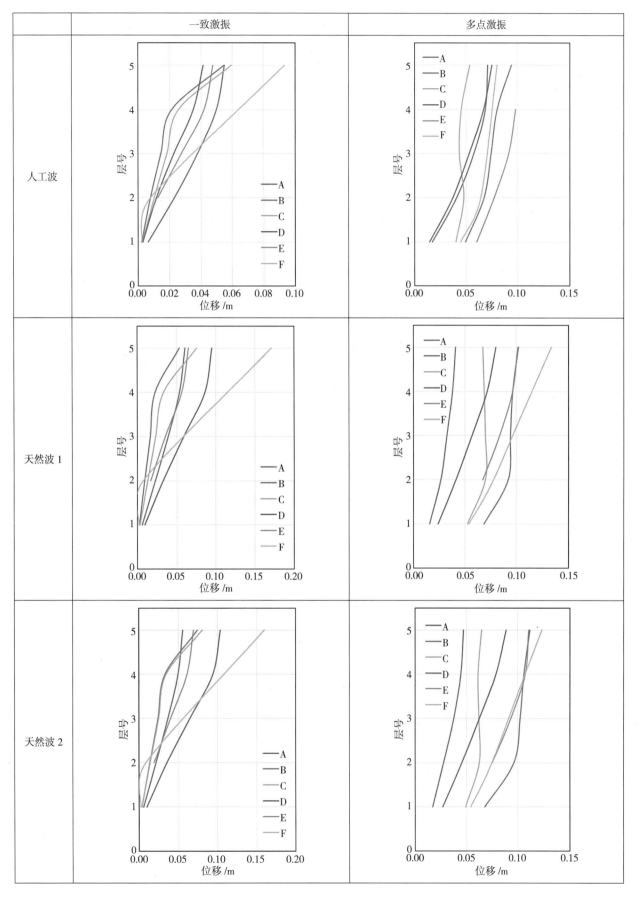

图 6.5-11　90° 主方向工况层位移曲线

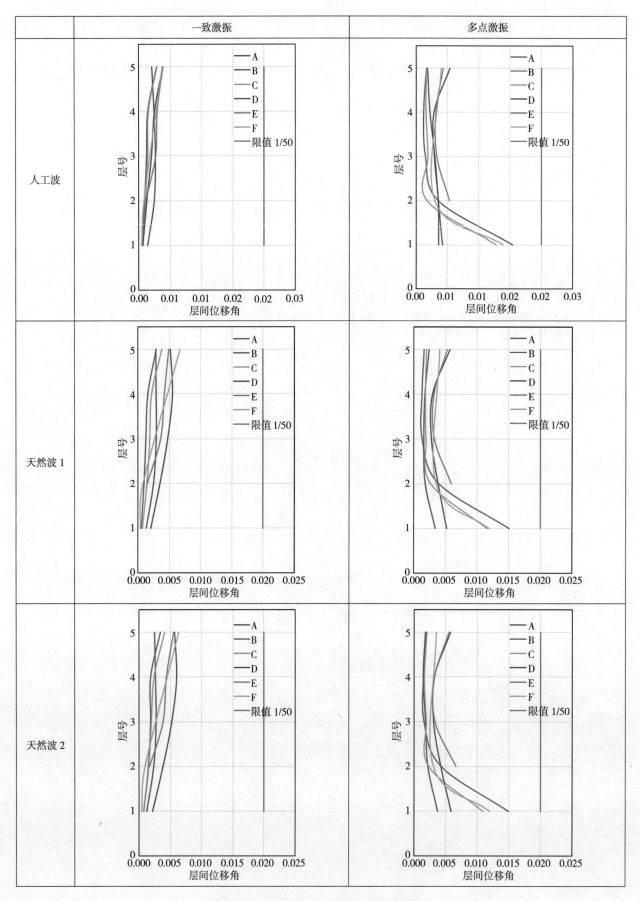

图 6.5-12 90° 主方向工况层间位移角曲线

　　0°主方向工况混凝土结构（A-F点）最大层位移为0.3958m，最大层间位移角为1/62；90°主方向工况混凝土结构（A-F点）最大层位移为0.3939m，最大层间位移角为1/65。

　　钢结构支撑位置取参考点G点进行水平方向位移变形分析，对该点（图6.5-13）的水平位移和位移角进行分析。

图6.5-13　90°主方向工况层间位移角曲线

　　G点0°主方向工况下各地震波一致激振和多点激振输入计算方法最大位移及最大层间位移角如表6.5-4、表6.5-5所示。

钢结构支撑最大位移　　　　　　　　　　　　　　表6.5-4

地震波		人工波	天然波1	天然波2
G	一致激振	0.2174	0.1993	0.2413
	多点激振	0.4877	0.3788	0.3347

钢结构支撑最大层间位移角　　　　　　　　　　　表6.5-5

地震波		人工波	天然波1	天然波2
G1	一致激振	1/128	1/132	1/115
	多点激振	1/71	1/109	1/99

　　G点90°主方向工况下各地震波一致激振和多点激振输入计算方法最大位移及最大层间位移角如表6.5-6、表6.5-7所示。

钢结构支撑最大位移　　　　　　　　　　　　　　表6.5-6

地震波		人工波	天然波1	天然波2
G1	一致激振	0.1740	0.1931	0.1999
	多点激振	0.2279	0.4606	0.3232

钢结构支撑最大层间位移角　　　　　　　　　　　表6.5-7

地震波		人工波	天然波1	天然波2
G1	一致激振	1/160	1/144	1/139
	多点激振	1/182	1/147	1/140

　　0°主方向工况钢结构支撑（G点）最大层位移为0.4877m，最大位移角为1/71；90°主方向工况钢结构支撑（G点）最大层位移为0.4606m，最大层间位移角为1/139。

6.5.2 水平地震主方向详细结果

6.5.2.1 框架柱塑性损伤

结构框架柱钢筋及钢材塑性应变如图6.5-14、图6.5-15所示。

个别框架柱柱顶出现塑性应变，最大塑性应变为$2.775e^{-3}$，属于轻微损伤。

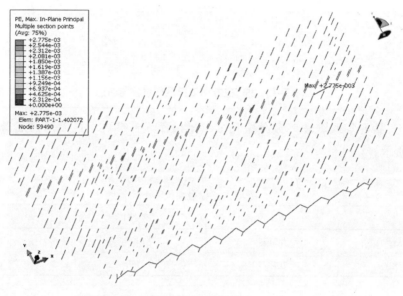

图 6.5-14 一致激振塑性应变图

少部分框架柱出现塑性应变，最大塑性应变为$4.669e^{-3}$，属于轻度损伤。

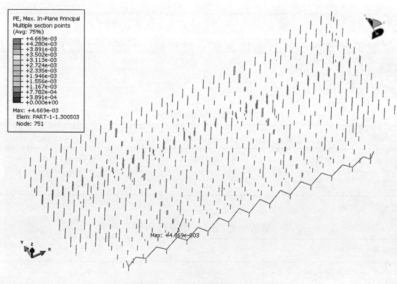

图 6.5-15 多点激振塑性应变图

部分首层框架柱钢筋发生屈服，一致激振计算方法最大塑性应变为0.0028，多点激振计算方法最大塑性应变为0.0047，为轻微到轻度损伤，各分区详细计算结果如下所示。

一区柱构件钢筋及钢材塑性应变（图6.5-16、图6.5-17）：

个别框架柱出现塑性应变，最大塑性应变$1.356e^{-3}$，属轻微损伤。

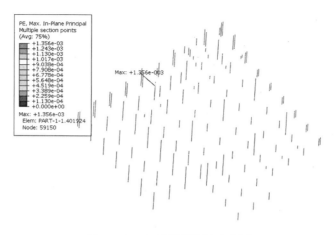

图6.5-16　一致激振塑性应变图

部分框架柱出现塑性应变，最大塑性应变$2.674e^{-3}$，属轻微损伤。

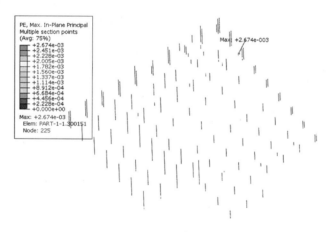

图6.5-17　多点激振塑性应变图

二区柱构件钢筋及钢材塑性应变（图6.5-18、图6.5-19）：
个别框架柱出现塑性应变，最大塑性应变$4.953e^{-4}$，属轻微损伤。

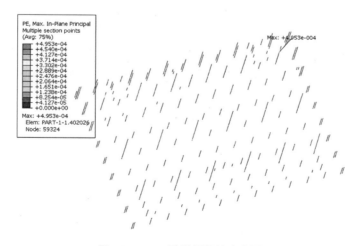

图6.5-18　一致激振塑性应变图

部分框架柱出现塑性应变，最大塑性应变$4.669e^{-3}$，属轻度损伤。

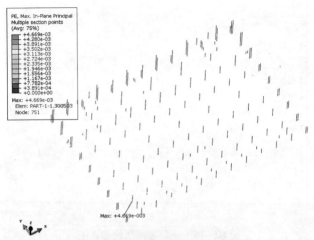

图 6.5-19　多点激振塑性应变图

三区柱构件钢筋及钢材塑性应变（图6.5-20、图6.5-21）：

个别框架柱出现塑性应变，最大塑性应变$2.775e^{-3}$，属轻微损伤。

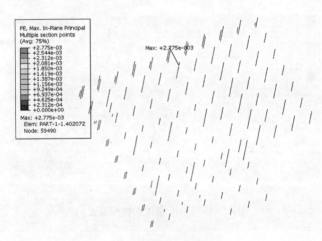

图 6.5-20　一致激振

部分框架柱出现塑性应变，最大塑性应变$2.55e^{-3}$，属轻微损伤。

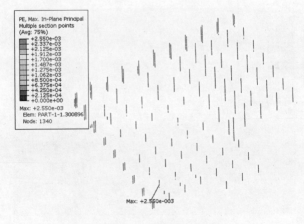

图 6.5-21　多点激振塑性应变图

四区柱构件钢筋及钢材塑性应变（图6.5–22、图6.5–23）：
框架柱未出现塑性应变。

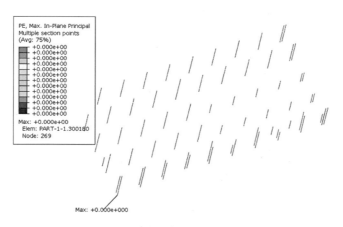

图 6.5–22　一致激振塑性应变图

个别框架柱出现塑性应变，最大塑性应变$6.911e^{-4}$，属轻微损伤。

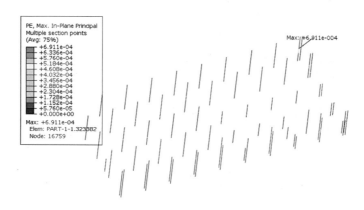

图 6.5–23　多点激振塑性应变图

五区柱构件钢筋及钢材塑性应变（图6.5–24、图6.5–25）：
个别框架柱出现塑性应变，最大塑性应变$4.171e^{-4}$，属轻微损伤。

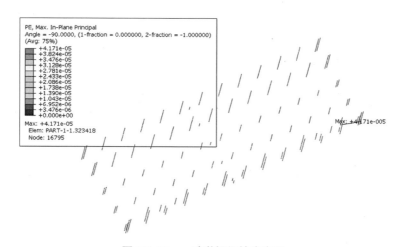

图 6.5–24　一致激振塑性应变图

少部分框架柱出现塑性应变，最大塑性应变8.012e^{-4}，属轻微损伤。

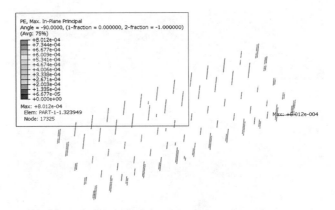

图 6.5-25　多点激振塑性应变图

部分柱构件钢筋产生塑性变形，主要出现在柱构件中上部，其中多点激振算法结果塑性应变大于一致激振算法。

六区柱构件钢筋及钢材塑性应变（图6.5-26、图6.5-27）：

个别框架柱出现塑性应变，最大塑性应变4.32e^{-4}，属轻微损伤。

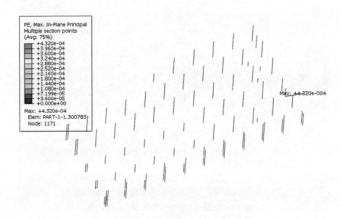

图 6.5-26　一致激振塑性应变图

个别框架柱出现塑性应变，最大塑性应变2.119e^{-3}，属轻微损伤。

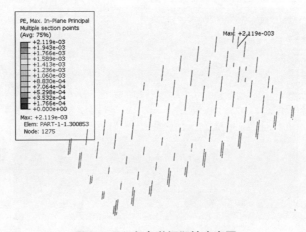

图 6.5-27　多点激振塑性应变图

结构框架柱构件混凝土受压损伤如图6.5–28所示。

对于一致激振算法和多点激振算法，结构框架柱混凝土均未发生明显受压损伤。

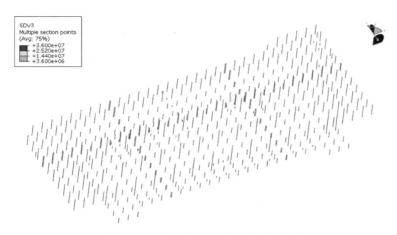

图 6.5–28　多点激振混凝土受压损伤图

6.5.2.2　钢管混凝土柱塑性损伤

钢管混凝土柱钢材塑性变形如图6.5–29、图6.5–30所示。

个别钢管柱出现塑性应变，最大塑性应变$3.848e^{-3}$，属轻微损伤。

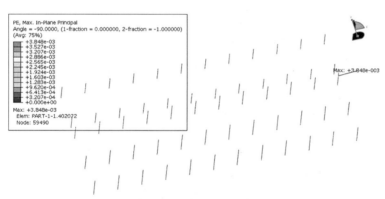

图 6.5–29　一致激振塑性应变图

个别钢管柱出现塑性应变，最大塑性应变$1.169e^{-3}$，属轻微损伤。

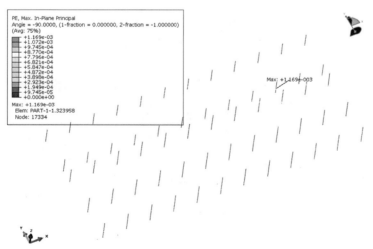

图 6.5–30　多点激振塑性应变图

　　钢管混凝土柱混凝土受压损伤如图6.5-31、图6.5-32所示。

　　钢管柱混凝土未出现受压损伤。

图 6.5-31　一致激振塑性应变图

　　钢管柱混凝土未出现受压损伤。

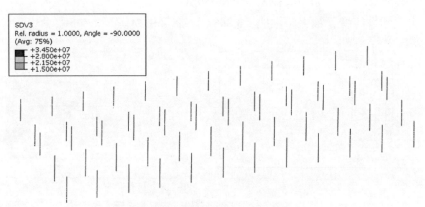

图 6.5-32　多点激振受压损伤图

　　结果表明，部分钢管混凝土柱构件钢材发生屈服，一致激振算法最大塑性应变为0.0038，多点激振算法最大塑性应变为0.0011，混凝土均未发生受压损伤。

6.5.2.3　梁构件塑性损伤情况

结构梁构件钢筋塑性应变如图6.5-33、图6.5-34所示。

少部分框架梁出现屈服，最大塑性应变为$1.079e^{-3}$，属于轻微损伤。

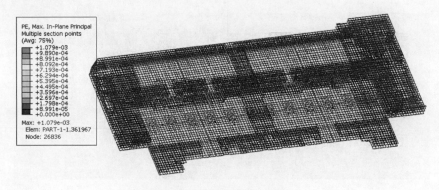

图 6.5-33　一致激振塑性应变图

少部分框架梁出现屈服，最大塑性应变为$8.598e^{-3}$，属于中度损伤。

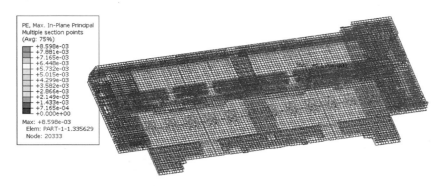

图 6.5-34   多点激振塑性应变图

梁构件钢筋塑性应变，一致激振算法最大塑性应变为0.001，多点激振算法为0.009，各层各分区详细结果如图6.5-35、图6.5-36所示。

结构首层梁构件钢筋塑性应变：

首层框架梁未出现屈服。

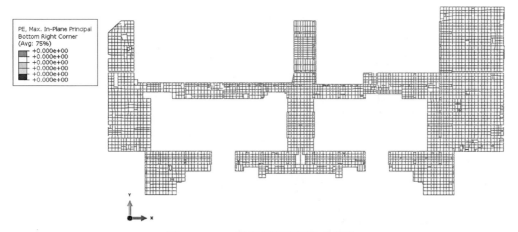

图 6.5-35   一致激振钢筋塑性应变图

少部分框架梁出现屈服，最大塑性应变为$5.164e^{-3}$，属于轻度损伤。

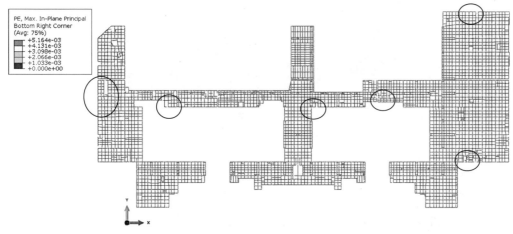

图 6.5-36   多点激振塑性应变图

首层多点激振算法各分区梁构件钢筋塑性应变如图6.5–37～图6.5–42所示。

部分框架梁出现屈服，最大塑性应变为$2.627e^{-3}$，属于轻微损伤。

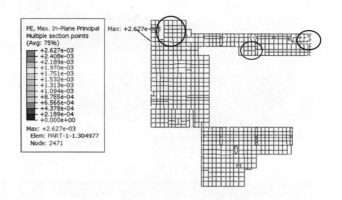

图 6.5–37　一区钢筋塑性应变图

部分框架梁出现屈服，最大塑性应变为$3.225e^{-3}$，属于轻微损伤。

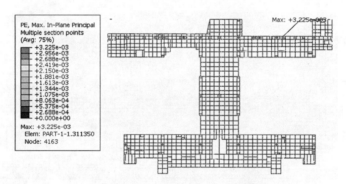

图 6.5–38　二区钢筋塑性应变图

部分框架梁出现屈服，最大塑性应变为$2.627e^{-3}$，属于轻微损伤。

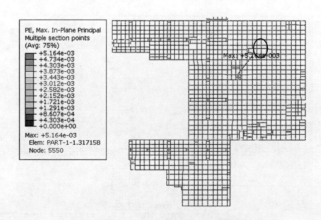

图 6.5–39　三区钢筋塑性应变图

部分框架梁出现屈服，最大塑性应变为$1.094e^{-3}$，属于轻微损伤。

部分角部框架梁出现屈服，最大塑性应变为8.734e^{-4}，属于轻微损伤。

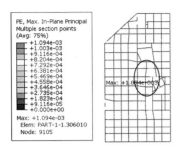 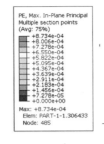 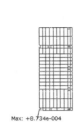

图6.5-40　四区钢筋塑性应变图　　　　　图6.5-41　五区钢筋塑性应变图

部分框架梁出现屈服，最大塑性应变为2.612e^{-3}，属于轻微损伤。

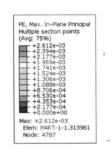 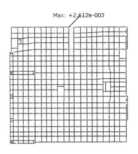

图6.5-42　六区钢筋塑性应变图

结构第2层梁构件钢筋塑性应变（图6.5-43、图6.5-44）：
部分框架梁出现屈服，最大塑性应变为1.079e^{-3}，属于轻微损伤。

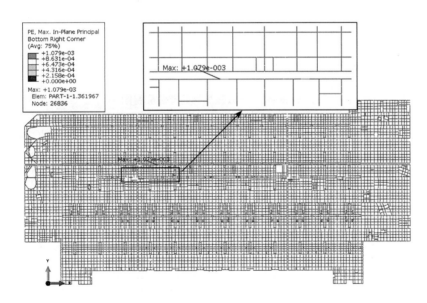

图6.5-43　一致激振钢筋塑性应变图

部分框架梁出现屈服，最大塑性应变为8.598e^{-3}，属于中度损伤。

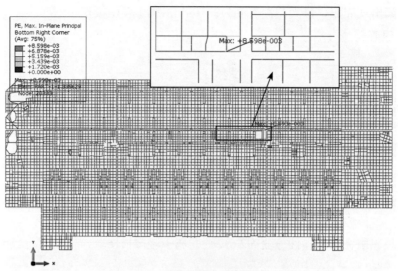

图 6.5-44   多点激振钢筋塑性应变图

第2层各分区梁构件塑性应变如图6.5-45～图6.5-56所示：

一区：

个别框架梁出现屈服，最大塑性应变为$2.496e^{-4}$，属于轻微损伤。

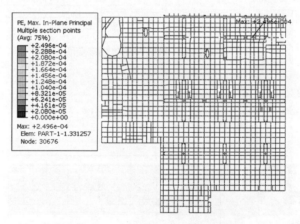

图 6.5-45   一致激振钢筋塑性应变图

框架梁未出现屈服。

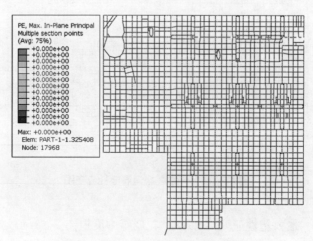

图 6.5-46   多点激振钢筋塑性应变图

二区：

部分边梁出现屈服，最大塑性应变为$1.079e^{-3}$，属于轻微损伤。

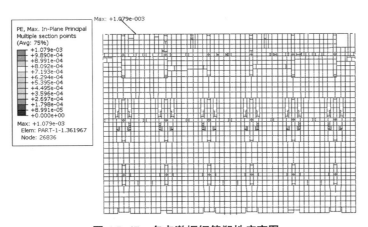

图 6.5-47　多点激振钢筋塑性应变图

部分边梁出现屈服，最大塑性应变为$3.943e^{-4}$，属于轻微损伤。

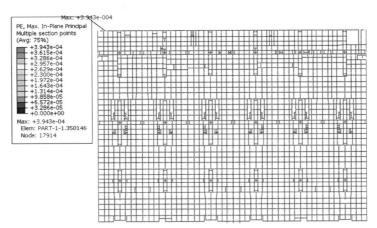

图 6.5-48　一致激振钢筋塑性应变图

三区：

部分框架梁出现屈服，最大塑性应变为$3.125e^{-4}$，属于轻微损伤。

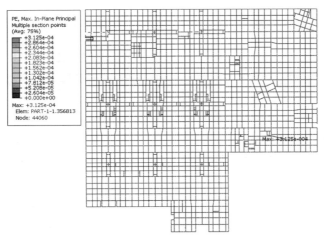

图 6.5-49　一致激振钢筋塑性应变图

框架梁未出现屈服。

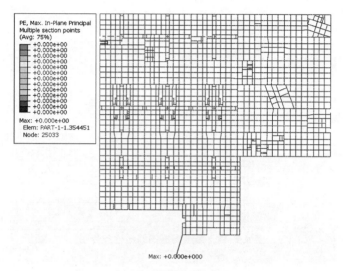

图 6.5-50　多点激振钢筋塑性应变图

四区：

框架梁未出现屈服。

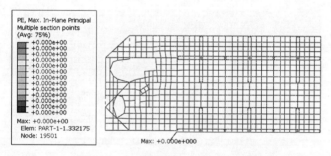

图 6.5-51　一致激振钢筋塑性应变图

框架梁未出现屈服。

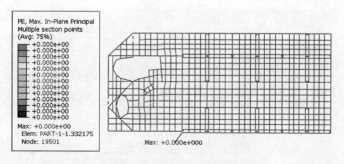

图 6.5-52　多点激振钢筋塑性应变图

五区：

框架梁未出现屈服。

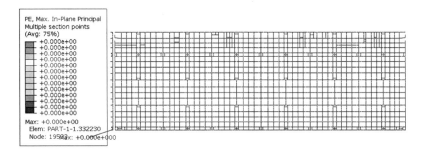

图 6.5–53 一致激振钢筋塑性应变图

个别框架梁出现屈服，最大塑性应变为$8.598e^{-3}$，属于中度损伤。

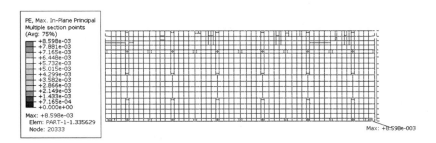

图 6.5–54 多点激振钢筋塑性应变图

六区：

个别框架梁出现屈服，最大塑性应变为$7.194e^{-4}$，属于轻微损伤。

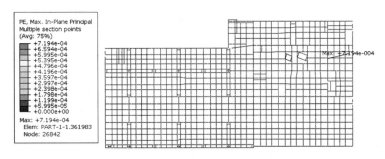

图 6.5–55 一致激振钢筋塑性应变图

个别角部框架梁出现屈服，最大塑性应变为$6.406e^{-4}$，属于轻微损伤。

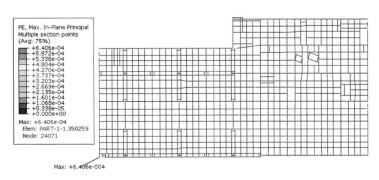

图 6.5–56 多点激振钢筋塑性应变图

结构第3层梁构件钢筋塑性应变（图6.5-57、图6.5-58）：

个别框架梁出现屈服，最大塑性应变为3.026e^{-4}，属于轻微损伤。

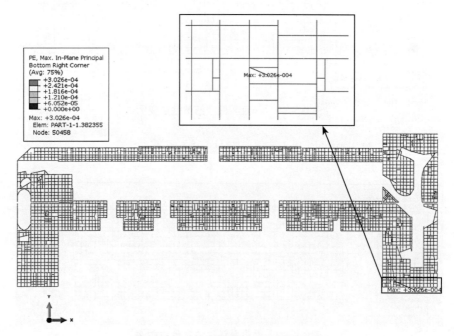

图 6.5-57　一致激振钢筋塑性应变图

个别框架梁出现屈服，最大塑性应变为4.438e^{-4}，属于轻微损伤。

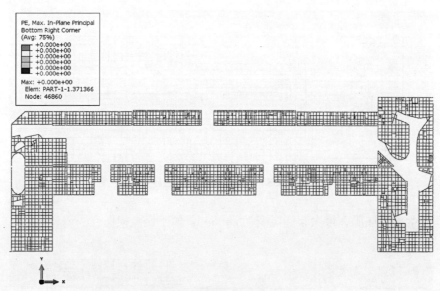

图 6.5-58　多点激振钢筋塑性应变图

结构第4层梁构件钢筋塑性应变（图6.5-59、图6.5-60）：

个别框架梁出现屈服，最大塑性应变为8.827e^{-4}，属于轻微损伤。

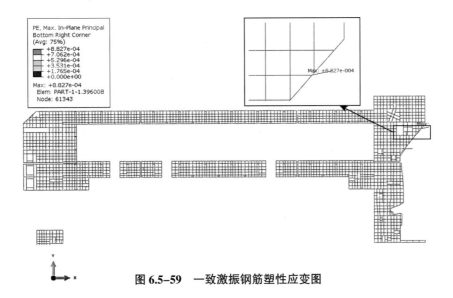

图 6.5-59　一致激振钢筋塑性应变图

框架梁未出现屈服。

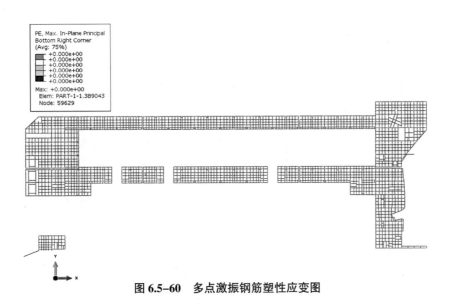

图 6.5-60　多点激振钢筋塑性应变图

结构梁构件混凝土受压损伤如图6.5-61、图6.5-62所示。

框架梁未出现受压损伤。

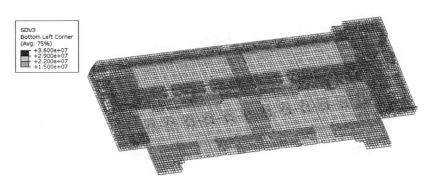

图 6.5-61　一致激振混凝土受压损伤图

框架梁未出现受压损伤。

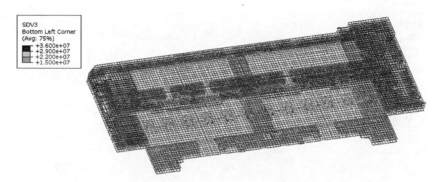

图6.5-62 多点激振混凝土受压损伤图

一致激振算法结果显示结构部分梁构件混凝土未发生明显轻微受压损伤，多点激振算法结果显示结构首层部分梁构件发生轻度到中度受压损伤。

结构首层梁构件混凝土受压损伤（图6.5-63、图6.5-64）：

框架梁未出现受压损伤。

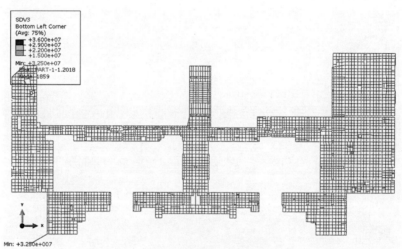

图6.5-63 一致激振混凝土受压损伤图

分缝位置个别边梁出现中度受压损伤。

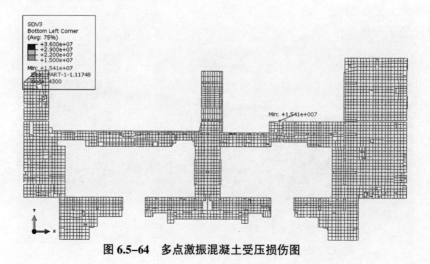

图6.5-64 多点激振混凝土受压损伤图

结构第2层梁构件混凝土受压损伤（图6.5-65、图6.5-66）：

个别边梁出现轻微受压损伤。

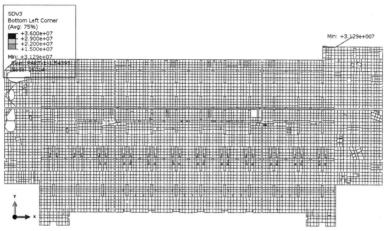

图 6.5-65　一致激振混凝土受压损伤图

框架梁未出现受压损伤。

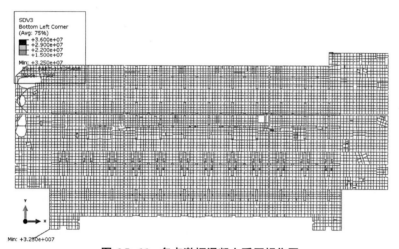

图 6.5-66　多点激振混凝土受压损伤图

结构第3层梁构件混凝土受压损伤（图6.5-67、图6.5-68）：

分缝位置个别框架梁出现轻微受压损伤。

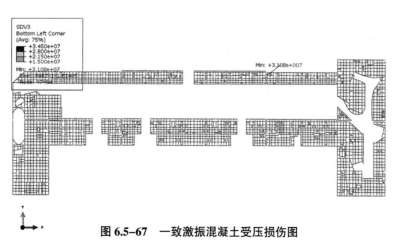

图 6.5-67　一致激振混凝土受压损伤图

框架梁未出现受压损伤。

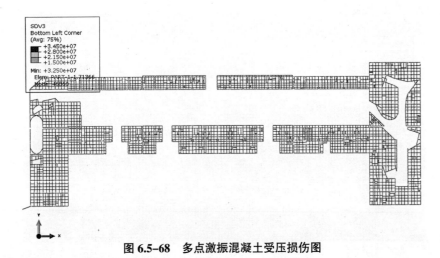

图 6.5-68　多点激振混凝土受压损伤图

结构第4层梁构件混凝土受压损伤（图6.5-69、图6.5-70）：

框架梁未出现受压损伤。

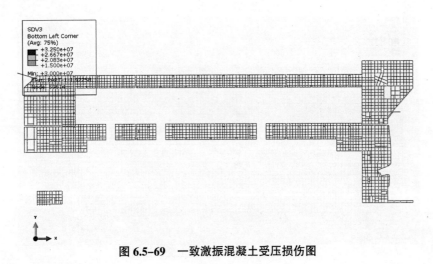

图 6.5-69　一致激振混凝土受压损伤图

框架梁未出现受压损伤。

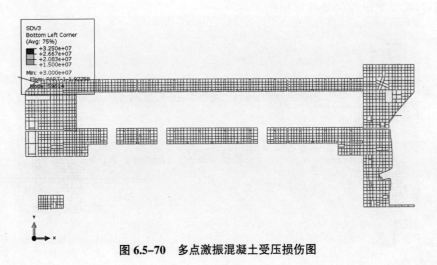

图 6.5-70　多点激振混凝土受压损伤图

6.5.2.4 双梁节点损伤情况

双梁节点构件钢筋塑性应变如图6.5-71、图6.5-72所示。

少部分双梁出现屈服，最大塑性应变为$5.551e^{-4}$，属于轻微损伤。

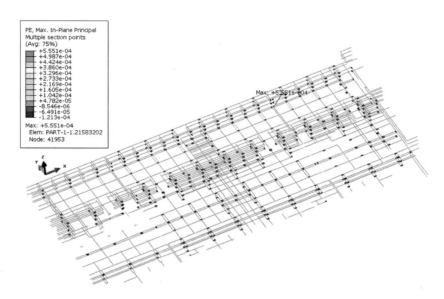

图6.5-71 一致激振梁节点塑性应变图

少部分双梁出现屈服，最大塑性应变为$3.531e^{-3}$，属于轻微损伤。

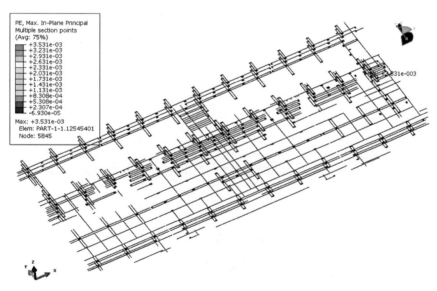

图6.5-72 多点激振梁节点塑性应变图

结构双梁节点处塑性应变主要发生在双梁中部楼板处，一致激振算法最大塑性应变为0.0006，多点激振算法最大塑性应变为0.0035，各层双梁节点详细计算结果如下所示。

首层双梁节点塑性应变图如图6.5-73、图6.5-74所示。

个别边双梁出现屈服，最大塑性应变为$9.56e^{-5}$，属于轻微损伤。

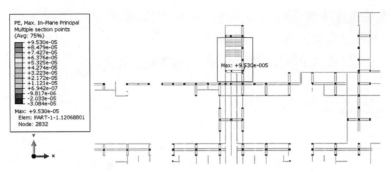

图 6.5-73　一致激震首层双梁节点塑性应变图

个别边双梁出现屈服，最大塑性应变为$3.531e^{-3}$，属于轻微损伤。

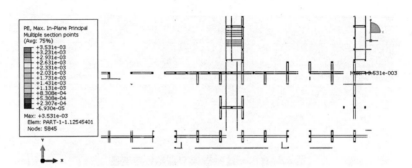

图 6.5-74　多点激振首层双梁节点塑性应变图

第2层双梁节点塑性应变图如图6.5-75、图6.5-76所示。

个别分缝处双梁出现屈服，最大塑性应变为$5.551e^{-4}$，属于轻微损伤。

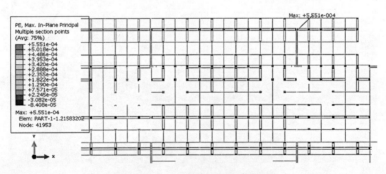

图 6.5-75　一致激振塑性应变图

个别双梁出现屈服，最大塑性应变为$5.654e^{-4}$，属于轻微损伤。

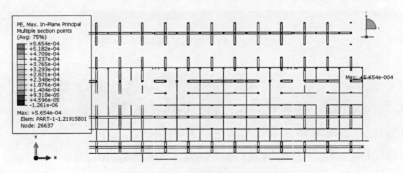

图 6.5-76　多点激振塑性应变图

第3层双梁节点塑性应变图如图6.5-77～图6.5-80所示。

个别边双梁出现屈服，最大塑性应变为$5.654e^{-4}$，属于轻微损伤。

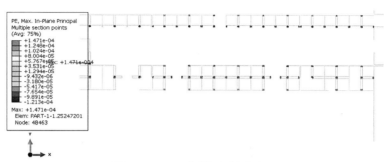

图 6.5-77　一致激振塑性应变图

个别边双梁出现屈服，最大塑性应变为$5.654e^{-4}$，属于轻微损伤。

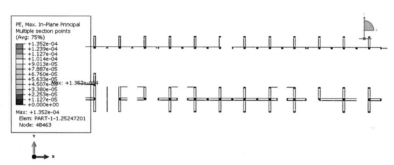

图 6.5-78　多点激振塑性应变图

分缝位置个别双梁出现屈服，最大塑性应变为$1.324e^{-4}$，属于轻微损伤。

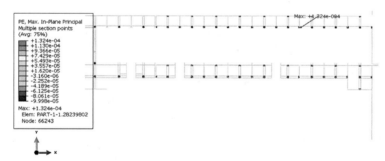

图 6.5-79　一致激振塑性应变图

个别边双梁出现屈服，最大塑性应变为$6.622e^{-5}$，属于轻微损伤。

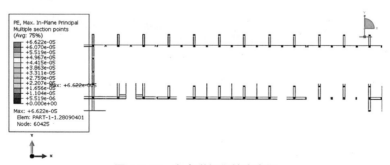

图 6.5-80　多点激振塑性应变图

结构框架柱构件混凝土受压损伤如图6.5-81所示。

对于一致激振算法和多点激振算法，结构框架柱混凝土均未发生明显受压损伤。

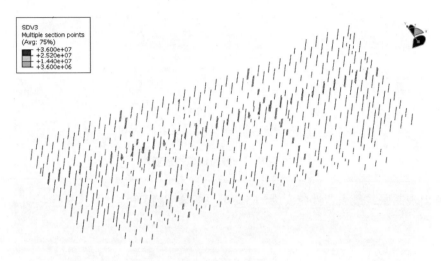

图 6.5-81　多点激振混凝土受压损伤图

结构梁构件钢筋塑性应变如图6.5-82、图6.5-83所示。

少部分框架梁出现屈服，最大塑性应变为$1.079e^{-3}$，属于轻微损伤。

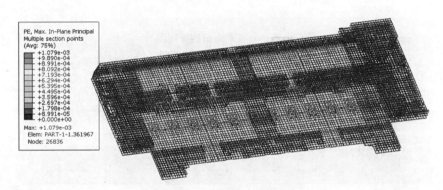

图 6.5-82　一致激振钢筋塑性应变

少部分框架梁出现屈服，最大塑性应变为$8.598e^{-3}$，属于中度损伤。

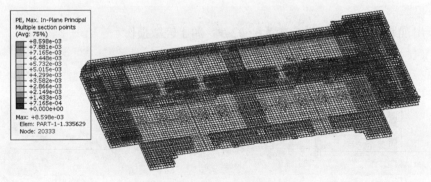

图 6.5-83　多点激振钢筋塑性应变

梁构件钢筋塑性应变，一致激振算法最大塑性应变为0.001，多点激振算法为0.009，各层各分区详细结果如下所示。

结构双梁节点塑性应变如图6.5-84、图6.5-85所示。

少部分双梁出现屈服，最大塑性应变为$5.551e^{-4}$，属于轻微损伤。

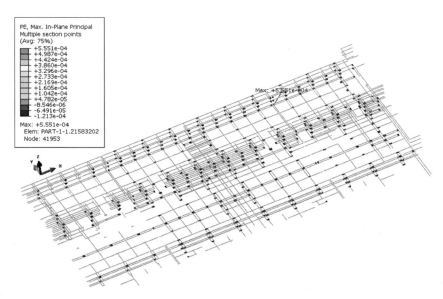

图 6.5-84　一致激振双梁节点塑性应变

少部分双梁出现屈服，最大塑性应变为$3.531e^{-3}$，属于轻微损伤。

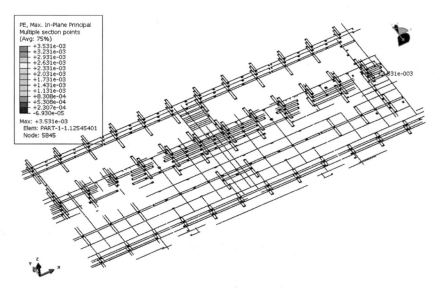

图 6.5-85　多点激振双梁节点塑性应变

结构双梁节点处塑性应变主要发生在双梁中部楼板处，一致激振算法最大塑性应变为0.0006，多点激振算法最大塑性应变为0.0035，各层双梁节点详细计算结果如下所示。

结构剪力墙钢筋塑性应变如图6.5-86、图6.5-87所示。

底部部分剪力墙暗柱钢筋出现屈服，最大塑性应变为2.567e^{-3}，属于轻微损伤。

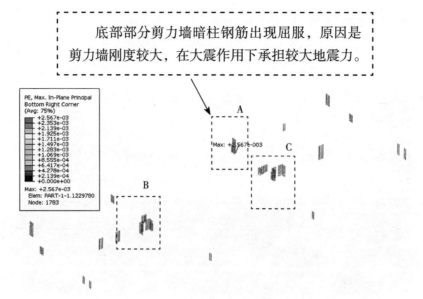

图6.5-86　一致激振剪力墙钢筋塑性应变

底部部分剪力墙钢筋出现屈服，最大塑性应变为1.969e^{-3}，属于轻微损伤。

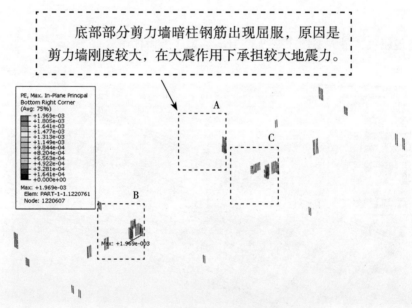

图6.5-87　多点激振剪力墙钢筋塑性应变

钢结构屋盖多点输入计算结果：

由于各区计算规律相近，以一区为例统计多点多向输入与一致输入的差别。多点地震输入时，部分腹杆、弦杆出现屈服，但屈服程度及屈服的区域明显比一致输入时小。

5s时的计算结果如图6.5-88、图6.5-89所示，腹杆最大塑性应变为0.0016，最大Mises应力为241MPa，部分腹杆已经屈服。

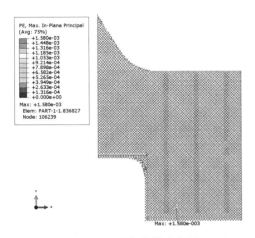

图 6.5-88 腹杆塑性应变图

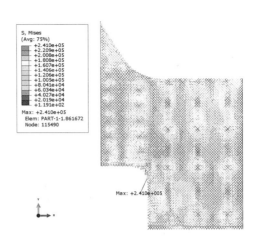

图 6.5-89 腹杆 Mises 应力

10s时的计算结果如图6.5-90、图6.5-91所示，腹杆最大塑性应变为0.0039，最大Mises应力为328MPa，部分腹杆已经屈服。

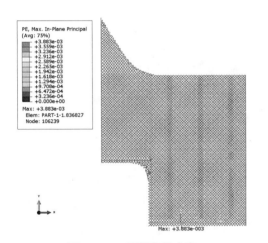

图 6.5-90 腹杆塑性应变

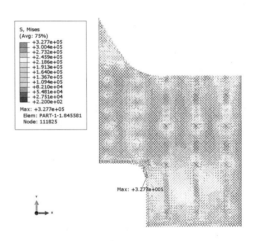

图 6.5-91 腹杆 Mises 应力

16s时的计算结果如图6.5-92 ~ 图6.5-94所示，腹杆最大塑性应变为0.0042，最大Mises应力为324MPa，部分腹杆已经屈服。

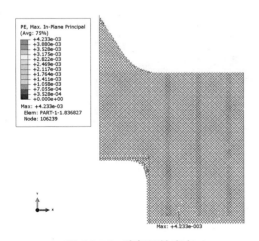

图 6.5-92 腹杆塑性应变

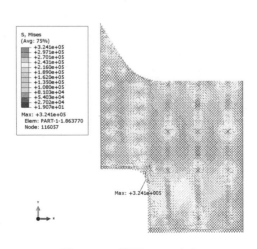

图 6.5-93 腹杆 Mises 应力

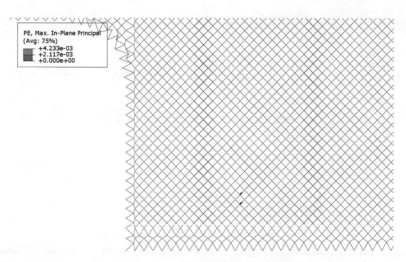

图 6.5-94 腹杆塑性应变放大

5s时的计算结果如图6.5-95、图6.5-96所示，上弦杆最大塑性应变为0.0043，最大Mises应力为297MPa，部分上弦杆已经屈服。

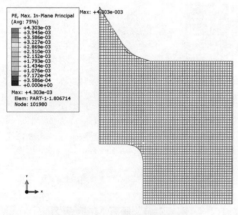

图 6.5-95 上弦杆塑性应变

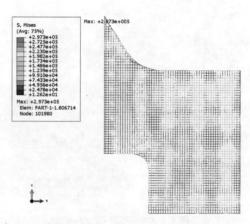

图 6.5-96 上弦杆 Mises 应力

10s时的计算结果如图6.5-97、图6.5-98所示，上弦杆最大塑性应变为0.0049，最大Mises应力为341MPa，部分上弦杆已经屈服。

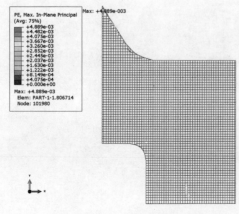

图 6.5-97 上弦杆塑性应变

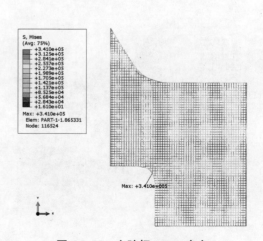

图 6.5-98 上弦杆 Mises 应力

16s时的计算结果如图6.5-99～图6.5-101所示，上弦杆最大塑性应变为0.0073，最大Mises应力为339MPa，部分上弦杆已经屈服。

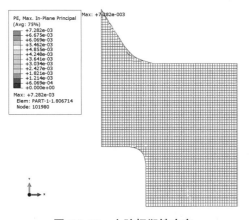

图 6.5-99　上弦杆塑性应变

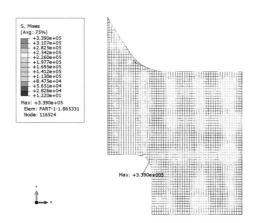

图 6.5-100　上弦杆 Mises 应力

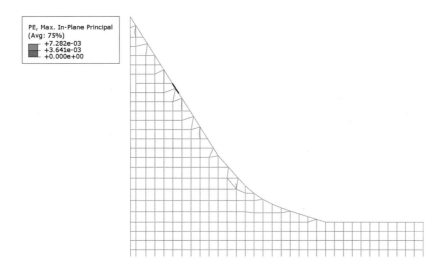

图 6.5-101　上弦杆塑性应变放大

5s时的计算结果如图6.5-102、图6.5-103所示，下弦杆最大塑性应变为0.0046，最大Mises应力为289MPa，部分下弦杆已经屈服。

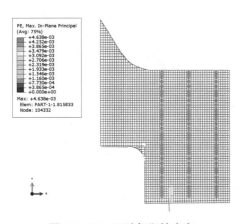

图 6.5-102　下弦杆塑性应变

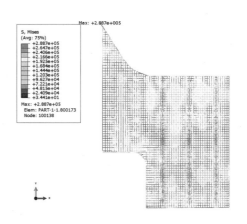

图 6.5-103　下弦杆 Mises 应力

10s时的计算结果如图6.5-104、图6.5-105所示,下弦杆最大塑性应变为0.0089,最大Mises应力为346MPa,部分下弦杆已经屈服。

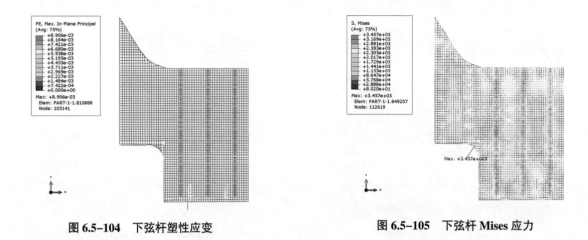

图 6.5-104　下弦杆塑性应变　　　　　　　　　图 6.5-105　下弦杆 Mises 应力

16s时的计算结果如图6.5-106 ~ 图6.5-108所示,下弦杆最大塑性应变为0.0094,最大Mises应力为349MPa,部分下弦杆已经屈服。

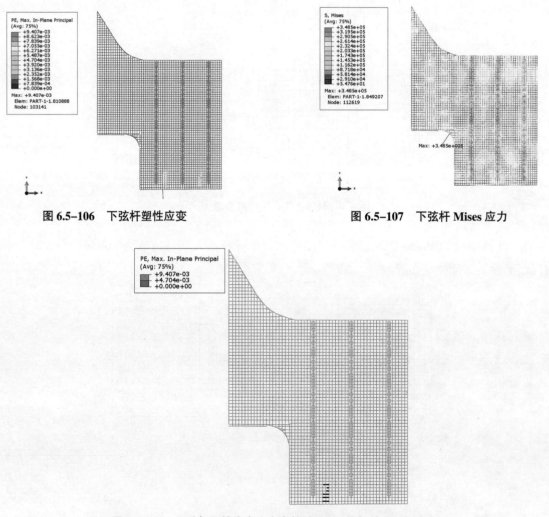

图 6.5-106　下弦杆塑性应变　　　　　　　　　图 6.5-107　下弦杆 Mises 应力

图 6.5-108　下弦杆塑性应变(应变超过 0.004 的杆件显示红色)

6.6 结论与建议

上述结果表明，结构部分剪力墙构件钢筋发生屈服，首层剪力墙钢筋塑性应变较大。一致激振算法最大塑性应变为0.0026，出现在剪力墙A位置，产生塑性应变剪力墙数量较小；多点激振算法最大塑性应变为0.0020，在A、B、C剪力墙位置均出现塑性应变，范围稍大于一致激振算法。

（1）一致激振输入时，下部混凝土结构X向和Y向最大层间位移角分别为1/168和1/150，满足规范限值要求，钢结构部分X向和Y向最大层间位移角分别为1/115和1/139；多点激振输入时，下部混凝土结构X向和Y向最大层间位移角分别为1/62和1/65，满足规范限值要求，钢结构部分X向和Y向最大层间位移角分别为1/71和1/140，均满足规范规定。在三条波三向作用下，结构整体刚度退化没有导致结构倒塌，满足"大震不倒"的设防要求。

（2）部分首层混凝土框架柱钢筋发生屈服，一致激振计算方法最大塑性应变为0.0028，多点激振计算方法最大塑性应变为0.0047，为轻微到轻度损伤。

（3）部分钢管混凝土柱构件钢材发生屈服，一致激振算法最大塑性应变为0.0038，多点激振算法最大塑性应变为0.0011，属于轻微损伤，混凝土均未发生受压损伤。

（4）梁构件钢筋塑性应变，一致激振算法最大塑性应变为0.001，多点激振算法为0.009，属于轻微损伤。

（5）结构双梁节点处塑性应变主要屈服发生在边上和分缝位置，一致激振算法最大塑性应变为0.0006，多点激振算法最大塑性应变为0.0035，属于轻微损伤。

（6）结构部分剪力墙构件钢筋发生屈服，首层剪力墙钢筋塑性应变较大。一致激振算法最大塑性应变为0.0026，多点激振算法最大塑性应变为0.0020，范围稍大于一致激振算法；一致激振算法和多点激振算法有较大差别，一致激振算法剪力墙混凝土损伤面积及程度均较小，少量剪力墙混凝土出现受压损伤，属于轻度至中度受压损伤，而多点激振算法结果显示部分剪力墙底部混凝土出现受压损伤，损伤面积较大，属于中度至比较严重受压损伤。

（7）楼板基本没有出现受压损伤。

（8）结构落地支撑塑性应变较小，一致激振下未出现塑性应变，多点激振下落地支撑出现很小的塑性应变，最大塑性应变为$1e^{-7}$，属于轻微损伤。

（9）一致激振和多点激振的楼梯受压损伤和钢筋塑性应变范围比较接近，均在结构周边的楼梯出现损伤和塑性应变，并且混凝土受压损伤和钢筋塑性应变范围较大，属于比较严重损伤。

（10）一致激振时，屋盖部分腹杆出现屈服，腹杆最大塑性应变为0.0099，主要出现在左上悬挑端及左下收进处。多点激振时，屋盖腹杆最大塑性应变为0.0042，仅左下部有零星构件屈服；

（11）一致激振时，屋盖部分上弦出现屈服，上弦最大塑性应变为0.0174，主要出现在左上角悬挑端、右上区域、左下区域出现屈服，屈服区域连续呈带状分布。多点激振时，屋盖上弦最大塑性应变为0.0073，集中在左上角悬挑端局部屈服，分布范围及程度均比一致输入时小。

（12）一致激振时，屋盖部分下弦出现屈服，下弦最大塑性应变为0.0201，主要中上部、左下、中下部出现较大面积屈服，屈服区域连续呈带状分布。多点激振时，屋盖腹杆最大塑性应变为0.0094，主要是中下部出现连续带状分布的屈服区域，分布范围及程度均比一致输入时小。

根据计算结果对设计的修正建议如下：

（1）双梁节点处塑性应变主要屈服发生在边上和分缝位置，属于轻微损伤，建议对边上和分缝位置的双梁适当增加型钢或钢筋用量。

（2）结构周边的楼梯受压损伤和钢筋塑性应变程度较大，属于比较严重损伤，建议通过加大钢筋提高结构周边楼梯的延性和抗震性能。

（3）在多点激振下，部分剪力墙底部混凝土出现受压损伤很大，属于中度至比较严重受压损伤，建议适当提高剪力墙的配筋面积，保证剪力墙在大震作用下具有足够的延性。

（4）落地斜撑处由于X向抗侧刚度较小，在罕遇地震分析中水平位移明显大于其他部位，建议适当提高抗侧刚度。

7 膜结构设计与节点试验研究

7.1 膜材力学性能

膜材是由高强度的织物基材加上聚合物涂层构成的复合材料。膜材根据基材和表面涂层的不同，一般分为三大类：A类膜材（玻璃纤维基材、PTFE涂层）、B类膜材（玻璃纤维基材、硅酮涂层）、C类膜材（聚酯长丝基材、PVC涂层）。

本工程选用A类PTFE膜材。PTFE膜材抗拉强度经向为4400N/3cm，纬向为3500N/3cm，自重（1300±130）g/m，膜材厚度为（0.8±0.05）mm，径向抗撕裂强度为294N，纬向抗撕裂强度为294N，弹性模量采用生产企业提供的数值或通过试验确定，且经、纬向不小于1800MPa（表7.1-1）。

PTFE膜材技术规格表   表7.1-1

项目	数据	试验方法
颜色	白色	—
幅宽（m）	3.8	—
厚度（mm）	0.8±0.05	JISK6404
重量（g/m²）	1300±130	JISK6404
经向强度（N/3cm）	≥4400	JISL1096
纬向强度（N/3cm）	≥3500	JISL1096
撕裂强度（N）	经纬向均≥294	JISL1096
涂层	聚四氟乙烯PTFE	—
基材	玻璃纤维EC3	—
透光率（%）	13±3	JISZ8722
反射率（%）	75±10	JISZ8722
防火等级	A级（国家建筑工程质量监督检查中线检验）	

7.2 膜结构初始态找形分析

膜的形态与体系是建筑与结构的统一。稳定的张拉膜曲面为负高斯曲率曲面，其最基本的单元为马鞍形双曲抛物面和锥形双曲面。

膜结构初始态找形的目的是要找一个既符合建筑师要求又满足力学要求的膜面形状。从数学角度上，膜面最优的曲面是最小曲面，其上应力处处相等。由于建筑造型、边界条件不同，实际工程中并不能满足所有的曲面都是最小曲面，而是满足建筑要求和边界条件的一个平衡曲面，它不要求曲面上应力处处相等，只要应力是平衡就可以了，同时整个膜面的预张力水平保持在初始给定值附近，找形分析的过程就是尽量使平衡曲面越来越接近到最小曲面的过程，膜面应力也就越均匀，受力合理。

要保证膜结构正常工作，从而找到一个互反曲面（马鞍形双曲）。传统结构为了减小结构的变形就必须增加结构的抗力；而膜结构是通过改变形状来分散荷载，从而获得最小内力增长。当膜结构在平衡位置附近出现变形时，可产生两种回复力：一个是由几何变形引起的；另一个是由材料应变引起的。通常几何刚度要比弹性刚度大得多，所以要使每一个膜片具有良好的刚度，就应尽量形成负高斯曲面，即沿对角方向分别形成"高点"和"低点"。"高点"通常是由桅杆或其他边界条件（骨架）来提供的（图7.2-1）。

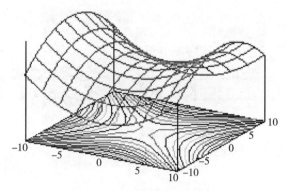

图 7.2-1　马鞍形双曲抛物面

初始态分析即确保生成形状稳定、应力分布均匀的三维平衡曲面，并能够抵抗各种可能的荷载工况。在建筑造型的基础上，对膜面进行找形分析，对膜面施加初张拉力为3kN/m。找到的各分块膜结构中典型单元平衡曲面如图7.2-2 ~ 图7.2-7（从左至右分别为俯视图、三维视图、前视图、侧视图）。

本工程的建筑造型为马鞍形双曲抛物面，符合力学要求。

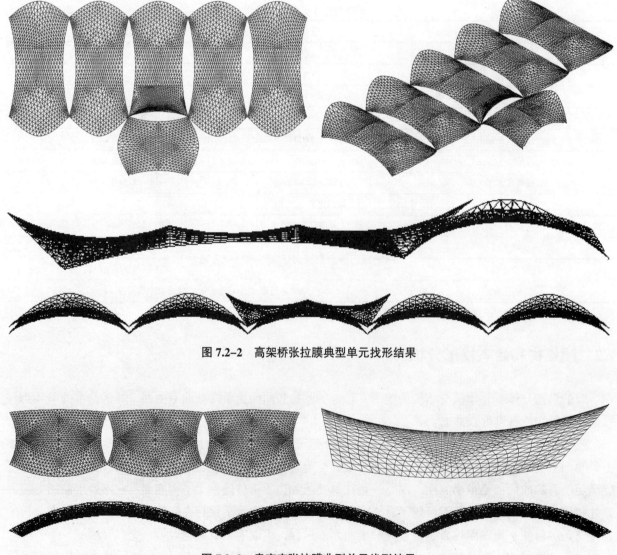

图 7.2-2　高架桥张拉膜典型单元找形结果

图 7.2-3　贵宾室张拉膜典型单元找形结果

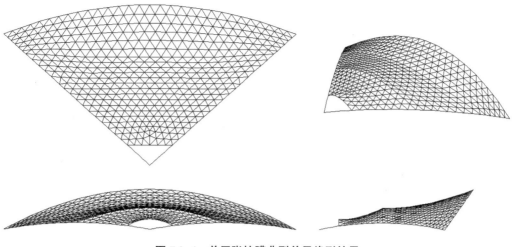

图 7.2-4 首层张拉膜典型单元找形结果

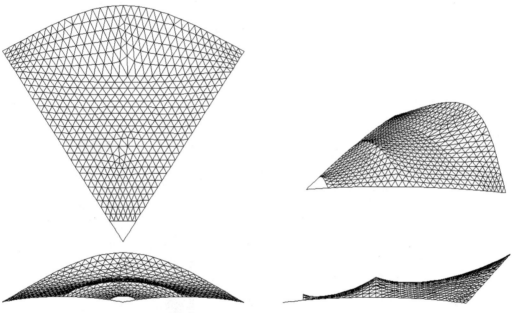

图 7.2-5 顶层张拉膜典型单元找形结果

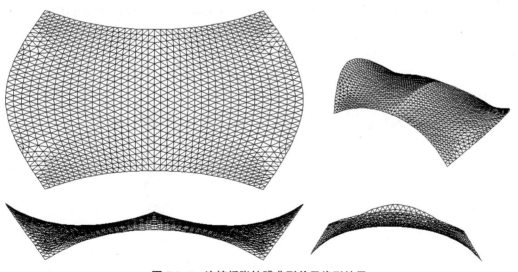

图 7.2-6 连接桥张拉膜典型单元找形结果

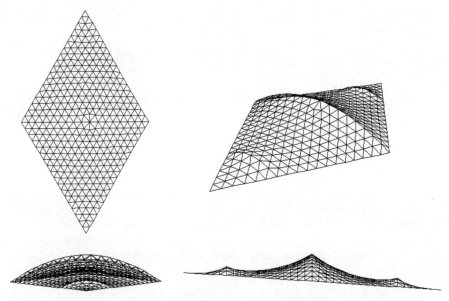

图 7.2-7　中庭张拉膜典型单元找形结果

　　找形后（平衡曲面）的应力状态如图7.2-8～图7.2-11所示，应力水平从2.93～3.03MPa，应力水平均匀，非常接近最小曲面，满足受力要求。

图 7.2-8　首层张拉膜典型单元找形后膜面初始应力图

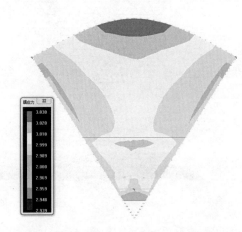

图 7.2-9　顶层张拉膜典型单元找形后膜面初始应力图

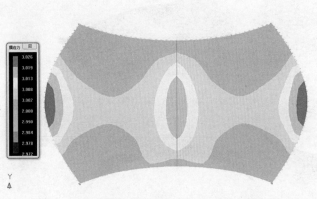

图 7.2-10　连接桥张拉膜典型单元找形后膜面初始应力图

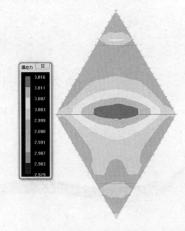

图 7.2-11　中庭张拉膜典型单元找形后膜面初始应力图

7.3 膜结构荷载态分析

膜结构荷载效应分析，应在初始形态分析确定的几何形态和预张力的基础上，考虑各种可能的荷载组合情况对膜结构内力和变形的影响。

7.3.1 荷载及作用

1. 恒载

钢结构自重：按程序计算

膜结构自重：1300g/m²

2. 活载

0.3kN/m²

3. 风荷载

基本风压：0.5kN/m²（按50年重现期）

体型系数：-1.3

风振系数：1.5

风压高度变化系数：按建筑最高度20m，B类粗糙度，取值1.25

风荷载标准值

$$W_k = \beta_z \mu_s \mu_z w_0 = 1.5 \times (-1.3) \times 1.25 \times 0.5 = -1.22 \text{kN/m}^2$$

4. 地震作用

烈度：7度（0.1g）

场地类别：Ⅱ类

阻尼比：0.02

5. 温度作用

升温+30℃，降温-30℃。

6. 荷载组合（表7.3-1）

荷载效应的组合   表7.3-1

组合类别	参与组合的荷载
第一类组合	G, Q, P
第二类组合	G, W, P
	G, W, Q, P
	G, W, Q, P, T

注：G为恒荷载，W为风荷载，Q为活荷载与雪荷载中的较大值，P为初始预张力，T为温度荷载。

具体组合如下：

第一类组合：

（1）1.35恒载+1.40×0.70活载

（2）1.20恒载+1.40活载

（3）1.20恒载+1.20×0.50活载+1.30水平地震+1.30竖向地震

（4）1.00恒载+1.00活载（标准组合）

第二类组合：

（1）1.20恒载+1.40风荷载

（2）1.00恒载+1.40风载

（3）1.35恒载+1.40×0.70活载+0.84温度荷载

（4）1.20恒载+1.40×0.70风载+0.84温度荷载

（5）1.20恒载+1.20×0.50活载+1.40×0.20风载+1.30水平地震+1.30竖向地震

（6）1.00恒载+1.00×0.50活载+1.40×0.20风载+1.30水平地震+1.30竖向地震

（7）1.00恒载+1.00风载（标准组合）

7.3.2 主要设计指标

1. 总体控制参数

结构设计使用年限：50年

结构安全等级：二级

建筑抗震设防等级：丙类

2. 钢结构

第一类荷载效应组合下变形限制：$L/250$

第二类荷载效应组合下变形限制：$L/200$

杆件强度、稳定应力比：0.90

多遇地震作用下杆件强度、稳定应力比：0.85

长细比：150

径厚比：50

计算长度系数：按有侧移计算

3. 索、膜结构

第二类荷载效应组合下变形限制：各膜单元内膜面相对法向位移不大于单元名义尺寸的1/15。

在第一类荷载效应组合下，索、膜处于受拉状态，膜面不得出现松弛，膜面折算应力大于初始预张力的25%，即0.75MPa。

在第二类荷载效应组合下，膜面由于松弛而引起的褶皱面积不大于膜面面积的10%。

第一类荷载效应组合下应力限制：20MPa

第二类荷载效应组合下应力限制：40MPa

7.4 高架桥张拉膜结构验算

7.4.1 钢结构体系介绍

钢结构体系为空间框架结构体系，建筑投影范围约为322.075m×39.250m，标准跨距为18m×28.75m，共17跨，详见图纸，在边柱的两端设置斜撑，纵向框架按无侧移框架计算。计算时选取典型5跨计算（图7.4-1）。

框架柱采用$\phi550\times25$钢管截面，框架梁采用$\phi500\times20$，框架梁间次梁采用$\phi300\times15$，斜撑采用$\phi300\times15$，材质均为Q235B。

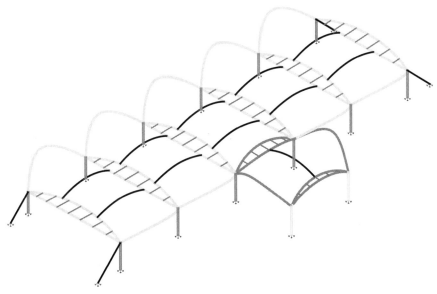

图 7.4-1   结构典型跨轴测图

7.4.2   钢结构验算

1. 变形验算

1.00恒载+1.00活载工况作用下，最大位移–23mm＜$L/250$=115mm，变形满足规范要求（图7.4-2）。

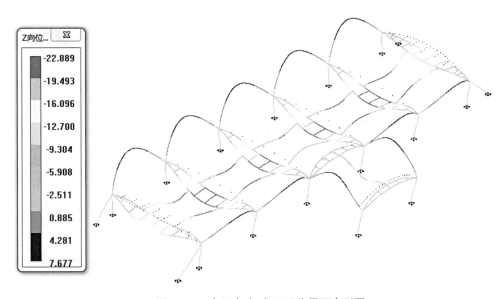

图 7.4-2   在组合（4）工况作用下变形图

1.00恒载+1.00风载工况作用下，最大位移74mm＜$L/250$=115mm，变形满足规范要求（图7.4-3）。

2. 应力验算

考虑稳定后钢结构验算应力比如下：

最大应力比0.6＜1.0，满足规范要求（图7.4-4）。

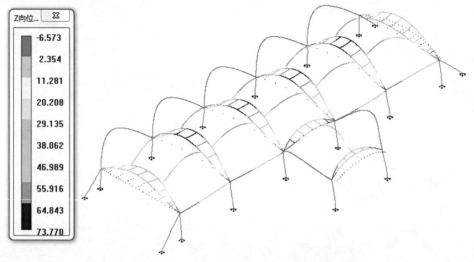

图 7.4-3　在组合（11）工况作用下变形图

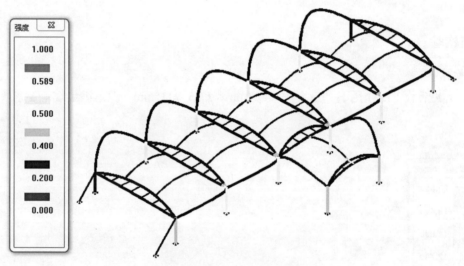

图 7.4-4　钢结构应力比云图

7.4.3　膜材验算

1. 变形验算

在第二类荷载效应组合（11）1.00恒载+1.00风载工况下变形最大值为772mm＜L/15=18000/15= 1200mm，满足各膜单元内膜面相对法向位移不大于单元名义尺寸的1/15的要求（图7.4-5）。

2. 应力验算

最大应力为29MPa＜40MPa满足设计要求。

在第二类荷载效应组合下，膜面最小主应力＜0的单元数为440，褶皱面积占总面积的2.54%＜10%。

7.4.4　膜结构排水分析

在0.3kN/m²作用下，变形后膜面等高线无封闭区域出现，说明膜面不会因为降雨而产生积水（图7.4-6）。

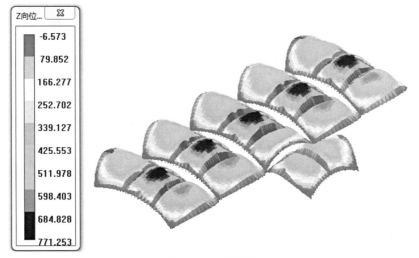

图 7.4-5　变形图

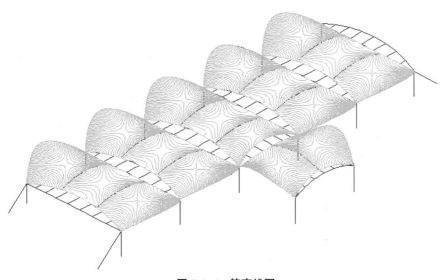

图 7.4-6　等高线图

7.5　贵宾室张拉膜结构验算

7.5.1　钢结构体系介绍

　　钢结构体现为空间框架结构体系，建筑投影范围约为92.4m×12m（单翼），东西指廊两翼，标准跨距为18m×1.2m，短向悬挑分别4.5m和6.3m，纵向框架按有侧移框架计算。计算选取典型3跨计算（图7.5-1）。

　　框架柱采用ϕ500×20钢管截面，框架梁采用ϕ450×16，框架梁间次梁采用ϕ300×15，材质均为Q235B。

7.5.2　钢结构验算

　　1. 变形验算

　　1.00恒载+1.00活载工况作用下，最大位移−3mm＜L/250=72mm，满足规范要求（图7.5-2）。

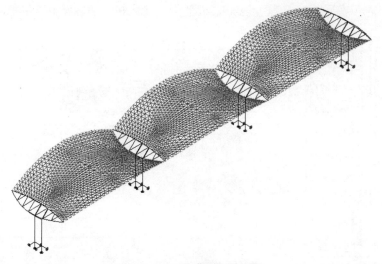

图 7.5-1　结构典型跨轴测图

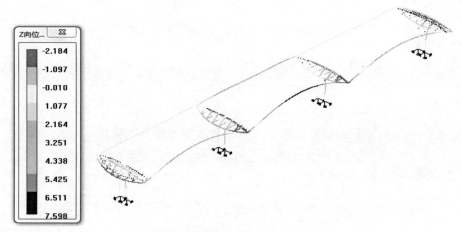

图 7.5-2　在组合（4）作用下变形图

1.00恒载+1.00风载工况作用下，最大位移36mm＜L/250=72mm，满足规范要求（图7.5-3）。

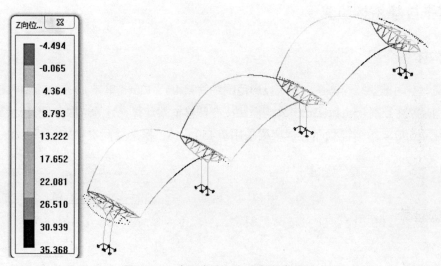

图 7.5-3　在组合（11）作用下变形图

2. 应力验算

考虑稳定后钢结构验算应力比如下：

最大应力比0.5＜1.0，满足规范要求（图7.5-4）。

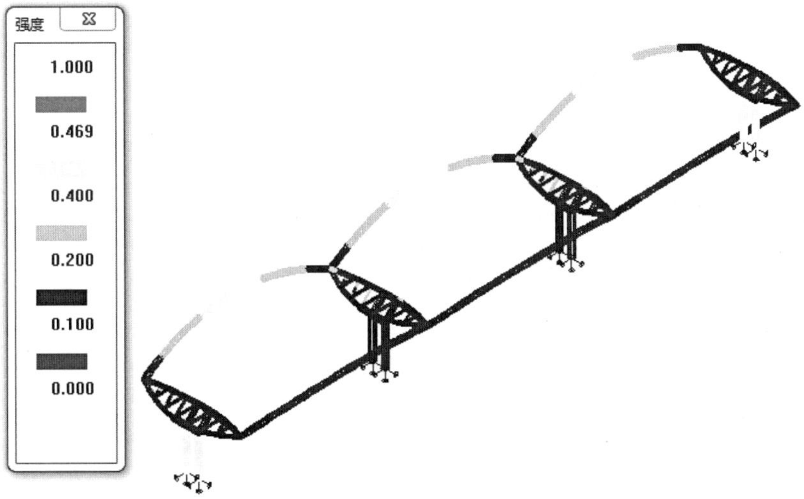

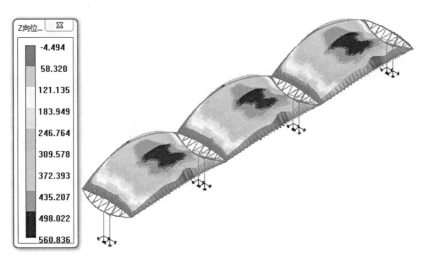

图 7.5-4 钢结构应力比云图

7.5.3 膜材验算

1. 变形验算

在第二类荷载效应组合1.00恒载+1.00风载工况下变形最大值为561mm＜$L/15$=18000/15=1200mm，满足各膜单元内膜面相对法向位移不大于单元名义尺寸的1/15的要求（图7.5-5）。

图 7.5-5 变形图

2. 应力验算

最大应力为29MPa＜60MPa满足设计要求。

在第二类荷载效应组合下，膜面最小主应力＜0的单元数为145，褶皱面积占总面积的1.94%＜10%。

7.5.4 膜结构排水分析

在0.3kN/m²作用下，变形后膜面等高线无封闭区域出现，膜面不会因为降雨而产生积水（图7.5-6）。

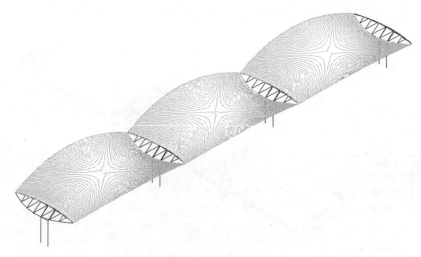

图 7.5-6 等高线图

7.6 GTC张拉膜结构验算

7.6.1 钢结构体系

钢结构体系为空间框架结构体系，框架柱采用$\phi400\times20$钢管截面，框架梁采用$\phi450\times20$，框架梁间次梁采用$\phi300\times10$、$\phi200\times10$，材质均为Q235B。各分块钢结构布置图如图7.6-1～图7.6-18所示。

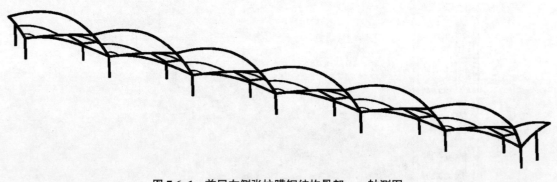

图 7.6-1 首层左侧张拉膜钢结构骨架——轴测图

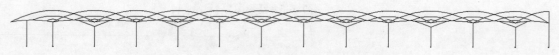

图 7.6-2 首层左侧张拉膜钢结构骨架——纵向框架体系

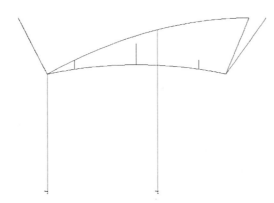

图 7.6-3　首层左侧张拉膜钢结构骨架——横向框架体系

图 7.6-4　首层右侧张拉膜钢结构骨架——轴测图

图 7.6-5　首层右侧张拉膜钢结构骨架——纵向框架体系

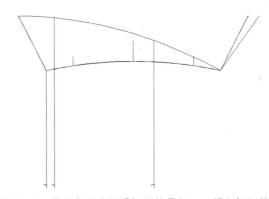

图 7.6-6　首层右侧张拉膜钢结构骨架——横向框架体系

图 7.6-7　顶层两侧张拉膜钢结构骨架——轴测图

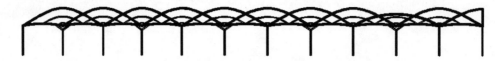

图 7.6-8 顶层两侧张拉膜钢结构骨架——纵向框架体系

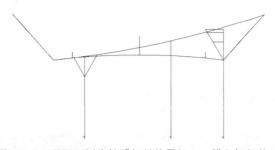

图 7.6-9 顶层两侧张拉膜钢结构骨架——横向框架体系

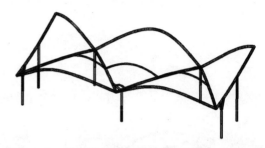

图 7.6-10 顶层中间张拉膜钢结构骨架——轴测图

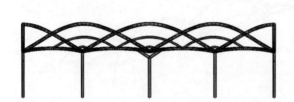

图 7.6-11 顶层中间张拉膜钢结构骨架——纵向框架体系

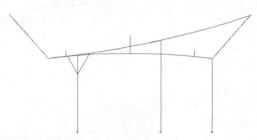

图 7.6-12 顶层中间张拉膜钢结构骨架——横向框架体系

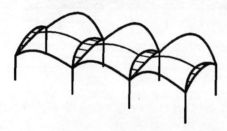

图 7.6-13 连接桥张拉膜钢结构骨架——轴测图

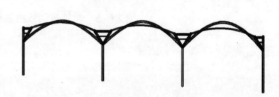

图 7.6-14 连接桥张拉膜钢结构骨架——纵向框架体系

图 7.6-15 连接桥张拉膜钢结构骨架——横向框架体系

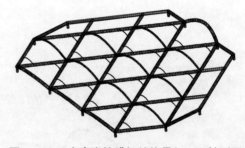

图 7.6-16 中庭张拉膜钢结构骨架——轴测图

图 7.6-17 中庭张拉膜钢结构骨架——纵向框架体系

图 7.6-18　中庭张拉膜钢结构骨架——横向框架体系

7.6.2　钢结构验算

1. 变形验算（图7.6-19～图7.6-30）

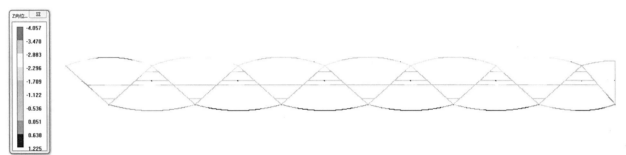

图 7.6-19　首层左侧张拉膜钢结构变形——1.0 恒 +1.0 活

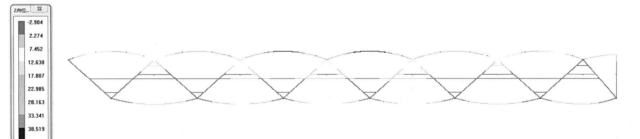

图 7.6-20　首层左侧张拉膜钢结构变形——1.0 恒 +1.0 风

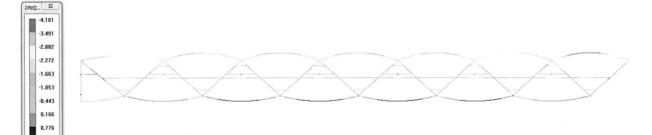

图 7.6-21　首层右侧张拉膜钢结构变形——1.0 恒 +1.0 活

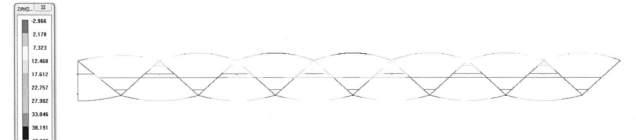

图 7.6-22　首层右侧张拉膜钢结构变形——1.0 恒 +1.0 风

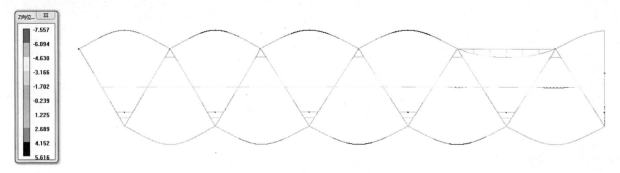

图 7.6-23　顶层两侧张拉膜钢结构变形——1.0 恒 +1.0 活

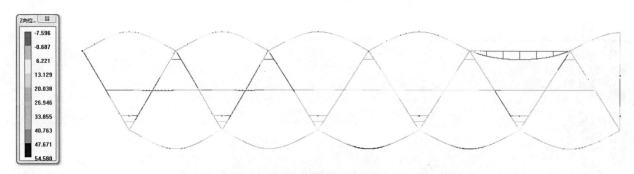

图 7.6-24　顶层两侧张拉膜钢结构变形——1.0 恒 +1.0 风

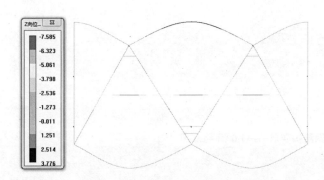

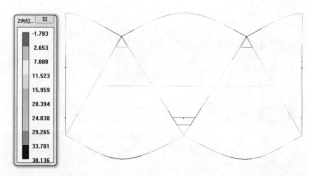

图 7.6-25　顶层中间张拉膜钢结构变形——1.0 恒 +1.0 活　　图 7.6-26　顶层中间张拉膜钢结构变形——1.0 恒 +1.0 风

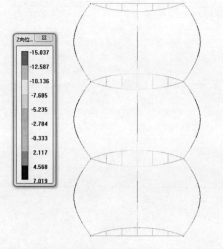

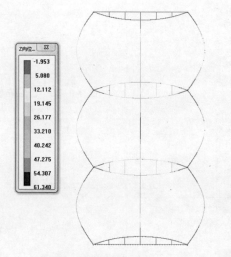

图 7.6-27　连接桥张拉膜钢结构变形——1.0 恒 +1.0 活　　图 7.6-28　连接桥张拉膜钢结构变形——1.0 恒 +1.0 风

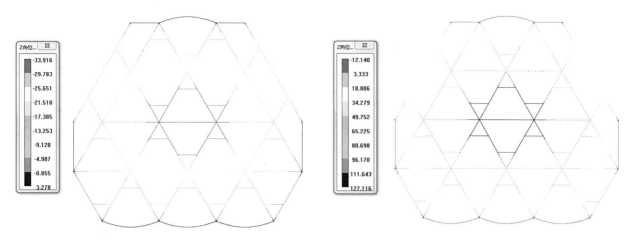

图 7.6-29　中庭张拉膜钢结构变形——1.0 恒 +1.0 活 　　　图 7.6-30　中庭张拉膜钢结构变形——1.0 恒 +1.0 风

从计算结果可知在组合1.00恒载+1.00活载工况作用下，最大位移均小于1/250；

在组合1.00恒载+1.00风载工况作用下，最大位移均小于1/200；

均满足规范要求。

2. 应力验算

考虑稳定后钢结构验算应力比均小于0.85，满足设计要求。

7.6.3　膜材验算

1. 变形验算

第二类荷载效应组合工况下变形最大值如图7.6-31～图7.6-41所示，满足各膜单元内膜面相对法向位移不大于单元名义尺寸的1/15的要求。

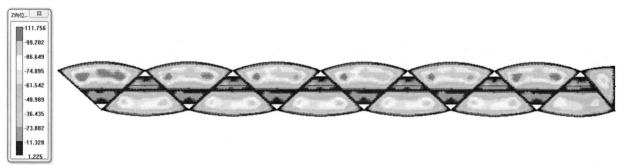

图 7.6-31　首层左侧张拉膜变形——1.0 恒 +1.0 活

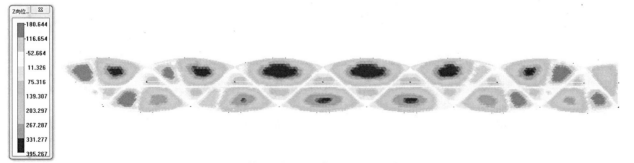

图 7.6-32　首层左侧张拉膜变形——1.0 恒 +1.0 风

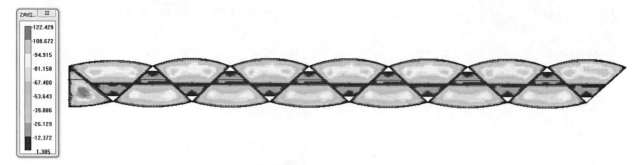

图 7.6-33　首层右侧张拉膜变形——1.0 恒 +1.0 活

图 7.6-34　首层右侧张拉膜变形——1.0 恒 +1.0 风

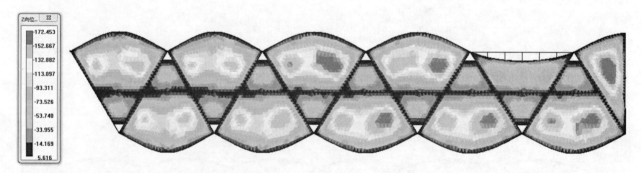

图 7.6-35　顶层两侧张拉膜变形——1.0 恒 +1.0 活

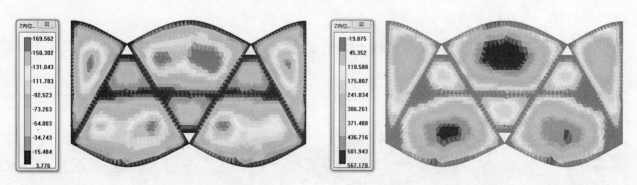

图 7.6-36　顶层中间张拉膜变形——1.0 恒 +1.0 活　　图 7.6-37　顶层中间张拉膜变形——1.0 恒 +1.0 风

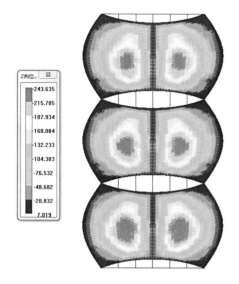

图 7.6-38 连接桥张拉膜变形——1.0 恒 +1.0 活

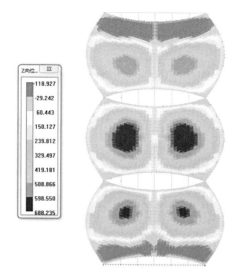

图 7.6-39 连接桥张拉膜变形——1.0 恒 +1.0 风

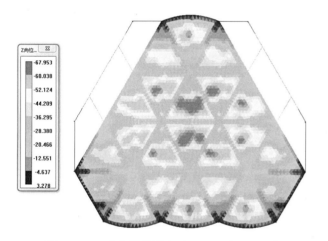

图 7.6-40 中庭张拉膜变形——1.0 恒 +1.0 活

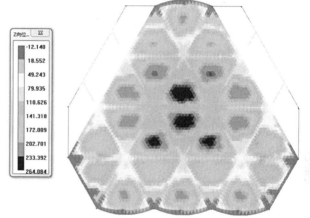

图 7.6-41 中庭张拉膜变形——1.0 恒 +1.0 风

2. 应力验算

在第一类荷载效应组合下最大应力小于20MPa，在第二类荷载效应组合下最大应力小于40MPa，满足规范要求。

在第一类荷载效应组合下最小应力大于0.75MPa，在第二类荷载效应组合下最小应力等于0MPa，即膜面出现褶皱的面积占总面积的比例小于10%，满足规范要求。

7.6.4 膜结构排水分析

在0.3kN/m²作用下，变形后膜面等高线无封闭区域出现，说明膜面不会因为降雨而产生积水（图7.6-42 ~ 图7.6-47）。

图 7.6-42　首层左侧张拉膜膜面等高线——1.0 恒 +1.0 活

图 7.6-43　首层右侧张拉膜膜面等高线——1.0 恒 +1.0 活

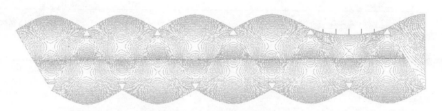

图 7.6-44　顶层两侧张拉膜膜面等高线——1.0 恒 +1.0 活

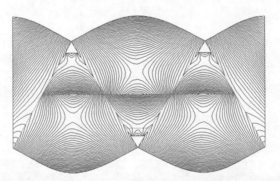

图 7.6-45　顶层中间张拉膜膜面等高线——1.0 恒 +1.0 活

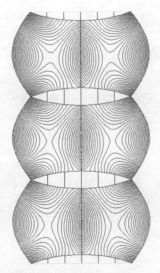

图 7.6-46　连接桥张拉膜膜面等高线——1.0 恒 +1.0 活　　图 7.6-47　中庭张拉膜膜面等高线——1.0 恒 +1.0 活

7.7 含内穿水管的膜结构铸钢节点试验

张拉膜雨篷单元结构和钢柱构造如图7.7-1、图7.7-2所示。

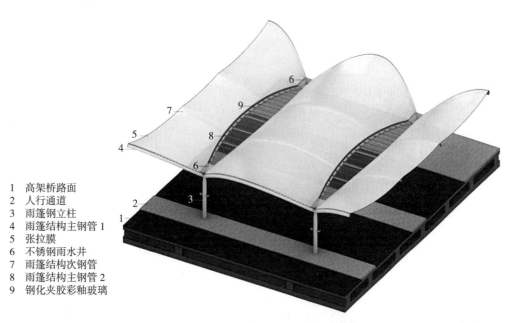

1 高架桥路面
2 人行通道
3 雨篷钢立柱
4 雨篷结构主钢管1
5 张拉膜
6 不锈钢雨水井
7 雨篷结构次钢管
8 雨篷结构主钢管2
9 钢化夹胶彩釉玻璃

图 7.7-1 张拉膜雨篷单元结构示意图

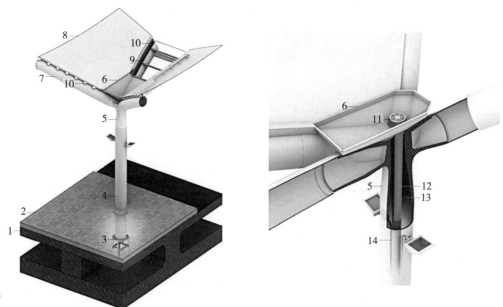

1 高架桥结构
2 人行通道
3 钢结构柱脚
4 雨篷钢柱
5 铸钢件节点
6 不锈钢雨水井
7 雨篷结构主钢管
8 张拉膜
9 钢化夹胶彩釉玻璃
10 铝合金夹具
11 不锈钢雨水斗
12 不锈钢雨水管
13 沥青封堵
14 不锈钢电气预埋套管

图 7.7-2 张拉膜雨篷钢柱构造示意图

7.7.1 试验目的

项目背景为白云机场二号航站楼张拉膜雨棚工程，结构为骨架式膜结构，骨架钢结构为框架结构体系，膜结构采用PTFE膜材。由于膜结构造型需要，钢结构多根构件在空间相交，导致连接节点为非常规节点形式。

本工程骨架钢结构节点采用铸钢节点，铸钢节点为整体不规则节点，随着节点形状和杆件角度的变化，节点受力也会发生很大的变化，现有规范只是从构造上规定铸钢节点设计，没有可作为参考的计算公式。由于铸钢节点受力复杂多样，须对本项目中复杂铸钢节点进行试验，验证铸钢节点在静力荷载作用下的受力性能和变形性能，从而判断节点的安全性和承载能力。

本次试验选取本项目中有代表性的几种铸钢节点进行静力荷载作用下的力学性能和变形性能检验。

（1）通过1∶1的足尺试验，对节点施加静力荷载，验证铸钢节点在设计条件下的安全性能和使用性能；

（2）通过节点的弯矩-转角曲线，判断节点的刚接性能；

（3）通过对节点各部位进行应力应变和位移的测试，了解铸钢节点的应力分布情况，同时与有限元分析进行对比，验证有限元结果的正确性；

（4）以试验成果为依据，指导其余节点的设计，达到节点受力合理、安全、经济适用的目标；

（5）通过整理试验结果为相关理论成果，用于完善铸钢节点相关的理论知识，供其他工程参考使用。

本次铸钢节点试验为非破坏性试验，节点试验完后确保可继续供本工程使用。

7.7.2 试件设计

7.7.2.1 节点位置

本次试验根据铸钢节点形状和复杂程度不同，选取四种非常规铸钢节点进行试验，选取的试件位于该项目主楼高架张拉膜雨棚结构中，具体部位如图7.7-3所示。

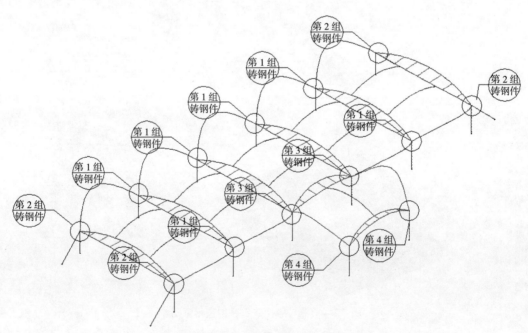

图 7.7-3 铸钢节点位置示意图

7.7.2.2 节点详图

试验共设计四组试件，每组包含2个完全相同或对称的试件，共计八组试验，其中第一组两个铸钢件模型完全相同，第二、三和四组两个铸钢件为对称关系，四种不同铸钢节点详图如图7.7-4所示。

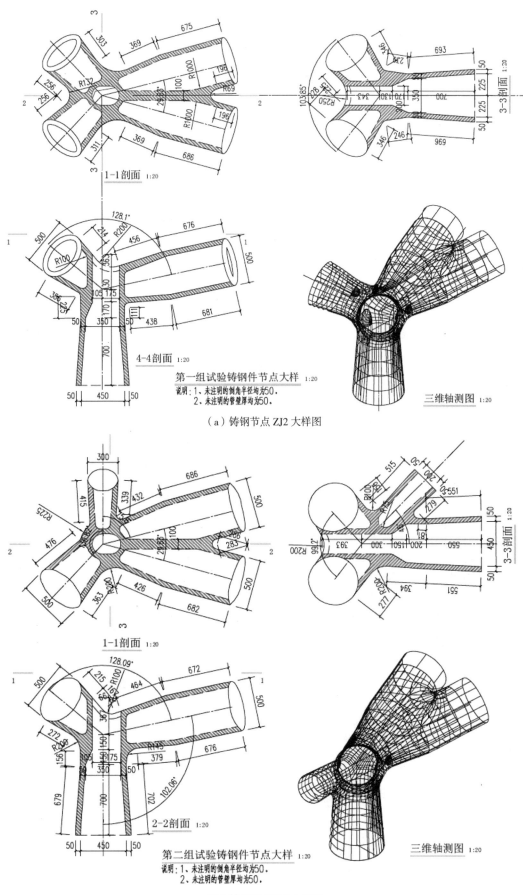

1-1剖面 1:20

3-3剖面 1:20

4-4剖面 1:20

第一组试验铸钢件节点大样 1:20
说明：1、未注明的倒角半径均为50。
2、未注明的管壁厚均为50。

三维轴测图 1:20

（a）铸钢节点 ZJ2 大样图

1-1剖面 1:20

3-3剖面 1:20

2-2剖面 1:20

第二组试验铸钢件节点大样 1:20
说明：1、未注明的倒角半径均为50。
2、未注明的管壁厚均为50。

三维轴测图 1:20

（b）铸钢节点 ZJ3 大样图

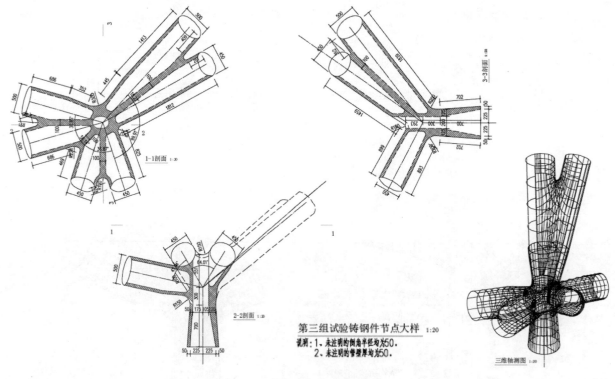

第三组试验铸钢件节点大样 1:20
说明：1、未注明的倒角半径均为50.
　　　2、未注明的管壁厚均为50.

三维轴测图 1:20

（c）铸钢节点 ZJ5 大样图

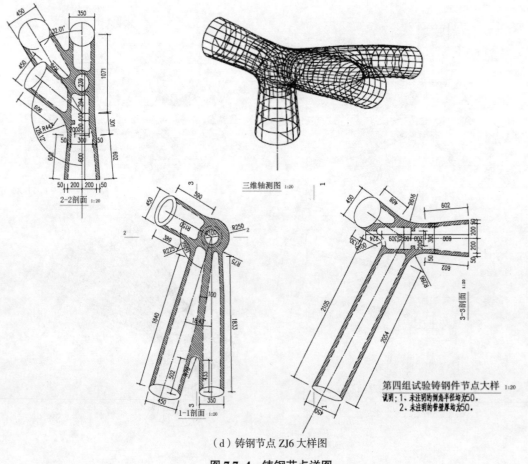

三维轴测图 1:20

第四组试验铸钢件节点大样 1:20
说明：1、未注明的倒角半径均为50.
　　　2、未注明的管壁厚均为50.

（d）铸钢节点 ZJ6 大样图

图 7.7-4　铸钢节点详图

7.7.2.3 铸钢节点设计荷载

选取5跨典型高架桥雨棚结构建立计算模型，利用3D3S膜结构模块找形，计算在不同工况下各构件内力，提取最不利工况下试验节点杆端反力。图7.7-5～图7.7-8给出了各组试验铸钢节点杆件编号示意图及三维实体图，表7.7-1～表7.7-4给出了各节点支管长度（杆件端部至节点中心）及在最不利工况下杆件的内力（其中轴力受拉为正、受压为负，其余内力取与3D3S单元局部坐标系同向为正）。

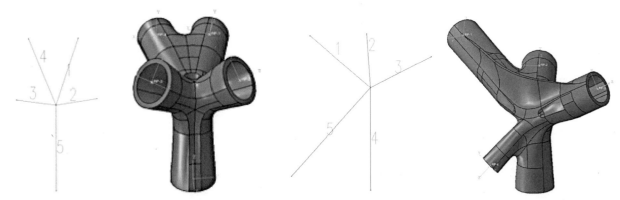

图 7.7-5　铸钢节点 ZJ2 杆件编号示意图及三维实体图　　　图 7.7-6　铸钢节点 ZJ3 杆件编号示意图及三维实体图

图 7.7-7　铸钢节点 ZJ5 杆件编号示意图及三维实体图　　图 7.7-8　铸钢节点 ZJ6 杆件编号示意图及三维实体图

ZJ2杆件设计荷载内力（最不利工况：1.2恒载+1.4活载）　　　　表7.7-1

杆件号	支管长度（mm）	N（kN）	Q_2（kN）	Q_3（kN）	T（kN·m）	M_2（kN·m）	M_3（kN·m）
ZJ2-1	1349	−194.10	47.63	4.33	8.82	−25.24	297.80
ZJ2-2	700	−106.52	1.98	9.13	2.46	−34.97	−9.13
ZJ2-3	700	−106.26	1.05	−10.36	−0.11	44.67	−20.43
ZJ2-4	1349	−191.49	47.88	−2.71	−9.83	16.34	298.12
ZJ2-5	1000	−324.79	2.85	−200.28	0.61	634.97	4.92

ZJ3杆件设计荷载内力（最不利工况：1.2恒载+1.4活载）　　　　表7.7-2

杆件号	支管长度（mm）	N（kN）	Q_2（kN）	Q_3（kN）	T（kN·m）	M_2（kN·m）	M_3（kN·m）
ZJ3-1	2326.4	83.478	55.519	−11.084	1.522	3.675	297.019
ZJ3-2	1403	−318.834	33.853	−5.726	5.939	−23.297	245.013
ZJ3-3	1174	−111.573	12.857	7.298	0.956	1.333	40.538
ZJ3-4	1001	−77.432	−4.919	134.194	−6.294	−489.506	−11.758
ZJ3-5	901.5	−203.52	−0.061	−1.363	0	13.641	−0.607

ZJ5杆件设计荷载内力（最不利工况：1.2恒载+1.4活载） 表7.7-3

杆件号	支管长度（mm）	N（kN）	Q_2（kN）	Q_3（kN）	T（kN·m）	M_2（kN·m）	M_3（kN·m）
ZJ5-1	2471.1	−81.753	1.794	28.211	25.034	−128.239	−18.555
ZJ5-2	1211.4	−193.828	−13.703	1.431	−0.455	−23.888	−10.826
ZJ5-3	1210	1.38	23.451	8.182	21.991	−21.378	89.205
ZJ5-4	1390.8	−191.554	46.084	−9.074	13.684	25.485	302.203
ZJ5-5	1386.9	−188.053	48.456	−11.171	−4.136	54.18	310.273
ZJ5-6	2502.4	−108.731	14.326	−12.392	3.245	31.554	55.417
ZJ5-7	1047.6	−394.085	−29.097	158.536	−12.995	−609.236	−114.53

ZJ6杆件设计荷载内力（最不利工况：1.2恒载+1.4风载） 表7.7-4

杆件号	支管长度（mm）	N（kN）	Q_2（kN）	Q_3（kN）	T（kN·m）	M_2（kN·m）	M_3（kN·m）
ZJ6-1	2450	204.238	−8.401	20.184	−11.419	−11.113	−51.617
ZJ6-2	2357	−192.983	−28.922	6.359	11.099	6.964	−82.679
ZJ6-3	900	−9.278	−34.48	−24.744	15.675	−22.249	−189.85
ZJ6-4	900	47.561	15.361	−73.386	−13.338	193.911	62.276

7.7.3 试验加载方案

7.7.3.1 试验荷载

试验中选取ZJ2-5、ZJ3-4、ZJ5-7、ZJ6-4杆件的端部作为固定端，其余杆件端部通过轴向和横向两个千斤顶进行加载。现根据试验需要，将各杆件外伸一定尺寸，以便设置加载装置，同时消除支座、加载等装置的约束对试验部位应力分布的影响。各铸钢节点支管均为圆管，由表7.7-1～表7.7-4可知各杆主要受到轴力和弯矩的作用。试验中通过轴向千斤顶施加各杆件轴力；通过横向千斤顶施加剪力来模拟节点实际受到的弯矩；同时剪力作用线偏离截面剪力中心一定尺寸，由此施加杆件的扭矩。

根据上文所述，试验中需要对表7.7-1～表7.7-4中的节点力进行一定的调节。调节原则为：每根杆件的试验荷载不低于原工况下杆件内力；调整后节点整体内力及弯矩自平衡；剪力与杆件长度之积为杆件弯矩，剪力与剪力偏心距之积为杆件扭矩。此外，根据《铸钢节点应用技术规程》CECS 235-2008第4.4.9条：铸钢节点做检验性试验时，试验荷载不应小于荷载设计值的1.3倍。图7.7-9～图7.7-12给出了内力调整前后节点各杆件杆端的轴力、剪力变化示意图（矢量图见附件），表7.7-5～表7.7-8给出了内力调整后的杆端荷载及放大1.3倍后的试验荷载，表7.7-9给出了试验时各节点固定端的反力。

ZJ2内力调整后杆端荷载及试验荷载 表7.7-5

杆件编号	加长后支管长度（mm）	调整后杆端荷载				试验荷载		
		N（kN）	Q_2（kN）	Q_3（kN）	杆端合剪力（kN）	轴力N（kN）	剪力Q（kN）	剪力偏心（mm）
ZJ2-1	1750.0	−194.096	−170.171	−14.424	170.782	−252.325	222.016	51.7
ZJ2-2	1100.0	−106.519	8.295	−31.790	32.855	−138.475	42.711	75.0
ZJ2-3	1100.0	−106.261	18.576	40.612	44.659	−138.139	58.056	0.0
ZJ2-4	1750.0	−191.494	−170.355	9.338	170.611	−248.942	221.794	57.6

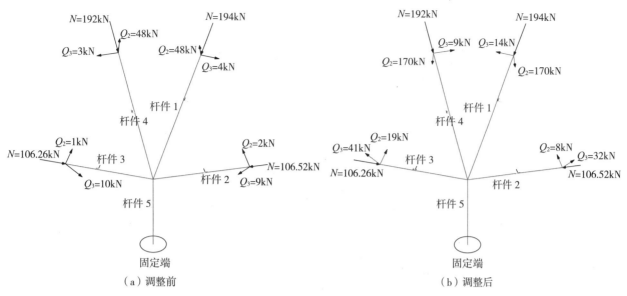

图 7.7-9 ZJ2 内力调整前后节点各杆端内力

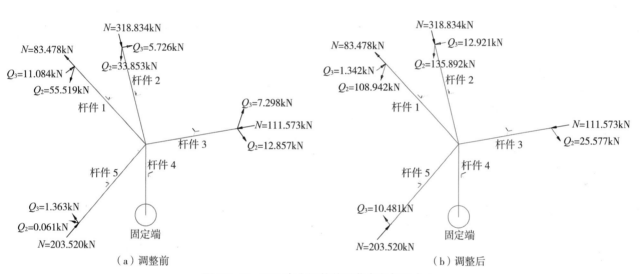

图 7.7-10 ZJ3 内力调整前后节点各杆端内力

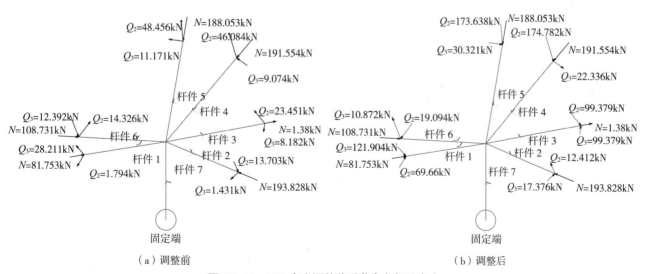

图 7.7-11 ZJ5 内力调整前后节点各杆端内力

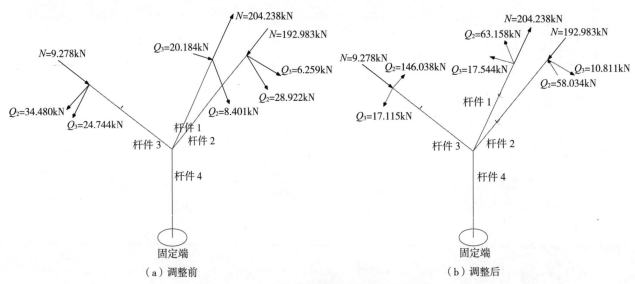

图 7.7-12 ZJ6 内力调整前后节点各杆端内力

ZJ3内力调整后杆端荷载及试验荷载 表7.7-6

杆件 编号	加长后支管长度 （mm）	调整后杆端荷载				试验荷载		
		N（kN）	Q₂（kN）	Q₃（kN）	杆端合剪力（kN）	轴力N（kN）	剪力Q（kN）	剪力偏心（mm）
ZJ3-1	2726.4	83.478	-108.942	1.348	108.950	108.521	141.635	14.0
ZJ3-2	1803.0	-318.834	-135.892	-12.921	136.505	-414.484	177.456	43.5
ZJ3-3	1574.0	-111.573	-25.755	0.000	25.755	-145.045	33.481	37.1
ZJ3-5	1301.5	-203.520	0.000	10.481	10.481	-264.576	13.626	0.0

ZJ5内力调整后杆端荷载及试验荷载 表7.7-7

杆件 编号	加长后支管长度 （mm）	调整后杆端荷载				试验荷载		
		N（kN）	Q₂（kN）	Q₃（kN）	杆端合剪力（kN）	轴力N（kN）	剪力Q（kN）	剪力偏心（mm）
ZJ5-1	2871.1	-81.753	69.660	-121.904	140.404	-106.279	182.525	178.300
ZJ5-2	1611.4	-193.828	12.412	-17.376	21.354	-251.976	27.760	21.308
ZJ5-3	1610.0	0.000	-99.379	-99.379	140.543	0.000	182.706	156.472
ZJ5-4	1790.8	-191.554	-174.782	22.336	176.204	-249.020	229.065	77.660
ZJ5-5	1786.9	-188.053	-173.638	30.321	176.265	-244.469	229.145	23.465
ZJ5-6	2902.4	-108.731	-19.094	10.872	21.972	-141.350	28.563	147.690

ZJ6内力调整后杆端荷载及试验荷载 表7.7-8

杆件 编号	加长后支管长度 （mm）	调整后杆端荷载				试验荷载		
		N（kN）	Q₂（kN）	Q₃（kN）	杆端合剪力（kN）	轴力N（kN）	剪力Q（kN）	剪力偏心（mm）
ZJ6-1	2.850	204.238	63.158	-17.544	65.549	265.509	85.214	174.205
ZJ6-2	2.757	-192.983	58.034	10.881	59.045	-250.878	76.759	187.974
ZJ6-3	1.300	-9.278	146.038	-17.115	147.038	-12.061	191.149	106.605

试验时各节点固定端的反力 表7.7-9

杆件编号	轴力（kN）	剪力（kN）	扭矩（kN·m）	弯矩（kN·m）
ZJ2-5	−679.848	106.645	0.797	676.808
ZJ3-4	−283.908	137.363	−8.182	454.390
ZJ5-7	−835.338	142.727	−401.193	1234.908
ZJ6-4	290.997	57.894	−35.718	531.638

7.7.3.2 试件端部处理

根据试验需要，将各杆件外伸一定尺寸，并焊接端板及加劲板，以便进行加载。图7.7-13给出了部分节点端部处理示意图，各杆件加焊长度、端板及加劲板尺寸详见附件《2016.09.22-白云机场节点试验端部处理详图.dwg》。

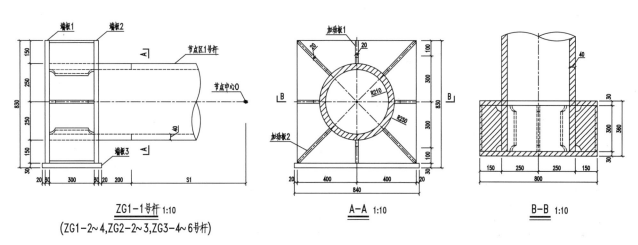

ZG1-1号杆 1:10
(ZG1-2~4,ZG2-2~3,ZG3-4~6号杆)

A-A 1:10

B-B 1:10

图 7.7-13 试件端部处理示例

7.7.3.3 加载系统

1. 千斤顶

根据杆件端部加载力选择相应的千斤顶，各节点杆件端部所需千斤顶见表7.7-10、表7.7-11。

各节点杆端加载千斤顶规格 表7.7-10

节点编号	杆件编号	千斤顶规格		油泵编号
		轴向	横向	
ZJ2	ZJ2-1	32t	32t	1
	ZJ2-2	20t	10t	2
	ZJ2-3	20t	10t	2
	ZJ2-4	32t	32t	1
ZJ3	ZJ3-1	20t	20t	1
	ZJ3-2	50t	20t	2
	ZJ3-3	20t	10t	3
	ZJ3-5	32t	10t	4

续表

节点编号	杆件编号	千斤顶规格		油泵编号
		轴向	横向	
ZJ5	ZJ5-1	20t	20t	1
	ZJ5-2	32t	10t	3
	ZJ5-3	—	20t	1
	ZJ5-4	32t	32t	2
	ZJ5-5	32t	32t	2
	ZJ5-6	20t	10t	4
ZJ6	ZJ6-1	32t	10t	1
	ZJ6-2	32t	10t	2
	ZJ6-3	10t	32t	3

千斤顶设备统计表　　　　　　　　　　　表7.7-11

节点号	加载点数量	千斤顶	
		规格	台数
ZJ2	4	10t	2
		20t	2
		32t	4
ZJ3	4	10t	2
		20t	4
		32t	1
		50t	1
ZJ5	6	10t	2
		20t	4
		32t	5
ZJ6	3	10t	3
		32t	3

2. 反力架

反力架利用上海宝冶钢构有限公司的大吨位球形反力架，内径为6m，最大承载力为3000t，反力架见图7.7-14、图7.7-15。

3. 加载制度

根据《铸钢节点应用技术规程》CECS 235-2008，铸钢节点做检验性试验时试验荷载不应小于荷载设计值的1.3倍。本次试验荷载值见表7.7-5～表7.7-8。

加载时，各个加载段同步进行加载，试验荷载采用分级加载，由0级至最大加载力均分为13级，每级荷载稳压2min后读取应变片、位移计的读数，直至加载破坏或达到最大加载力，此时稳压3min后卸载。具体分级荷载如表7.7-12～表7.7-15所示。

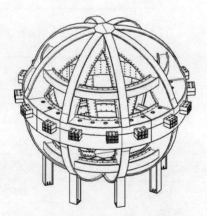

图7.7-14 球形反力架三维模型图

图 7.7-15　反力架现场图片（半球）

ZJ2加载制度表（kN）　　　　　　　　　　　　　　　　　　表7.7-12

荷载级别	ZJ2-1		ZJ2-2		ZJ2-3		ZJ2-4	
	轴力（N）	剪力（N）	轴力（N）	剪力（N）	轴力（N）	剪力（N）	轴力（N）	剪力（N）
第1级	−19.410	17.078	−10.652	3.285	−10.626	4.466	−19.149	17.061
第2级	−38.819	34.156	−21.304	6.571	−21.252	8.932	−38.299	34.122
第3级	−58.229	51.234	−31.956	9.856	−31.878	13.398	−57.448	51.183
第4级	−77.638	68.313	−42.608	13.142	−42.504	17.863	−76.598	68.244
第5级	−97.048	85.391	−53.260	16.427	−53.131	22.329	−95.747	85.305
第6级	−116.458	102.469	−63.911	19.713	−63.757	26.795	−114.896	102.366
第7级	−135.867	119.547	−74.563	22.998	−74.383	31.261	−134.046	119.427
第8级	−155.277	136.625	−85.215	26.284	−85.009	35.727	−153.195	136.488
第9级	−174.686	153.703	−95.867	29.569	−95.635	40.193	−172.345	153.550
第10级	−194.096	170.782	−106.519	32.855	−106.261	44.659	−191.494	170.611
第11级	−213.506	187.860	−117.171	36.140	−116.887	49.125	−210.643	187.672
第12级	−232.915	204.938	−127.823	39.425	−127.513	53.590	−229.793	204.733
第13级	−252.325	222.016	−138.475	42.711	−138.139	58.056	−248.942	221.794

加载制度表（kN）　　　　　　　　　　　　　　　　　　表7.7-13

荷载级别	ZJ3-1		ZJ3-2		ZJ3-3		ZJ3-4	
	轴力（N）	剪力（N）	轴力（N）	剪力（N）	轴力（N）	剪力（N）	轴力（N）	剪力（N）
第1级	8.348	10.895	−31.883	13.650	−11.157	2.577	−20.352	1.049
第2级	16.696	21.790	−63.767	27.301	−22.315	5.154	−40.704	2.098
第3级	25.043	32.685	−95.650	40.951	−33.472	7.731	−61.056	3.148
第4级	33.391	43.580	−127.534	54.602	−44.629	10.307	−81.408	4.197
第5级	41.739	54.475	−159.417	68.252	−55.787	12.884	−101.760	5.246
第6级	50.087	65.370	−191.300	81.903	−66.944	15.461	−122.112	6.295
第7级	58.435	76.265	−223.184	95.553	−78.101	18.038	−142.464	7.344
第8级	66.782	87.160	−255.067	109.204	−89.258	20.615	−162.816	8.393
第9级	75.130	98.055	−286.951	122.854	−100.416	23.192	−183.168	9.443
第10级	83.478	108.950	−318.834	136.505	−111.573	25.769	−203.520	10.492
第11级	91.826	119.845	−350.717	150.155	−122.730	28.346	−223.872	11.541

续表

荷载级别	ZJ3-1		ZJ3-2		ZJ3-3		ZJ3-4	
	轴力（N）	剪力（N）	轴力（N）	剪力（N）	轴力（N）	剪力（N）	轴力（N）	剪力（N）
第12级	100.174	130.740	−382.601	163.806	−133.888	30.922	−244.224	12.590
第13级	108.521	141.635	−414.484	177.456	−145.045	33.499	−264.576	13.639

ZJ5加载制度表（kN）　　　　　　表7.7-14

荷载级别	ZJ5-1		ZJ5-2		ZJ5-3	ZJ5-4		ZJ5-5		ZJ5-6	
	轴力（N）	剪力（N）	轴力（N）	剪力（N）	轴力（N）	剪力（N）	轴力（N）	剪力（N）	轴力（N）	轴力（N）	剪力（N）
第1级	−8.175	14.040	−19.383	2.135	14.054	−19.155	17.620	−18.805	17.627	−10.873	2.197
第2级	−16.351	28.081	−38.766	4.271	28.109	−38.311	35.241	−37.611	35.253	−21.746	4.394
第3级	−24.526	42.121	−58.148	6.406	42.163	−57.466	52.861	−56.416	52.880	−32.619	6.592
第4级	−32.701	56.161	−77.531	8.541	56.217	−76.622	70.481	−75.221	70.506	−43.492	8.789
第5级	−40.877	70.202	−96.914	10.677	70.271	−95.777	88.102	−94.027	88.133	−54.366	10.986
第6级	−49.052	84.242	−116.297	12.812	84.326	−114.932	105.722	−112.832	105.759	−65.239	13.183
第7级	−57.227	98.283	−135.680	14.948	98.380	−134.088	123.343	−131.637	123.386	−76.112	15.380
第8级	−65.402	112.323	−155.062	17.083	112.434	−153.243	140.963	−150.442	141.012	−86.985	17.577
第9级	−73.578	126.363	−174.445	19.218	126.489	−172.399	158.583	−169.248	158.639	−97.858	19.775
第10级	−81.753	140.404	−193.828	21.354	140.543	−191.554	176.204	−188.053	176.265	−108.731	21.972
第11级	−89.928	154.444	−213.211	23.489	154.597	−210.709	193.824	−206.858	193.892	−119.604	24.169
第12级	−98.104	168.484	−232.594	25.624	168.652	−229.865	211.444	−225.664	211.518	−130.477	26.366
第13级	−106.279	182.525	−251.976	27.760	182.706	−249.020	229.065	−244.469	229.145	−141.350	28.563

ZJ6加载制度表（kN）　　　　　　表7.7-15

荷载级别	ZJ6-1		ZJ6-2		ZJ6-3	
	轴力（N）	剪力（N）	轴力（N）	剪力（N）	轴力（N）	剪力（N）
第1级	20.424	6.555	−19.298	5.905	−0.928	14.704
第2级	40.848	13.110	−38.597	11.809	−1.856	29.408
第3级	61.271	19.665	−57.895	17.714	−2.783	44.111
第4级	81.695	26.220	−77.193	23.618	−3.711	58.815
第5级	102.119	32.775	−96.492	29.523	−4.639	73.519
第6级	122.543	39.330	−115.790	35.427	−5.567	88.223
第7级	142.967	45.884	−135.088	41.332	−6.495	102.927
第8级	163.390	52.439	−154.386	47.236	−7.422	117.630
第9级	183.814	58.994	−173.685	53.141	−8.350	132.334
第10级	204.238	65.549	−192.983	59.045	−9.278	147.038
第11级	224.662	72.104	−212.281	64.950	−10.206	161.742
第12级	245.086	78.659	−231.580	70.854	−11.134	176.445
第13级	265.509	85.214	−250.878	76.759	−12.061	191.149

为了控制加载速度，避免因加载不均衡而导致节点或装置的局部产生非预测的塑性区域，应安排有经验的液压千斤顶操作人员进行等速、慢速加载，协调各个千斤顶的加载额度，使之同时达到加载额度。

7.7.3.4 测点布置

1. 测试仪器

加载过程中实时监测杆件和节点域的应变和杆端位移，测试仪器包括位移计和应变传感器，应变片包括单向应变片和三向应变花。

2. 应变片测点布置

根据试验前ABAQUS有限元模拟结果，试验过程中应利用应变片测量各杆件外表面应变和节点中心域应力集中区的应变，试验应变片数量见表7.7–16。

试验应变片数量统计表		表7.7–16
节点编号	单向应变片	三向应变花
ZJ2	20	20
ZJ3	20	19
ZJ5	28	33
ZJ6	16	17

杆件外表面的应变片采用单向应变片，位置为距离端板150mm处截面，圆管截面均等布置4个应变片，如图7.7–16所示。

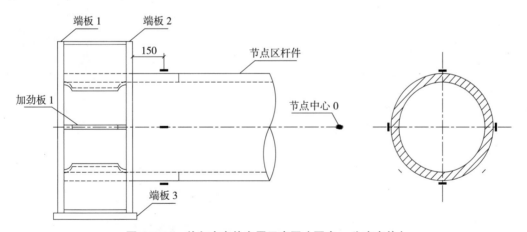

图 7.7–16 单向应变片布置示意图（图中■为应变片）

节点中心区采用三向应变花，布置位置参考有限元试验模拟结果，对应力较大的区域进行监测三向应变，图7.7–17为应变花示意图。

3. 位移计测点布置

试验过程中在节点中心区域设置绝对位移计，用于监测节点中心位移；各杆件间设置相对位移计，测量杆件间转角，位移计布置方式如图7.7–18 ~ 图7.7–21所示。

 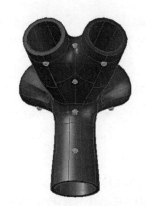

（a）ZJ2 应变花布置

（b）ZJ3 应变花布置

（c）ZJ5 应变花布置

 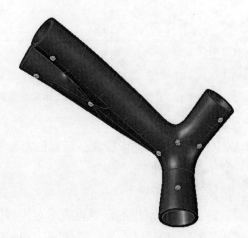

（d）ZJ6 应变花布置

图 7.7-17　应变片布置（图中●为三向应变花）

（a）绝对位移计

（b）相对位移计

图 7.7-18　ZJ2 位移计布置

（a）绝对位移计

（b）相对位移计

图 7.7-19　ZJ3 位移计布置

（a）绝对位移计

（b）相对位移计

图 7.7-20　ZJ5 位移计布置

（a）绝对位移计

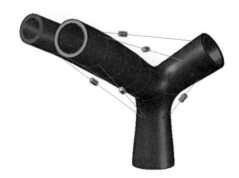
（b）相对位移计

图 7.7-21　ZJ6 位移计布置

7.7.4 试验铸钢节点有限元分析

1. 铸钢节点材质要求

本项目中，多管相交处节点原则上均采用铸钢节点，材质为ZG270-480H，铸钢节点数量多达249个，总重约600t，约占整个工程用钢量的23%，面对如此大体量的铸钢节点，必须保证铸钢节点的外观尺寸、铸造质量，从而保证本项目质量目标。

本工程铸钢节点材质采用《焊接结构用铸钢件》GB/T 7659-2010中ZG270-480H牌号，铸钢碳当量（CEV）不应大于0.46%。其化学成分与力学性能应符合表7.7-17、表7.7-18的规定。

铸钢化学成分要求   表7.7-17

牌号	主要元素（%）					残余元素（%）					
	C	Si	Mn	P	S	Ni	Cr	Cu	Mo	V	总和
ZG270-480H	0.17~0.25	≤0.60	0.80~1.20	≤0.025	≤0.025	≤0.40	≤0.35	≤0.40	≤0.15	≤0.05	≤1.0

铸钢力学性能要求   表7.7-18

牌号	上屈服强度ReH MPa（min）	抗拉强度RM MPa（min）	断后伸长率A %（min）	断面收缩率Z %≥（min）	冲击吸收功Akv2 J（min）
ZG270-480H	270	480	20	35	40

2. 铸钢节点有限元分析

1）节点有限元分析目的

针对本工程的特点——节点种类较多、受力复杂，本文选用有限元软件对不同类型铸钢节点进行弹塑性有限元分析，以确定节点的极限承载力，验证其是否满足设计要求。

2）有限元分析参数

本文选用大型通用有限元软件ABAQUS进行分析。铸钢节点单元类型选取线性四面体单元C3D4，该单元适应严重变形，避免剪力自锁，且能够较好的模拟接触和绑定问题。

根据《铸钢节点应用技术规程》CECS 230：2008可知，铸钢节点的物理性能可按如下取值：弹性模量$E=206 \times 10^3$MPa；剪变模量$G=79 \times 10^3$MPa；线膨胀系数$\alpha=12 \times 10^{-6}$/℃；质量密度$\rho=7850$kg/m³；泊松比$\mu=0.3$。弹塑性分析时，材料的应力—应变曲线采用具有一定硬化刚度的双折线二折线模型，其第二折线刚度取初始刚度的5%（图7.7-22）。

3）第一组试验铸钢节点有限元分析

第一组试验铸钢节点线性及三维实体图如图7.7-23所示。

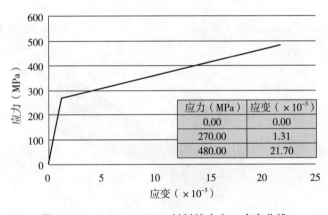

应力（MPa）	应变（×10⁻³）
0.00	0.00
270.00	1.31
480.00	21.70

图7.7-22 ZG270-480H 材料的应力-应变曲线

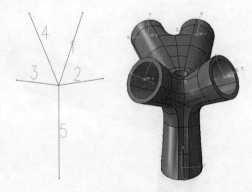

图7.7-23 第一组试验铸钢节点杆件编号示意图及三维实体图

本节点杆件参数及其在3D3S整体模型分析中的杆件内力如表7.7-19所示，荷载最不利组合为1.2恒载+1.4风载。

杆件编号	截面	轴力N（kN）	剪力Q₂（kN）	剪力Q₃（kN）	扭矩M（kN·m）	弯矩M₂（kN·m）	弯矩M₃（kN·m）
1	Φ500×50	124.7	−74.9	−21.0	−9.0	13.7	−249.5
2	Φ500×50	12.8	−8.6	39.5	0.7	−29.8	−24.3
3	Φ500×50	13.8	−6.0	−39.7	−4.8	27.7	−2.3
4	Φ500×50	83.5	77.0	23.0	4.8	8.4	−256.9
5	Φ550×50	240.9	−7.2	199.9	−2.3	−444.3	−5.4

第一组试验铸钢节点杆件内力　　　　　　表7.7-19

根据《铸钢节点应用技术规程》CECS 230：2008要求，在铸钢节点与构件连接处、铸钢节点内外表面拐角处等容易产生应力集中的部位，实体单元最大边长不应大于该处最薄壁厚。实际计算模型中实体单元最大边长为40mm，共91014个节点，55730个计算单元。网格划分如图7.7-24、图7.7-25所示。

有限元计算时，在杆件5下端施加完全约束，荷载条件为先对其余各杆件的加载界面定义耦合，然后通过耦合点加载构件的轴力、剪力和弯矩。

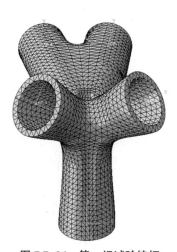

图7.7-24　第一组试验铸钢节点计算模型

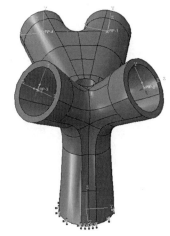

图7.7-25　第一组试验铸钢节点荷载施加及节点约束

（1）单倍荷载作用下计算结果

①应力分析

施加单倍设计荷载时，节点的Mises应力分布如图7.7-26所示。由图可知单元最大应力为167MPa，小于该铸钢材质的设计强度。最大应力出现在中部开孔边沿部位，该部位易产生应力集中。

②位移分析

施加单倍设计荷载时，节点的整体位移分布如图7.7-27所示。由图可知节点最大位移处位于杆件1顶端，最大位移为3.5mm。

（2）3倍荷载作用下计算结果

①应力分析

在3倍设计荷载作用下，该铸钢节点单元最大应力为303MPa，最大应变为1.85×10^{-3}（图7.7-28、图7.7-29），节点部分部位进入塑性状态（图中灰色区域），塑形发展区域主要位于杆件5中部及上部开孔边缘部位。但大部分区域Mises应力小于铸钢件屈服应力270MPa，该铸钢件是安全的。

②位移分析

以上分析结果表明，结构在3倍内力作用下，铸钢节点最大变形发生于杆件1的加载端，最大位移为10.5mm（图7.7-30），整体模型没有出现明显的屈曲、冲切变形的趋势。

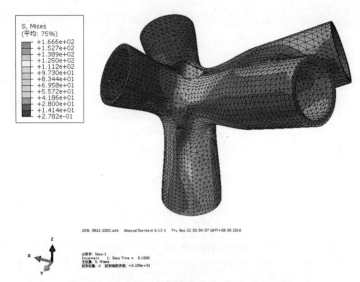

图 7.7-26 Mises 应力云图（MPa）

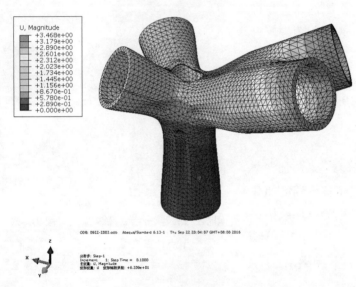

图 7.7-27 整体位移云图（mm）

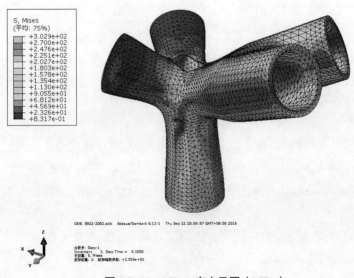

图 7.7-28 Mises 应力云图（MPa）

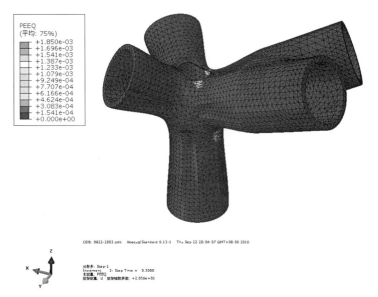

图 7.7-29　整体应变云图

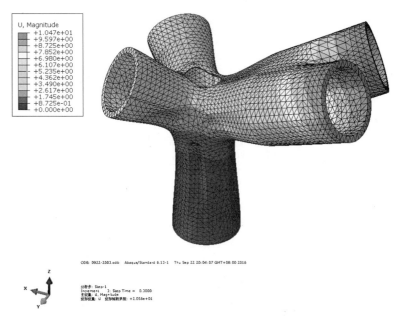

图 7.7-30　整体位移云图（mm）

（3）计算模型荷载位移曲线

选取最先进入塑性区域处节点做荷载—位移曲线如图7.7-31所示，由荷载位移曲线可知，铸钢节点所能承受的极限荷载为设计荷载的4.5倍，此铸钢节点的承载力满足《铸钢节点应用技术规程》CECS 230：2008第4.3.9条要求，即用弹塑性有限元分析结果确定铸钢节点的承载力设计值时，承载力设计值不应大于极限承载力的1/3，因此判断该铸钢节点是安全的。

（4）第二组试验铸钢节点有限元分析

第二组试验铸钢节点线性及三维实体图如图7.7-32所示。

本节点杆件参数及其在3D3S整体模型分析中的杆件内力如表7.7-20所示，荷载最不利组合为1.2恒载+1.4活载。

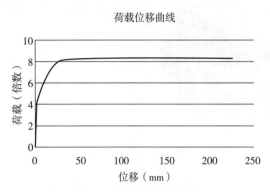

图 7.7-31 荷载位移曲线

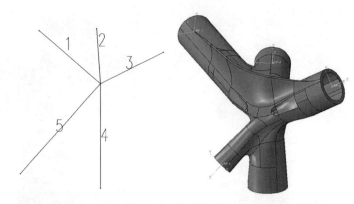

图 7.7-32 第二组试验铸钢节点杆件编号示意图及三维实体图

第二组试验铸钢节点杆件内力 表7.7-20

杆件编号	截面	轴力N（kN）	剪力Q_2（kN）	剪力Q_3（kN）	扭矩M（kN·m）	弯矩M_2（kN·m）	弯矩M_3（kN·m）
1	$\Phi 500 \times 50$	86.5	47.1	−8.5	7.2	−21.7	176.0
2	$\Phi 500 \times 50$	−317.9	32.2	−5.5	5.9	−30.9	200.4
3	$\Phi 500 \times 50$	−108.7	9.8	6.8	1.0	15.7	18.0
4	$\Phi 550 \times 50$	−77.4	−4.9	134.2	−6.3	−331.3	−6.0
5	$\Phi 300 \times 50$	−203.5	−0.1	−1.4	0.0	12.5	−0.6

根据《铸钢节点应用技术规程》CECS 230：2008要求，在铸钢节点与构件连接处、铸钢节点内外表面拐角处等容易产生应力集中的部位，实体单元最大边长不应大于该处最薄壁厚。实际计算模型中实体单元最大边长为40mm，共123743个节点，75689个计算单元。网格划分如图7.7-33、图7.7-34所示。

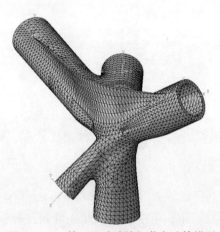

图 7.7-33 第二组试验铸钢节点计算模型

图 7.7-34 第二组试验铸钢节点荷载施加及节点约束示意图

有限元计算时，在杆件4下端施加完全约束，荷载条件为先对其余各杆件的加载界面定义耦合，然后通过耦合点加载构件的轴力、剪力和弯矩。

（1）单倍荷载作用下计算结果

①应力分析

施加单倍设计荷载时，节点的Mises应力分布如图7.7-35所示。由图可知单元最大应力为109MPa，小于该铸钢材质的屈服强度。最大应力出现中部开孔处边沿。

② 位移分析

施加单倍设计荷载时，节点的整体位移分布如图7.7-36所示。由图可知节点最大位移处位于杆件1顶端，最大位移为4.65mm。

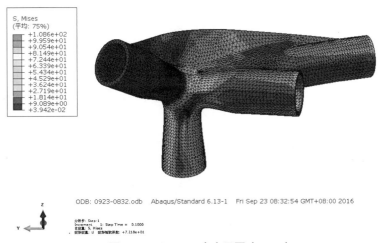

图 7.7-35　Mises 应力云图（MPa）

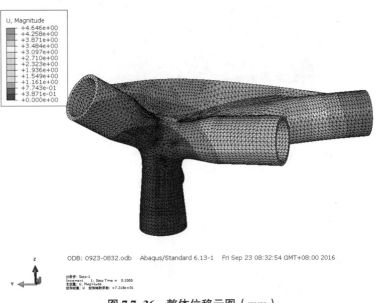

图 7.7-36　整体位移云图（mm）

（2）3倍荷载作用下计算结果

① 应力分析

在3倍设计荷载作用下，该铸钢节点单元最大应力为306MPa，最大应变为4.51×10^{-4}（图7.7-37、图7.7-38），部分区域进入塑性状态（图中灰白区域），塑形发展区域主要位于杆件4与杆件2交接处。但大部分区域Mises应力小于铸钢件屈服应力270MPa，该铸钢件是安全的。

② 位移分析

以上分析结果表明，结构在3倍内力作用下，铸钢节点最大变形发生于杆件1的加载端，最大位移为13.94mm，整体模型没有出现明显的屈曲、冲切变形的趋势（图7.7-39）。

图 7.7-37 Mises 应力云图（MPa）

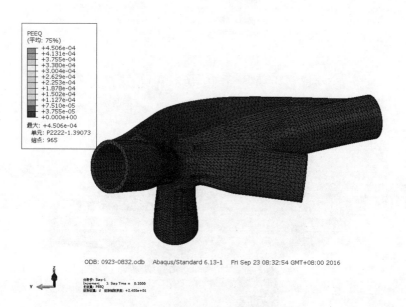

图 7.7-38 应变云图

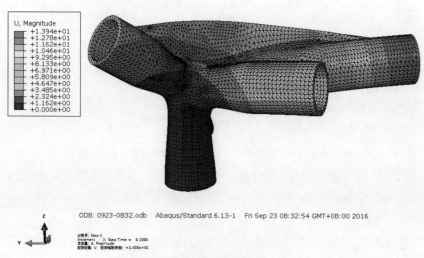

图 7.7-39 整体位移云图（mm）

（3）计算模型荷载位移曲线

选取最先进入塑性区域处节点做荷载—位移曲线如图7.7-40所示，由荷载位移曲线可知，铸钢节点所能承受的极限荷载为设计荷载的5.7倍，此铸钢节点的承载力满足《铸钢节点应用技术规程》CECS 230：2008第4.3.9条要求，即用弹塑性有限元分析结果确定铸钢节点的承载力设计值时，承载力设计值不应大于极限承载力的1/3，因此判断该铸钢节点是安全的。

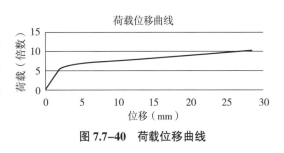

图7.7-40　荷载位移曲线

7.7.5　铸钢节点试验报告（摘取）

7.7.5.1　铸钢节点材性试验报告

1. 材性试件选取

选取的试件位于该项目主楼高架张拉膜雨棚结构中，具体部位如图7.7-41所示，本试验需完成铸钢节点ZJ2、ZJ5、ZJ6的数值分析和加载试验。

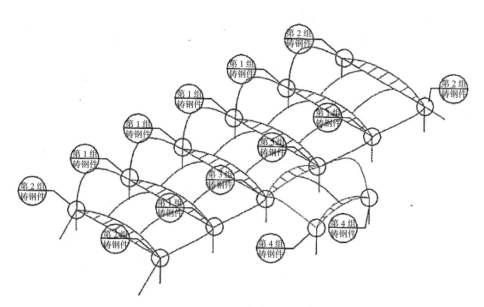

图 7.7-41　铸钢节点位置示意图

2. 材性试验结果

在进行节点试验前，从每个铸钢节点上取样，共制作了8件拉伸试样。

各试件的力学性能试验结果如表7.7-21所示：从表7.7-21可知：铸钢件的名义屈服强度均大于270MPa，平均值为338.375MPa，满足规范要求；铸钢件的拉断强度均大于480MPa，平均值为549.5MPa，满足规范要求；铸钢件的延伸率均大于20%，平均值为28.375%，满足规范要求；室温下的冲击韧性功均大于40J，满足规范要求。

各试件的化学成分测试结果如表7.7-22所示。从表7.7-22可知：铸钢件的C含量、Si含量、Mn含量均满足规范要求；杂质硫S和磷P的含量均满足规范要求。

力学性能测试结果   表7.7-21

试件编号	上屈服强度（MPa）≥270	抗拉强度（MPa）≥480	断后伸长率（%）≥20	冲击吸收能量（J）室温≥40		
ZJ6-1/2	357	561	27	72	76	78
ZJ3-1/2	314	555	30	80	80	72
ZJ2-1/2	33	540	29	64	70	80
ZJ51/2	353	542	27.5	62	62	70
平均值	338.75	549.5	28.375	69.5	72	75

化学成分测试结果   表7.7-22

试件编号	C 0.17~0.25	Si≤0.60	Mn 0.80~1.20	P≤0.025	S≤0.025
ZJ6-1/2	0.24	0.47	1.07	0.018	0.013
ZJ3-1/2	0.22	0.51	1.04	0.017	0.012
ZJ2-1/2	0.22	0.47	1.07	0.02	0.015
ZJ51/2	0.22	0.48	0.96	0.019	0.018
平均值	0.225	0.48	1.035	0.019	0.015

3. 各试件的拉伸曲线图

各材性试验的拉伸曲线如图7.7-42~图7.7-45所示。

ZJ2试验结果

试样ID:				日期:		2017-04-26

面积:	78.07	Mm^2

原始标距:	49.9216058	mm

屈服荷载	39.82	kN	抗拉强度	510	MPa	弹性模量	/	GPa			
下屈服荷载	/	kN	下屈服强度	/	MPa	Fp0.20	/	kN	Rp0.20	/	MPa
上屈服荷载	24.18	kN	上屈服强度	310	MPa	Ft0.50	/	kN	Rt0.50	/	MPa
断后伸长率	/	%									
断面收缩率	/	%									

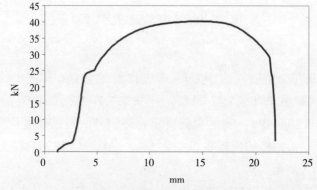

图 7.7-42　ZJ2 的拉伸结果曲线

ZJ3试验结果

试样ID：						日期：			2017-04-26	
面积：	78.07		Mm²							
原始标距：	49.9216058		mm							
屈服荷载	41.27	kN	抗拉强度	530	MPa	弹性模量	/	GPa		
下屈服荷载	21.50	kN	下屈服强度	320	MPa	Fp0.20	/	kN	Rp0.20	/	MPa
上屈服荷载	21.50	kN	上屈服强度	320	MPa	Ft0.50	/	kN	Rt0.50	/	MPa
断后伸长率	/	%								
断面收缩率	/	%								

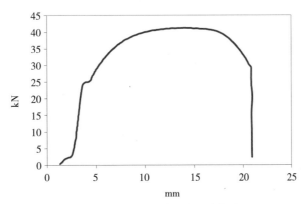

图 7.7-43　ZJ3 的拉伸试验曲线

ZJ5试验结果

试样ID：						日期：			2017-04-26	
面积：	78.07		Mm²							
原始标距：	49.9216058		mm							
屈服荷载	42.78	kN	抗拉强度	550	MPa	弹性模量	/	GPa		
下屈服荷载	25.69	kN	下屈服强度	330	MPa	Fp0.20	/	kN	Rp0.20	/	MPa
上屈服荷载	25.69	kN	上屈服强度	330	MPa	Ft0.50	/	kN	Rt0.50	/	MPa
断后伸长率	/	%								
断面收缩率	/	%								

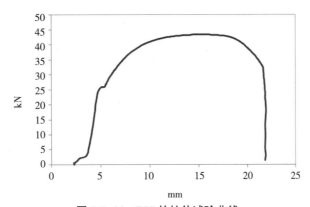

图 7.7-44　ZJ5 的拉伸试验曲线

ZJ6试验结果

试样ID：						日期：			2017-04-26	
面积：	78.07		Mm²							
原始标距：	49.9216058		mm							
屈服荷载	42.59	kN	抗拉强度	545	MPa	弹性模量	/	GPa		
下屈服荷载	28.34	kN	下屈服强度	335	MPa	Fp0.20	/	kN	Rp0.20	/	MPa
上屈服荷载	28.34	kN	上屈服强度	335	MPa	Ft0.50	/	kN	Rt0.50	/	MPa
断后伸长率	/	%								
断面收缩率	/	%								

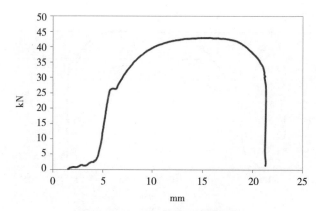

图 7.7-45　ZJ6 的拉伸试验曲线

7.7.5.2　节点ZJ2A试验报告

1. 试件设计

节点位置

选取的试件位于该项目主楼高架张拉膜雨篷结构中，具体部位如图7.7-46所示。

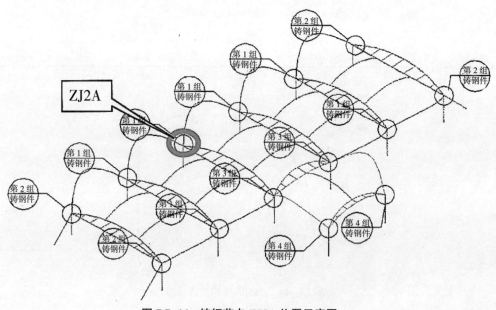

图 7.7-46　铸钢节点 ZJ2A 位置示意图

节点详图

本次主要完成ZJ2A破坏性试验，节点设计详图如图7.7-47所示。节点ZJ2A的试验件三维模型图和试件照片如图7.7-48所示。

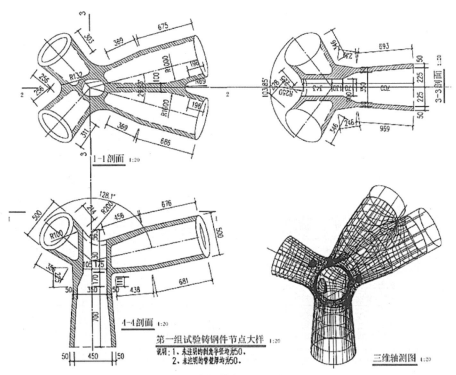

图 7.7-47　铸钢节点 ZJ2A 大样图

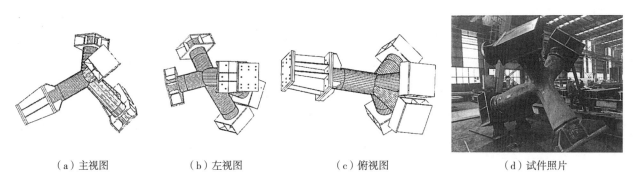

（a）主视图　　　　　　（b）左视图　　　　　　（c）俯视图　　　　　　（d）试件照片

图 7.7-48　铸钢节点 ZJ2A 详图和照片

铸钢节点设计荷载

图7.7-49给出了ZJ2A铸钢节点杆件编号示意图及三维实体图，表7.7-23给出了各节点支管长度（杆件端部至节点中心）及在最不利组合下杆件的内力（其中轴力受拉为正、受压为负，其余内力均取与3D3S单元局部坐标系同向为正，取节点中心为局部坐标系起点）。

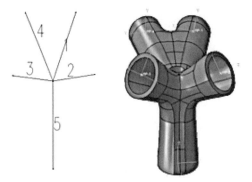

图 7.7-49　铸钢节点 ZJ2A 杆件编号示意图及三维实体图

325

ZJ2A杆件设计荷载内力（最不利组合：1.2恒载+1.4活载）　　　表7.7-23

杆件号	支管长度（mm）	N（kN）	Q_2（kN）	Q_3（kN）	T（kN·m）	M_2（kN·m）	M_3（kN·m）
ZJ2-1	1349	−194.10	47.63	4.33	8.82	−25.24	297.80
ZJ2-2	700	−106.52	1.98	9.13	2.46	−34.97	−9.13
ZJ2-3	700	−106.26	1.05	−10.36	−0.11	−44.67	−20.43
ZJ2-4	1349	−191.49	47.88	−2.71	−9.83	16.34	298.12
ZJ2-5	1000	−324.79	2.85	−200.28	−0.61	634.97	4.92

2. 加载方案

试验荷载

试验中ZJ2A的5号杆作为固定端，其余杆件端部通过轴向和横向两个千斤顶进行加载。现根据试验需要，将各杆件外伸一定尺寸，以便设置加载装置，同时消除支座、加载等装置的约束对试验部位应力分布的影响。各铸钢节点支管均为圆管，由表7.7-24可知各杆主要受到轴力和弯矩的作用。试验中通过轴向千斤顶施加各杆件轴力；通过横向千斤顶施加剪力来模拟节点实际受到的弯矩；同时剪力作用线偏离截面剪力中心一定尺寸，由此施加杆件的扭矩。

根据上文所述，试验中需要对表7.7-24中的节点力进行一定的调节。节点力调整的原则是：（1）每根杆件的试验荷载不低于原工况下杆件内力；（2）调整后节点整体内力及弯矩自平衡；（3）剪力与杆件长度之积为杆件弯矩，剪力与剪力偏心距之积为杆件扭矩。

现为检验节点ZJ2A的极限承载能力，对其进行破坏性试验，加载至节点设计荷载的3倍。表7.7-24给出了内力调整后的杆端荷载及放大3倍后的试验荷载，表7.7-25给出了破坏性试验时各节点固定端的最大反力。表中轴力受拉为正、受压为负，其余内力取与3D3S单元局部坐标系同向为正（取节点中心为局部坐标系起点）。

ZJ2A内力调整后杆端荷载及试验荷载　　　表7.7-24

杆件编号	剪力作用点至节点中心距离（mm）	调整后杆端荷载				试验荷载		
		N（kN）	Q_2（kN）	Q_3（kN）	杆端合剪力（kN）	轴力N（kN）	剪力Q（kN）	剪力偏心（mm）
ZJ2-1	1750.0	−194.000	−193.307	−16.385	194.000	−582.0	582.000	45.5
ZJ2-2	1100.0	−107.000	8.645	−33.131	34.240	−321.0	102.720	71.9
ZJ2-3	1100.0	−107.000	14.243	31.137	34.240	−321.0	102.720	0.0
ZJ2-4	1750.0	−194.000	−193.307	16.385	194.000	−582.0	582.000	50.7

试验时固定端的反力　　　表7.7-25

杆件编号	轴力（kN）	剪力（kN）	扭矩（kN·m）	弯矩（kN·m）
ZJ2-5	−1716.12	229.78	−2.37	1801

加载系统

据杆件端部加载力选择相应的千斤顶，各节点杆件端部所需千斤顶见表7.7-26。千斤顶统计表详见表7.7-27。

各节点杆端加载千斤顶规格　　　　　　　　　　表7.7-26

节点编号	杆件编号	千斤顶规格		油泵编号
		轴向	横向	
ZJ2A	ZJ2-1	200t	200t	1号油泵
	ZJ2-2	100t	32t	2号油泵
	ZJ2-3	100t	32t	2号油泵
	ZJ2-4	200t	200t	1号油泵

千斤顶规格设备统计表　　　　　　　　　　表7.7-27

节点编号	加载点数量	千斤顶	
		规格	台数
ZJ2A	8	32t	2
		100t	2
		200t	4

反力架采用上海宝冶钢构有限公司和同济大学共建的大吨位球形反力架；其内部净空直径为6m，最大加载能力为3000t，反力架的三维模型图和现场照片如图7.7-50所示。

节点的安装三维模型如图7.7-51所示，现场安装照片如图7.7-52所示。其中，5号杆件为固定端；1号杆、2号杆、3号杆、4号杆为加载杆，压力和剪力均通过千斤顶直接加载。

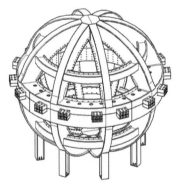

（a）三维模型图　　　　　（b）现场照片下半层

图7.7-50　反力架三维模型图和照片

图7.7-51　试件安装三维模型

（a）试件安装　　　　（b）吊装就位　　　　（c）安装千斤顶　　　　（d）试件安装完成后全貌

图7.7-52　现场安装照片

加载制度

破坏性试验的试验荷载值见表7.7–28。加载时，各个加载端I—J步进加载，试验荷载采用分级加载，由0至最大加载力均分为30级，每级荷载稳压2min后读取应变片和位移计的读数，直至加载破坏或达到最大加载能力，此时稳压3min后卸载。具体分级荷载如表7.7–28所示。

为了控制加载速度，避免因加载不均衡而导致节点产生非预测的不平衡力，试验时安排了很有经验的液压千斤顶操作人员进行等速、慢速加载，协调各个千斤顶的加载额度，使之同时达到加载额度。

ZJ2A加载制度（kN） 表7.7–28

荷载级别	ZJ2-1		ZJ2-2		ZJ2-3		ZJ2-4	
	轴力	剪力	轴力	剪力	轴力	剪力	轴力	剪力
第1级	−19.400	19.400	−10.700	−3.424	−10.700	−3.424	−19.400	19.400
第2级	−38.800	38.800	−21.400	−6.848	−21.100	−6.848	−38.800	38.800
第3级	−58.200	58.200	−32.100	−10.272	−32.100	−10.272	−58.200	58.200
第4级	−77.600	77.600	−42.800	−13.696	−42.800	−13.696	−77.600	77.600
第5级	−97.000	97.000	−53.500	−17.120	−53.500	−17.120	−97.000	97.000
第6级	−116.400	116.400	−64.200	−20.544	−64.200	−20.544	−116.400	116.400
第7级	135.800	135.800	74.900	−23.968	−74.900	−23.968	−135.800	135.800
第8级	−155.200	155.200	−85.600	−27.392	−85.600	−27.392	−155.200	155.200
第9级	−174.600	174.600	−96.300	30.816	−96.300	−30.816	−174.600	174.600
第10级	−194.000	194.000	−107.000	−34.240	−107.000	−34.240	−194.000	194.000
第11级	−213.400	213.400	−117.700	−37.664	−117.700	−37.664	−213.400	213.400
第12级	−232.800	232.800	−128.400	−41.800	−128.400	−41.800	−232.800	232.800
第13级	−252.200	252.200	−139.100	−44.512	−139.100	−44.512	−252.200	252.200
第14级	−271.600	271.600	149.800	−47.936	149.800	−47.936	−271.600	271.600
第15级	−291.000	291.000	−160.500	−51.360	−160.500	−51.360	−291.000	291.000
第16级	−310.400	310.400	−171.200	−54.784	−171.200	−54.784	−310.400	310.400
第17级	−329.800	329.800	−181.900	−58.208	−181.900	−58.208	−329.800	329.800
第18级	−349.200	349.200	−192.600	−61.632	−192.600	−61.632	−349.200	349.200
第19级	−368.600	368.600	−203.300	−65.056	−203.300	−65.056	−368.600	368.600
第20级	−388.000	388.000	−214.000	−68.480	−214.000	−68.480	−388.000	388.000
第21级	−407.400	407.400	−224.700	−71.904	−224.700	−71.904	−407.400	407.400
第22级	−426.800	426.800	−235.400	−75.328	−235.400	−75.328	−426.800	426.800
第23级	−446.200	446.200	−246.100	−78.752	−246.100	−78.752	−446.200	446.200
第24级	−465.600	465.600	−2568.000	−82.176	−2568.000	−82.176	−465.600	465.600
第25级	−485.000	485.000	−267.500	−85.600	−267.500	−85.600	−485.000	485.000
第26级	−504.400	504.400	−278.200	−89.024	−278.200	−89.024	−504.400	504.400
第27级	−523.800	523.800	−288.900	−92.448	−288.900	−92.448	−523.800	523.800
第28级	−543.200	543.200	−299.600	−95.872	−299.600	−95.872	−543.200	543.200
第29级	−562.600	562.600	−310.600	−99.296	−310.600	−99.296	−562.600	562.600
第30级	−582.000	582.000	−321.000	−102.720	−321.000	−102.720	−582.000	582.000

3. 测点布置

应变片布置

根据试验前ABAQUS有限元模拟结果，试验过程中应利用应变片测量各杆件外表面应变和节点中心域应力集中区的应变。杆件外表面的应变片采用单向应变片，位置为距离端板150mm、350mm处截面，每个圆管截面均等布置4个应变片（图7.7-53、图7.7-54）。节点中心区采用三向应变花，布置位置参考有限元试验模拟结果，对应力较大的区域监测三向应变，图7.7-55为应变片示意图。试验中的应变片数量统计表详见表7.7-29，所有应变片编号及其对应的通道号列于表7.7-30，所有应变花编号及其对应的通道号列于表7.7-31。现场测点贴片见图7.7-56。

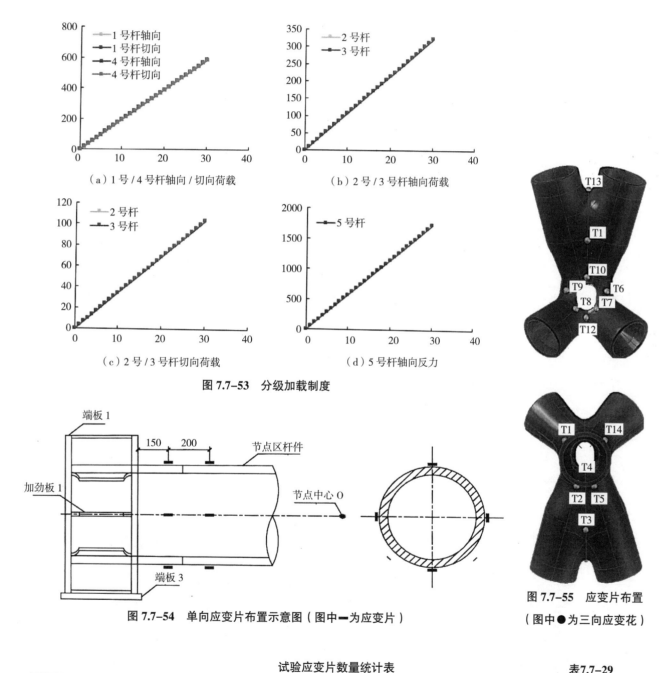

（a）1号/4号杆轴向/切向荷载　　　（b）2号/3号杆轴向荷载

（c）2号/3号杆切向荷载　　　（d）5号杆轴向反力

图7.7-53　分级加载制度

图7.7-54　单向应变片布置示意图（图中━为应变片）

图7.7-55　应变片布置
（图中●为三向应变花）

试验应变片数量统计表		表7.7-29
节点编号	单向应变片	三向应变花
ZJ2	40	14

试验应变片数量统计表 表7.7-30

杆件编号	截面编号	应变编号	应变类型	通道起止编号			
				起			止
1	A	S1~4	单向应变片	15--1	15--2	15--3	15--4
	B	S5~8	单向应变片	15--5	15--6	15--7	15--8
2	A	S9~12	单向应变片	15--9	15--10	16--1	16--2
	B	S13~16	单向应变片	16--3	16--4	16--5	16--6
3	A	S17~20	单向应变片	16--7	16--8	16--9	16--10
	B	S21~24	单向应变片	5--1	5--2	5--3	5--4
4	A	S25~28	单向应变片	5--5	5--6	5--7	5--8
	B	S29~32	单向应变片	5--9	5--10	6--1	6--2
5	A	S33~36	单向应变片	6--3	6--4	6--5	6--6
	B	S37~40	单向应变片	6--7	6--8	6--9	6--10

注：通道编号：形如"5-1"代表数据采集板的5号板的1通道。A截面：距端板150mm；B截面：距端板350mm。

应变花编号及其对应的通道号 表7.7-31

测点号	通道	测点号	通道	测点号	通道
T1-1	7--1	T6-1	11--6	T11-1	19--1
T1-2	7--2	T6-2	11--7	T11-2	19--2
T1-3	7--3	T6-3	11--8	T11-3	19--3
T2-1	7--4	T7-1	11--9	T12-1	19--4
T2-2	7--5	T7-2	11--10	T12-2	19--5
T2-3	7--6	T7-3	20--1	T12-3	19--6
T3-1	7--7	T8-1	20--2	T13-1	19--7
T3-2	7--8	T8-2	20--3	T13-2	19--8
T3-3	7--9	T8-3	20--4	T13-3	19--9
T4-1	7--10	T9-1	20--5	T14-1	19--10
T4-2	11--1	T9-2	20--6	T14-2	14--1
T4-3	11--2	T9-3	20--7	T14-3	14--2
T5-1	11--3	T10-1	20--8		
T5-2	11--4	T10-2	20--9		
T5-3	11--5	T10-3	20--10		

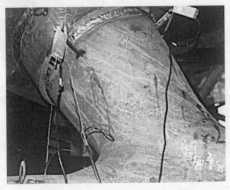 

图7.7-56 现场测点贴片

位移计布置

试验过程中在节点中心区域设置绝对位移计，用于监测节点中心位移；绝对位移计除布置在杆端外，同时布置在管口位置，布置方向沿管口主剪力方向（即主弯矩方向），除获取位移数值外，可与相对位移计得到的弯矩转角数据对比。各杆件间设置相对位移计，测量杆件间相对转角，位移计布置方式如图7.7-57所示。位移计布置的现场照片如图7.7-58所示。所有位移计编号及其对应的通道号如表7.7-32所示。

图7.7-57 位移计布置图

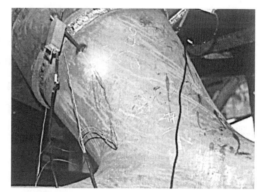

图7.7-58 现场位移计布置

位移计编号及其对应的通道号　　　　　　　　表7.7-32

杆件	位置	编号	通道号
1	切向	1	9--9
2	切向	2	9--10
3	切向	3	9--1
4	切向	4	9--4
5	切向	5	9--5
1-4节点	竖向	6	9--7
1--2	相对	7	9--2
2--3	相对	8	9--3
2--5	相对	9	9--6
4--5	相对	10	9--8

4. 试验结果

试验现象

当荷载从第1级增加至第5级，即达到0.5倍荷载设计值时，试件未出现明显的变形，也未发出任何明显响声。随着荷载分级增加，各杆件的应变线性增加，5根杆件的应变均小于屈服应变εy，处于弹性范围内；作为固定支座的5号杆，此时单侧最大应变为150με。同时节点应力集中区应变线性增加，应变最大的两个测点为T4和T6，T4测点应变为145με，T6测点应变为156με，节点域仍处于弹性范围内。各相对位移计读数仍然较小，均在0～1mm范围内；各绝对位移均在2～10mm范围之内。值得注意的是，5号杆作为固定端，绝对位移计测点位于杆件端部，其读数应近似为零，但是实际测出位移为2.5mm，这表明5号杆件端部没有达到试验要求的完全固接，而是存在水平向小位移，这说明后续分析加载杆件位移时应当考虑剔除这部分刚体位移。

当在荷载达到10级，即达到1.0倍荷载设计值时，但此时听到试验区传来"砰"的一声响声，从视频监控中发现是试件和球形反力架连接处两块连接端板接合面上受拉螺栓群发出，但是试件整体并未发出任何声响，也未见任何明显变形。5根加载杆件的应变均小于屈服应变，仍处于弹性范围内；作为固定支座的5号杆，此时单侧最大应变为288με。节点应力集中区的应变继续增大，最大值约为269με，表明节点域仍处于弹性范围内。各相对位移均较小，均在0～1mm范围内；1号杆和4号杆的绝对位移最大，最大达21mm。

当荷载达到16级，即达到1.6倍荷载设计值时，试验区传来"砰砰砰"的连续三声响声，从视频监控中发现仍是试件和球形反力架连接处两块连接端板接合面上受拉螺栓群发出，但是试件整体并未发出任何声响，也未见任何明显变形。所有杆件均处于弹性状态。节点应力集中区的应变继续增大，最大值达到了417με，表明节点域仍处于弹性范围内。各相对位移计读数仍较小，均在0～2mm范围内；1号杆的绝对位移达到29mm。

当荷载达到23级，即达到2.3倍荷载设计值时，试验区传来"砰砰砰砰"的连续四响声，从视频监控中发现仍是试件和球形反力架连接处两块连接端板接合面上受拉螺栓群发出，但是试件整体并未发出任何声响，也未见任何明显变形。所有杆件均处于弹性状态，作为固定支座的5号杆，此时单侧最大应变为621με。节点应力集中区的应变继续增大，最大值达577με，表明节点域仍处于弹性范围内。各相对位移计读数仍较小，均在0～3mm范围内；1号杆的绝对位移达到38mm。

当荷载达到30级时，即达到本次试验目标荷载3倍荷载设计值时，所有杆件均处于弹性状态，5号杆四周应变在327～734με范围之内。节点应力集中区的应变继续增大，最大值达到了753με，表明节点域处于弹性范围内。各相对位移计读数仍较小，均在1～3mm范围内；1号杆的绝对位移达到44mm。于是接下来开始卸载，在大约5min内，荷载缓慢卸至零。卸载后观察试件发现，节点域未发生明显变形，各根杆件也均未发生明显变形。图7.7-59给出了卸载后的部分照片。

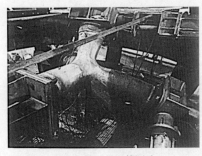  

（a）卸载后的整体图片　　（b）节点域局部无明显变形　　（c）杆件无明显变形

图7.7-59　卸载后的试件照片

荷载应变曲线

图7.7-60给出了1号杆的荷载级数-应变曲线，图中横轴为1号杆上B截面的4个应变片，纵轴为荷载级数。每号杆总共贴了8个应变片，其中A截面应变片读数基本为零，以下各杆件均仅对B截面应变进行分析，因此给出了B截面的4个应变片读数，从图T20可以看出，随着荷载分级增加，各应变线性增加，弯矩产生的应力占主要部分。在第30级荷载时，1号杆件的最大应变达到了-187με，仍在弹性范围内。

图7.7-61给出了2号杆件的荷载级数-应变曲线，在第30级荷载时，2号杆件的最大应变达到了-99με，仍在弹性范围内。

在图7.7-62中，应变片5-2和5-4损坏。此次试验中2号杆和3号杆均关于节点对称轴形状对称，所施加的荷载也近似对称，杆件应变片贴片位置对称，因而2号杆和3号杆的应变近似相等，因而3号杆轴力产生的应力也占主要部分。在第30级荷载时，3号杆的最大应变达到了-134με。

从图7.7-63可以看出，随着荷载分级增加，各应变随之增加，且基本关于纵轴对称，这表明弯矩产生的应力占主要部分。此次试验中1号杆和4号杆均关于节点对称轴形状对称，所施加的荷载也近似对称，杆件应变片贴片位置对称，因而1号杆和4号杆的应变近似相等。在第30级荷载时，4号杆件的最大应变达到了308με，仍在弹性范围内。

在图7.7-64中，应变15-5和应变15-7、应变15-6和应变15-8基本关于纵轴对称，这表明弯矩产生的应力占主要部分。在第30级荷载时，5号杆件的最大应变达到了734με，远低于屈服应变。

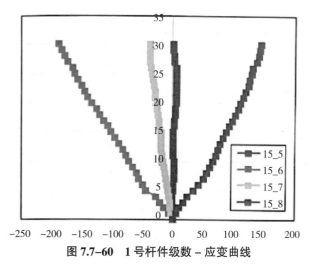

图 7.7-60　1号杆件级数 – 应变曲线

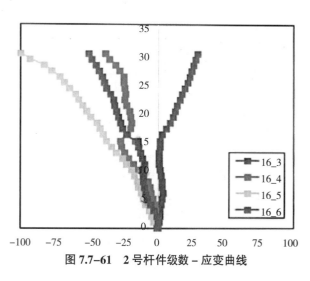

图 7.7-61　2号杆件级数 – 应变曲线

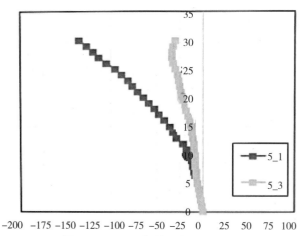

图 7.7-62　3号杆件级数 – 应变曲线

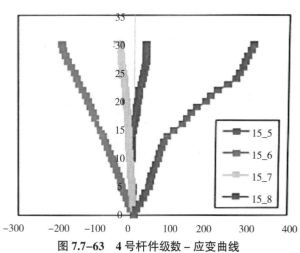

图 7.7-63　4号杆件级数 – 应变曲线

图7.7-65给出了节点域应力集中部位的应变随着荷载级数的变化曲线，应变花的位置如图7.7-65所示，其中应变花T8、T11～T14损坏。各测点处应变采用如下的三向应变花的应变强度计算公式：

$$\varepsilon_1 = \frac{1}{1.3\sqrt{2}}\sqrt{2.78\varepsilon_0^2 + 2.78\varepsilon_{90}^2 - 0.44\varepsilon_0\varepsilon_{90} + 1.5(\varepsilon_0 - 2\varepsilon_{45} + \varepsilon_{90})^2} \qquad (7.7-1)$$

从图中可以看出，节点域应力集中区各测点应变随荷载级数增加均成线性增加，其中T4、T6、T9应变较大，最大达到753με，表明节点中心应力集中现象非常明显，但仍处于弹性范围内。

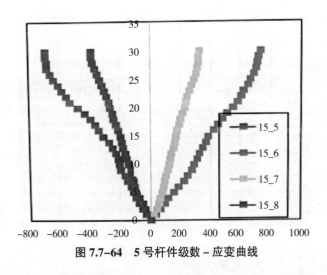

图 7.7-64　5号杆件级数 – 应变曲线

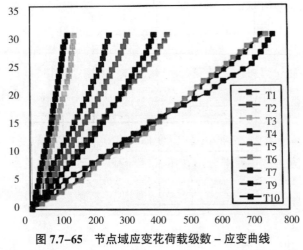

图 7.7-65　节点域应变花荷载级数 – 应变曲线

荷载位移曲线

图7.7-66给出了各杆件绝对位移随着荷载级数的变化曲线，其中3号杆绝对位移计数据异常，在此剔除。横轴为位移计的读数，纵轴为荷载级数。从图7.7-66可以看出，在第1级～第13级荷载时，各杆件绝对位移基本呈线性增长，最大位移测量值为44mm，5号杆件端位移12mm，计算得其实际最大变形为19mm。从图7.7-67可以看出节点各杆件的相相对位移极小，均不足3mm，表明节点整体变形很小。

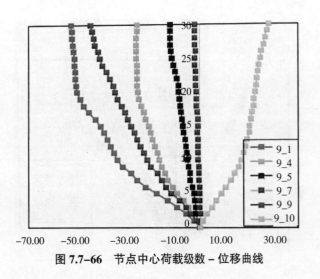

图 7.7-66　节点中心荷载级数 – 位移曲线

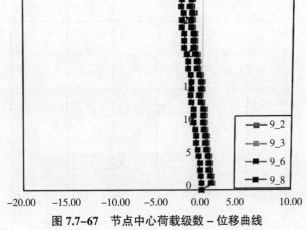

图 7.7-67　节点中心荷载级数 – 位移曲线

小结

根据已经完成的ZJ2A节点试验，可以得出如下基本结论：

（1）在第5级，即荷载达到0.5倍设计荷载时，节点无明显变形，节点域的最大应变为150με，远低于屈服应变。

（2）在第10级，即荷载达到1.0倍设计荷载时，节点无明显变形，节点域的最大应变为269με，远低于屈服应变；

（3）在第23级，即荷载达到2.3倍设计荷载时，节点无明显变形，节点未达到极限承载力，仍可安全的继续承载；节点域的最大应变为577με，远低于屈服应变；

（4）在第30级，即荷载达到3.0倍设计荷载时，节点无明显变形，节点未达到极限承载力，仍可安全的继续承载；节点域的最大应变为753με，远低于屈服应变；

（5）卸载完成后，试件没有明显的变形，节点域完好无损，节点整体存在微小的刚体位。

5. 设计荷载下的有限元分析

数值模型

本节采用通用有限元软件ABAQUS对设计荷载下的铸钢节点ZJ2A进行数值分析。有限元模型选用四面体C3D10I单元，有限元模型选用四面体C3D10I单元，有限元中的几何模型以及网格划分如图7.7-68所示。

有限元模型中本构关系采用双折线模型。铸钢材性参照《焊接结构用铸钢件》GB/T 7659-2010中的ZG270-480H，取f_y=270MPa，f_u=480MPa，E=2.10×10⁵MPa，泊松比0.3，断后伸长率20%。有限元中节点材料本构关系输入如图7.7-69所示。根据铸钢节点材性试验结果，以上取值均偏于安全。

在节点ZJ2A有限元模型中，对ZJ2A-5杆端施加固定约束，施加约束的方式如图7.7-70所示；其余杆件端部建立与3D3S模型中相同的局部坐标系，并设置参考点并与杆件截面耦合。在参考点处施加荷载，施加荷载的方式如图7.7-71所示，表7.7-33给出了有限元模型中局部坐标系下的杆端荷载。

（a）几何模型

（b）网格划分图

**图7.7-68　铸钢节点 ZJ2A
有限元模型**

图7.7-69　铸钢节点 ZJ2A 本构关系

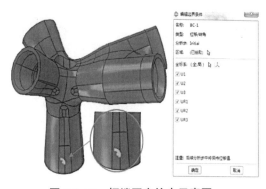

图 7.7-70　杆端固定约束示意图

图 7.7-71　杆端荷载示意图

有限元模型中局部坐标下的杆端荷载 表7.7–33

杆件编号	N（kN）	Q_2（kN）	Q_3（kN）
ZJ2–1	–582	–579.921	–49.155
ZJ2–2	–321	–25.935	–99.393
ZJ2–2	–321	–42.729	–93.411
ZJ2–3	–582	–579.921	49.155

分析结果

（1）1.0倍设计荷载作用下的分析结果

1.0倍设计荷载下有限元模型的计算结果如图7.7–72所示。由图可知，节点ZJ2A在经过调整平衡的内力标准值作用下，最大Mises应力为144.3MPa，节点的最大空间位移约为3.769mm。

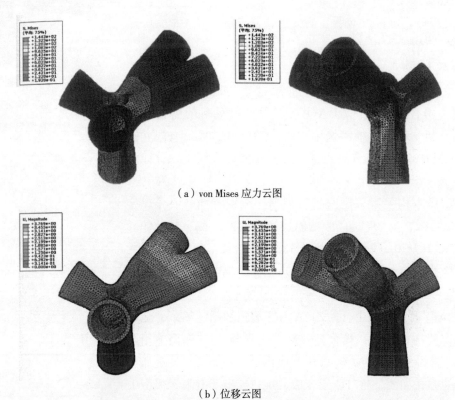

（a）von Mises 应力云图

（b）位移云图

图 7.7–72 ZJ2A 在 1.0 倍设计荷载作用下的分析结果

（2）1.3倍设计荷载作用下的分析结果

1.3倍设计荷载下有限元模型的计算结果如图7.7–73所示。可知，在1.3倍设计荷载下，节点ZJ2A最大Mises应力为187.7MPa，节点的最大空间位移4.904mm。

（3）3倍设计荷载作用下的分析结果

3倍设计荷载下有限元模型的计算结果如图7.7–74所示。由图可知，在1.3倍设计荷载下，节点ZJ2A最大Mises应力为273.0MPa，刚达到材料的屈服强度，节点仅小部分区域进入塑性，尚能继续承载。此时节点的最大空间位移为12.98mm。

（4）极限承载力

为了得出节点的承载力安全系数，进行了极限承载力分析。当加载到4.01倍荷载时，程序不收敛，

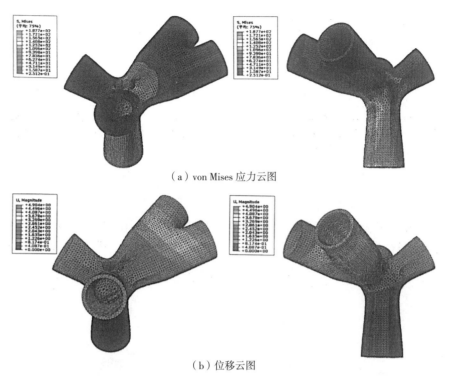

（a）von Mises 应力云图

（b）位移云图

图 7.7-73 ZJ2A 在 1.3 倍设计荷载作用下的分析结果

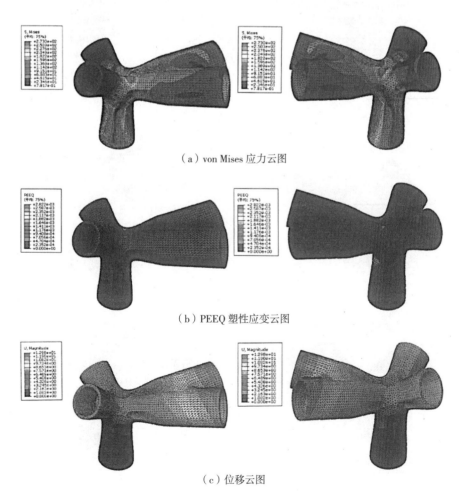

（a）von Mises 应力云图

（b）PEEQ 塑性应变云图

（c）位移云图

图 7.7-74 ZJ2A 在 3 倍设计荷载作用下的分析结果

此时节点达到承载力极限状态。4.01倍设计荷载下有限元模型的计算结果如图7.7-75所示。在4.01倍设计荷载下，节点ZJ2A最大Mises应力为330.3MPa，超过了材料的屈服强度，节点出现了大面积的塑性区，已无法继续承载。此时节点的最大空间位移为174.7mm。

6. 试验荷载下的有限元分析

数值模型

本节采用通用有限元软件ABAQUS对试验荷载下的铸钢节点ZJ2A进行数值分析。试验中根据试验需要，将各杆件外伸一定尺寸，以便设置加载装置，同时消除支座、加载等装置的约束对试验部位应力分布的影响。有限元模拟中，按刚度等效原则添加了外伸杆件用于模拟连接件和固定支座。有限元模型选用四面体C3D10I单元，有限元中的几何模型以及网格划分如图7.7-76所示。

有限元模型中本构关系采用双折线模型。铸钢材性参照《焊接结构用铸钢件》GB/T 7659–2010 ZG270-480H，取f_y=270MPa，f_u=480MPa，E=2.10×10^5MPa，泊松比0.3，断后伸长率20%。有限元中节点材料本构关系输入如图7.7-77所示。根据本报告第1部分：铸钢节点材性试验的结果，以上取值均偏于安全。

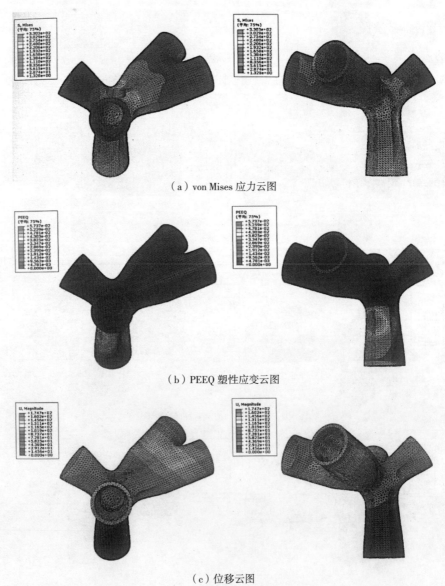

（a）von Mises 应力云图

（b）PEEQ 塑性应变云图

（c）位移云图

图7.7-75 ZJ2A 在 4.01 倍设计荷载作用下的分析结果

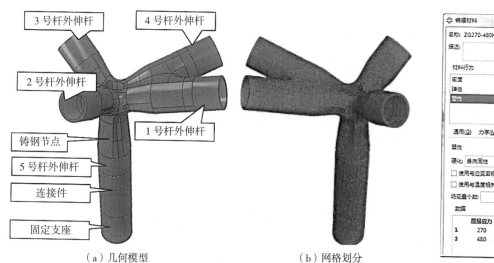

（a）几何模型　　　　（b）网格划分

图 7.7-76　铸钢节点 ZJ2A 有限元模型

图 7.7-77　铸钢节点 ZJ2A 本构关系

在节点ZJ2A有限元模型中，对ZJ2A-5杆端施加固定约束，施加约束的方式如图7.7-78所示；其余杆件端部建立与3D3S模型中相同的局部坐标系，并设置参考点并与杆件截面耦合。在参考点处施加荷载，施加荷载的方式如图7.7-79所示，表7.7-34给出了有限元模型中局部坐标系下的杆端荷载。

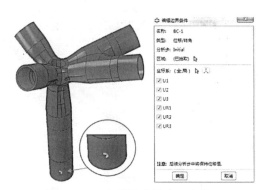

图 7.7-78　杆端固定约束示意图

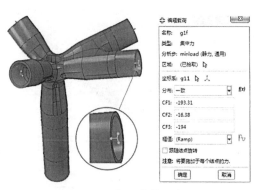

图 7.7-79　杆端荷载示意图

ZJ2A有限元模型中局部坐标下的杆端荷载　　　　　　　　表7.7-34

杆件编号	N（kN）	Q_2（kN）	Q_3（kN）
ZJ2-1	-582	-579.921	-49.155
ZJ2-2	-321	-25.935	-99.393
ZJ2-2	-321	-42.729	-93.411
ZJ2-3	-582	-579.921	49.155

分析结果

破坏性试验的最大荷载为设计荷载的3倍，3倍设计荷载下有限元模型的计算结果如图7.7-80所示。可知，在3倍设计荷载下，节点ZJ2A最大Mises应力为326.4MPa，节点的最大空间位移46.7mm。图7.7-81给出了T9和T5应变片布置处的数值结果和试验的荷载级别—应变曲线，图中横轴为应变（με），纵轴为荷载级别，从图中可以看到上述有限元分析结果与试验结果吻合较好。图7.7-82给出了1号杆端和2号杆端的数值结果和试验的荷载级别—位移曲线，图中横轴为位移（mm），纵轴为荷载级别，从图中可以看到上述有限元分析结果与试验结果吻合较好。

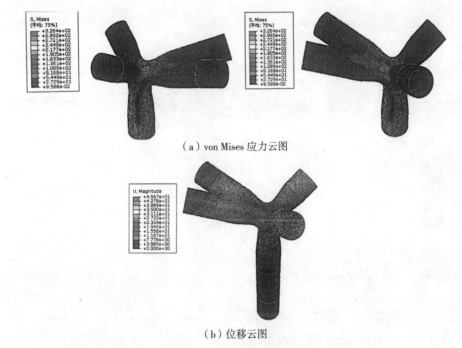

（a）von Mises 应力云图

（b）位移云图

图 7.7-80　ZJ2A 在第 30 级试验荷载作用下的分析结果

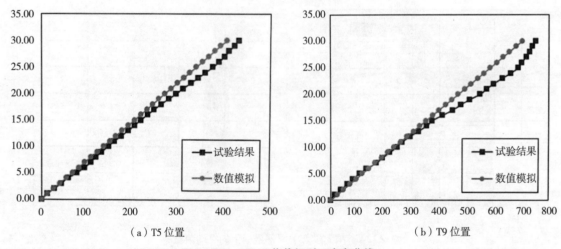

（a）T5 位置　　　　　　　　　　　　　（b）T9 位置

图 7.7-81　ZJ2A 荷载级别—应变曲线

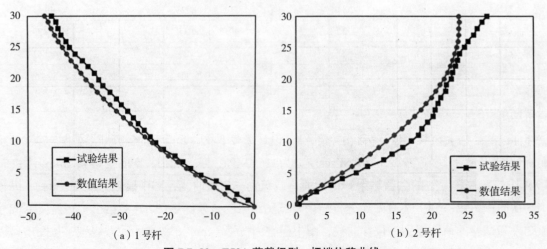

（a）1 号杆　　　　　　　　　　　　　（b）2 号杆

图 7.7-82　ZJ2A 荷载级别—杆端位移曲线

7. 小结

节点ZJ2A在荷载达到第30级试验荷载时，节点无明显变形，节点未达到极限承载力，仍可安全的继续承载；节点域的最大应变为753με；5号杆四周应变在327με～734με范围之内；1号加载杆和4号加载杆四周应变在–187με～308με范围之内；2号加载杆和3号加载杆四周应变在–134με～30με范围之内。节点域和所有杆件均处于弹性状态，最大应变远低于屈服应变。卸载完成后，试件没有明显的变形，节点域完好无损。

设计荷载下的有限元分析结果表明，在3倍设计荷载作用下，节点ZJ2A的最大Mises应力为273.0MPa，刚达到材料的屈服强度，节点仅小部分区域进入塑性，尚能继续承载。此时节点的最大空间位移为12.98mm。

试验荷载下的有限元分析结果表明，在第30级试验荷载作用下，节点ZJ2A的最大Mises应力为326.4MPa，节点的最大空间位移46.7mm。上述有限元分析结果与试验结果吻合较好。证明了试验的可靠性。

7.7.5.3 节点ZJ2B试验报告（节选）

1. 试件设计

节点位置

选取的试件位于该项目主楼高架张拉膜雨棚结构中，具体部位如图7.7-83所示。

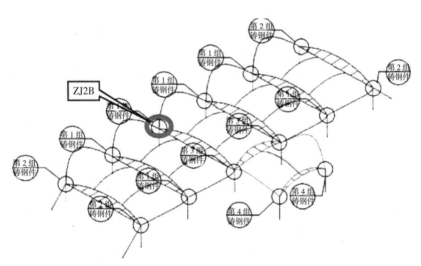

图7.7-83 铸钢节点 ZJ2B 位置示意图

节点详图

本次主要完成ZJ2A破坏性试验，节点设计详图如图7.7-84所示。

7.7.5.4 结论

1. 材性试验结论

铸钢件的名义屈服强度均大于270MPa，平均值为338.75MPa，满足规范要求；铸钢件的拉断强度均大于480MPa，平均值为549.5MPa，满足规范要求；铸钢件的延伸率均大于20%，平均值为28.375%，满足规范要求；室温下冲击韧性功均大于40J，满足规范要求。

铸钢件的C含量、Si含量、Mn含量均满足规范要求；杂质硫S和磷P的含量均满足规范要求。

2. 节点ZJ2A试验结论

节点ZJ2A在荷载达到第30级试验荷载时，节点无明显变形，节点未达到极限承载力，仍可安全的

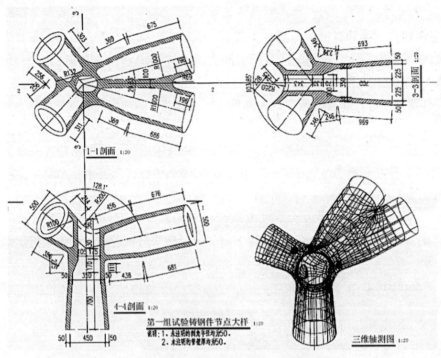

图 7.7-84　铸钢节点 ZJ2B 大样图

继续承载；节点域的最大应变为753με；5号杆四周应变在327～734με范围之内；1号加载杆和4号加载杆四周应变在-187～308με范围之内；2号加载杆和3号加载杆四周应变在-134～30με范围之内。节点域和所有杆件均处于弹性状态，最大应变远低于屈服应变。卸载完成后，试件没有明显的变形，节点域完好无损。

设计荷载下的有限元分析结果表明，在3倍设计荷载作用下，节点ZJ3A的最大Mises应力为273.0MPa，刚达到材料的屈服强度，节点仅小部分区域进入塑性，尚能继续承载。此时节点的最大空间位移为12.98mm。

试验荷载下的有限元分析结果表明，第30级试验荷载作用下，节点ZJ2A的最大Mises应力为326.4MPa，节点的最大空间位移为46.7mm。上述有限元分析结果与试验结果吻合较好。证明了试验的可靠性。

3. 节点ZJ2A试验结论

节点ZJ2B在荷载达到第13级试验荷载时多节点无明显变形，节点未达到极限承载力，仍可安全的继续承载；节点域的最大应变为444με；5号杆四周应变在-347～598με范围之内；1号加载杆和4号加载杆四周应变在-89～64με范围之内；2号加载杆和3号加载杆四周应变在-29～92με范围之内。节点域和所有杆件均处于弹性状态，最大应变远低于屈服应变。卸载完成后，试件没有明显的变形，节点域完好无损。该节点在试验完成后可直接用于本实际工程项目。

设计荷载下的有限元分析结果表明了在1.3倍设计荷载作用下，节点ZJ2B的最大Mises应力为205.7MPa，尚未达到材料的屈服强度，节点域尚未进入塑性，能继续承载，安全余量很足。此时节点的最大空间位移为5mm。

试验荷载下的有限元分析结果表明，在第13级试验荷载作用下，节点ZJ2B的最大Mises应力为252.0MPa，节点的最大空间位移33.8mm。上述有限元分析结果与试验结果吻合较好。证明了试验的可靠性。

7.8 本章小结

通过对膜结构的初始找形、荷载态分析、节点有限元分析及节点试验分析等全过程计算分析，得出以下结论：

（1）设计结果符合规范要求，满足实际工程需求。

（2）铸钢节点多，外观造型复杂，同时节点内穿雨水管，内防腐技术复杂，防腐效果明显，适合实际应用。

（3）验证了铸钢节点在设计条件下的安全性能和使用性能；

（4）通过节点的弯矩——转角曲线，判断了节点的刚接性能；

（5）节点试验结果与有限元分析结果对比分析，验证有限元结果的正确性与适用性，减少节点试验数量降低工程造价。

（6）以试验成果为依据，指导其余节点的设计，达到节点受力合理、安全、经济适用的目标；

8 指廊与登机桥结构设计

8.1 概况

二号楼新建东西各三条指廊，即东四～东六指廊和西四～西六指廊，含东连接指廊、西连接指廊、北指廊和58条登机桥，总建筑面积26.7万m²，总屋面面积13.9万m²。东、西指廊屋面平面对称，楼层层数不同，东指廊为三层建筑（局部四层），西指廊为二层建筑。建筑高度约30m（图8.1-1）。

登机桥为航站楼主要构成部分，除了作为旅客正常登机和达到的作用外，还肩负着整个航站楼的疏散功能。

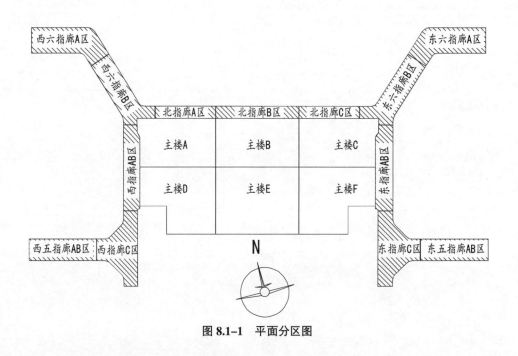

图8.1-1 平面分区图

8.2 荷载作用取值及结构材料

屋面上弦恒载取值：屋面体系（含主次檩条、压型钢板、屋面板及其附属材料）取0.5kN/m²、天窗重取1.2kN/m²、结构构件自重由程序自动计算确定（由于主要为网架结构，考虑球节点自重35%、钢网架杆件自重系数取1.35）。

屋面下弦弦恒载取值：吊顶取0.5kN/m²、马道取2kN/m²（折算网格荷载）。

屋面活载取值：屋面取0.7kN/m²（考虑部分设备吊重），天沟取4.5kN/m²（折算网格荷载），马道取0.6kN/m²（折算网格荷载）。

风荷载取值：风洞试验基本风压0.50kN/m²实施，屋面静风荷载取值按《新白云国际机场二号航站楼风振分析报告》（报告编号：GD12W44-2）第3.2条结构等效静风荷载，幕墙静风荷载取值按《新白云国际机场二号航站楼立面与膜结构雨棚风荷载补充说明》中的静风荷载（幕墙竖向荷载由混凝土承受，只通过二力杆正对节点水平传递水平荷载于钢结构网架上）。由于风洞试验结构屋面静风荷载基本为风吸力，考虑结构不利因素，屋面静风荷载每个角度增加一种0.60kN/m²的风压力静风荷载计算，幕墙的静风荷载取值不变。

8.3 基础设计

工程场地自上而下的土层结构分别为人工填土、粉质黏土、淤泥质黏土、黏土、粉细砂、中粗砂、黏土、砾砂、圆砾、黏土、中（微）风化灰岩。岩体较完整，为场地内的稳定基岩，所有钻孔揭露到此层，顶面埋藏深度为10.60～67.40m，相当于标高-50.39～1.70m。试验统计的天然湿度单轴抗压强度标准值为50.6～51.7MPa，地质勘探报告推荐单轴抗压强度标准值取35MPa，考虑到桩身施工质量和溶岩地区溶洞、土洞的影响，设计最终取单轴抗压强度标准值为30MPa。

指廊主要结构的基础采用冲孔灌注嵌岩桩基础，桩径为ϕ800～1400mm，桩身混凝土C35，以微风化灰岩作为桩端持力层，嵌岩桩全截面嵌入完整的微风化石灰岩1d（d为桩径），桩净长18～68m，单桩竖向抗压承载力特征值为3750～12000kN，抗拔桩（ϕ800mm）单桩竖向抗拔承载力特征值为1000kN，一般采用单柱单桩布置。

地下设备管沟和登机桥采用ϕ500×100静压PHC管桩（A型）基础。地下设备管沟基桩设计成摩擦型桩，以黏土、砾砂作为桩端持力层；登机桥基桩设计成摩擦端承桩，桩端持力层为灰岩顶面。单桩竖向抗压承载力特征值取600kN，单桩竖向抗拔承载力特征值取250kN，有效桩长15～32m。

场地内不良地质作用主要为溶洞、土洞。溶洞属于覆盖型岩溶，土洞见洞隙率为5.3%，溶洞钻孔见洞隙率为29.3%，岩溶中等发育，详勘钻孔所揭露到的土洞、溶洞中，土洞揭露洞高1.80～18.20m，溶洞揭露洞高0.20～18.10m，主要呈半充填状态，少量无充填、全充填状态。冲孔灌注桩施工遇到土洞、溶洞或溶沟槽时，采用抛填泥块或袋装黏土填充土洞，抛填泥块的同时抛填片石填充溶洞。遇较大溶洞时，冲孔过程中采用钢护筒，避免因为溶洞造成塌孔。

冲孔桩每桩均作超前钻，以确保桩端以下微风化石灰岩的厚度≥3d且≥5m。对于ϕ800mm桩，每桩做一孔超前钻，ϕ1000mm及ϕ1200mm桩每桩做二孔超前钻，ϕ1400mm桩每桩做三孔超前钻，超前钻均需要进入完整的微风化岩8～9m。冲孔灌注桩检测采用静载承载力试验（抗压、抗拔）、钻芯法桩身检验、高应变法桩检测、低应变法桩检测及声波透射法桩检测，通过多种检测方法确保桩身质量和单桩承载力。PHC管桩采用低应变法桩检测及静载（抗压、抗拔）承载力试验。

8.4 指廊结构设计

8.4.1 指廊混凝土结构

指廊楼层结构采用钢筋混凝土框架结构体系，框架梁采用有粘结预应力混凝土梁，纵向次梁采用无粘结预应力混凝土梁，支承钢屋盖的顶层大柱采用混凝土圆柱（西指廊为部分预应力混凝土圆柱）。指廊南北向总长约660m，东西向总长约1100m，为超长结构，地上混凝土结构采用100mm宽结构缝将指廊分成13个结构单元（分缝位置及单元划分如图8.1-1所示），采用双柱分缝方案，单元最大长度196.8m。结构单元典型的结构布置型式为长廊式结构（图8.4-1），东（西）指廊C区为"T"形平面过渡结构单元（图8.4-2）。

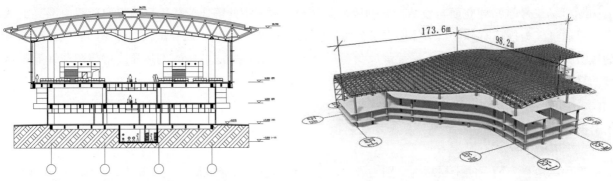

图 8.4-1 指廊建筑剖面图（东五 AB 区）　　　　　图 8.4-2 东（西）指廊 C 区轴测图

柱网尺寸为9m、12m和18m，框架柱截面为ϕ700 ~ ϕ1600（mm），横向框架梁截面为1000 ~ 1200 × 1000（mm），纵向框架梁截面为500 ~ 600 × 1000（mm），次梁截面为300 ~ 500 × 800 ~ 900（mm）。楼盖（包括首层）采用多跨连续单向板，板厚120mm，支承于纵向次梁。混凝土强度等级为C40，钢筋强度等级为HRB400，预应力钢绞线极限强度标准值为1860MPa。

8.4.2　指廊钢屋盖结构

指廊屋盖为超长结构，采用100mm宽结构缝分为13个结构单元，分缝位置与混凝土结构一致，采用跨中双悬挑方案。屋盖采用正交正放四角锥焊接球曲面网架结构体系，钢网架屋盖支承在两列顶层大柱上，两端悬挑约5 ~ 10m，顶层大柱最大柱跨（横向）45m，柱距（纵向）18m。东（西）指廊AB区和东（西）指廊C区陆侧落地单层网壳幕墙骨架上端与屋盖主体连成整体，参与主体结构受力。

网架厚度2.6m，悬臂段逐渐减薄。由于航管控制塔的视线要求，东六指廊网架厚度减薄为2.2m。网架的典型网格尺寸为3m × 3m。长廊式结构单元网架横向弦杆为ϕ133 × 5 ~ ϕ180 × 12（mm），纵向弦杆网架的杆件为ϕ60.3 × 5 ~ ϕ114 × 5（mm），腹杆为ϕ60.3 × 5 ~ ϕ114 × 5（mm）。"T"形平面过渡结构单元弦杆为ϕ60.3 × 5 ~ ϕ159 × 8（mm），腹杆为ϕ60.3 × 5 ~ ϕ114 × 5（mm）。焊接空心球为ϕ220 × 8 ~ ϕ700 × 25（mm），球直径≥350mm时采用加肋空心球，ϕ700mm空心球为削冠空心球。

网架整体可区分为三种：1. 规则形体（图8.4-3）；2. 异形形体（图8.4-4）；3. 结合山墙结构的混合网架结构（图8.4-5）。

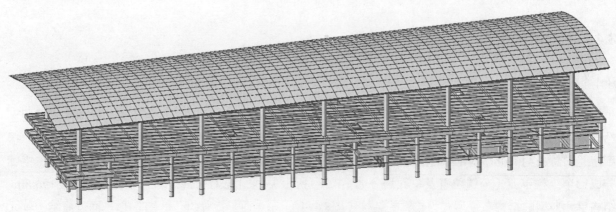

图 8.4-3　规则网架轴测示意图

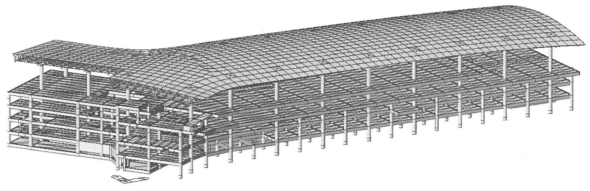

图 8.4-4 异形网架轴测示意图

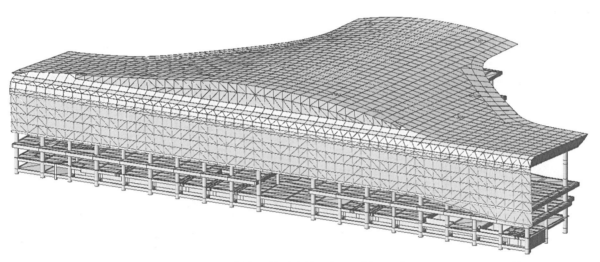

图 8.4-5 结合山墙结构的混合网架轴测示意图

8.4.3 指廊顶层侧移比

机场指廊顶层层高比较高，内柱被抽掉，形成空旷的大空间，外排柱上端与钢屋盖铰接，为排架柱，受力和框架和单层排架结构不同。指廊顶层为较为空旷的大空间，内隔墙高度不到顶，墙高通常只有柱高的1/3～1/2，为非全高填充墙排架结构，层间侧移角小于排架的层间位移角。外墙采用幕墙系统，具有较好的变形性能。

如果套用现行规范关于框架的层间位移角限值进行设计，指廊顶层的层间位移角难以满足要求，或导致柱断面较大。因此进行了"顶层大空间混凝土排架柱层间位移角限值"的专门研究，对于混凝土圆形排架柱，主要结论如下：

（1）钢筋混凝土圆形排架柱的最大裂缝宽度随着层间位移角的增大而线性增大，按强度配筋时最大裂缝宽度均超过0.42mm，超过GB 50011的最大裂缝宽度限值，由最大裂缝宽度验算控制配筋。增大钢筋实配钢筋超配系数η可以减小钢筋混凝土圆形排架柱的最大裂缝宽度，但仍然无法满足GB 50011的最大裂缝宽度限值要求。采用部分预应力设计的钢筋混凝土圆形排架柱可显著减小裂缝宽度，并满足GB 50011的裂缝宽度限值要求；

（2）层间位移角限值受隔墙、幕墙等非结构构件的影响比较大，尤其是脆性材料隔墙的层间位移角限值比较小。当顶层内隔墙不到顶时，顶层内隔墙侧移角折减系数ξ_w随着顶层内隔墙高度系数β的减小而减小，随着转动影响系数κ值的增大而减小。

顶层高大空间混凝土排架柱的层间位移角相比框架结构可适当增大，但首先要考虑对隔墙、幕墙等非结构构件的影响，可考虑不到顶隔墙的侧移角折减，也可采用钢龙骨轻质隔墙、柔性连接墙体、与主体结构简支连接的幕墙等措施；其次，需补充风和常遇地震作用下的混凝土排架柱的短期裂缝宽度验算，必要时通过增配钢筋和采用部分预应力混凝土技术提高裂缝控制性能。

西指廊为二层结构，顶层大空间层高17942mm，顶层内隔墙高度4500mm，下部框架层高4500mm，为三跨单层框架，跨度12000mm，顶层排架柱及框架边柱截面为ϕ1600mm，框架中柱截面为ϕ1000mm，顶层框架梁截面为1300×1000mm，梁柱混凝土强度等级均为C40。排架柱配置32ϕ40钢筋和6×7BϕS有粘结预应力筋，预应力筋采用1860级ϕ15.2mm钢绞线（图8.4-6）。

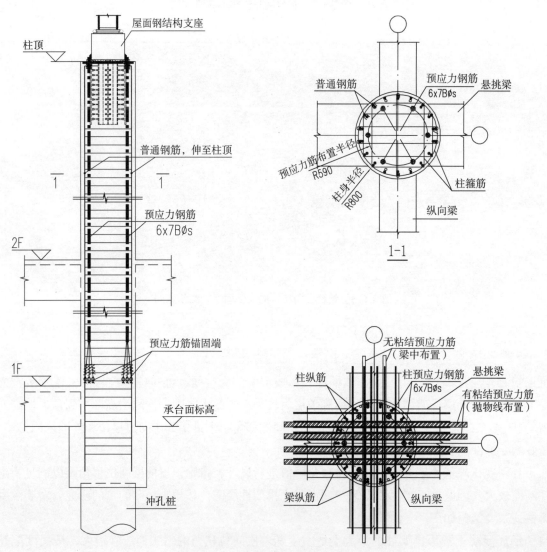

图8.4-6 西指廊预应力混凝土排架柱

顶层内隔墙侧移角与顶层柱侧移角的关系为：

$$\frac{\Delta_{\mathrm{w}}}{h_{\mathrm{w}}} = \xi_{\mathrm{w}} \frac{\Delta}{h_{\mathrm{t}}}$$（8.4-1）

$$\xi_{\mathrm{w}} = 1 - \frac{\kappa\left(2 - 3\beta + \beta^2\right)}{2}$$（8.4-2）

式中，ξ_w为顶层内隔墙侧移角折减系数；Δ为排架顶点水平位移；h_t为顶层柱高度；Δ_w为顶层隔墙顶部水平位移；h_w为顶层内隔墙高度；$\beta=h_w/h_t$，为顶层内隔墙高度系数；κ为转动影响系数。

对于西指廊，$\beta=0.251$，$\kappa=0.829$，5由公式8.4-2可得西指廊顶层内隔墙侧移角折减系数$\xi_w=0.457$。砌体内隔墙的层间位移角限值为1/500，可得到相应的顶层排架柱层间位移角限值为1/229。

幕墙采用与结构简支的玻璃幕墙体系，不受主体结构变形的影响。或采用延性的金属幕墙体系，欧洲抗震规范EN 1998-1：2004规定，若采用延性材料非结构构件时，层间位移角限值为0.0075（地震平均重现期95年，换算为地震平均重现期50年时约为1/200）。

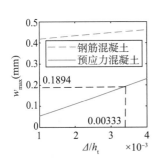

图8.4-7 排架柱最大裂缝宽度与层间位移角关系

西指廊顶层混凝土排架柱裂缝宽度与层间位移角的关系如图8.4-7所示，若采用钢筋混凝土柱并按强度配筋，裂缝宽度达到0.42～0.46mm，不满足现行混凝土规范要求，适当增大实配钢筋超配系数并采用部分预应力混凝土柱后，裂缝宽度显著减小，当层间位移角为1/300时，最大裂缝宽度为0.1894mm＜0.2mm，满足现行混凝土规范规定的一类环境下预应力混凝土构件的最大裂缝宽度限值要求。

因此指廊顶层排架柱的层间位移角限值取1/300。

8.4.4 结构计算

网架构件的应力比控制在0.85以内，典型网架的钢结构杆件应力比验算结果如图8.4-8所示，山墙的钢结构杆件应力比结果如图8.4-9所示。网架的竖向挠度由静力工况恒活控制，如图8.4-10所示。以上述结果看，网架结构的各项设计指标均能较好地满足相关规范的要求，荷载标准值（DL+LL）作用下最大挠度为1/434＜1/250，风荷载标准值作用下最大顶点位移为1/568＜1/500。

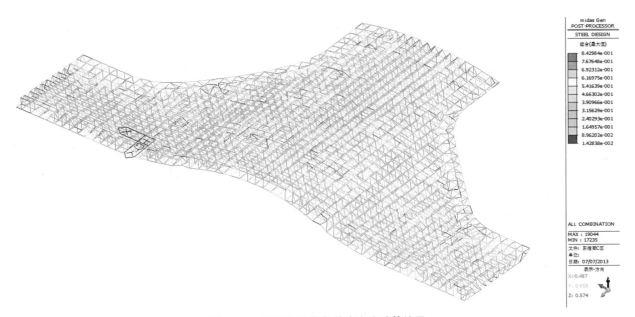

图8.4-8 网架钢结构杆件应力比验算结果

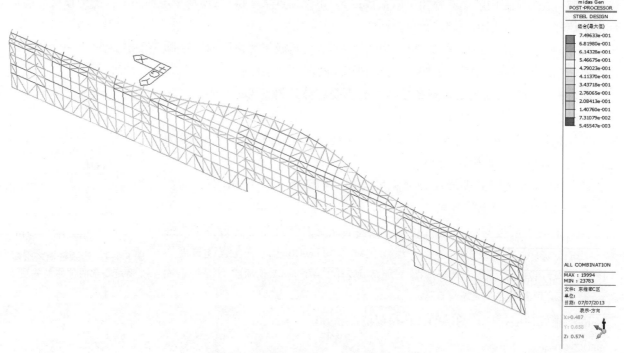

图 8.4-9　山墙钢结构杆件应力比验算结果

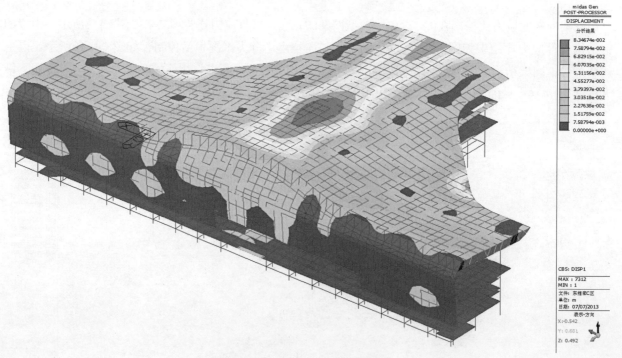

图 8.4-10　D+L 工况下竖向位移

8.4.5　节点设计

指廊网架支座节点均采用固定球铰支座（图8.4-11），拔力较小的支座采用抗震型球型支座（KZGZ，成品），拔力较大的支座采用专门设计的大抗拔力球铰支座（DBQGZ，定做），力学参数如表8.4-1所示，大抗拔力球铰支座具有较大的抗拔和抗剪承载力和更为理想的转动能力。

铰支座埋件　　DBQGZ 支座节点大样　　KZGZ 支座节点大样

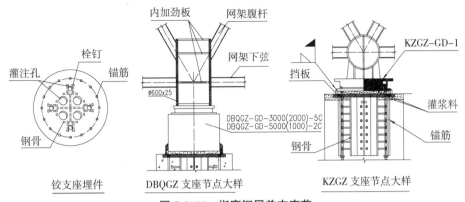

图 8.4-11　指廊钢屋盖支座节

球铰支座力学参数表　　**表8.4-1**

支座名称	最大竖向压力设计值（kN）	最大竖向拉力设计值（kN）	最大水平剪力设计值（kN）
KZGZ-GD-1	1500	1000	800
KZGZ-GD-2	3000	1300	1200
DBQJZ-GD-3000（2000）-5C	3000	2000	2500
DBQJZ-GD-5000（1000）-2C	5000	1000	2000

为验证大抗拔力球铰支座的性能，委托华南理工大学土木与交通检测中心做了六个DBQJZ-GD-3000（2000）-5C支座足尺模型检验，进行了受压转动、压剪承载力、受拉转动、拉剪承载力检验，最大检验荷载取承载力设计值的1.2倍，检验结果满足设计要求。

网架支座处的节点采用贯通连接上下弦的节点形式，该节点形式能有效地摊分上下弦的杆件内力，可有效地减小支座处杆件截面，防止网架杆件截面过大，减小节点设计难度，节点如图8.4-12所示。

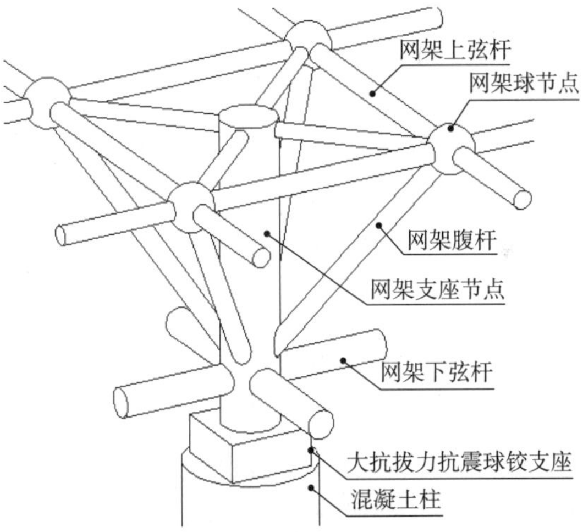

图 8.4-12　网架支座节点

8.5　登机桥钢结构设计

8.5.1　结构体系

T2航站楼登机桥有三种典型类型，第一类为单层登机桥，高度约为9m，第二类为二层登机桥，高度约为13.5m，第三类为三层登机桥，高度约为18m，跨度为24m、24m+12m或18m+18m。24m跨度登机桥均为4根大钢柱落地，柱子截面400～500×26，柱脚与混凝土承台连接，主跨度方向采用巨型平面钢桁架体系，高度为4.5～13.5m。上弦、下弦采用400（500）×500～700×20焊接箱型截面钢管，竖腹杆采用250～300×400（500）×20焊接箱型截面钢管，与桁架上下弦刚接，斜腹杆采用ϕ50～ϕ70的等强合金钢拉杆（650MPa），与上下弦杆采用销轴连接，斜拉杆采用非预应力拉杆，施加构造预张力。垂直于主跨度方向，梁柱连接采用刚接，形成钢框架；两个平行平面桁架之间亦采用钢梁连接，形成小钢框架；在柱间设斜撑，保证登机桥整体侧向刚度。单层通道登机桥的模型如图8.5-1所示，由两个平面桁架通过钢梁连接起来形成空间结构。

　　两层登机桥除了具备单层登机桥的特点外，二层人行通道一侧与钢桁架的竖腹杆连接，竖腹杆兼做人行通道的立柱，与人行通道共同受力；另一侧采用ϕ30等强合金钢拉悬挂于上弦水平面的钢梁上。并在平面内设置斜杆，保证中间坡道的平面内刚度，模型如图8.5-2所示。

　　三层通道的登机桥，两侧为18m高的巨型平面桁架，人行通道一侧与平面桁架的竖腹杆连接，共同受力，另一侧采用ϕ30等强合金钢拉悬挂于上弦水平面的钢梁上，开洞区域为扶梯位置，模型如图8.5-3所示。

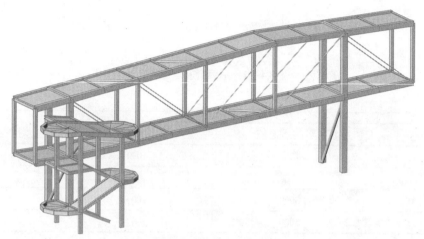

图 8.5-1　单层登机桥模型图

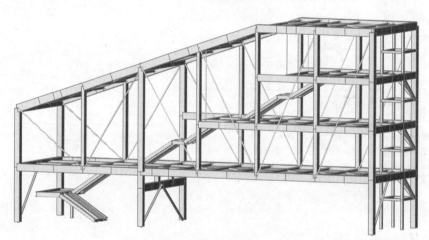

图 8.5-2　两层登机桥模型图

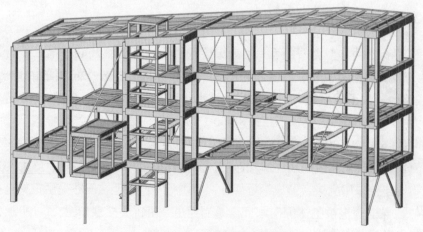

图 8.5-3　三层登机桥模型图

8.5.2 荷载作用取值及结构材料

屋面恒载（屋面体系、吊顶、空调风管）取1.0kN/m²，活载取0.5kN/m²，楼层恒载（含组合楼板、建筑面层、局部吊顶及其附属材料）取4.5kN/m²，楼层活载取3.5kN/m²。基本风压取0.5kN/m²，风洞试验登机桥体型系数平均值风和风向角有关，综合后的体型系数平均值见图8.5-4所示。登机桥的受风类似于封闭式皮带走廊，给出了封闭式皮带走廊的体型系数（图8.5-5），设计中取其与试验值的包络。风振系数取β_z=2.0，基本地震加速度为0.05g，场地为Ⅱ类，地震分类为一组，T_g=0.35s。取阻尼比ζ=0.02。

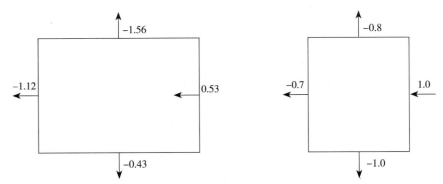

图 8.5-4　风洞试验登机桥体型系数平均值（综合后）　图 8.5-5　规范中皮带通廊体型系数

钢板和型钢采用Q345B，拉杆采用650等强合金钢（屈服强度为650MPa）。销轴采用45号钢或与拉杆配套产品。

8.5.3 结构计算

登机桥构件的应力比控制在0.90以内，合金钢拉杆的内力控制在最大容许设计内力的0.8倍以下，典型登机桥的钢结构杆件应力比验算结果如图8.5-6所示；登机桥的水平侧移为风荷载工况下控制。单层

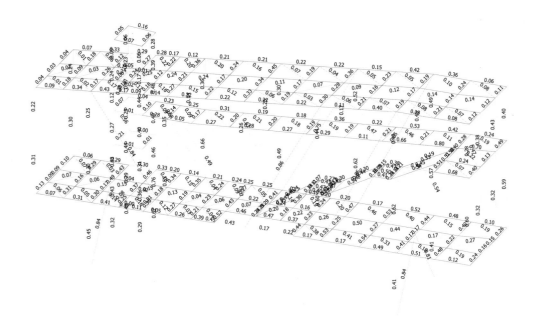

图 8.5-6　典型登机杆件应力比验算结果（最大比值为 0.86）

桥的竖向振型周期为0.268s，即竖向振动频率为3.73Hz＞3Hz，满足结构舒适性要求，二层桥和三层桥的前四阶模态没有出现竖向振型。以上述结果看，登机桥结构的各项设计指标均能较好地满足相关规范的要求，荷载标准值（*DL+LL*）作用下最大挠度为1/522＜1/400，风荷载标准值作用下最大顶点位移为1/719＜1/500，最大层间位移为1/500＜1/400。

8.5.4 节点设计

考虑到工期和节点的造价因素，本工程最大限度地选用了焊接型的连接节点。等强合金钢拉杆则采用销轴与耳板连接，耳板与构件焊接，如图8.5-7所示。登机桥柱脚采用刚接连接，利用锚栓定位和抗拔，设置角钢抗剪键，柱边设置加肋板与底板焊接，然后混凝土包封至室外地面以上250mm标高，如图8.5-8所示。

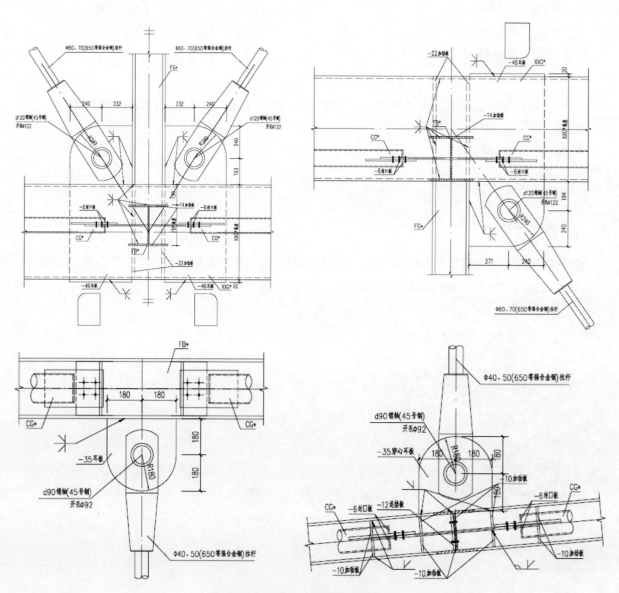

图8.5-7 等强合金钢拉杆连接大样

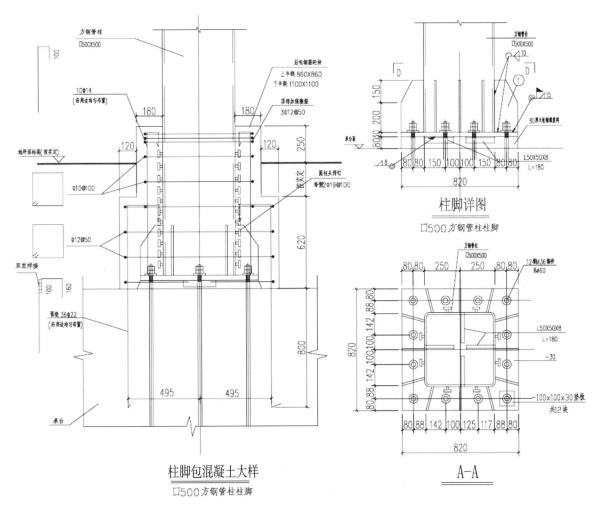

图8.5-8　柱脚连接大样

8.5.5　超长钢楼梯设计

登机桥室内钢梯长度12.95m，宽度2.1m，层高5m。为满足建筑功能需要，钢梯折梁跨度达12.95m。钢梯采用Q345B合金结构钢，与主体采用铰接连接。结构平面图如图8.5-9所示。

为满足正常使用状态的舒适性，采用Midas GEN对该钢梯进行分析，分析采用梁简化模型。经计算，该结构构件的应力比为0.76，竖向挠度为1/480，竖向自振频率为4.4Hz<3Hz。

8.5.6　基础设计

登机桥基础主要采用高强预应力混凝土管桩基础，桩直径为500mm，AB型，壁厚125mm，持力层为中、微风化灰岩的基岩面，单桩抗压承载力特征值为800kN，抗拔承载力为300kN。采用静压的方式进行施工，靠近主体结构的部位，由于主体结构已施工至二层，静压桩基施工空间不足，改为锤击施工。为避免灰岩地区由于岩面起伏较大而导致断桩率过高，采用了平底井字型桩靴，并降低承载力取值。北指廊部分登机桥位于地下隧道边坡支护影响范围内，采用冲孔灌注桩基础，桩直径为1000mm，持力层为微风化灰岩，单桩抗压承载力特征值为5500kN，抗拔承载力为1000kN。由于登机桥活动端的弯矩较大，部分基桩在弯矩作用下产生拉力，因此需设计为抗拔桩。

355

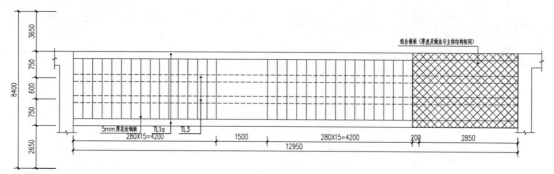

155机位-12号登机桥室内钢梯四结构平面图 1:30

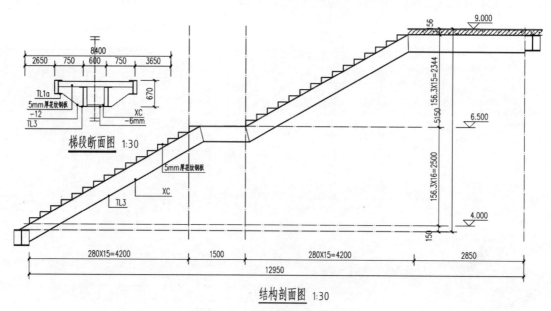

结构剖面图 1:30

图 8.5-9 超长钢楼梯结构大样

8.5.7 小结

（1）登机桥的两榀巨型平面钢桁架采取可靠连接方式可以形成空间结构体系，保证平面内受力性能的同时具体很好的侧向刚度。具体为梁柱节点采用刚接，并设置柱间斜撑，桁架上下弦每个节点亦与梁刚接。

（2）低烈度区登机桥钢结构体系侧向位移多为风荷载控制，需要满足钢框架侧向位移角限值要求。上下弦平面需要设置斜腹杆增加楼层和屋面的平面内刚度。

（3）登机桥中悬挂的人行步道，除需设置斜腹杆增加平面刚度外，还需与刚性杆件连接来限制其水平摆动。

（4）为保证有足够的舒适度，登机桥、人行步道、超长钢楼梯竖向自振频率必须大于3Hz，要求小型钢结构具有足够的竖向刚度。

8.6 本章小结

（1）场地内不良地质作用主要为溶洞、土洞，岩溶中等发育，指廊上部结构的基础采用冲孔灌注嵌岩桩基础，地沟、指廊首层楼板、登机桥基础采用静压PHC管桩基础，单桩竖向抗压承载力特征值取低值。这一技术再次大面积成功运用于溶岩发育地区；

（2）指廊南北向总长约660m，东西向总长约1100m，合理设置结构缝，单元最大长度196.8m，同时采用施工后浇带，后浇带间距约50m。减少温度作用对主体及外维护结构的影响，节省造价；

（3）大跨度有粘结预应力宽扁梁框架设计，可减小结构高度、满足建筑层高的要求；

（4）根据建筑方案，屋盖采用焊接球曲面网架结构，主体用钢量仅42kg/m²，相比其他型式的钢构，造价较低；

（5）多点支承（柱支承）式网架对安装方案敏感，当采用分块提升方案时，换杆和加强用钢量可达到原设计的10%～20%，需要与业主和施工单位沟通和配合；

（6）中大跨度的多点支承曲面网架支座宜采用转动能力较为理想的固定球铰支座，拔力较小的支座采用抗震型球型支座，拔力较大的支座应采用大抗拔力球铰支座，大抗拔力球铰支座具有较大的抗拔、较大抗剪承载力和理想的转动能力；

（7）对于顶层高大空间混凝土排架柱相比框架柱可适当增大层间位移角限值，但要考虑对内隔墙、幕墙、装修等非结构构件的影响，并验算风和多遇地震下排架柱的短期最大裂缝宽度，必要时增大实配钢筋超配系数和采用部分预应力混凝土设计；

（8）防火涂料厚度是重要的设计参数，宜按规范取值或通过耐火验算确定，通过验算确定的厚度和防火材料热工参数、构件截面、构件受力等因素有关，有时会比规范取值小一些，但相差不大，但比厂家提供的厚度或标准梁的测试结果往往要厚许多，实际应用时要加以注意。更为直接的方法是通过足尺构件的抗火试验确定，有条件时可以采用。

9 幕墙系统结构设计

二号航站楼采用横明竖隐的玻璃幕墙，玻璃板块尺寸为3000mm×2250mm，高度分格与层高模数相同，宽度分格与平面模数相同。二次结构采用立体钢桁架为主受力构件，横向铝合金横梁为抗风构件，竖向吊杆为竖向承重构件。铝合金横梁与水平遮阳板一体采用挤压铝型材。竖向吊杆藏于玻璃接缝中，整个幕墙单元具有通透感。立体钢桁架结构无需水平侧向稳定杆，幕墙整体感强、通透美观。设备管线与幕墙二次结构相结合，将管线埋藏于"U"形结构内，正面再用铝扣板遮挡。为配合消防排烟的需要，须开启一部分幕墙。按照排烟面积计算，需要开启扇的角度达到60°，因此采用可以大角度开启的气动排烟窗。广州夏热冬暖，西侧的遮阳措施非常重要。二号航站楼选用了机翼型电动可调遮阳百叶，百叶选用微孔板，可以达到遮阳且透影的效果。

9.1 幕墙结构计算说明

9.1.1 工程概况

工程名称：广州白云国际机场扩建工程二号航站楼及配套设施

建设地点：广东省广州市

9.1.2 幕墙设计计算依据

9.1.2.1 建筑物所在地区的自然条件

工程所在地区：广东省广州市

基本风压：ω_0=0.5kN/m²（50年一遇）

地面粗糙度类别：B类

抗震设防烈度：6度

设计基本地震加速度：0.05g

9.1.2.2 幕墙结构设计引用规范

《建筑结构荷载规范》	GB 50009-2012
《混凝土结构设计规范》	GB 50010-2010
《建筑抗震设计规范》	GB 50011-2010
《钢结构设计规范》	GB 50017-2003
《建筑用不锈钢绞线》	JG/T 200-2007
《建筑幕墙用钢索压管接头》	JG/T 201-2007
《建筑幕墙》	GB/T 21086-2007
《玻璃幕墙工程技术规范》	JGJ 102-2003

9.1.3 幕墙设计计算计算机集成软件系统

3D3S钢结构计算软件。

9.1.4 设计参考资料

《玻璃幕墙工程技术规范应用手册》, 陈建东 著

《玻璃幕墙设计与施工》, 赵西安 著

《建筑结构静力计算手册》(第二版),《建筑结构静力计算手册》编写组 编, 中国建筑工业出版社, 1999-4

9.1.5 基本计算公式

9.1.5.1 场地类别划分

根据地面粗糙度, 场地可划分为以下类别:

A类: 近海面、海岛、海岸、湖岸及沙漠地区;

B类: 指田野、乡村、丛林丘陵以及房屋比较稀疏的乡镇和城市郊区;

C类: 指有密集建筑群的城市市区;

D类: 指有密集建筑群且房屋较高的城市市区。

本工程属于B类地区。

9.1.5.2 风荷载计算

幕墙属于薄壁外围护构件, 根据《建筑结构荷载规范》GB 50009-2012中第1.1节采用, 风荷载计算公式: $\omega_k = \beta_{gz}\mu_{sl}\mu_z\omega_0$

其中: ω_k——作用在幕墙上的风荷载标准值(kN/m²)

β_{gz}——瞬时风压的阵风系数, 按《建筑结构荷载规范》GB 50009-2012取定。根据不同场地类型, 按以下公式计算: $\beta_{gz} = 1 + 2gI_{10}\left(\dfrac{Z}{10}\right)^{-\alpha}$

其中: α为地面粗糙度指数, 0为10m高名义湍流度, g为峰值因子取为2.5。

A类场地: $\beta_{gz} = 1 + 2 \times 2.5 \times 0.12 \times \left(\dfrac{Z}{10}\right)^{-0.12}$

B类场地: $\beta_{gz} = 1 + 2 \times 2.5 \times 0.14 \times \left(\dfrac{Z}{10}\right)^{-0.15}$

C类场地: $\beta_{gz} = 1 + 2 \times 2.5 \times 0.23 \times \left(\dfrac{Z}{10}\right)^{-0.22}$

D类场地: $\beta_{gz} = 1 + 2 \times 2.5 \times 0.39 \times \left(\dfrac{Z}{10}\right)^{-0.30}$

本工程属于B类地区, 故 $\beta_{gz} = 1 + 2 \times 2.5 \times 0.14 \times \left(\dfrac{Z}{10}\right)^{-0.15}$

μ_z——风压高度变化系数, 按《建筑结构荷载规范》GB 50009-2012取定。根据不同场地类型, 按以下公式计算:

A类场地：$\mu_z = 1.284 \times \left(\dfrac{Z}{10}\right)^{0.24}$

B类场地：$\mu_z = \left(\dfrac{Z}{10}\right)^{0.3}$

C类场地：$\mu_z = 0.544 \times \left(\dfrac{Z}{10}\right)^{0.44}$

D类场地：$\mu_z = 0.262 \times \left(\dfrac{Z}{10}\right)^{0.6}$

本工程属于B类地区，故 $\mu_z = \left(\dfrac{Z}{10}\right)^{0.3}$

μ_{s1}——局部风压体型系数，计算围护构件及其连接件的风荷载时，可按下列规定采用：

外表面：

1. 封闭式矩形平面房屋的墙面及屋面可按本规范表8.3.3的规定采用；

2. 檐口、雨篷、遮阳板、边棱处的装饰条等突出构件，取–2.0；

3. 其他房屋和构筑物可按本规范第8.3.1条规定体形系数的1.25倍取值。

内表面：

对封闭式建筑物，按表面风压的正负情况取–0.2或0.2。

注：上述的局部体型系数$\mu_{s1}(1)$是适用于围护构件的从属面积A小于或等于1m²的情况；当围护构件的从属面积A大于或等于25m²时，局部风压体型系数$\mu_{s1}(25)$可乘以折减系数0.8，对于局部体形系数绝对值大于1.0的屋面区域折减系数取0.6，对其他屋面区域折减系数取1.0；当构件的从属面积小于25m²而大于1m²时，局部风压体型系数$\mu_{s1}(A)$可按面积的对数线性插值，即

$$\mu_{s1}(A) = \mu_{s1}(1) + \frac{\left[\mu_{s1}(25) - \mu_{s1}(1)\right]\log A}{1.4}$$

ω_0——基本风压，按全国基本风压图。

本工程基本风压按50年一遇，取为0.5kN/m²。

9.1.5.3 围护结构设计时风荷载取值

本工程在进行围护结构设计时，风荷载标准值按《建筑结构荷载规范》GB 50009–2012及广州白云机场二期项目风洞动态测压试验数据图表取较大值，本工程风荷载取值如表9.1–1所示。

	风荷载取值			表9.1–1
幕墙系统	风洞试验报告中最大正风压（kN/m²）	风洞试验报告中最大负风压（kN/m²）	按建筑结构荷载规范计算所得最大风荷载标准值（kN/m²）	取值标准
一标段幕墙二次钢结构	1.22	–0.83	1.166	风洞试验报告

9.1.5.4 地震作用计算

$$q_{EAk} = \beta_E \times \alpha_{max} \times G_{AK}$$

式中：q_{EAk}——水平地震作用标准值；

　　　β_E——动力放大系数，按5.0取定；

　　　G_{AK}——幕墙构件的单位面积的重力荷载标准值（kN/m²）；

　　　α_{max}——水平地震影响系数最大值，按相应设防烈度取定，如表9.1–2所示。

水平地震影响放大系数最大值 α_{max} 表9.1-2

抗震设防烈度	6	7		8	
基本地震加速度（g）	0.05	0.10	0.15	0.20	0.30
α_{max}	0.04	0.08	0.12	0.16	0.24

本工程抗震设防烈度为6度，基本地震加速度为0.05，故取 $\alpha_{max}=0.04$。

9.1.5.5　温度作用计算

考虑此幕墙钢结构在室内，温度作用取值如下：

温度1：升温30℃，即 $\Delta T_1=30℃$；

温度2：降温30℃，即 $\Delta T_2=-30℃$。

温度作用的组合系数取为0.6。

9.1.5.6　幕墙结构构件应按下列规定验算承载力

无地震作用效应组合时，承载力应符合下式要求：

$$\gamma_0 S \leq R$$

有地震作用效应组合时，承载力应符合下式要求：

$$S_E \leq \frac{R}{\gamma_{RE}}$$

式中：S——荷载效应按基本组合的设计值；

S_E——地震作用效应和其他荷载效应按基本组合的设计值；

R——构件抗力设计值；

γ_0——结构构件重要性系数，应取不小于1.0；

γ_{RE}——结构构件承载力抗震调整系数，应取1.0。

幕墙构件承载力极限状态设计时，其作用效应的组合应符合下列规定：

结构强度设计时，根据构件受力特点，荷载或作用的情况和产生的应力（内力）作用方向，选用最不利的组合，荷载和效应组合设计值按下式采用：

由可变荷载效应控制的组合：$S = \gamma_G S_{Gk} + \gamma_{Q1} S_{Q1k} + \sum_{i=2}^{n} \gamma_{Qi} \psi_{ci} S_{Qik}$

由永久荷载效应控制的组合：$S = \gamma_G S_{Gk} + \sum_{i=2}^{n} \gamma_{Qi} \psi_{ci} S_{Qik}$

式中：γ_G——永久荷载分项系数；

γ_{Qi}——第i个可变荷载分项系数，其中γ_{Q1}为可变荷载Q_1的分项系数；

S_{Gk}——按永久荷载标准值G_k计算的荷载效应值；

S_{Qik}——按可变荷载标准值Q_{ik}计算的荷载效应值，其中S_{Qik}为诸可变荷载。

效应中起控制作用者；

ψ_{ci}——可变荷载Q_i的组合值系数；

n——参与组合的可变荷载数。

注：对水平倒挂玻璃及框架，可不考虑地震作用效应的组合，风荷载的组合系数ψ_w应取1.0（永久荷载的效应不起控制作用时）或0.6（永久荷载的效应起控制作用时）。

9.1.5.7　挠度验算

挠度验算应符合下式要求：

$$d_f \leqslant d_{f,lim}$$

d_f——构件在风荷载标准值或永久荷载标准值作用下产生的挠度值;

$d_{f,lim}$——构件挠度限值。

双向受弯的杆件,两个方向的挠度应分别符合$d_f \leqslant d_{f,lim}$的规定。

幕墙构件的挠度验算时,风荷载分项系数γ_w和永久荷载分项系数均应取1.0,且可不考虑作用效应的组合。

9.1.6 设计中选用材料的技术参数

9.1.6.1 铝合金型材的强度设计值(表9.1-3)

铝合金型材的强度设计值f_a(N/mm²)　　　　　　　　　表9.1-3

铝合金材		料	用于构件计算		用于焊接连接计算	
牌号	状态	厚度(mm)	抗拉、抗压和抗弯f	抗剪f_v	焊件热影响区抗拉、抗压和抗弯$f_{u,haz}$	焊件热影响区抗剪$f_{v,haz}$
6061	T4	所有	90	55	140	80
	T6	所有	200	115	100	60
6063	T5	所有	90	55	60	35
	T6	所有	150	85	80	45
6063A	T5	≤10	135	75	75	45
		>10	125	70	70	40
	T6	≤10	160	90	90	50
		>10	150	85	85	50
5083	O/F	所有	90	55	210	120
	H112	所有	90	55	170	95
3003	H24	≤4	100	60	20	10
3004	H34	≤4	145	85	35	20
	H36	≤3	160	95	40	20

9.1.6.2 热轧钢材的强度设计值(表9.1-4)

热轧钢材的强度设计值铝合金型材的强度设计值f_a(N/mm²)　　　　　表9.1-4

钢材牌号	厚度或直径d(mm)	抗拉、抗压、抗弯	抗剪	端面承压
Q235	$d \leqslant 16$	215	125	325
	$16 < d \leqslant 40$	205	120	
	$40 < d \leqslant 60$	200	115	
Q345	$d \leqslant 16$	310	180	400
	$16 < d \leqslant 35$	295	170	
	$35 < d \leqslant 50$	265	155	

注:表中厚度是指计算点的钢材厚度;对轴心受力杆件是指截面中较厚钢板的厚度。

9.1.6.3　热轧钢材焊缝的强度设计值（表9.1-5）

热轧钢材焊缝的强度设计值（N/mm²）　　　　　　　　　　　表9.1-5

焊接方法和焊条型号	构件钢材		对接焊缝				角焊缝
	牌号	厚度或直径（mm）	抗压 f_c^w	焊接质量为下列等级时，抗拉 f_t^w		抗剪 f_v^w	抗拉、抗压和抗剪 f_f^w
				一级、二级	三级		
自动焊、半自动焊和E43型焊条的手工焊	Q235钢	$d \leqslant 16$	215	215	185	125	160
		$>16 \sim 40$	205	205	175	120	
		$>40 \sim 60$	200	200	170	115	
		$>60 \sim 100$	190	190	160	110	
自动焊、半自动焊和E50型焊条的手工焊	Q345钢	$d \leqslant 16$	310	310	265	180	200
		$>16 \sim 35$	295	295	250	170	
		$>35 \sim 50$	265	265	225	155	
		$>50 \sim 100$	250	250	210	145	
自动焊、半自动焊和E55型焊条的手工焊	Q390钢	$d \leqslant 16$	350	350	300	205	220
		$>16 \sim 35$	335	335	285	190	
		$>35 \sim 50$	315	315	270	180	
		$>50 \sim 100$	295	295	250	170	
	Q420钢	$d \leqslant 16$	380	380	320	220	220
		$>16 \sim 35$	360	360	305	210	
		$>35 \sim 50$	340	340	290	195	
		$>50 \sim 100$	325	325	275	185	

注：1. 自动焊和半自动焊所采用的焊丝和焊剂，应保证其熔敷金属的力学性能不低于现行国家标准《埋弧焊用碳钢焊丝和焊剂》GB/T 5293和《低合金钢埋弧焊用焊剂》GB/T 12470中相关的规定。

2. 焊缝质量等级应符合现行国家标准《钢结构工程施工质量验收规范》GB 50205的规定。其中厚度小于8mm钢材的对接焊缝，不应采用超声波探伤确定焊缝质量等级。

3. 对接焊缝在受压区抗弯强度设计值取 f_c^w 在受拉区抗弯强度设计值取 f_t^w。

4. 表中厚度系指计算点的钢材厚度，对轴心受拉和轴心受压构件系指截面中较厚板件的厚度。

9.1.6.4　热轧钢材螺栓连接的强度设计值（表9.1-6）

热轧钢材螺栓连接的强度设计值（N/mm²）　　　　　　　　表9.1-6

螺栓的性能等级、锚栓和构件钢材的牌号		普通螺栓						螺栓	承压型连接高强度螺栓		
		C级螺栓			A级、B级螺栓						
		抗拉 f_t^b	抗剪 f_v^b	承压 f_c^b	抗拉 f_t^b	抗剪 f_v^b	承压 f_c^b	抗拉 f_t^b	抗拉 f_t^b	抗剪 f_v^b	承压 f_c^b
普通螺栓	4.6级 4.8级	170	140								
	5.6级	—			210	190	—				
	8.8级	—			400	320	—				

螺栓的性能等级、锚栓和构件钢材的牌号		普通螺栓						螺栓	承压型连接高强度螺栓		
		C级螺栓			A级、B级螺栓						
		抗拉 f_t^b	抗剪 f_v^b	承压 f_c^b	抗拉 f_t^b	抗剪 f_v^b	承压 f_c^b	抗拉 f_t^b	抗拉 f_t^b	抗剪 f_v^b	承压 f_c^b
锚栓	Q235钢	—	—	—	—	—	—	140	—	—	—
	Q345钢	—	—	—	—	—	—	180	—	—	—
承压型连接高强度螺栓	8.8级								400	250	—
	10.9级								500	310	—
构件	Q235钢	—	—	305	—	—	405	—	—	—	470
	Q345钢	—	—	385	—	—	510	—	—	—	590
	Q390钢	—	—	400	—	—	530	—	—	—	615
	Q420钢	—	—	425	—	—	560	—	—	—	655

注：1. A级螺栓用于 $d \leqslant 24$ 和 $l \leqslant 10d$ 或 $l \leqslant 150mm$（按较小值）的螺栓；B级螺栓用于 $d > 24mm$ 或 $l > 10d$ 或 $l > 150mm$（按较小值）的螺栓。d 为公称直径，l 为螺杆公称长度。

2. A、B级螺栓孔的精度和孔壁表面粗糙度，C级螺栓孔的允许偏差和孔壁表面粗糙度，均应符合现行国家标准《钢结构工程施工质量验收规范》GB 50205 的要求。

9.1.6.5 冷成型薄壁型钢的钢材的强度设计值（表9.1-7）

冷成型薄壁型钢的强度设计值（N/mm²）　　　　　　　　　　　　　　　表9.1-7

钢材牌号	抗拉、抗压、抗弯 f_a	抗剪 f_a^v	端面承压（磨平顶紧）f_e^a
Q235	205	120	310
Q345	300	175	400

9.1.6.6 冷成型薄壁型钢焊缝的强度设计值（表9.1-8）

冷成型薄壁型钢焊缝的强度设计值（N/mm²）　　　　　　　　　　　　　表9.1-8

构件钢材牌号	对接焊接			角焊接
	抗压 f_c^w	抗拉 f_t^w	抗剪 f_v^w	抗压、抗拉和抗剪 f_f^w
Q235钢	205	175	120	140
Q345钢	300	255	175	195

注：1. Q235钢与Q345钢对接焊接时，焊缝的强度设计值应按表4-32中Q235钢栏的数值采用。

2. 经X射线检查符合一、二级焊缝质量标准的对接焊缝的抗拉强度设计值采用抗压强度设计值。

9.1.6.7 冷成型薄壁型钢C级普通螺栓连接的强度设计值（表9.1-9）

冷成型薄壁型钢C级普通螺栓连接的强度设计值（N/mm²）　　　　　　　表9.1-9

类别	性能等级	构件钢材的牌号	
	4.6级、4.8级	Q235钢	Q345钢
抗拉 f_t^b	165	—	—
抗剪 f_v^b	125	—	—
承压 f_c^b	—	290	370

9.1.6.8　铝合金结构普通螺栓和铆钉连接的强度设计值（表9.1-10、表9.1-11）

普通螺栓连接强度设计值（N/mm²）　　　　表9.1-10

螺栓的材料、性能等级、构件铝合金牌号			普通螺栓								
			铝合金			不锈钢			钢		
			抗拉 f_t^b	抗剪 f_v^b	承压 f_c^b	抗拉 f_t^b	抗剪 f_v^b	承压 f_c^b	抗拉 f_t^b	抗剪 f_v^b	承压 f_c^b
普通螺栓	铝合金	2B11	170	160							
		2A90	150	145							
	不锈钢	A2-50 A4-50	—	—	—	200	190	—	—	—	—
		A2-70 A4-70	—	—	—	280	265	—	—	—	—
	钢	4.6级、4.8级	—	—	—	—	—	—	170	140	—
构件	6061-T4		—	—	210	—	—	210	—	—	210
	6061-T6		—	—	305	—	—	305	—	—	305
	6063-T5		—	—	185	—	—	185	—	—	185
	6063-T6		—	—	240	—	—	240	—	—	240
	6063A-T5		—	—	220	—	—	220	—	—	220
	6063A-T6		—	—	255	—	—	255	—	—	255
	5083-0/F/H112		—	—	315	—	—	315	—	—	315

铆钉连接强度设计值（N/mm²）　　　　表9.1-11

铝合金铆钉牌号及构件铝合金牌号		铝合金铆钉	
		抗剪 f_v^r	承压 f_c^r
铆钉	5B05-HX8	90	—
	2A01-T4	110	—
	2A10-T4	135	—
构件	6061-T4	—	210
	6061-T6	—	305
	6063-T5	—	185
	6063-T6	—	240
	6063A-T5	—	220
	6063A-T6	—	255
	5083-0/F/H112	—	315

9.1.6.9　不锈钢型材和棒材的强度设计值（表9.1-12）

不锈钢型材和棒材的强度设计值（N/mm²）　　　　表9.1-12

统一数字编号	牌号	$R_{p0.2}$	抗拉强度 f_{s1}^t	抗剪强度 f_{s1}^v	端面承压强度 f_{s1}^t	备注旧牌号	
S30408	06Cr19Ni10	205	178	104	246	0Cr18Ni9	304

续表

统一数字编号	牌号	$R_{p0.2}$	抗拉强度 f_{s1}^t	抗剪强度 f_{s1}^v	端面承压强度 f_{s1}^c	备注旧牌号	
S30458	06Cr19Ni10N	275	239	139	330	0Cr19Ni9N	304N
S30403	022Cr19Ni10	175	152	88	210	00Cr19Ni10	304L
S30453	022Cr19Ni10N	245	213	124	294	00Cr18Ni10N	304LN
S31608	06Cr17Ni12Mo2	205	178	104	246	0Cr17Ni12Mo2	316
S31658	06Cr17Ni12Mo2N	275	239	139	330	0Cr17Ni12Mo2N	316N
S31603	022Cr17Ni12Mo2	175	152	88	210	00Cr17Ni14Mo2	316L
S31653	022Cr17Ni12Mo2N	245	213	124	294	00Cr17Ni13Mo2N	316LN

9.1.6.10 不锈钢板的强度设计值（表9.1-13）

不锈钢板的强度设计值 f_{s2}（N/mm²） 表9.1-13

统一数字编号	牌号	$R_{p0.2}$	抗拉强度 f_{s2}^t	抗剪强度 f_{s2}^v	端面承压强度 f_{s2}^c	备注旧牌号	
S30408	06Cr19Ni10	205	178	104	246	0Cr18Ni9	304
S31608	06Cr17Ni12Mo2	205	178	104	246	0Cr17Ni12Mo2	316
S31708	06Cr19Ni13Mo3	205	178	104	246	0Cr19Ni13Mo3	317

9.1.6.11 玻璃幕墙材料的弹性模量（表9.1-14）

材料的弹性模量 E（N/mm²） 表9.1-14

材料	E
玻璃	0.72×10^5
铝合金	0.7×10^5
钢、不锈钢	2.06×10^5
消除应力的高强钢丝	2.05×10^5
不锈钢绞线	$1.20 \times 10^5 \sim 1.50 \times 10^5$
高强钢绞线	1.95×10^5
钢丝绳	$0.8 \times 10^5 \sim 1.0 \times 10^5$

注：钢绞线弹性模量可按实测值采用。

9.1.6.12 玻璃幕墙材料的线膨胀系数（表9.1-15）

材料的线膨胀系数 α（℃） 表9.1-15

材料	α	材料	α
玻璃	$0.8 \times 10^{-5} \sim 1.0 \times 10^{-5}$	不锈钢板	1.8×10^{-5}
铝合金	2.35×10^{-5}	混凝土	1.0×10^{-5}
铝材	1.2×10^{-5}	砌砖体	0.5×10^{-5}

9.1.6.13 幕墙材料的重力密度标准值（表9.1-16）

材料的重力密度γ_g（kN/mm³） 表9.1-16

材料		材料	γ_g
普通玻璃、夹层玻璃、钢化玻璃、半钢化玻璃	25.6	矿棉	1.2 ~ 1.5
		玻璃棉	0.5 ~ 1.0
钢材	78.5	岩棉	0.5 ~ 2.5
铝合金	28.0	花岗石	28.0

9.1.6.14 混凝土与钢筋的强度设计值（表9.1-17、表9.1-18）

混凝土强度设计值（N/mm²） 表9.1-17

混凝土强度等级	轴心抗压强度f_c	轴心抗拉强度f_t
C20	9.6	1.10
C25	11.9	1.27
C30	14.3	1.43
C35	16.7	1.57
C40	19.1	1.71
C45	21.1	1.80
C50	23.1	1.89
C55	25.3	1.96
C60	27.5	2.04

钢筋的强度设计值（N/mm²） 表9.1-18

钢筋的牌号	钢筋的级别	抗拉强度设计值f_y	抗压强度设计值f_y'
HPB300	A	270	270
HRB335 HRBF335	B B^F	300	300
HRB400 HRBF400 RRB400	C C^F C^R	360	360
HRB500 HRBF500	D D^F	435	410

9.1.6.15 不锈钢拉杆的计算参数（表9.1-19）

不锈钢拉杆的计算参数 表9.1-19

不锈钢拉杆型号	拉杆的有效截面面积（mm²）	屈服强度$\sigma_{0.2}$（MPa）
A16	155.68	625
A20	244.79	625
A24	352.5	625

9.2 钢桁架一设计计算

钢桁架一的高度为31.122m＜*L*≤37.105m，分布在主楼正立面。

9.2.1 说明

此高度的钢桁架分布在主楼正立面，为C1HJ-06～C1HJ-21，选取最不利钢桁架C1HJ-12验算，桁架大样图详见图纸C1HJ-12，保守起见，验算时，桁架的钢结构截面均采用规则的焊接矩形截面，如图9.2-1所示。

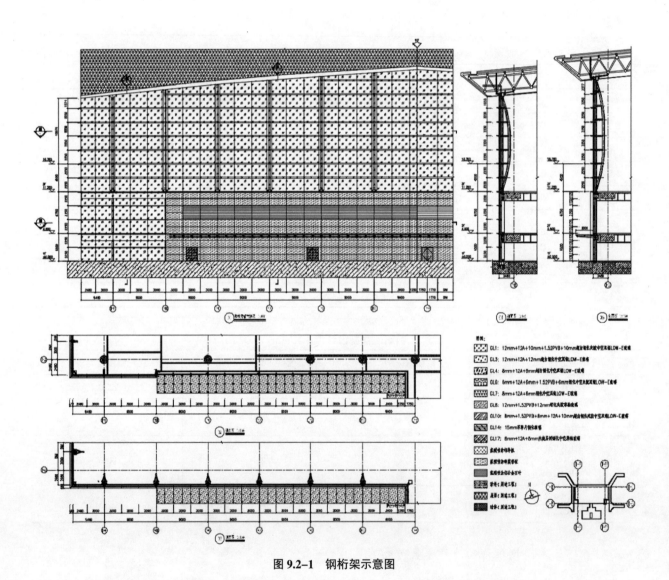

图9.2-1 钢桁架示意图

9.2.2 计算参数

B：桁架间距：12.000m

b：幕墙玻璃分格宽度：3.000m

L：桁架高度：37.105m

桁架受荷面积$A=B×L=12×37.105=445.26m^2$

h：桁架最大矢高：1.8m

选用Q235钢材

f：钢材强度设计值：215N/mm²

E：钢材弹性模量：206000N/mm²

v：钢材泊松比：0.3

9.2.3 荷载计算（图9.2-2~图9.2-6）

9.2.3.1 风荷载计算

ω_k：作用在幕墙上的风荷载标准值（kN/m²）

ω：作用在幕墙上的风荷载设计值（kN/m²）

γ_w：风荷载作用分项系数：1.4

ω_0：基本风压，按全国基本风压图取为：0.5kN/m²

β_{gz}：阵风系数，由GB 50009-2012表8.6.1得1.58

μ_z：风压高度变化系数，由GB 50009-2012表8.2.1得1.48

μ_{s1}：风荷载体型系数，按《建筑结构荷载规范》GB 50009-2012，取为：

大面处$\mu_{s1(1)}=1.0$

$\mu_{s1(25)}=0.8\mu_{s1(1)}=0.8×1.0=0.8$

按《建筑结构荷载规范》GB 50009-2012：立柱从属面积心$A=445.26m^2>25m^2$，故：$\mu_{s1(25)}=0.8\mu_{s1(1)}=0.8$

$\mu_{si}=0.8+0.2=1.0$

$\omega_k=\beta_{gz}×\mu_z×\mu_{s1}×\omega_0$（GB 50009-2012）$=1.58×1.48×1.0×0.50=1.166kN/m^2$

根据广州白云国际机场扩建工程二号航站楼及配套设施的风洞试验报告，此处的最大正风压为0.980kN/m²，最大负风压为-0.830kN/m²。

因为$\omega_k>0.980kN/m^2$，故取$\omega_k=1.166kN/m^2$进行设计。

9.2.3.2 恒荷载计算

G_{AK}：幕墙构件（包括面板和连接件，不包括钢桁架）的平均自重标准值：0.95kN/m²

γ_E：恒荷载作用分项系数：1.2

9.2.3.3 地震作用计算

q_{EAk}：垂直于幕墙平面的分布水平地震作用标准值（kN/m²）

β：动力放大系数，取5.0

α_{max}：水平地震影响系数最大值，本工程抗震设防烈度：6度，取0.04

γ_E：地震作用分项系数：1.3

$q_{EAK}=\beta×\alpha_{max}×G_{AK}=5.0×0.04×0.95=0.19kN/m^2$

9.2.3.4 温度作用计算

温度1：升温30℃，即$\Delta T_1=30℃$

温度2：降温30℃，即$\Delta T_2=-30℃$

9.2.3.5 施加于钢桁架单元的荷载计算

P_{KV}：通过吊杆传给顶部钢梁的节点竖向荷载标准值（kN）

q_{LKv}：通过铝横梁传给钢桁架的恒荷载线荷载标准值（kN/m）

q_{LKh1}：通过铝横梁传给钢桁架的风荷载线荷载标准值（kN/m）

q_{LKh2}：通过铝横梁传给钢桁架的水平地震作用线荷载标准值（kN/m）

$$P_{KV} = G_{AK} \times b \times (L - h_1) = 0.95 \times 3 \times (37.105 - 2.25) = 99.337 \text{kN}$$

$$q_{Lkv} = G_{AK} \times \frac{b}{2} = 0.95 \times \frac{3}{2} = 1.425 \text{kN/m}$$

$$q_{Lkhl} = \omega_k \times \frac{B}{2} = 1.166 \times \frac{12}{2} = 6.996 \text{kN/m}$$

$$q_{Lkh2} = q_{EAk} \times \frac{B}{2} = 0.19 \times \frac{12}{2} = 1.14 \text{kN/m}$$

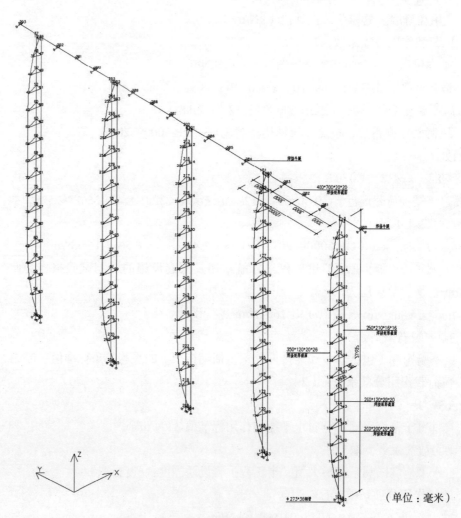

（单位：毫米）

图 9.2-2　计算简图及节点编号

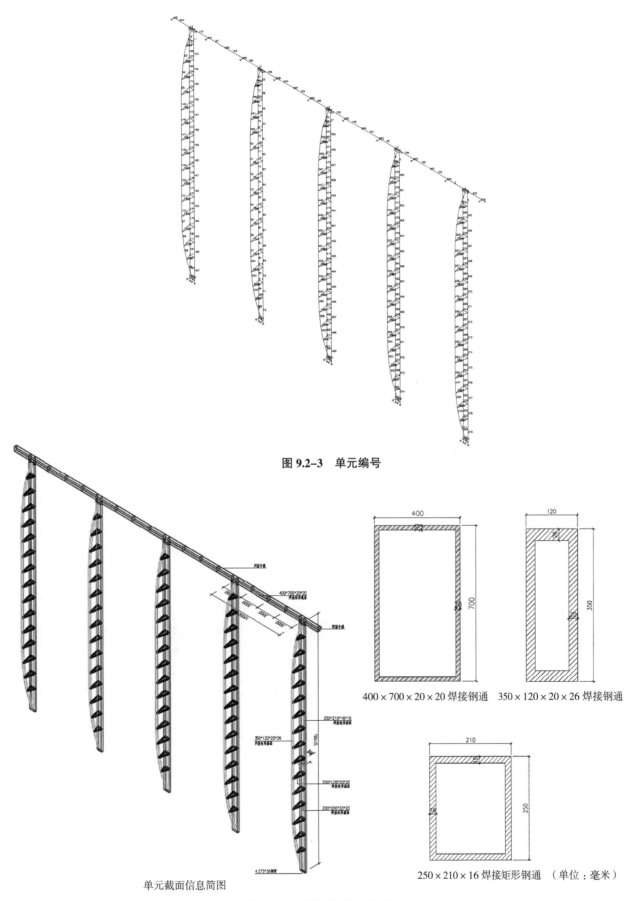

图 9.2-3 单元编号

单元截面信息简图

$400 \times 700 \times 20 \times 20$ 焊接钢通 $350 \times 120 \times 20 \times 26$ 焊接钢通

$250 \times 210 \times 16$ 焊接矩形钢通 （单位：毫米）

图 9.2-4 单元截面信息简图

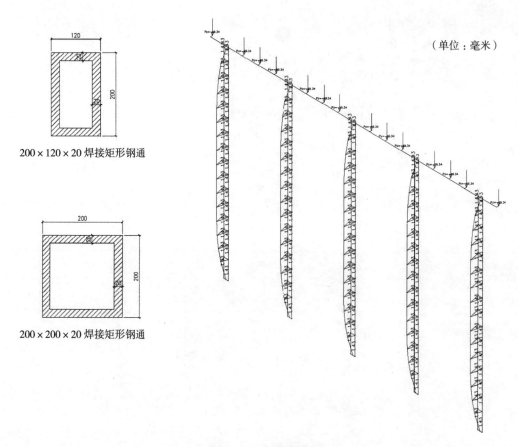

200×120×20 焊接矩形钢通

200×200×20 焊接矩形钢通

（单位：毫米）

图 9.2–5　恒荷载简图

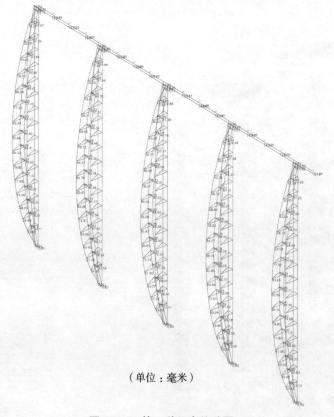

（单位：毫米）

图 9.2–6　第一种组合位移图

9.3　钢桁架顶部连接耳板计算（图9.3-1）

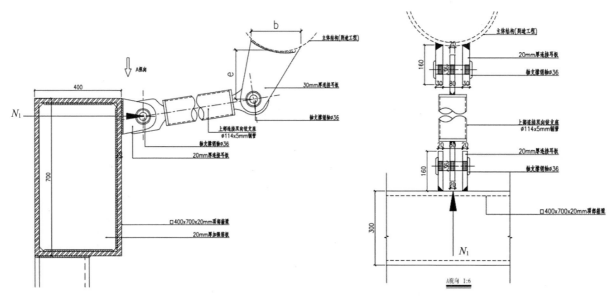

图 9.3-1　钢桁架顶部连接耳板示意图

9.3.1　载荷计算

N_1：连接处水平总力设计值：195.000kN

9.3.1.1　选用连接耳板的截面特性

此处连接耳板选用：Q235R钢

f：型材强度设计值：205N/mm²

E：型材弹性模量：206000N/mm²

γ：塑性发展系数：1.05

b：连接耳板宽：250mm

t：连接耳板厚：30mm

e：间距：220mm

N_{um}：连接耳板个数：2个

I_x：连接耳板x方向截面惯性矩（mm⁴）

$$I_x = t \times \frac{b^3}{12} = 30 \times \frac{250^3}{12} = 39062500 mm^4$$

A：连接耳板面积（mm²）

$$A = b \times t = 250 \times 30 = 7500 mm^2$$

W_x：连接耳板X方向抵抗矩（mm³）

$$W_x = t \times \frac{b^2}{6} = 30 \times \frac{250^2}{6} = 312500 mm^3$$

9.3.1.2　连接耳板强度计算

校核依据：$\dfrac{M_x}{\gamma W_x} + \dfrac{M_y}{\gamma W_y} \leqslant f$

M_x：x方向荷载作用下耳板的弯矩（N·mm）

$$M_x = N_1 \times e \times 10^3 = 195 \times 220 \times 10^3 = 42900000 \text{N·mm}$$

σ：连接耳板计算强度（N/mm²）

$$\sigma = \frac{M_x}{\gamma W_x N_{um}} = \frac{42900000}{1.05 \times 312500 \times 2} = 65.371 \text{N/mm}^2 < 205 \text{N/mm}^2$$

连接耳板强度可以满足。

9.3.1.3　连接耳板刚度计算

校核依据：$U_{max} \leqslant \dfrac{2e}{250}$

U_{max}：耳板最大挠度

$$U_x = \frac{N_1 \times e^3}{3EI_x} = \frac{195 \times 220^3 \times 10^3}{3 \times 206000 \times 39062500} = 0.086 \text{mm} < \frac{2 \times 220}{250} = 1.76 \text{mm}$$

9.4　金属板计算

9.4.1　金属板基本计算参数

采用25mm厚蜂窝铝板。金属板最大分格板块：长A=3.000m，宽B=1.125m（图9.4–1～图9.4–3）。

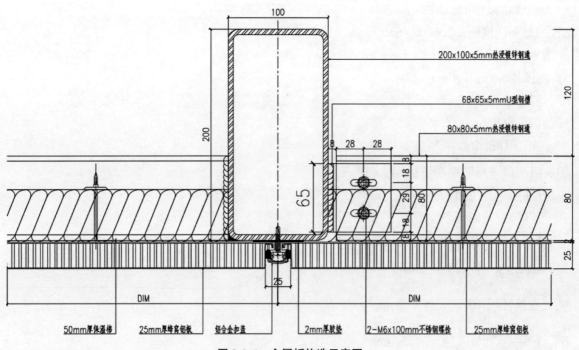

图9.4–1　金属板构造示意图

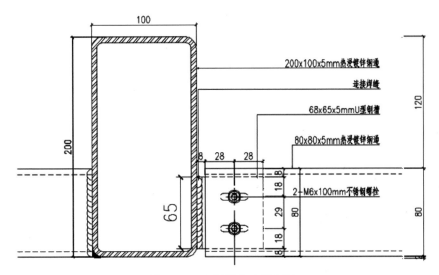

图9.4-2 金属板尺寸示意图

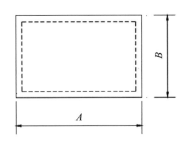

图9.4-3 金属板分隔板块尺寸示意图

9.4.2 荷载计算

9.4.2.1 风荷载计算（按标高：11.000m；地面粗糙度：B类计算）

ω_k：作用在幕墙上的风荷载标准值（kN/mm²）

ω：作用在幕墙上的风荷载设计值（kN/mm²）

ω_0：基本风压，按全国基本风压图取为：0.50

β_{gz}：阵风系数，由《建筑结构荷载规范》GB 50009-2012表8.6.1得1.69

μ_z：风压高度变化系数，由《建筑结构荷载规范》GB 50009-2012表8.2

μ_{si}：风荷载体型系数，按《建筑结构荷载规范》GB 50009-2012

大面处$\mu_{s1(1)}$=1.0

μ_{s1}=1.0+0.2=1.2

γ_w：风荷载作用分项系数：1.4

$\omega_k=\beta_{gz}\mu_z\mu_{s1}\omega_0$（GB 50009-2012）=1.69 × 1.03 × 1.20 × 0.5=1.043kN/m²

根据广州白云国际机场扩建工程二号航站楼及配套设施的风洞试验报告，此处的最大正风压为0.78kN/m²，最大负风压为-0.77kN/m²，因为ω_k>0.78kN/m²，故取ω_k=1.043kN/m²进行设计。

$\omega=\gamma_w W_k$=1.4 × 1.043=1.461kN/m²

9.4.2.2 自重荷载计算

G_{ak}：金属板块平均自重（不包括龙骨）标准值：0.074kN/m²

G_a：金属板块平均自重（不包括龙骨）设计值（kN/m²）

γ_G：自重荷载作用分项系数：1.2

$G_A=\gamma_G \times G_{AK}=1.2 \times 0.074=0.089kN/m^2$

9.4.2.3 地震荷载计算

q_{EAK}：垂直于金属板幕墙平面的分布水平地震作用标准值（kN/m^2）

q_{EA}：垂直于金属板幕墙平面的分布水平地震作用设计值（kN/m^2）

β：动力放大系数，取5.0

α：水平地震影响系数最大值，本工程抗震设防烈度：6度，取0.04

γ_E：地震作用分项系数：1.3

$q_{EAK}=\beta \times \alpha \times G_{AK}=5 \times 0.04 \times 0.074=0.015kN/m^2$

$q_E A=1.3 \times 0.015=0.02kN/m^2$

9.4.2.4 水平荷载组合计算

q_k：金属板所受组合荷载标准值

q：金属板所受组合荷载设计值

荷载采用$S_W+0.5S_E$组合：

$q_k=\omega_k+0.5q_{EAK}=1.043+0.5 \times 0.015=1.051kN/m^2$

$q_k=W+0.5q_{EA}=1.461+0.5 \times 0.02=1.471kN/m^2$

9.4.3 金属板计算

9.4.3.1 金属板力学性质

本处设计选用蜂窝铝板：

蜂窝铝板弹性模量$E=21000N/mm^2$

蜂窝铝板抗拉强度设计值：$f_{at}=10.5N/mm^2$

蜂窝铝板抗剪强度设计值：$f_{av}=1.4N/mm^2$

泊松比：$v=0.25$

9.4.3.2 强度计算

蜂窝铝板B板设计选用四边简支的支承方式：

简支长边长度：$a=3.000m$

简支短边长度：$b=1.125m$

根据$b/a=0.38$查JGJ 133-2001表B.0.1得最大弯矩系数：V

L：金属板区格较小边的边长：1125mm

q_k：作用于面板的最大组合荷载标准值：1.051kN/m^2

q：作用于面板的最大组合荷载设计值：1.471kN/m^2板块中最大弯矩应力

$$\sigma_1 = 6 \times \psi \times q \times \frac{L}{2} \times \frac{10^{-3}}{t^2}（JGJ 133-2001）= 6 \times 0.1175 \times 1.471 \times 1125^2 \times \frac{10^{-3}}{20^2} = 3.28N/mm^2$$

考虑大挠度变形的影响，容许应力值乘以折减系数：n

根据：

$$\theta = q_k \times L^4 \times \frac{10^{-3}}{Et^4}（JGJ 133-2001）=1.051 \times 1125^4 \times \frac{10^{-3}}{21000 \times 20^4}=1$$

根据参数θ，查JGJ 133-2001表5.4.3得：$\eta=1.0$因此，实际板跨最大弯矩应力为：

$\sigma=1.00 \times 3.28N/mm^2=3.28N/mm^2 < f_{at}=10.5N/mm^2$

蜂窝铝板的强度可以满足。

9.4.3.3 刚度计算

根据b/a=0.38查《建筑结构静力计算手册》表，得最大挠度系数：μ=0.012。

ω_k：作用于面板的最大风荷载标准值：1.043kN/m²

D：弯曲刚度

$$D = \frac{E \times t^3}{12(1-v^2)} = \frac{21000 \times 20^3}{12 \times (1-0.3^2)} = 14933333\text{N} \cdot \text{mm}$$

板块中最大挠度：

$$u_1 = \mu \times \omega_k \times L^4 \times \frac{10^{-3}}{D} = 0.012 \times 1.043 \times 1125^4 \times 10^{-3} / 14933333 = 1.34\text{mm}$$

考虑大挠度变形的影响，容许应力值乘以折减系数：η

根据：$\theta = \omega_k \times L^4 \times \frac{10^{-3}}{Et^4}$（JGJ 133–2001 5.4.3–3）$=1.043 \times 1125^4 \times 10^{-3} / 21000 / 20^4 = 0\text{mm}$

根据参数0，查JGJ 133–2001表5.4.3得：η=1.00，因此，实际板跨最大挠度为：

$$U = 1 \times 1.34\text{mm} = 1.34\text{mm} < \frac{1125}{100} = 11.25\text{mm}$$

蜂窝铝板的刚度可以满足。

9.4.4 连接螺栓计算（图9.4-4）

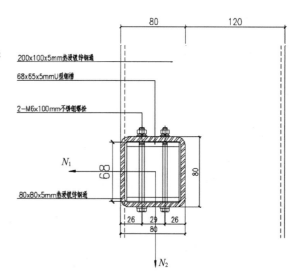

f_v：不锈钢螺栓连接的抗剪强度计算值：190N/mm²

N_v：剪切面数：1

D_1：螺栓公称直径：6mm

D_0：螺栓有效直径：5.059mm

D_{vbh}：螺栓受剪承载能力计算：

$$D_{vbh} = N_V \times \pi \times D_1^2 \times \frac{f_V}{4} = 1 \times \pi \times 6^2 \times \frac{190}{4} = 5372\text{N}$$

N_{um}：螺栓个数

$N_1 = Qx = 1.973\text{kN}$

$$N_{um} = N_1 \times \frac{10^3}{N_{Vbh}} = 1.973 \times 10^3 / 5372 = 0.367$$

图 9.4-4 连接部位示意图

取2个

N_{cb1}：连接部位幕墙横梁型材壁抗承压能力；f_{cb}：构件承压强度设计值：305N/mm²；t：横梁型材校核处最小壁厚，取为5.0mm。

$$N_{cb1} = D_0 \times \sum t \times f_c^b \times \frac{N_{um}}{1000}（GB 50017–2003）$$

$$=5 \times 5 \times 305 \times 2/1000=15.430\text{kN}$$

15.430kN＞1.973kN

强度可以满足。

9.4.5 U型钢槽计算

9.4.5.1 载荷计算

N_{1k}：连接处水平总力标准值：1.412kN

N_{2k}：连接处自重总值标准值：0.506kN

N_1：连接处水平总力设计值：1.973kN

N_2：连接处自重总值设计值：0.608kN

9.4.5.2 选用连接角码的截面特性

此处连接角码选用：Q235钢角码

f：型材强度设计值：215N/mm²

E：型材弹性模量：206000N/mm²

Y：塑性发展系数：1.05

b：连接角码宽：65mm

t：连接角码厚：5mm

L：连接角码计算长度：65mm

I_x：连接角码自重方向截面惯性矩（mm⁴）

$$I_x = b \times \frac{t^3}{12} = 65 \times \frac{5^3}{12} = 677 \text{mm}^4$$

I_y：连接角码水平方向截面惯性矩（mm⁴）

$$I_y = b \times \frac{t^3}{12} = 5 \times 65 \times \frac{3^3}{12} = 114427 \text{mm}^4$$

W_x：连接角码自重方向抵抗矩（mm³）

$$W_x = b \times \frac{t^2}{6} = 65 \times \frac{5^2}{6} = 271 \text{mm}^3$$

W_y：连接角码水平方向抵抗矩（mm³）

$$W_x = b \times \frac{t^2}{6} = 5 \times \frac{65^2}{6} = 3521 \text{mm}^3$$

连接角码强度计算：

校核依据：$\dfrac{M_x}{\gamma W_x} + \dfrac{M_y}{\gamma W_y} \leqslant f$

M_x：自重荷载作用下角码的弯矩（N·mm）

$M_x = N_2 \times a_1$（其中a_1=40mm）=0.608×40×1000=24300N·mm

M_y：水平荷载作用下角码的弯矩（N·mm）

$M_y = N_1 \times a_1$=1.973×40×1000=78920N·mm

σ：连接角码计算强度（N/mm²）

$$\sigma = \frac{M_x}{\gamma W_x} + \frac{M_y}{\gamma W_y} = 24300/1.05/271 + 78920/1.05/3521 = 106.798 \text{N/mm}^2$$

106.798N/mm² ＜215.0N/mm²

连接角码强度可以满足。

9.4.5.3 连接角码刚度计算

校核依据：$U_{max} \leqslant \dfrac{2L}{300}$

a_1=40mm，b_1=25mm

$m = 1 + 1.5\dfrac{b_1}{a_1} = 1 + 1.5 \times 25/40 = 1.938$

U_{max}：角码最大挠度

$U_x = \dfrac{N_2 a^3 m}{3EI_x} = 0.506 \times 40^3 \times 1.938 \times 10^3 / (3 \times 206000 \times 677) = 0.15\text{mm} = 0.15\text{mm}$

$U_y = \dfrac{N_2 a^3 m}{3EI_y} = 1.412 \times 40^3 \times 1.938 \times 10^3 / (3 \times 206000 \times 114427) = 0.0025\text{mm}$

$U_{max} = (U_x^2 + U_y^2)^{0.5} = (0.15^2 + 0.0025^2)^{0.5} = 0.15\text{mm}$

0.15mm＜2×65/300=0.43mm

连接角码挠度可以满足要求。

9.4.5.4 连接焊缝计算

1. 荷载计算

N_1：连接处总水平力设计值：1.973kN

N_2：连接处总竖向力设计值：0.608kN

M_x：自重荷载作用下连接处弯矩：24300N·m

M_y：水平风荷载作用下连接处弯矩：78920N·m

2. 连接焊缝计算

f_{tw}：角焊缝连接的强度设计值：160N/mm²

连接板用2条角焊缝，焊脚尺寸h_f=6mm，焊缝计算长度l_w

l_w=a-2h_f=65-2×6=53mm

其中：a=65mm

h_e：角焊缝的计算厚度

h_e=0.7h_f=0.7×6=4.2mm

β_f：正面角焊缝的强度增大系数，β_f=1.22和截面几何参数表

W_x：x轴抵抗矩：15205mm³

W_y：y轴抵抗矩：3933mm³

A：型材截面积：455mm²

σ_f^M：弯矩引起的应力

$\sigma_f^M = \left(\left(\dfrac{M_x}{W_x \beta_f}\right)^2 + \left(\dfrac{M_y}{W_y \beta_f}\right)^2 \right)^{0.5} = \left(\left(\dfrac{24300}{15205 \times 1.22}\right)^2 + \left(\dfrac{78920}{3933 \times 1.22}\right)^2 \right)^{0.5} = 16.501\text{N/mm}^2$

τ：剪应力

$\tau = \dfrac{(N_1 + N_2) \times 10^3}{A} = \dfrac{(1.973 + 0.608) \times 10^3}{445} = 5.796\text{N/mm}^2$

σ：总应力

$$\sigma = \left(\left(\sigma_f^M\right)^2 + \tau^2\right)^{0.5} = \left(16.501^2 + 5.796^2\right)^{0.5} = 17.490\text{N/mm}^2$$

$17.490\text{N/mm}^2 < 160\text{N/mm}^2$

焊缝强度可以满足要求。

9.5 CWS-5主航站楼陆侧玻璃幕墙系统设计计算（图9.5-1）

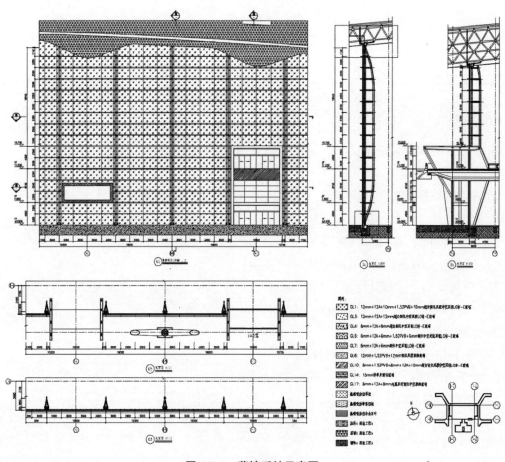

图 9.5-1 幕墙系统示意图

9.5.1 玻璃的计算

此系统风荷载传递路径：

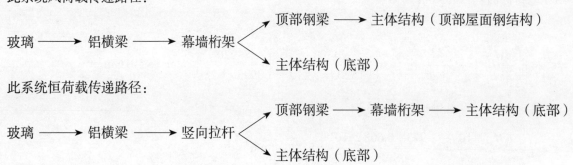

此系统恒荷载传递路径：

9.5.1.1 基本计算参数

计算模型为对边简支板：

采用12钢化+12A+（10钢化+1.520PVB+10钢化）mm单夹胶中空玻璃

t_1：外层单片（第1片）玻璃厚度t_1=12mm

t_2：内夹层外片（第2片）玻璃厚度t_2=10mm

t_3：内夹层内片（第3片）玻璃厚度t_3=10mm

γ_g：玻璃重力密度：25.6kN/m³

E：玻璃的弹性模量E=72000N/mm²

v：玻璃的泊松比，取为v=0.2

a：玻璃自由边边长a=2.250m

b：玻璃简支边边长b=2.250m（图9.5-2）

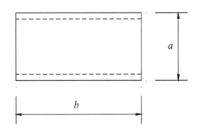

图9.5-2 模型计算简图

9.5.1.2 荷载计算

风荷载计算（按标高：35.000m；地面粗糙度：B类计算）：

ω_k：作用在幕墙上的风荷载标准值（kN/m²）

ω：作用在幕墙上的风荷载设计值（kN/m²）

ω_0：基本风压，按全国基本风压图取为：0.5kN/m²

β_{gz}：阵风系数，由GB 50009-2012表8.6.1得1.58

μ_z：风压高度变化系数，由GB 50009-2012表8.2.1得1.46

μ_{s1}：风荷载体型系数，按《建筑结构荷载规范》GB 50009-2012，取为：大面处$\mu_{s1(1)}$=1.0

μ_{s1}=1.0+0.2=1.2

γ_w：风荷载作用分项系数：1.4

$\omega_k=\beta_{gz}\mu_z\mu_{s1}\omega_0$（GB 50009-2012）=1.58×1.46×1.20×0.50=1.381kN/m²

根据广州白云国际机场扩建工程二号航站楼及配套设施的风洞试验报告，此处的最大正风压为0.980kN/m²，最大负风压为-0.830kN/m²。因为ω_k>0.980kN/m²，故取ω_k=1.381kN/m²进行设计。

$\omega=\gamma_w×\omega_k$=1.4×1.381=1.933kN/m²

9.5.1.3 自重荷载计算

G_{AK}：玻璃板块平均自重（不包括铝框）标准值（kN/m²）

G_A：玻璃板块平均自重（不包括铝框）设计值（kN/m²）

γ_G：自重荷载作用分项系数：1.2

$$q_{GK1}=\frac{\gamma_g t_1}{1000}=\frac{25.6×12}{1000}=0.307kN/m^2$$

$$q_{GK2}=\frac{\gamma_g(t_2+t_3)}{1000}=\frac{25.6×(10+10)}{1000}=0.512kN/m^2$$

$$q_{GK}=q_{GK1}+q_{GK2}=0.307+0.512=0.819kN/m^2$$

9.5.1.4 地震荷载计算

q_{EAK}：垂直于玻璃幕墙平面的分布水平地震作用标准值（kN/m²）

q_{EA}：垂直于玻璃幕墙平面的分布水平地震作用设计值（kN/m²）

β：动力放大系数，取5.0

α：水平地震影响系数最大值，本工程抗震设防烈度：6度，取0.04

γ_E：地震作用分项系数：1.3

$q_{EAK1}=\beta \times \alpha \times q_{GK1}=5 \times 0.04 \times 0.307=0.061kN/m^2$

$q_{EAK2}=\beta \times \alpha \times q_{GK2}=5 \times 0.04 \times 0.512=0.102kN/m^2$

$q_{EAK}=q_{EK1}+q_{EK2}=0.061+0.102=0.164kN/m^2$

$q_{EA}=1.3 \times 0.164=0.213kN/m^2$

9.5.1.5 垂直幕墙面的荷载组合计算

q_k：幕墙所受垂直幕墙面的组合荷载标准值（kN/m²）

q：幕墙所受垂直幕墙面的组合荷载设计值（kN/m²）

荷载采用$S_W+0.5S_E$组合：

$q_k=W_k+0.5q_{EAk}=1.381+0.5 \times 0.164=1.463kN/m^2$

$q=W+0.5q_{EA}=1.933+0.5 \times 0.213=2.039kN/m^2$

9.5.1.6 玻璃的计算

采用12钢化+12A+（10钢化+1.520PVB+10钢化）mm单夹胶中空玻璃

$\sigma_外 \leqslant f_g=84.0N/mm^2$（钢化玻璃）（JGJ 102-2003 5.2.1）效应组合采用$\sigma=\psi_{CW} \times \gamma_W \times \sigma_{Wk}+\psi_{CE} \times \gamma_E \times \sigma_{Ek}$组合

ψ_{CW}：风荷载的组合值系数：1.0

ψ_{CE}：地震作用的组合值系数：0.5

γ_W：风荷载作用分项系数：1.4

γ_E：地震作用分项系数：1.3

q_{ik}：分配到各单片玻璃的组合荷载标准值（kN/m²）

q_i：分配到各单片玻璃的组合荷载设计值（kN/m²）

ψ：玻璃板面跨中弯曲系数，为：0.125

σ_i：各单片玻璃所受的应力

θ_i：参数

9.5.1.7 外层单片（第1片）玻璃的强度计算

$$W_{k1}=1.1 \times W_k \times \frac{t_1^3}{t_1^3+t_2^3+t_3^3}（JGJ 102-2003 6.1.5-2）=1.100 \times 1.381^3 \times \frac{12^3}{12^3+10^3+10^3}=0.704kN/m^2$$

$q_{Ek1}=q_{EAk1}=0.061kN/m^2$

$$\theta_1=\left(W_{k1}+0.5 \times q_{Ek1}\right) \times a^4 \times \frac{10^9}{Et_1^4}（JGJ 102-2003 6.1.2-3）=\left(0.704+0.5 \times 0.061\right) \times 2.250^4 \times \frac{10^9}{72000 \times 12^4}$$
$$=12.61$$

η_1：折减系数，可由参数θ按JGJ 102-2003表6.1.2-2查得：0.95

$$\sigma_{Wk1}=6 \times \psi \times W_{k1} \times a^2 \times \eta_1 \times \frac{10^3}{t_1^2}（JGJ 102-2003 6.1.2-1）=6 \times 0.125 \times 0.704 \times 2.250^2 \times 0.95 \times \frac{10^3}{12^2}=17.62N/mm^2$$

$$\sigma_{Ek1}=6 \times \psi \times q_{Ek1} \times a^2 \times \eta_1 \times \frac{10^3}{t_1^2}（JGJ 102-2003 6.1.2-2）=6 \times 0.125 \times 0.061 \times 2.250^2 \times 0.95 \times \frac{10^3}{12^2}=1.54N/mm^2$$

$\sigma_1=\psi_{CW} \times \gamma_W \times \sigma_{Wk1}+\psi_{CE} \times \gamma_E \times \sigma_{Ek1}$（JGJ 102-2003 5.4.1-2）$=1.0 \times 1.4 \times 17.62+0.5 \times 1.3 \times 1.54=25.67N/mm^2<f_g=84.0N/mm^2$

外层单片（第1片）玻璃的强度可以满足。

9.5.1.8 内夹层外片（第2片）玻璃的强度计算

$$W_{k2} = \frac{W_k \times t_2^3}{t_1^3 + t_2^3 + t_3^3} \text{（JGJ 102-2003 6.1.5-1）} = 1.381 \times \frac{10^3}{12^3 + 10^3 + 10^3} = 0.370 \text{kN/m}^2$$

$$q_{Ek2} = \frac{q_{EAk2} \times t_2^3}{t_2^3 + t_3^3} \text{（JGJ 102-2003 6.1.4-3）} = 0.102 \times \frac{10^3}{10^3 + 10^3} = 0.051 \text{kN/m}^2$$

$$\theta_2 = (W_{k2} + 0.5q_{Ek2}) \times a^4 \times \frac{10^9}{Et_2^4} \text{（JGJ 102-2003 6.1.2-3）} = (0.370 + 0.5 \times 0.051) \times 2.250^4 \times 10^9 / 72000 / 10^4 = 14.09$$

η_2：折减系数，可由参数θ按JGJ 102-2003表6.1.2-2查得：0.94

$$\sigma_{Wk2} = 6 \times \psi \times W_{k2} \times a^2 \times \eta_2 \times \frac{10^3}{t_2^2} \text{（JGJ 102-2003 6.1.2-1）} = 6 \times 0.125 \times 0.370 \times 2.250^2 \times 0.94 \times \frac{10^3}{10^2} = 13.27 \text{N/mm}^2$$

$$\sigma_{Ek2} = 6 \times \psi \times q_{Ek2} \times a^2 \times \eta_2 \times \frac{10^3}{t_2^2} \text{（JGJ 102-2003 6.1.2-2）} = 6 \times 0.125 \times 0.051 \times 2.250^2 \times 0.94 \times \frac{10^3}{10^2} = 1.83 \text{N/mm}^2$$

$$\sigma_2 = \psi_{CW} \times \gamma_W \times \sigma_{Wk1} + \psi_{CE} \times \gamma_E \times \sigma_{Ek1} \text{（JGJ 102-2003 5.4.1-2）} = 1.0 \times 1.4 \times 13.27 + 0.5 \times 1.3 \times 1.83 = 19.77 \text{N/mm}^2$$
$$< f_g = 84.0 \text{N/mm}^2$$

内夹层外片（第2片）玻璃的强度可以满足。

9.5.1.9 内夹层内片（第3片）玻璃的强度计算

$$W_{k2} = \frac{W_k \times t_2^3}{t_1^3 + t_2^3 + t_3^3} \text{（JGJ 102-2003 6.1.5-1）} = 1.381 \times \frac{10^3}{12^3 + 10^3 + 10^3} = 0.370 \text{kN/m}^2$$

$$q_{Ek2} = \frac{q_{Ek2} \times t_3^3}{t_2^3 + t_3^3} \text{（JGJ 102-2003 6.1.4-3）} = 0.102 \times \frac{10^3}{10^3 + 10^3} = 0.051 \text{kN/m}^2$$

$$\theta_3 = (W_{k3} + 0.5q_{Ek3}) \times a^4 \times \frac{10^9}{Et_3^4} \text{（JGJ 102-2003 6.1.2-3）} = (0.370 + 0.5 \times 0.051) \times 2.250^4 \times 10^9 / 72000 / 10^4 = 14.09$$

η_2：折减系数，可由参数θ按JGJ 102-2003表6.1.2-2查得：0.94

$$\sigma_{Wk3} = 6 \times \psi \times W_{k3} \times a^2 \times \eta_3 \times \frac{10^3}{t_3^2} \text{（JGJ 102-2003 6.1.2-1）} = 6 \times 0.125 \times 0.370 \times 2.250^2 \times 0.94 \times \frac{10^3}{10^2} = 13.27 \text{N/mm}^2$$

$$\sigma_{Ek2} = 6 \times \psi \times q_{Ek3} \times a^2 \times \eta_2 \times \frac{10^3}{t_3^2} \text{（JGJ 102-2003 6.1.2-2）} = 6 \times 0.125 \times 0.051 \times 2.250^2 \times 0.94 \times \frac{10^3}{10^2} = 1.83 \text{N/mm}^2$$

$$\sigma_2 = \psi_{CW} \times \gamma_W \times \sigma_{WK1} + \psi_{CE} \times \gamma_E \times \sigma_{EK1} \text{（JGJ 102-2003 5.4.1-2）} = 1.0 \times 1.4 \times 13.27 + 0.5 \times 1.3 \times 1.83 = 19.77 \text{N/mm}^2 < f_g = 84.0 \text{N/mm}^2$$

内夹层内片（第3片）玻璃的强度可以满足。

9.5.1.10 玻璃的挠度计算

玻璃最大挠度u，小于玻璃短边尺寸的1/60

μ：挠度系数，为：0.01302

t_e：整块中空玻璃的等效厚度

$$t_e = 0.95\left(t_1^3 + t_2^3 + t_3^3\right)^{\frac{1}{3}} = 0.95\left(12^3 + 10^3 + 10^3\right)^{\frac{1}{3}} = 14.73 \text{mm}$$

a：玻璃短边边长$a = 2.250$m

W_k：玻璃所受风荷载标准值$W_k = 1.381 \text{kN/m}^2$

θ：参数

$$\theta = \frac{W_k \times a^4 \times 10^9}{E \times t_e^4} \text{（JGJ 102-2003 6.1.2-3）} = \frac{1.381 \times 2.250^4 \times 10^9}{72000 \times 14.73^4} = 10.44$$

η：折减系数，可由参数θ按JGJ102-2003表6.1.2-2查得η=0.96

D：玻璃弯曲刚度

$$D = \frac{Et_e^3}{12(1-\nu^2)} \text{（JGJ 102-2003 6.1.3-1）} = \frac{72000 \times 14.73^3}{12(1-0.2^2)} = 19976838 \text{N·mm} = 19976838 \text{Nmm}$$

u：玻璃跨中最大挠度

$$u = \mu \times W_k \times a^4 \times \eta \times \frac{10^9}{D} \text{（JGJ 102-2003 6.1.3-2）} = 0.01302 \times 1.381 \times 2.25^4 \times 0.96 \times \frac{10^9}{19976838} = 22.10 \text{mm}$$

22.10mm＜2.250×10³/60=37.50mm

单夹胶中空玻璃挠度可以满足要求。

9.5.2 扣盖与横梁连接计算

9.5.2.1 扣盖的强度验算（A截面）（图9.5-3）

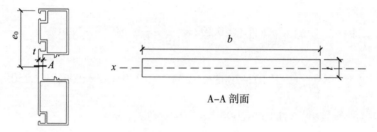

图9.5-3 扣盖截面示意图

此处扣盖选用：6063-T5

f：型材强度设计值：90.0N/mm²

f_v：型材抗剪强度设计值：55.0N/mm²

E：型材弹性模量：70000N/mm²

γ：塑性发展系数：1.00

b：A截面有效计算长度：85mm

t：A截面厚度：5.0mm

d：螺栓直径：6mm

A：型材横截面积：$A=t \times b=425$mm²

L_1：螺栓的间隔：300mm

e_0：A截面到力作用点的距离为：60mm

W_x：连接压块A截面X方向抵抗矩（mm³）

$$W_x = (b-d) \times \frac{t^2}{6} = (85-6) \times \frac{5^2}{6} = 329.2 \text{mm}^3$$

N_1：连接处压块受到的垂直于面板的总力设计值（kN）

$$N_1 = \frac{q \times a \times L_1}{2 \times 10^3} = \frac{2.039 \times 2.250 \times 300}{2 \times 10^3} = 0.688 \text{kN}$$

M_1：连接压块A截面受到的弯矩为：（kN·m）

$$M_1 = \frac{N_1 \times e_0}{10^3 \times 2} = \frac{0.688 \times 60}{10^3 \times 2} = 0.021 \text{kN} \cdot \text{m}$$

σ：连接压块A截面计算强度（N/mm²）

$$\sigma = \frac{M_1}{W_x \gamma} = \frac{0.021 \times 10^6}{329.167 \times 1.0} = 62.730 \text{N/mm}^2$$

62.730N/mm²＜90.0N/mm²

A截面强度可以满足。

F_v：连接压块A截面受到的剪力为：0.688kN

τ：连接压块A截面剪应力（N/mm²）

$$\tau = \frac{1.5 F_v}{A} = \frac{0.688 \times 10^3 \times 1.5}{425} = 2.429 \text{N/mm}^2$$

2.429N/mm²＜55N/mm²

A截面剪应力强度可以满足。

9.5.2.2 扣盖与横梁的连接螺栓计算（图9.5-4）

f_t：不锈钢螺栓的抗拉强度设计值：190N/mm²

N_t：连接螺栓受到垂直于面板的拉力设计值（kN）

$$N_t = q \times a \times \frac{L_1}{10^3} = 2.039 \times 2.250 \times \frac{300}{1000^3} = 1.377 \text{kN}$$

A_0：M6螺栓的有效面积：20.1mm²

σ：连接螺栓的计算强度（N/mm²）

$$\sigma = \frac{N_t}{A_0} = 1.377 \times \frac{10^3}{20.1} = 68.486 \text{N/mm}^2$$

68.486N/mm²＜190N/mm²

连接螺栓抗拉强度可以满足。

9.5.3 幕墙横梁计算（图9.5-5）

9.5.3.1 幕墙横梁基本计算参数

H_1：幕墙横梁上分格高：2.250m

H_2：幕墙横梁下分格高：2.250m

b：幕墙分格宽：3.000m

m：横梁外伸长度：0.480m

B：幕墙横梁最大跨度：12.000m

A：幕墙横梁从属面积（m²）

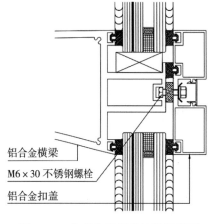

铝合金横梁
M6×30 不锈钢螺栓
铝合金扣盖

图9.5-4　扣盖与横梁的连接示意图

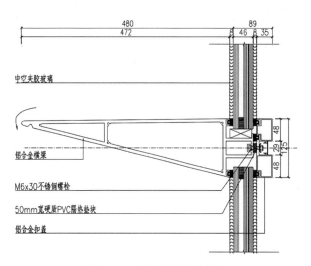

中空夹胶玻璃
铝合金横梁
M6x30不锈钢螺栓
50mm宽硬质PVC隔热垫块
铝合金扣盖

图9.5-5　幕墙横梁示意图

$$A_{\pm}=\frac{B \times H_1}{2}=\frac{12 \times 2.250}{2}=13.500 \mathrm{m}^2$$

$$A_{\overline{F}}=\frac{B \times H_2}{2}=\frac{12 \times 2.250}{2}=13.500 \mathrm{m}^2$$

$A=A_{\pm}+A_{\overline{F}}=13.500\mathrm{m}^2+13.500\mathrm{m}^2=27.000\mathrm{m}^2$

9.5.3.2 荷载计算

1. 风荷载计算（图9.5-6）

ω_k：作用在幕墙上的风荷载标准值（kN/m²）

ω：作用在幕墙上的风荷载设计值（kN/m²）

ω_0：基本风压，按全国基本风压图取为：0.5kN/m²

β_{gz}：阵风系数，由《建筑结构荷载规范》GB 50009-2012表8.6.1得1.58

μ_z：风压高度变化系数，由GB 50009-2012表8.2.1得1.46

γ_w：风荷载作用分项系数：1.4

μ_{s1}：风荷载体型系数，按《建筑结构荷载规范》GB 50009-2012，取为：

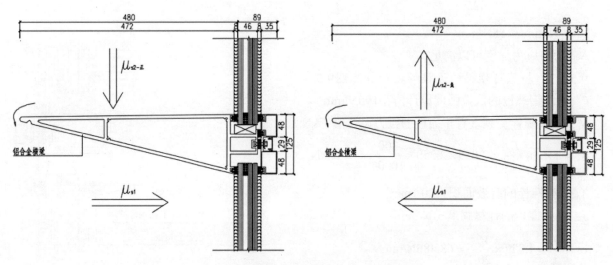

图9.5-6 幕墙横梁风荷载体型系数示意图

（A水平方向）$\mu_{s1(1)}=1.0$

$\mu_{s1(25)}=0.8 \times \mu_{s1(1)}=0.8 \times 1.0=0.8$

按《建筑结构荷载规范》GB 50009-2012：

横梁从属面积$A=27.000\mathrm{m}^2 > 25.0\mathrm{m}^2$，故：

$\mu_{s1(25)}=0.8 \times \mu_{s1(1)}=0.8$

$\mu_{s1}=0.8+0.2=10$

$\omega_{kH}=\beta_{gz} \times \mu_z \times \mu_{s1} \times \omega_0=1.58 \times 1.46 \times 1.00 \times 0.50=1.150\mathrm{kN/m}^2$

根据广州白云国际机场扩建工程二号航站楼及配套设施的风洞试验报告，

此处的最大正风压为0.980kN/m²，最大负风压为-0.830kN/m²

因为$\omega_k > 0.980\mathrm{kN/m}^2$，故取$\omega_k=1.150\mathrm{kN/m}^2$进行设计。

$\omega_H=\gamma_w \times W_{kH}=1.4 \times 1.150=1.611\mathrm{kN/m}^2$

（B竖向）

$\mu_{s2-正}$=0.6

$\mu_{s2-负}$=2.0

$\omega_{kV-正}=\beta_{gz}\times\mu_z\times\mu_{s2-正}\times\omega_0$=1.58×1.46×0.60×0.50=0.690kN/m²

$\omega_{kV-负}=\beta_{gz}\times\mu_z\times\mu_{s2-负}\times\omega_0$=1.58×1.46×2.00×0.50=2.301kN/m²

$\omega_{V-正}=\gamma_w\omega_{kV-正}$=1.4×0.690=0.966kN/m²

$\omega_{V-负}=\gamma_w\omega_{kV-负}$=1.4×2.301=3.221kN/m²

2. 自重荷载计算

G_{AK}：玻璃幕墙构件（包括玻璃和框）的平均自重标准值：1.0kN/m²

G_A：玻璃幕墙构件（包括玻璃和框）的平均自重设计值（kN/m²）

γ_G：自重荷载作用分项系数：1.2

$G_A=\gamma_G\times G_{AK}$=1.2×1.0=1.2kN/m²

地震荷载计算：

q_{EAK}：垂直于玻璃幕墙平面的分布水平地震作用标准值（kN/m²）

q_{EA}：垂直于玻璃幕墙平面的分布水平地震作用设计值（kN/m²）

β：动力放大系数，取5.0

α：水平地震影响系数最大值，本工程抗震设防烈度：6度，取0.04

γ_E：地震作用分项系数：1.3

$q_{EAK}=\beta\times\alpha\times G_{AK}$=5.0×0.04×1.0=0.20kN/m²

q_{EA}=1.3×0.2=0.26kN/m²

垂直幕墙面的荷载组合计算：

q_k：幕墙所受水平组合荷载标准值（kN/m²）

q：幕墙所受水平组合荷载设计值（kN/m²）

荷载采用S_W+0.5S_E组合：

$q_k=\omega_{kH}+0.5\times q_{EAk}$=1.150+0.5×0.200=1.250kN/m²

$q=\omega_H+0.5\times q_{EAk}$=1.611+0.5×0.260=1.741kN/m²

9.5.3.3 横梁计算

弯矩计算：

横梁在竖向荷载作用下的弯矩计算，幕墙横梁竖向荷载作用下按连续梁力学模型进行设计计算：

P_{Gk}：横梁所受自重荷载集中分布最大荷载集度标准值（kN）

$$P_{Gk}=G_{Ak}\times b\times\frac{H_1}{n}=1.00\times3.00\times\frac{2.25}{2}=3.375kN$$

其中：n=2（自重荷载作用点距玻璃边b/4=0.750m）

q_{LVK}：横梁所受竖向风荷载线分布最大荷载集度标准值（kN/m）（矩形分布）

$q_{LVK}=\omega_{kV-负}\times m$（负风最不利）=2.301×0.48=1.104kN/m

由图9.5-10可知，竖向最大弯矩设计值为4.600kN/m（图9.5-7～图9.5-9）。

横梁在水平组合荷载作用下的弯矩计算，幕墙横梁在水平组合荷载作用下按简支梁力学模型进行设计计算：

q_{LHk}：横梁所受水平组合荷载线分布最大荷载集度标准值（kN/m）（矩形分布）

$$q_{LHk}=q_k\frac{(H_1+H_2)}{2}=1.250\times\frac{2.250+2.250}{2}=2.814kN/m$$

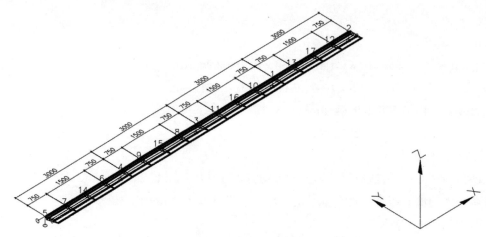

图 9.5-7 幕墙横梁约束条件及节点编号图

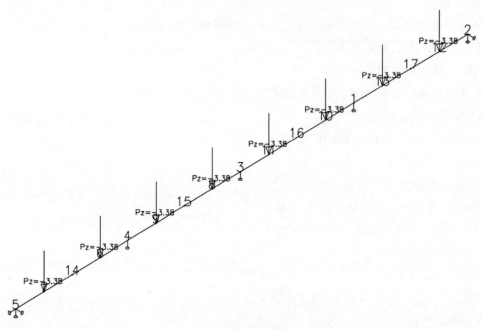

图 9.5-8 幕墙横梁自重荷载图

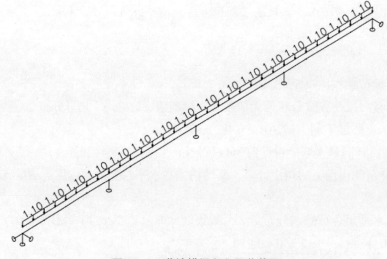

图 9.5-9 幕墙横梁竖向风荷载图

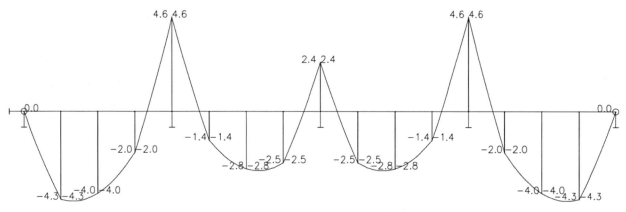

图 9.5-10 幕墙横梁竖向荷载作用下弯矩图

由图9.5-12可知，水平方向最大弯矩设计值为75.5kN·m（图9.5-11）。

9.5.3.4 选用横梁型材的截面特性

此处横梁选用：6063-T6铝横梁

f：型材强度设计值：150N/mm²

E：型材弹性模量：70000N/mm²

I_x：x轴惯性矩：11407251mm⁴

I_y：y轴惯性矩：208760541mm⁴

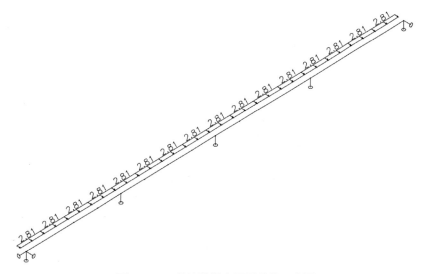

图 9.5-11 幕墙横梁水平风荷载示意图

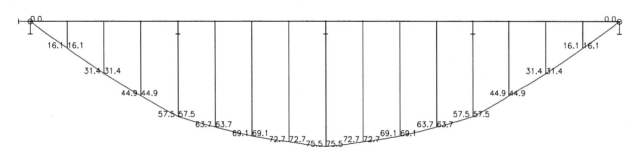

图 9.5-12 幕墙横梁水平荷载作用下弯矩图

W_x：x轴抵抗矩：136116mm³

W_y：y轴抵抗矩：731404mm³

A：型材截面积：8714mm²

t：型材计算校核处壁厚：7.0mm

S_x：型材x轴截面面积矩：137796mm³

S_y：型材y轴截面面积矩：593493mm³

γ：塑性发展系数：1.00

9.5.3.5 幕墙横梁的强度计算

校核依据：$\dfrac{M_x}{\gamma W_x} + \dfrac{M_y}{\gamma W_y} \leqslant f$（JGJ 102–2003 6.2.4）

M_x：自重荷载作用下横梁弯矩：0.000kN·m

M_y：水平组合荷载作用下横梁弯矩：75.500kN·m

σ：横梁计算强度（N/mm²）

$$\sigma = \frac{M_x \times 10^6}{\gamma W_x} + \frac{M_y \times 10^6}{\gamma W_y} = \frac{0.000 \times 10^6}{1.00 \times 136116} + \frac{75.500 \times 10^6}{1.00 \times 731404} = 103.226\text{N/mm}^2 < 150.0\text{N/mm}^2$$

横梁强度可以满足。

9.5.3.6 幕墙横梁的抗剪强度计算

校核依据：$\dfrac{QS}{It} \leqslant f_v$（JGJ 102–2003 6.2.5）

f_v：型材强度设计值：85.0N/mm²

Q_y：自重荷载作用下横梁的剪力设计值：

$$Q_y = 1.25 \times G_A \times b \times \frac{H_1}{n} = 1.25 \times 1.200 \times 3.000 \times \frac{2.250}{2} = 5.063\text{kN}$$

Q_x：水平组合荷载作用下横梁的剪力设计值：

$$Q_x = q \times (H_1 + H_2) \times \frac{B}{2} = 1.741 \times \frac{2.250 + 2.250}{2} \times 12 = 46.997\text{kN}$$

t_x：横梁截面垂直于x轴腹板的截面总宽度：14mm

t_y：横梁截面垂直于Y轴腹板的截面总宽度：14mm

τ：横梁剪应力（N/mm²）

$$\tau_y = \frac{Q_y S_x}{I_x t_x} \times 10^3 = 5.063 \times 10^3 \times 137796 / 11407251 / 14 = 4.368\text{N/mm}^2$$

4.368N/mm² < 58.0N/mm²

$$\tau_x = \frac{Q_x S_y}{I_y t_y} \times 10^3 = 46.997 \times 10^3 \times 593493 / 208760541 / 14 = 4.368\text{N/mm}^2 < 9.544\text{N/mm}^2$$

9.544N/mm² < 85.0N/mm²

横梁抗剪强度可以满足。

9.5.3.7 幕墙横梁的刚度计算

幕墙横梁自重作用下的刚度计算：

校核依据：$U_{max} \leqslant \dfrac{b}{500}$ 且 $U_{max} \leqslant 3$mm（GBT 21086–2007 5.1.9）

$$\frac{b}{500} = \frac{3.0 \times 1000}{500} = 6.0 \text{mm}$$

由图9.5–13可知，最大挠度为1.5mm。

图9.5–13 幕墙横梁竖向挠度图

1.5mm＜6.0mm且1.5mm＜3.0mm

横梁自重荷载作用下挠度可以满足要求。

幕墙横梁水平风荷载作用下的刚度计算：

校核依据：$U_{max} \leqslant \dfrac{B}{180}$（JGJ 102–2003 6.2.7–1）

$$\frac{B}{180} = 12 \times 1000 / 180 = 66.67 \text{mm}$$

由图9.5–14可知，最大挠度为57.4mm。

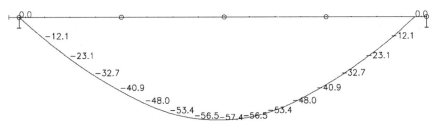

图9.5–14 幕墙横梁水平荷载作用下挠度图

57.4mm＜66.0mm横梁水平风荷载作用下挠度可以满足要求。

9.5.3.8 横梁与钢龙骨连接计算（图9.5–15）

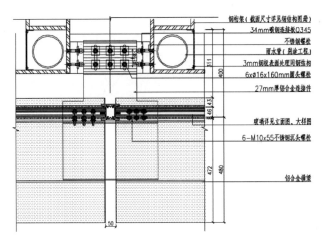

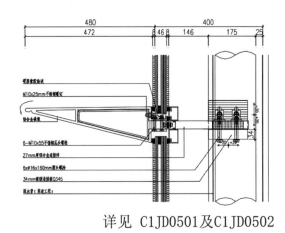

详见 C1JD0501及C1JD0502

图9.5–15 横梁与钢龙骨连接示意图

1. 载荷计算

N_1：连接处水平总力设计值（kN）

N_{lk}：连接处水平总力标准值（kN）

$$N_1 = q \times (H_1 + H_2) \times \frac{B}{2} = 1.741 \times (2.250 + 2.250) \times \frac{12}{2} = 46.997\text{kN}$$

$$N_{1k} = q_k \times (H_1 + H_2) \times \frac{B}{2} = 1.250 \times (2.250 + 2.250) \times \frac{12}{2} = 33.762\text{kN}$$

N_G：连接处竖向恒荷载设计值（kN）

N_{Gk}：连接处竖向恒荷载标准值（kN）

$N_{w-正}$：连接处竖向正风荷载设计值（kN）

$N_{kw-正}$：连接处竖向正风荷载标准值（kN）

$N_{w-负}$：连接处竖向负风荷载设计值（kN）

$N_{kw-负}$：连接处竖向负风荷载标准值（kN）

$N_G = G_A \times H_1 \times b = 1.20 \times 2.250 \times 3.0 = 8.10\text{kN}$

$N_{Gk} = G_{Ak} \times H_1 \times b = 1.000 \times 2.250 \times 3.000 = 6.750\text{kN}$

$N_{w-正} = W_{V-正} \times m \times B = 0.966 \times 0.480 \times 12.000 = 5.566\text{kN}$

$N_{wk-正} = W_{kV-正} \times m \times B = 0.690 \times 0.480 \times 12.000 = 3.976\text{kN}$

$N_{w-负} = W_{V-负} \times m \times B = 3.221 \times 0.480 \times 12.000 = 18.555\text{kN}$

$N_{wk-负} = W_{kV-负} \times m \times B = 2.301 \times 0.480 \times 12.000 = 13.253\text{kN}$

2. 横梁与连接件的连接螺栓计算

f_t：不锈钢螺栓连接的抗拉强度计算值：200.0N/mm²

f_V：不锈钢螺栓连接的抗剪强度计算值：190.0N/mm²

N_V：剪切面数：1

D_1：螺栓公称直径：10mm

D_0：螺栓有效直径：8.593mm

N_{Vbh}：螺栓受剪承载能力计算：

$$N_{Vbh} = N_V \times \pi \times D_1^2 \times \frac{f_V}{4 \times 1000}\ (\text{GB } 50017\text{–}2003\ 7.2.1\text{T}) = 1 \times \pi \times 10^2 \times \frac{190}{4 \times 1000} = 14.923\text{kN}$$

N_{tbh}：螺栓受拉承载能力计算：

$$N_{Tbh} = \pi \times D_1^2 \times \frac{f_t}{4 \times 1000}\ (\text{GB } 50017\text{–}2003\ 7.2.1\text{-}3) = \pi \times 8.593^2 \times \frac{200}{4 \times 1000} = 11.600\text{kN}$$

N_{um}：螺栓个数，为12个

N：每个螺栓所受拉力（kN）：

$$N = \frac{N_G}{N_{um}} = \frac{8.10}{12} = 0.675\text{kN} < 11.600\text{kN}$$

M_1螺栓抗拉强度可以满足

3. 正风工况下螺栓验算

M_1：连接处螺栓所受弯矩（kN·m）

e：间距，为34mm

$$M_1 = N_{w-\text{正}} \times \frac{m}{2} = 5.566 \times \frac{0.480}{2} = 1.336 \text{kN} \cdot \text{m}$$

V：每个螺栓所受剪力（kN）

$$V = \frac{M_1}{eN_{um}} + \frac{N_1}{2N_{um}} = \frac{1.336 \times 10^3}{34.0 \times 12} + \frac{46.997}{12 \times 2} = 5.233 \text{kN} < 14.923 \text{kN}$$

螺栓抗剪强度可以满足。

N：每个螺栓所受拉力（kN）：

$$N = \frac{N_{w-\text{正}} + N_G}{N_{um}} = \frac{5.566 + 8.100}{12} = 1.139 \text{kN} < 15.600 \text{kN}$$

螺栓抗拉强度可以满足。

$$\left[\left(\frac{V}{N_{Vbh}} \right)^2 + \left(\frac{N}{N_{tbh}} \right)^2 \right]^{0.2} = \left[\left(\frac{5.233}{240.0} \right)^2 + \left(\frac{1.139}{15.60} \right)^2 \right]^{0.2} = 0.076 < 1.0$$

螺栓强度可以满足。

N_{cb1}：连接部位幕墙横梁型材壁抗承压能力计算：

f_c^b：构件承压强度设计值：240N/mm²

t：横梁型材校核处最小壁厚：6.5mm

$$N_{cb1} = D_1 \times \sum t \times \frac{f_c^b}{1000} = 10.0 \times 6.5 \times \frac{240.0}{1000} = 15.60 \text{kN} > 5.233 \text{kN}$$

横梁型材壁抗承压强度可以满足。

4. 负风工况下螺栓验算

M_1：连接处螺栓所受弯矩（kN·m）

e：间距，为34mm

$$M_1 = N_{w-\text{负}} \times \frac{m}{2} = 18.555 \times \frac{0.480}{2} = 4.453 \text{kN} \cdot \text{m}$$

V：每个螺栓所受剪力（kN）

$$V = \frac{M_1}{eN_{um}} + \frac{N_1}{2N_{um}} = \frac{4.453 \times 10^3}{34.0 \times 12} + \frac{46.997}{12 \times 2} = 12.873 \text{kN} < 14.923 \text{kN}$$

螺栓抗剪强度可以满足。

N：每个螺栓所受拉力（kN）

$$N = \frac{N_{w-\text{负}} - N_G}{N_{um}} = \frac{18.555 - 8.100}{12} = 0.871 \text{kN} < 11.600 \text{kN} \cdot \text{m}$$

螺栓抗拉强度可以满足。

$$\left[\left(\frac{V}{N_{Vbh}} \right)^2 + \left(\frac{N}{N_{tbl}} \right)^2 \right]^{0.5} = \left[\left(\frac{12.873}{14.923} \right)^2 + \left(\frac{0.871}{11.60} \right)^2 \right]^{0.5} = 0.866 < 1.0$$

螺栓强度可以满足。

$$N_{um} = \frac{N_1 \times 10^3}{N_{Vbh}} = \frac{46.997 \times 10^3}{15} = 3149.404$$

N_{cb1}：连接部位幕墙横梁型材壁抗承压能力：

f_{cb}：构件承压强度设计值：240.0N/mm²

t：横梁型材校核处最小壁厚：6.5mm

$$N_{cb1} = D_1 \times \sum t \times \frac{f_c^b}{1000} = 10.0 \times 6.5 \times \frac{240.0}{1000} = 15.60kN > 12.873kN$$

横梁型材壁抗承压强度可以满足。

9.5.3.9 铝连接件计算

选用连接件的截面特性（A剖面）（图9.5–16）。

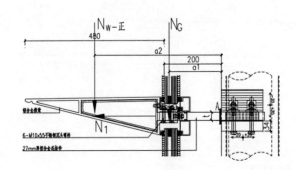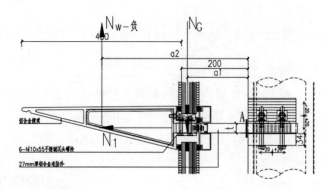

图 9.5–16 铝连接件示意图

此处连接件选用：6061–T6铝型材

f：型材强度设计值：200N/mm²

E：型材弹性模量：70000N/mm²

γ：塑性发展系数：1.00

b：连接件验算截面宽度：280mm

t：连接件验算截面厚度：27mm

A：连接件截面面积（mm²）

$A = b \times t = 280 \times 27 = 7560mm^2$

I_x：连接件自重方向截面惯性矩（mm⁴）

$$A = b \times \frac{t^3}{12} = 280 \times \frac{27^3}{12} = 459270mm^4$$

W_x：连接件自重方向抵抗矩（mm³）

$$W_x = b \times \frac{t^2}{6} = 280 \times \frac{27^2}{6} = 34020mm^3$$

1. 连接件强度计算（图9.5–17）

校核依据：$\dfrac{M_x}{\gamma W_x} + \dfrac{M_y}{\gamma W_y} \leqslant f$

1）正风工况下强度验算

M_x：竖向荷载作用下连接件所受弯矩（N·mm）

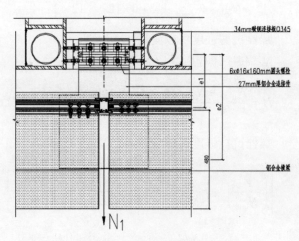

图 9.5–17 连接件构造示意图

a_1：距离：185mm

a_2：距离：430mm

$M_x = N_{w-正} \times a_2 + N_G \times a_1 = 5.566 \times 430 \times 1000 + 8.100 \times 185 \times 1000 = 3892035 \text{N} \cdot \text{mm}$

σ：连接角码计算强度（N/mm²）

$$\sigma = \frac{M_x}{\gamma W_x} + \frac{N_1}{A} = \frac{3892035}{1.0 \times 34020} + \frac{46.997 \times 1000}{7560} = 120.621 \text{N/mm}^2 < 200.0 \text{N/mm}^2$$

连接件强度可以满足。

2）负风工况下强度验算

M_x：竖向荷载作用下连接件所受弯矩（N·m）

a_1：距离：185mm

a_2：距离：430mm

$M_x = N_{w-负} \times a_2 + N_G \times a_1 = 18.555 \times 430 \times 1000 + 8.100 \times 185 \times 1000 = 6479948 \text{N} \cdot \text{mm}$

σ：连接角码计算强度（N/mm²）

$$\sigma = \frac{M_x}{\gamma W_x} + \frac{N_1}{A} = \frac{6479948}{1.0 \times 34020} + \frac{46.997 \times 1000}{7560} = 196.691 \text{N/mm}^2 < 200.0 \text{N/mm}^2$$

连接件强度可以满足。

2. 螺栓强度计算（图9.5-18）

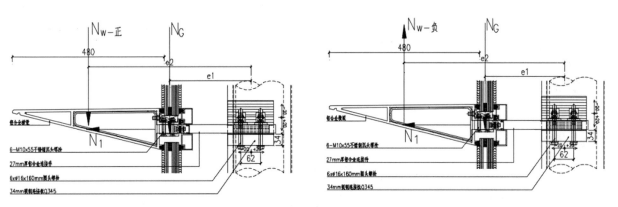

图 9.5-18　不锈钢螺栓接示意图

f：不锈钢螺栓连接的抗拉强度计算值：280N/mm²

f_V：不锈钢螺栓连接的抗剪强度计算值：265N/mm²

N_V：剪切面数：1

D_1：螺栓公称直径：16mm

D_0：螺栓有效直径：14.139mm

N_{Vbh}：螺栓受剪承载能力计算：

$$N_{Vbh} = N_V \times \pi \times D_1^2 \times \frac{f_V}{4 \times 1000} \text{（GB 50017-2003 7.2.1-1）} = 1 \times \pi \times 16^2 \times \frac{265}{4 \times 1000} = 53.281 \text{kN}$$

N_{tbh}：螺栓受拉承载能力计算：

$$N_{tbh} = N_V \times \pi \times D_0^2 \times \frac{f_t}{4 \times 1000} \text{（GB 50017-2003 7.2.1-3）} = 1 \times \pi \times 14.139^2 \times \frac{280.0}{4 \times 1000} = 43.960 \text{kN}$$

N_{um}：螺栓个数，为6个

1）正风工况下验算

M_2：连接处螺栓所受弯矩（kN·m）

e_1：间距，为275mm（已考虑±25mm的调节位移）

e_2：间距，为535mm（已考虑±25mm的调节位移）

e_3：间距，为62mm

$M_2 = N_{w-正} \times e_2 + N_G \times e_1 = 5.566 \times 535 / 1000 + 8.100 \times 275 / 1000 = 5.206 \text{kN·m}$

V：螺栓所受剪力（kN）

$$V = \frac{N_1}{2N_{um}} = \frac{46.997}{2 \times 6} = 3.916 \text{kN} < 53.281 \text{kN}$$

螺栓抗剪强度可以满足。

N：螺栓所受拉力（kN）

$$N = \frac{2M_2}{e_3 N_{um}} = \frac{2 \times 5.206 \times 10^3}{62 \times 2} = 27.987 \text{kN} < 43.960 \text{kN}$$

螺栓抗拉强度可以满足。

$$\left[\left(\frac{V}{N_{Vbh}} \right)^2 + \left(\frac{N}{N_{tbh}} \right)^2 \right]^{0.2}$$

$$\left[\left(\frac{3.916}{53.281} \right)^2 + \left(\frac{27.987}{43.960} \right)^2 \right]^{0.5} = 0.641 < 1.0$$

螺栓强度可以满足。

2）负风工况下验算

M_2：连接处螺栓所受弯矩（kN·m）

e_1：间距，为275mm（已考虑±25mm的调节位移）

e_2：间距，为535mm（已考虑±25mm的调节位移）

e_3：间距，为62mm

$M_2 = N_{w-负} \times e_2 + N_G \times e_1 = 18.555 \times 535 / 1000 - 8.100 \times 275 / 1000 = 7.699 \text{kN·m}$

V：螺栓所受剪力（kN）

$$V = \frac{N_1}{2N_{um}} = \frac{13.666}{2 \times 1} = 10.662 \text{kN} < 53.281 \text{kN}$$

螺栓抗剪强度可以满足。

N：螺栓所受拉力（kN）

$$N = \frac{2M_2}{e_3 N_{um}}$$

$$\frac{2 \times 7.699 \times 10^3}{62 \times 6} = 41.393 \text{kN} < 43.960 \text{kN}$$

螺栓抗拉强度可以满足。

$$\frac{2 \times 7.699 \times 10^3}{62 \times 6} = 41.393 \text{kN} < 43.960 \text{kN} = \left[\left(\frac{10.662}{53.281} \right)^2 + \left(\frac{41.393}{43.960} \right)^2 \right]^{0.5} = 0.963 < 1.0$$

螺栓强度可以满足。

9.5.3.10 钢连接件计算（图9.5-19）

1. 载荷计算

P_{hk}：连接处水平总力标准值：$\dfrac{N_{1k}}{3}=11.254\text{kN}$

P_h：连接处水平总力设计值：$\dfrac{N_1}{3}=15.666\text{kN}$

$P_{Vk-正}$：正风工况下连接处竖向总值标准值（kN）

$P_{V-正}$：正风工况下连接处竖向总值设计值（kN）

$P_{Vk-负}$：负风工况下连接处竖向总值标准值（kN）

$P_{V-负}$：负风工况下连接处竖向总值设计值（kN）

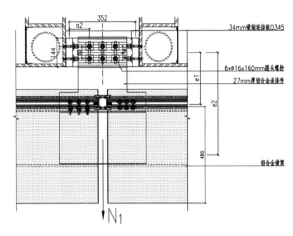

图9.5-19 钢连接件示意图

$$P_{Vk-正}=\frac{\left(N_{wk-正}+N_{Gk}\right)}{3}=\frac{\left(3.976+6.750\right)}{3}=3.575\text{kN}$$

$$P_{V-正}=\frac{\left(N_{w-正}+N_{G}\right)}{3}=\frac{\left(5.566+8.100\right)}{3}=4.555\text{kN}$$

$$P_{Vk-负}=\frac{\left(N_{wk-负}-N_{Gk}\right)}{3}=\frac{\left(13.253-6.750\right)}{3}=2.168\text{kN}$$

$$P_{V-负}=\frac{\left(N_{w-负}-N_{G}\right)}{3}=\frac{\left(18.555-8.100\right)}{3}=3.485\text{kN}$$

2. 选用连接件的截面特性

此处连接件选用：Q345钢连接件

f：强度设计值：295N/mm²

f_V：抗剪强度设计值：170N/mm²

E：弹性模量：206000N/mm²

γ：塑性发展系数：1.05

b：连接件宽：144mm

t：连接件厚：34mm

L：连接件计算长度：352mm

I_x：连接件自重方向截面惯性矩（mm⁴）

$$I_x=b\times\frac{t^3}{12}=144\times\frac{34^3}{12}=471648\text{mm}^4$$

I_y：连接件水平方向截面惯性矩（mm⁴）

$$I_y=b\times\frac{t^3}{12}=34\times\frac{144^3}{12}=8460288\text{mm}^4$$

W_x：连接件自重方向抵抗矩（mm³）

$$W_x=b\times\frac{t^2}{6}=144\times\frac{34^2}{12}=27744\text{mm}^3$$

W_y：连接件水平方向抵抗矩（mm³）

$$W_y = t \times \frac{b^2}{6}$$

$$34 \times \frac{144^2}{12} = 117504 \text{mm}^3$$

W_1：连接件抗扭截面系数（mm³）

α：与抗扭截面系数有关的系数，按边长比$\frac{b}{t}$查表得0.284

γ：与抗扭截面系数有关的系数，按边长比$\frac{b}{t}$查表得0.745

$$W_1 = a \times b \times t^2 = 0.284 \times 144 \times 34^2 = 47276 \text{mm}^3$$

3. 连接件强度计算（图9.5–20）

1）正风工况下连接件强度计算

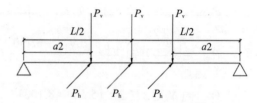

图9.5–20 钢连接件计算简图

正应力校核依据：$\frac{M_x}{\gamma W_x} + \frac{M_y}{\gamma W_y} \leqslant f$

M_x：竖向荷载作用下连接件的弯矩（N·mm）

$$M_x = P_{V-\text{正}} \times \frac{L}{4} + P_{V-\text{正}} \times a_2 \quad (\text{其中}a_2 = 110\text{mm})$$

$$= 4.555 \times 352 \times 1000 / 4 + 4.555 \times 110 \times 1000 = 901980 \text{N·mm}$$

M_y：水平荷载作用下连接件的弯矩（N·mm）

$$M_y = P_h \times \frac{L}{4} + P_h \times a_2 = 15.666 \times 352 \times 1000 / 4 + 15.666 \times 110 \times 1000 = 3101814 \text{N·mm}$$

σ：连接件计算强度（N/mm²）

$$\sigma = \frac{M_x}{\gamma W_x} + \frac{M_y}{\gamma W_y} = \frac{901980}{1.05 \times 27744} + \frac{3101814}{1.05 \times 117504} = 56.10 \text{N/mm}^2 < 295.0 \text{N/mm}^2$$

连接件强度可以满足。

切应力T_{max}：连接件发生在截面长边的中点处最大切应力（N/mm²）

τ_1：连接件发生在截面短边的中点处最大切应力（N/mm²）

M_2：由5.2.4.4.可知，正风工况下的弯矩为5.206kN·m

$$\tau_{max} = \frac{M_2}{W_1} = \frac{5.206 \times 10^6}{47276} = 110.109 \text{N/mm}^2 < 170 \text{N/mm}^2$$

$$\tau_1 = \gamma \tau_{max} = 0.745 \times 110.109 = 82.006 \text{N/mm}^2 < 170 \text{N/mm}^2$$

连接件剪应力可以满足。

组合应力$\left(\sigma^2 + 3\tau_{max}^2\right)^{0.5} = \left(56.103^2 + 3110.109^2\right)^{0.5} = 198.796 \text{N/mm}^2 < 295 \text{N/mm}^2$

连接件强度可以满足。

2）负风工况下连接件强度计算

正应力校核依据：$\frac{M_x}{\gamma W_x} + \frac{M_y}{\gamma W_y} \leqslant f$

M_x：竖向荷载作用下连接件的弯矩（N·mm）

$$M_x = P_{V-负} \times \frac{L}{4} + P_{V-负} \times a_2 （其中 a_2=110mm）=3.485 \times 352 \times 1000/4+3.485 \times 110 \times 1000=689999\text{N} \cdot \text{mm}$$

M_x：水平荷载作用下连接件的弯矩（N·mm）

$$M_y = P_h \times \frac{L}{4} + P_h \times a_2 = 15.666 \times 352 \times 1000 / 4 + 15.666 \times 110 \times 1000 = 3101814\text{N} \cdot \text{mm}$$

σ：连接件计算强度（N/mm²）

$$\sigma = \frac{M_x}{\gamma W_x} + \frac{M_y}{\gamma W_y} = \frac{689999}{1.05 \times 27744} + \frac{3101814}{1.05 \times 117504} = 48.826\text{N/mm}^2 < 295.0\text{N/mm}^2$$

连接件强度可以满足。

切应力 τ_{max}：连接件发生在截面长边的中点处最大切应力（N/mm²）

τ_1：连接件发生在截面短边的中点处最大切应力（N/mm²）

M_2：由5.3.9可知，负风工况下的弯矩为7.699kN·m

$$\tau_{max} = \frac{M_2}{W_1} = \frac{7.699 \times 10^6}{47276} = 162.857\text{N/mm}^2 < 170\text{N/mm}^2$$

$$\tau_1 = \gamma \tau_{max} = 0.745 \times 162.857 = 121.290\text{N/mm}^2 < 170\text{N/mm}^2$$

连接件剪应力可以满足。

$$组合应力 \left(\sigma^2 + 3\tau_{max}^2\right)^{0.5} = \left(48.826^2 + 162.857^2\right)^{0.5} = 286.271\text{N/mm}^2 < 295\text{N/mm}^2$$

连接件强度可以满足。

4. 连接件挠度计算

校核依据：$U_{max} \leqslant \dfrac{2L}{250}$

$$\lambda = \frac{a_2}{L} = \frac{110}{352} = 0.313$$

1）正风工况下挠度验算

$U_{max-正}$：正风工况下连接件最大挠度

$$U_{x-正} = P_{vk-正} \times a \times L^2 \times \frac{3-4\lambda^2}{24EI_x} + P_{vk-正} \times \frac{L^3}{48EI_x}$$

$$= 3.575 \times 110 \times 352^2 \times \frac{3-40.313^2}{24 \times 206000 \times 471648} + 3.575 \times \frac{352^3 \times 10^3}{48 \times 206000 \times 471648} = 0.09\text{mm}$$

$$U_y = P_{hk} \times a \times L^2 \times \frac{3-4\lambda^2}{3EI_y}$$

$$= 11.254 \times 110 \times 352^2 \times \frac{3-4 \times 0.313^2}{24 \times 206000 \times 471648} + 11.254 \times \frac{352^3 \times 10^3}{48 \times 206000 \times 8460288} = 0.0154\text{mm}$$

$$U_{max-正} = \left(U_{x-正}^2 + U_y^2\right)^{0.5} = \left(0.09^2 + 0.0154^2\right)^{0.5} = 0.09\text{mm} < 2 \times \frac{352}{250} = 2.82\text{mm}$$

连接件挠度可以满足要求。

2）负风工况下挠度验算

$U_{max-负}$：负风工况下连接件最大挠度

$$U_{x-负} = P_{Vk-负} \times a \times L^2 \times \frac{3-4\lambda^2}{3EI_x} + P_{vk-负} \times \frac{L^3}{48EI_x}$$

$$= 2.168 \times 110 \times 352^2 \times \frac{3-4 \times 0.313^2}{24 \times 206000 \times 471648} + 2.168 \times \frac{352^3 \times 10^3}{48 \times 206000 \times 471648} = 0.05\text{mm}$$

$$U_y = P_{hk} \times a \times L^2 \times \frac{3-4\lambda^2}{3EI_y}$$

$$= 11.254 \times 110 \times 352^2 \times \frac{3-4 \times 0.313^2}{24 \times 206000 \times 8460288} + 11.254 \times \frac{352^3 \times 10^3}{48 \times 206000 \times 8460288} = 0.0154\text{mm}$$

$$U_{max-负} = \left(U_{x-负}^2 + U_y^2\right)^{0.5} = \left(0.05^2 + 0.0154^2\right)^{0.5} = 0.06\text{mm} < 2 \times \frac{352}{250} = 2.82\text{mm}$$

连接件挠度可以满足要求。

5. 钢连接件与钢桁架连接的连接螺栓计算（图9.5-21）

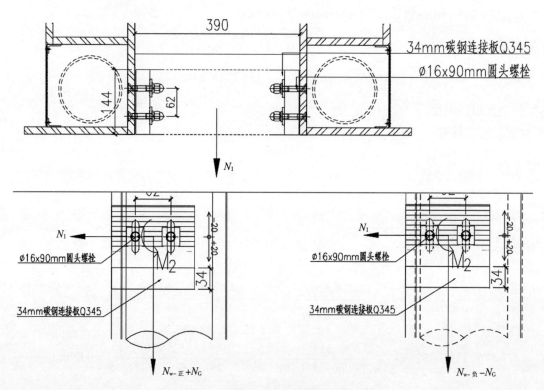

图9.5-21　钢连接件与钢桁架螺栓连接示意图

f_t：不锈钢螺栓连接的抗拉强度计算值：280N/mm²

f_t：不锈钢螺栓连接的抗拉强度计算值：280N/mm²

N_v：剪切面数：1

D_1：螺栓公称直径：20mm

D_0：螺栓有效直径：17.662mm

N_{Vbh}：螺栓受剪承载能力计算：

$$N_{Vbh} = N_V \times \pi \times D_1^2 \times \frac{f_V}{4 \times 1000} \text{（GB 50017-2003 7.2.1-1）} = 1 \times \pi \times 20^2 \times \frac{265}{4 \times 1000} = 83.252\text{kN}$$

N_{um}：螺栓个数，为4个

1）正风工况下验算

M_2：由5.2.4.4.可知，正风工况下的弯矩为5.206kN·m

e_4：间距，为62mm

V_x：螺栓竖向所受剪力（kN）

$$V = \frac{2M_2}{e_4 N_{um}} + \frac{N_{w-正} + N_G}{N_{um}} = \frac{2 \times 5.206 \times 10^3}{62 \times 4} + \frac{5.566 + 8.100}{4} = 45.396\text{kN}$$

V_y：螺栓水平方向所受剪力（kN）

$$V_y = \frac{N_1}{N_{um}} = \frac{46.997}{4} = 11.749\text{kN}$$

$$\left(V_x^2 + V_y^2\right)^{0.5} = \left(45.396^2 + 11.749^2\right)^{0.5} = 46.982\text{kN} < 83.252\text{kN}$$

螺栓强度可以满足。

2）负风工况下验算

M_2：由5.3.9可知，负风工况下的弯矩为7.699kN·m

e_4：间距，为62mm

V：螺栓竖向所受剪力（kN）

$$V = \frac{2M_2}{e_4 N_{um}} + \frac{N_{w-负} - N_G}{N_{um}} = \frac{2 \times 7.699 \times 10^3}{62 \times 4} + \frac{18.555 - 8.100}{4} = 64.704\text{kN}$$

V_y：螺栓水平方向所受剪力（kN）

$$V_y = \frac{N_1}{N_{um}} = \frac{46.997}{4} = 11.749\text{kN}$$

$$\left(V_x^2 + V_y^2\right)^{0.5}$$

$$\left(64.704^2 + 11.749^2\right)^{0.5} = 65.762\text{kN} < 83.252\text{kN}$$

螺栓强度可以满足。

N_{cb1}：钢桁架连接处抗承压能力计算：

f_{cb}：构件承压强度设计值：305N/mm²

t：核处最小壁厚：16.0mm

$$N_{cb1} = D_0 \times \sum t \times \frac{f_c^b}{1000} = 17.662 \times 16.0 \times \frac{305.0}{1000} = 86.190\text{kN}$$

86.190kN＞65.762kN

强度可以满足。

10 屋面系统结构设计

10.1 屋面系统概述

　　二号航站楼金属屋面的支撑结构——钢结构主要为钢网架结构形式，在网架球节点上部设置屋面主檩，主檩条间距随网架网格确定。屋面防水等级：Ⅰ级。二号航站楼金属屋面总面积约26万平方米，根据《新白云国际机场二号航站楼风洞试验报告》和一期航站楼的使用效果，本次设计方案沿用了白云机场航站楼一期的屋面系统，即屋面系统采用1.0mm厚65/400氟碳辊涂铝镁锰合金直立锁边金属屋面系统（图10.1-1）。

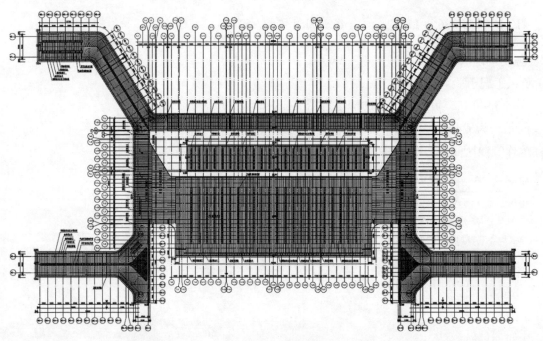

图10.1-1 屋面范围

10.1.1 设计条件

　　1. 金属屋面采用的构造层次（表10.1-1）

金属屋面系统构造层次及材料规格

表10.1-1

序号	工程名称	材料规格	荷载（kN/m²）
1	屋面板	铝镁锰合金板规格：65.00/400.00，t=1.00mm	0.039
2	支座	高强铝合金T型支座下衬隔热垫	0.015

序号	工程名称	材料规格	荷载（kN/m²）
3	保温层	100mm（50mm厚，双层）厚玻璃棉（24kg/m³）	0.027
4	防水层	防水层：1.2mm厚TPO防水卷材	0.015
5	支撑层	支撑层：12mm纤维水泥板	0.165
6	屋面衬檩	几字型30×30×70×30×30×2.5（间距1500mm）	0.024
7	吸音层	35mm厚岩棉（120kg/m³，下带加筋铝箔贴面）	0.042
8	压型底板支撑层	0.60mm厚V125型镀铝锌压型钢板，肋高35mm	0.085
9	次檩条	C160×70×20×30mm镀锌型钢（间距1500mm）	0.06
10	主檩条	高频焊接H200×150×4.5×6.0mm厚型钢（间距3000mm）	0.088
11	合计		0.56

金属屋面板施工结束后，其自重值为0.56kN/m²。

2. 风荷载

根据风洞实验，本处檩条计算应取正风压荷载标准值为：0.50kN/m²，负风压荷载标准值为：−1.80kN/m²。

①基本风压$\omega_0=0.50$kN/m²，阵风系数$\beta_{gz}=1.557$，由地面粗糙度取B类查得风压高度系数$\mu_z=1.57$（屋面最高高度44.675米），风荷载体形系数$\mu_{s1}=0.03$，$\mu_{s2}=-0.8$；则风压标准值$\omega_{k1}=\omega_0\beta_{gz}\mu_z\mu_{s1}=0.04$kN/m²，则风压标准值$\omega_{k2}=\omega_0\beta_{gz}\mu_z\mu_{s2}=-0.98$kN/m²。

②根据风洞试验报告查得风压

由风洞试验报告确定，最大正风压1.33kN/m²；最小负风压−3.45kN/m²。

根据《采光顶与金属屋面技术规程》JGJ 255-2012第5.3节规定，风荷载负压标准值不应小于−1kN/m²，正压标准值不应小于0.5kN/m²。

结论：综上所述，风洞试验测出的风压值要大于按照结构规范计算的风压值，所以各系统的受力计算的风压取值按照风洞试验报告数据取值。

10.1.2 屋面板受力计算

1. 屋面板计算参数（图10.1-2）

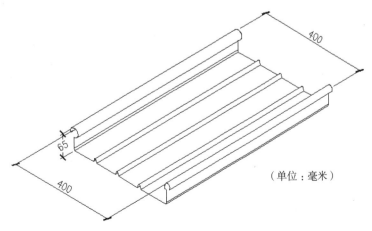

（单位：毫米）

图10.1-2 屋面板示意图

本工程主楼屋面板采用1.0mm铝镁锰氟碳预辊涂直立锁边屋面板，65/400，最大板跨为1.5m，屋面板的截面参数为：

截面的选择：1.0mm厚，肋高65mm，铝镁锰合金屋面板

面板宽度：400mm

计算模型的选择：多跨连续梁

计算跨度：（L）1500mm

面板最大长度：100000mm

面板倾斜角度（水平角）：$\alpha=5.181°$

固定座型号：L100

面板截面参数：如表10.1-2所示

弹性模量$E=70000$MPa

金属面板截面参数 表10.1-2

板厚	自重	惯性矩	跨中允许弯矩	允许支座反力	连续板支座允许弯矩 M/M0B，K+R/R0B，K≤1			
t（mm）	g（kN/m²）	Jef，k（cm⁴/m）	MF，K（kN·m/m）	RA，K（kN/m）	M0B，K（kN·m/m）	R0B，K（kN/m）	Max Ms，k（kN·m/m）	Max Rs，k（kN/m）
1.0	0.0392	59.9	2.01	14.8	2.51	242	2.43	24.2
		$\lambda_M=1.0$			$\lambda_M=1.1$			

铝合金板型受向上荷载时截面参数（表10.1-3）

弹性模量$E=70000$MPa

金属面板受向上荷载时截面参数 表10.1-3

板厚	惯性矩	跨中允许弯矩	允许支座反力	连续板支座允许弯矩 M/M0B，K+R/R0B，K≤1			
t（mm）	Jef，k（cm⁴/m）	MF，K（kN·m/m）	RA，K（kN/m）	M0B，K（kN·m/m）	R0B，K（kN/m）	Max Ms，k（kN·m/m）	Max Rs，k（kN/m）
1.0	54.4	2.36	17.9	2.32	75.6	2.12	12.2
	$\lambda_M=1.0$			$\lambda_M=1.1$			

2. 主楼屋面面板刚度计算

1）永久荷载+风荷载吸力（上）

标准值：$W_{ky1}=-3.411$kN/m²

计算模型：多跨连续梁

挠度系数：$f=3/384=0.008$

$$v_{f1}=\left|\frac{f\times W_{1ky}\times L^4}{E\times I_x}\right|=3/384\times(-3.411)\times1500^4/70000\times544000$$

$=-3.54$mm＜1500/200=7.5mm满足要求。

2）永久荷载+风荷载压力+活荷载（下）

标准值：$W_{ky2}=1.859kN/m^2$

计算模型：多跨连续梁

挠度系数：$f=3/384=0.008$

$$v_{f2}=\left|\frac{f\times W_{2ky}\times L^4}{E\times I_x}\right|=3/384\times1.859\times1500^4/(70000\times599000)$$

$=1.75mm<1500/200=7.5mm$ 满足要求。

由此可见，刚度在向上和向下组合下均能满足要求。

10.1.3 屋面板受力及连接计算

1. 永久荷载标准值计算

铝合金屋面板自重：$0.0392kN/m^2$

屋面板上附加物自重：$0kN/m^2$

小计：$0.0392kN/m^2+0kN/m^2=0.0392kN/m^2$

2. 风荷载标准值计算

铝合金屋面板自重：$0.0392kN/m^2$

屋面板上附加物自重：$0kN/m^2$

小计：$0.0392kN/m^2+0kN/m^2=0.0392kN/m^2$

3. 风荷载标准值计算

工程所在城市：广州

基本风压$\omega0$（kN/m^2）：$0.50kN/m^2$（50年一遇）

基本雪压$\omega0$（kN/m^2）：$0.00kN/m^2$（50年一遇）

地面粗糙度类别：B类

屋面计算高度H_{max}：44.675m

根据广东省建筑科学研究院提供的《新白云国际机场二号航站楼风洞动态测压实验报告》2013.2.20版，围护结构正风荷载最大值为$1.33kN/m^2$，负风荷载最大值为$-3.45kN/m^2$。

风荷载标准值W_k上（kN/m^2）

$W_k=-3.45kN/m^2$

风荷载标准值W_k下（kN/m^2）

$W_k=1.33kN/m^2$

4. 活载标准值计算

根据《建筑结构荷载规范》GB 50009-2012第5.3节，不上人屋面活荷载值为$0.5kN/m^2$。

5. 永久荷载+风荷载吸力（上）

标准值：（$1.0G+1.0W_k$）

$W_{ky1}=0.0392cos13°-3.45=-3.411kN/m^2$

设计值：（$1.0G+1.4W_k$）

$W_{y1}=1.0\times0.03972cos13°+1.4\times(-3.45)=-4.791kN/m^2$

弯矩设计值：因屋面板为现场压型，按多跨连续梁进行计算

边跨弯矩系数：$k_1=0.08$ 边支座反力系数：$r_1=0.4$

中间跨弯矩系数：k_2=0.107　中间支座反力系数：r_2=1.143

挠度系数：f=3/384

边跨弯矩：

$M_{1,f}=k_1 \times W_{y1} \times L_2=0.08 \times (-4.791) \times 1.5^2$

$=-0.862$kN·m/m＜$M_{f,k}/\lambda_m$=1.88/1.1=1.71kN·m/m满足要求。

中间跨弯矩：

$M_{m,f}=k_1 \times W_{y1} \times L_2=0.107 \times (-4.791) \times 1.5^2$

$=-1.153$kN·m/m＜$M_{b,k}/\lambda_m$=1.63/1.1=1.482kN·m/m满足要求。

边支座反力：

$R_a=r_1 \times W_{y1} \times L=0.4 \times (-4.791) \times 1.5$

$=-2.875$kN/m＜$R_{a,k}/\lambda_m$=14.8/1.1=13.455kN/m满足要求。

中间支座反力：

$R_b=r_2 \times W_{y1} \times L=1.143 \times (-4.791) \times 1.5$

$=-8.214$kN/m＜$R_{b,k}/\lambda_m$=9.54/1.1=8.673kN/m满足要求。

支座弯矩及反力综合验算：

$M_{m,f}/M_{b,k}+R_b/R_{b,k}=-1.153/(1.88/1.1)-8.214/(47.8/1.1)$

$=-0.863$＜1.0满足要求。

由此可见，在永久荷载+风荷载吸力组合（上）满足要求。

6. 永久荷载+风荷载压力+活荷载（下）

标准值：（$1.0G+1.0W_k+S$）

$W_{ky2}=1.0 \times 0.03972\cos(13°)+1.0 \times 1.33+0.5\cos(13°)=1.859$kN/m²

设计值：（$1.2G+1.4 \times 1.0 \times 活+1.4 \times 0.6 \times W_k$）

$W_{y2}=1.2 \times 1.0 \times 0.03972 \times \cos(13°)+1.4 \times 1.33+1.4 \times 0.7 \times 0.5 \times \cos(13°)=2.386$kN/m²

弯矩设计值：因屋面板为现场压型，按多跨连续梁进行计算

边跨弯矩系数：k_1=0.080　边支座反力系数：r_1=0.4

中间跨弯矩系数：k_2=0.107　中间支座反力系数：r_2=1.143

挠度系数：f=3/384

边跨弯矩：

$M_{1,f}=k_1 \times W_{y2} \times L_2=0.08 \times 2.386 \times 1.5^2$

$=0.429$kN·m/m＜$M_{F,K}/\lambda_m$=1.64/1.1=1.491kN·m/m满足要求。

中间跨弯矩：

$M_{m,f}=k_1 \times W_{y2} \times L_2=0.107 \times 2.386 \times 1.5^2$

$=0.574$kN·m/m＜$M_{B,K}/\lambda_m$=2.12/1.1=1.882kN·m/m满足要求。

边支座反力：

$R_a=r_1 \times W_{y2} \times L=0.4 \times 2.386 \times 1.5$

$=1.432$kN/m＜$R_{A,K}/\lambda_m$=12/1.1=10.91kN/m满足要求。

中间支座反力：

$R_b=r_2 \times W_{y2} \times L=1.143 \times 2.386 \times 1.5$

$=4.091$kN/m＜$R_{B,K}/\lambda_m$=21.1/1.1=19.182kN/m满足要求。

支座弯矩及反力综合验算：

$M_{m,f}/M_{b,k}+R_b/R_{b,k}=0.574$ /(2.12/1.1)+ 4.091/(572/1.1)

=0.306＜1.0满足要求。

由此可见，在永久荷载+风荷载压力+活荷载（下），满足要求。

10.1.4 屋面固定座及自攻钉受力计算

1. 屋面固定座与屋面板咬合力的抗风计算

根据以上屋面板的计算得出向上的风荷载起主要作用，即单个铝合金固定座所承受的最大拉拔力为：

$P=-4.791\times1.5\times0.4=-2.87kN$（↑）

根据抗风试验，屋面板板跨为1.5m时，固定座用螺钉固定在檩条上得屋面板与固定座咬合抗拔能力为3.25kN如图10.1-3所示，当采用两颗螺钉固定时，抗风能力：

$P=2.87kN＜3.25kN$

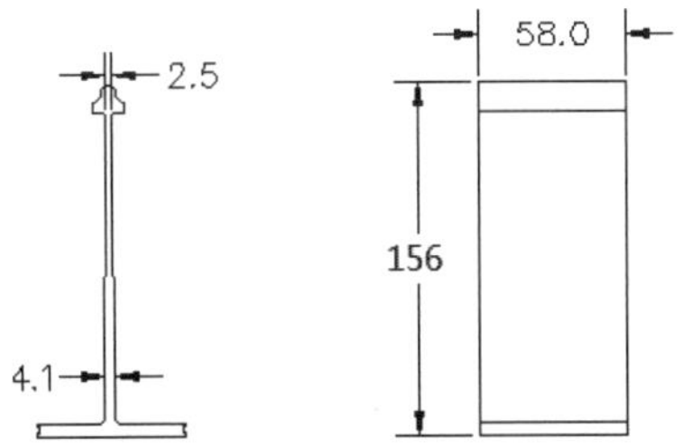

故，屋面板与固定座咬合抗风能力满足设计要求。

图 10.1-3 屋面板固定支座尺寸示意图

2. 屋面固定座强度计算

根据《采光顶与金属屋面技术规程》JGJ 255-2012，第6.5.10介绍：

$$\sigma=P/A_{en} \quad\quad (6.5.10-1)$$
$$A_{en}=t_1\cdot L_s \quad\quad (6.5.10-2)$$

$\sigma=-2870N/(2.5mm\times58mm)$

$=-19.8N/mm^2$

$\sigma=[\sigma_1]=19.8N/mm^2＜f=200N/mm^2$

故，强度满足。

3. 屋面板T型支座的稳定性计算

根据《采光顶与金属屋面技术规程》JGJ 255-2012，将屋面板T型支座简化为等截面柱模型，按下式计算

$R/(\psi A)\leq f$

$t=4.1mm$

支座截面较小惯性矩$I=L_s t^3/12=58\times4.1^3/12=333.1mm^4$

支座毛截面面积$A=tL_s=4.1\times58=333.1mm^2$

支座回转半径$i=\sqrt(I/A)=\sqrt(333.1/191.4)=1.32mm$

支座长细比$\lambda=l_0/i=156/1.32=118.2$

根据《铝合金结构设计规范》GB 50429-2007 P62表A-2查得铝合金牌号为6061-T6的型材规定非比例伸长应力$f_{0.2}=240$

根据《铝合金结构设计规范》GB 50429-2007P64表B-2查得稳定系数$\psi=$函数$\lambda\sqrt(f_{0.2}/240)=0.161$

根据《铝合金结构设计规范》GB 50429-2007P15表4.3.4查得合金牌号为6061-T6的型材抗压强度设计值$f=200$

支座反力$R=2.87kN$

即：$R/(\psi A)=2.87\times10^3/(0.161\times191.4)=93.1N/mm^2\leq f=200N/mm^2$

故屋面板T型支座的稳定性满足要求。

4. 固定座自攻钉的受力计算（图10.1-4）

根据螺钉厂家提供的资料为，螺钉拔断所受的最大的力$[F_b]$=7kN/个；螺钉拔出所受的最大的力$[F_z]$=6.5kN/个。每个固定座用两颗自攻钉固定，每个自攻钉受到的拉拔力为：2.87/2=1.435kN

因为，1.435kN＜$[F_b]$和1.435kN＜$[F_z]$

故螺钉连接是安全的。

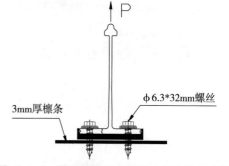

图10.1-4　屋面板固定支座自攻钉连接示意图

10.1.5　檩条计算（图10.1-5～图10.1-7）

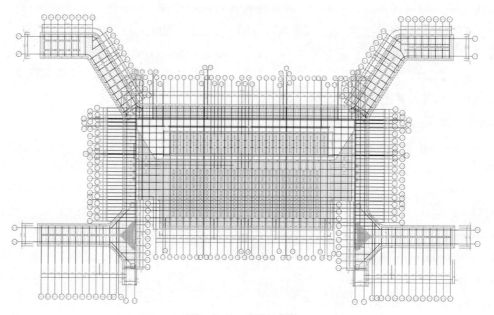

图10.1-5　主檩布置图

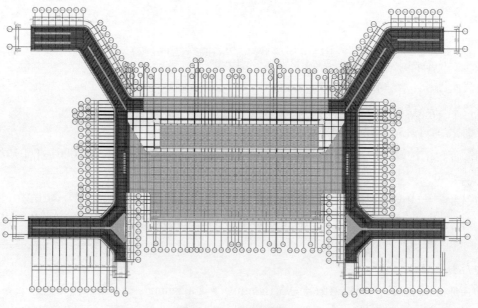

图10.1-6　次檩布置图

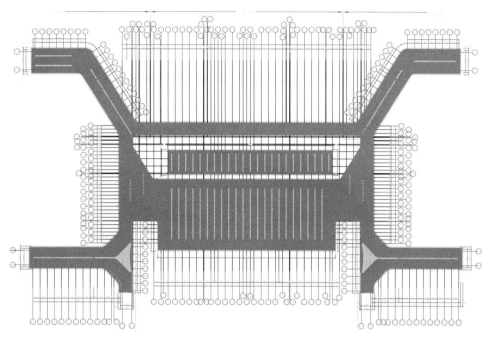

图 10.1-7   屋面板布置图

10.1.5.1   屋面次檩条受力及连接计算

1. 总体信息

设计依据

建筑结构荷载规范（GB 50009-2012）

冷弯薄壁型钢结构技术规范（GB 50018-2002）

设计数据

檩条跨度（m）：3.000

檩条间距（m）：1.500

设计规范：冷弯薄壁型钢规范GB 50018-2002

檩条形式：卷边槽形冷弯型钢C160×70×20×3.0

钢材钢号：Q235钢

拉条设置：不设置拉条

C160×70×20×3mm
3.0m

2. 材料

材性：Q235

弹性模量E=206000MPa

剪变模量G=79000MPa

质量密度ρ=7850kg/m³

线膨胀系数α=12×10⁻⁶/℃

泊松比ν=0.30

屈服强度f_y=235MPa

409

抗拉、压、弯强度设计值f=215MPa

抗剪强度设计值f_v=125MPa

全截面有效，强度设计值提高1.082倍，考虑冷弯效应强度f'=222.493MPa

3. 截面参数

截面尺寸：C160×70mm×20mm×3mm

截面左右不对称

截面面积A=945mm²

自重W=0.073kN/m

面积矩S=27315mm³

抗弯惯性矩I_x=3732500mm⁴，I_y=604200mm⁴

抗弯模量W=46656（上边缘）/46656（下边缘）mm³

塑性发展系数γ=1.05（上边缘）/1.05（下边缘）

I_t=0.2836E−08　I_w=0.3071E−08

4. 荷载信息

1）恒荷载：0.405kN/m²

均布荷载，即0.61kN/m，荷载分布：满布

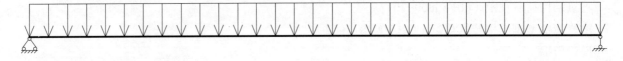

2）活荷载：0.5kN/m²

均布荷载，0.75kN/m，荷载分布：满布

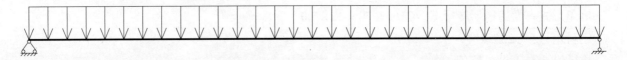

3）风荷载（负风压，根据风洞试验报告）：−3.45kN/m²

均布荷载，−5.17kN/m，荷载分布：满布

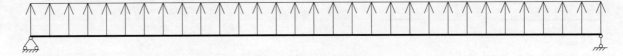

4）风荷载（正风压，根据风洞试验报告）：1.33kN/m²

均布荷载，2.00kN/m，荷载分布：满布

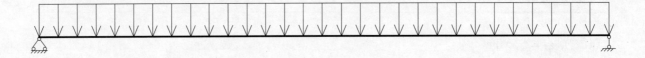

5. 组合信息

1）内力组合、工况

1.2恒+1.4活+1.4×0.6风（正）

1.2恒+1.4×0.7活+1.4风（正）

1.00恒+1.40风（负）

2）挠度组合、工况

1.0恒+1.0活

1.0恒+1.0风（负）

6. 内力、挠度计算

1）弯矩图（kN·m）

1.2恒+1.4活+1.4×0.6风（正）

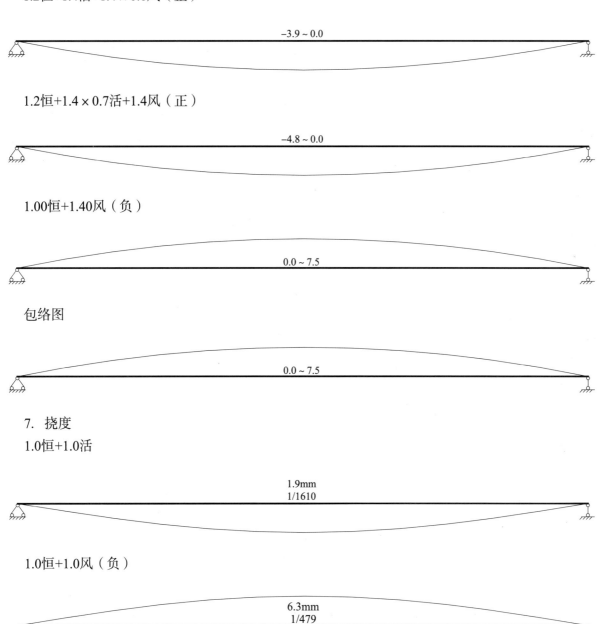

−3.9～0.0

1.2恒+1.4×0.7活+1.4风（正）

−4.8～0.0

1.00恒+1.40风（负）

0.0～7.5

包络图

0.0～7.5

7. 挠度

1.0恒+1.0活

1.9mm
1/1610

1.0恒+1.0风（负）

6.3mm
1/479

包络图

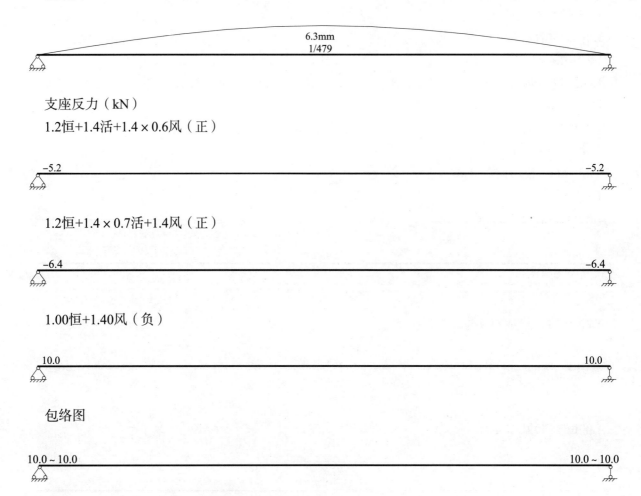

6.3mm
1/479

支座反力（kN）

1.2恒+1.4活+1.4×0.6风（正）

−5.2   −5.2

1.2恒+1.4×0.7活+1.4风（正）

−6.4   −6.4

1.00恒+1.40风（负）

10.0   10.0

包络图

10.0～10.0   10.0～10.0

由以上计算可知起控制作用的荷载情况是：风荷载（负）

强度计算

根据屋面次檩条的布置方式采用单跨简支梁进行计算：

$M_{max}=1/8ql_2$

$\quad=0.125×(−6.635)×32=−7.46$kN·m

由上述内力计算结果，得C160×70mm×20mm×3mm次檩在3.0m跨度时：

$\sigma=M_x/W_x=−7.43×106/46656=−159.3$N/mm^2

$\sigma_{max}=[\sigma]=−159.3N/mm^2<f'=222.493$N/mm^2

故，强度满足。

稳定性验算

根据《冷弯薄壁型钢结构技术规范》GB 50018–2002第8.1.1节及附录A、B

C160×70mm×20mm×3mm檩条跨度3000mm，跨间无侧向支撑。

平面内、外的计算长度均为3000mm；

回转半径$i_x=v(I/A)=v(3732500/945)=62.9$mm，

$i_y=v(I/A)=v(604200/945)=25.3$mm。

长细比$\lambda_x=3000/62.9=47.7<[220]$，$\lambda_y=3000/25.3=118.6<[220]$

稳定计算强度参数如下：

由《冷弯薄壁型钢结构技术规范》GB 50018-2002 A.2.1查得

μ_b=1.0，ξ_1=1.13，ξ_2=0.46

整体稳定系数

$$\varphi_{bx} = \frac{4320 \times A \times h}{\lambda_y^2 \times W_x} \times \xi_1 \times \left(\sqrt{\eta^2 + \zeta} + \eta \right) \times \left(\frac{235}{f_y} \right)$$

荷载作用点到弯心的距离e_a=B/2+e_0-x_0=65.26mm

其中η=2$\xi_2 e_a$/h=2×0.46×65.26/160=0.375

$$\zeta = \frac{4 \times I_\omega}{h^2 \times I_y} + \frac{0.156 \times I_t}{I_y} \times \left(\frac{l_0}{h} \right)^2$$

=4×3070.5×106/（1602×60.42×104）+0.156×2836×30002/（60.42×104×1602）=1.05

φ_{bx}=4320×945×160×1.13×（（0.3752+1.05）1/2+0.375）/（118.62×46710）×（235/235）=1.78＞0.7

取整体稳定性系数φ_{bx}=1.091-0.274/1.78=0.937

则M/（φ_{bx}×W）=7.430×106/(0.937×46656)=169.9N/m²＜f=205N/mm²

次檩条稳定性满足要求。

8. 挠度验算

垂直于屋面方向的次檩跨中最大挠度为

f=5ql_4/384EI=5×（-4.565）×30004/（384×2.06×105×373.25×104）=-6.3mm

[v]=L/200=3000/200=15mm

故f＜[v]，刚度满足设计要求。

9. 次檩条连接计算

次檩条通过2颗M12（5.6级）普通螺栓固定，根据《钢结构设计规范》GB 50017-2003第7.2节及第3.4节计算。

螺栓承担次檩条端头的剪力，每个螺栓剪力为V=1/2×1/2×6.635×3=4.98kN

螺栓抗剪承载力设计值：$N_v^b = n_v \dfrac{\pi d^2}{4} f_v^b$=1/4×π×12×12×190=21.5kN

螺栓承压承载力设计值：$N_c^b = d \cdot \sum t \cdot f_c^b$=12×3×305=11.0kN

螺栓承载力设计值N=11.0＞4.98kN

螺栓满足要求。

10.1.5.2 屋面主檩条受力及连接计算

1. 总体信息

设计依据

《建筑结构荷载规范》GB 50009-2012

《钢结构设计规范》GB 50017-2003

设计数据

檩条跨度（m）：3.000

檩条间距（m）：3.000

设计规范：钢结构设计规范GB 50017-2003

檩条形式：高频焊接轻型H型钢：200×150×4.5×6
钢材钢号：Q235钢

H200×150×4.5×6
3.0m

2. 材料

材性：Q235

弹性模量E=206000MPa

剪变模量G=79000MPa

质量密度ρ=7850kg/m³

线膨胀系数α=12×10⁻⁶/℃

泊松比ν=0.30

屈服强度f_y=235MPa

抗拉、压、弯强度设计值f=215MPa

抗剪强度设计值f_v=125MPa

3. 截面参数

截面尺寸：H200×150×4.5×6

截面上下左右对称

截面面积A=2646mm²

自重W=0.205kN/m

面积矩S=107181mm³

抗弯惯性矩I_x=19433000mm⁴，I_y=3376400mm⁴

抗弯模量W=194330mm³

塑性发展系数γ=1.05

4. 荷载信息

每根主檩条上承担1或2根次檩条产生的集中荷载。经计算，最不利布置如下图所示：

其中F=（-6.635）×3=-19.91kN

檩条自重标准值q_k=0.21kN/m

1）恒荷载

集中力，F=-19.91kN，荷载位置：距左端0.75m

集中力，F=-19.91kN，荷载位置：距左端2.25m

均布荷载，q=0.21kN/m，荷载分布：满布

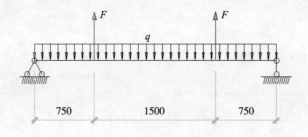

主檩条荷载最不利布置

5. 组合信息

1）内力组合、工况

恒载工况

2）挠度组合、工况

恒载工况

6. 内力、挠度计算

1）弯矩图（kN·m）

恒载工况

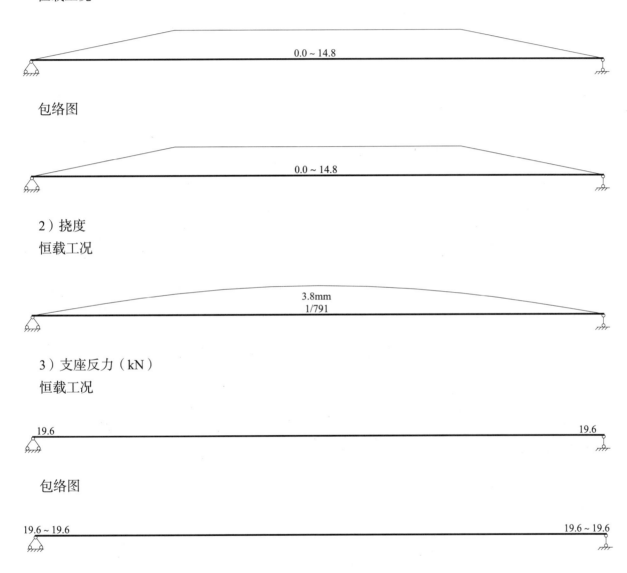

0.0 ~ 14.8

包络图

0.0 ~ 14.8

2）挠度

恒载工况

3.8mm
1/791

3）支座反力（kN）

恒载工况

19.6   19.6

包络图

19.6 ~ 19.6   19.6 ~ 19.6

7. 强度计算

根据屋面主檩条的布置方式采用单跨简支梁进行计算：

$M_{max}=P_a-0.125ql^2=0.25\times19.91\times3-0.125\times0.21\times32=14.8kN\cdot m$

（其中$a=0.25l=0.75m$）

由上述内力计算结果，得H200×150×4.5×6主檩在3.0m跨度时：

$\sigma=M_x/W_x=14.8\times106/194330=159.3N/mm^2$

$\sigma_{max}=[\sigma]=76.1N/mm^2<f'=215N/mm^2$

故，强度满足。

8. 稳定性验算

受压翼缘自由长度l=3000mm

面外回转半径i_y=35.7mm

面外长细比$\lambda_y==l/i_y$=3000/35.7=84.0

按GB 50017-2003第127页公式（B.5-1）计算：

整体稳定系数φ_b=1.07-λ_2/44000×235/f_y

=1.07-84.02/44000×235/235=0.91

最大压应力$\sigma=M_{max}/\varphi_b/W$=14.8/0.91/194330×1e6

=83.7MPa≤f=215MPa满足

主檩条稳定性满足要求。

9. 挠度验算

垂直于屋面方向的主檩跨中最大挠度为

$f=P_a(3l_2-4\alpha_2)/(24EI)-5ql_4/384EI$

=[19.91×750×(3×3000×3000-4×750×750)]/(24×2.06×105×1943.3×104)-5×0.21×30004/

(384×2.06×105×1943.3×104)

=3.85-0.06=3.79mm

[v]=L/200=3000/200=15mm

故f<[v]，主檩刚度满足设计要求。

10. 主檩条连接计算

主檩条通过2M20（5.6级）普通螺栓固定，根据《钢结构设计规范》GB 50017-2003第7.2及3.4节计算。

螺栓承担主檩条端头的剪力，每个螺栓剪力为V=1/2×（19.91-1/2×0.21×3）=19.6kN

螺栓抗剪承载力设计值：$N_v^b = n_v \dfrac{\pi d^2}{4} f_v^b$=1/4×π×202×190=59.7kN

螺栓承压承载力设计值：$N_c^b = d \cdot \sum t \cdot f_c^b$=20×6×305=36.6kN

螺栓承载力设计值N=36.6＞19.6kN

螺栓满足要求。

10.1.6 屋面天窗计算

10.1.6.1 屋面4m跨天窗钢龙骨受力计算

1. 总体信息

设计依据：

《建筑结构荷载规范》GB 50009-2012

《冷弯薄壁型钢结构技术规范》GB 50018-2002

龙骨规格：

天窗立柱（框架柱）截面为矩形钢160mm×80mm×4mm，

与立柱连接主龙骨（框架梁）截面为矩形钢120mm×80mm×4mm，

其他主龙骨（次梁）截面为80mm×4mm钢方通，斜撑为50mm×4mm钢方通，屋面主檩条H200×150mm×4.5mm×6mm。

钢材钢号：Q235钢弹性模量E=206000MPa剪变模量G=79000MPa

质量密度ρ=7850kg/m³线膨胀系数α=12×10-6/℃泊松比v=0.30

屈服强度f_y=235MPa抗拉、压、弯强度设计值f=205MPa

抗剪强度设计值f_v=125MPa

全截面有效，强度设计值提高1.082倍，考虑冷弯效应强度f'=222.493MPa

钢立柱与屋面檩条采用铰接连接，次梁与框架梁之间铰接连接。采用3D3SV12.0有限元软件进行建模分析，计算模型如图10.1-8所示。

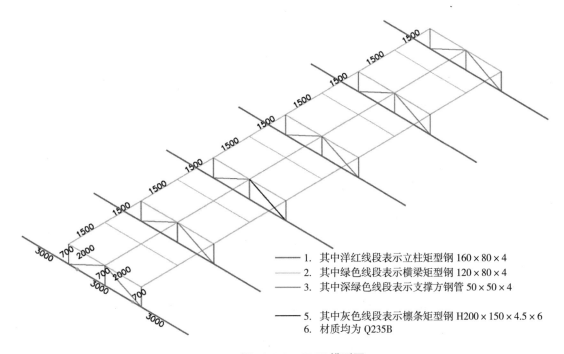

1. 其中洋红线段表示立柱矩型钢 160×80×4
2. 其中绿色线段表示横梁矩型钢 120×80×4
3. 其中深绿色线段表示支撑方钢管 50×50×4
5. 其中灰色线段表示檩条矩型钢 H200×150×4.5×6
6. 材质均为 Q235B

图10.1-8 3D3S 模型图

2. 荷载计算

自重荷载计算

天窗玻璃选用8超白（Low-E）+12A+6超白+1.52PVB+6超白钢化夹胶中空低辐射玻璃。

玻璃重度为25.6kN/m³，取自重荷载为：

G_1=(0.008+0.006+0.006)×25.6×1.2=0.61kN/m²，

同时考虑铝合金型材的荷载，线荷载取0.03kN/m

钢龙骨自重由软件自行考虑。自重荷载输入如图10.1-9、图10.1-10所示。

风荷载计算

根据广东省建筑科学研究院提供的《新白云国际机场二号航站楼风洞动态测压实验报告》2013.2.20版，3m宽天窗部分围护结构正风荷载最大值为0.1kN/m²，负风荷载最大值为-1.8kN/m²。

根据《采光顶与金属屋面技术规程》JGJ 255-2012第5.3节规定，风荷载负压标准值不应小于-1kN/m²，正压标准值不应小于0.5kN/m²。风荷载输入如图10.1-11、图10.1-12所示。

活荷载及雪荷载计算

根据《建筑结构荷载规范》GB 50009-2012第5.3节，不上人屋面活荷载值为0.5kN/m²；

根据《建筑结构荷载规范》GB 50009-2012附录E，广东地区不用考虑雪荷载（图10.1-13）。

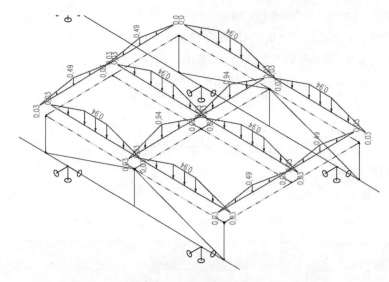

图 10.1–9　天窗铝型材自重恒荷载（单位：kN/m²）

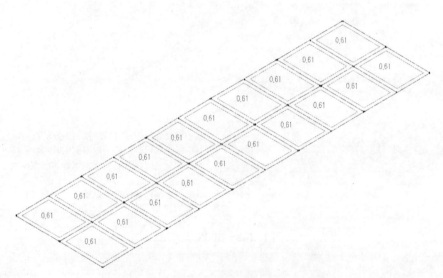

图 10.1–10　天窗自重恒荷载（单位：kN/m²）

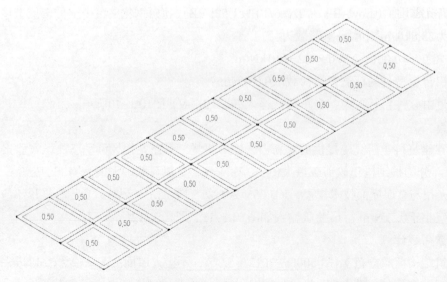

图 10.1–11　GK2; 天窗正风荷载（单位：kN/m² 方向：垂直玻璃面向下）

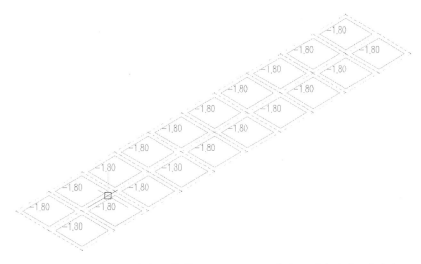

图 10.1-12　GK3; 天窗负风荷载（单位：kN/m² 方向：垂直玻璃面向上）

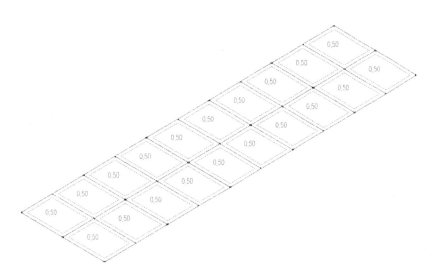

图 10.1-13　GK1; 天窗活荷载（单位：kN/m²）

水平地震作用

根据《建筑抗震设计规范》GB 50011-2010，广州花都区地震设防烈度为6度（0.05g），第一组。地震作用参数输入如图10.1-14所示。

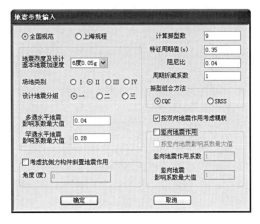

图 10.1-14　地震参数设置

10.1.7 钢龙骨计算

1. 钢龙骨强度计算

由计算可知在荷载组合（8）1.00恒载+1.40风载工况3下天窗龙骨强度最大，计算结果如图10.1-15、图10.1-16所示。

矩形钢160mm×80mm×4mm立柱龙骨最大强度应力比为0.016<1，最大平面外稳定应力比为0.019<1，最大平面内稳定应力比为0.019<1，满足要求。

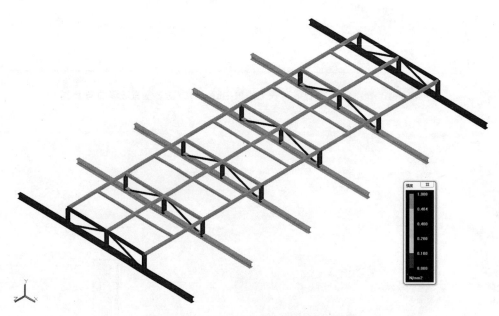

图 10.1-15 工况 3 下天窗龙骨强度验算图

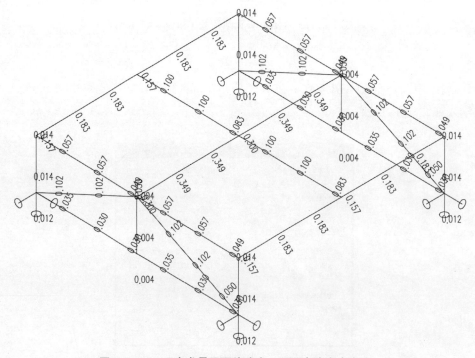

图 10.1-16 天窗龙骨平面外稳定、平面内稳定应力比

矩形钢120mm×80mm×4mm主龙骨最大强度应力比为0.404<1，最大平面外稳定应力比为0.47<1，最大平面内稳定应力比为0.47<1，满足要求。

方钢管50mm×50mm×4mm支撑龙骨最大强度应力比为0.053<1，最大平面外稳定应力比为0.147<1，最大平面内稳定应力比为0.147<1，满足要求。

焊接工字钢H200mm×150mm×4.5mm×6mm主檩条最大强度应力比为0.112<1，最大平面外稳定应力比为0.13<1，最大平面内稳定应力比为0.112<1，钢龙骨强度满足要求。

2. 钢龙骨长细比计算

根据钢结构设计规范GB 50017-2003表5.3.8受压构件的容许长细比可知天窗横梁及立柱长细比限值为150，支撑限值为200。

计算结果如图10.1-17、图10.1-18所示。

所有杆件绕2轴长细比、绕3轴长细比最大值为114.662<150，故所有龙骨长细比均满足要求。

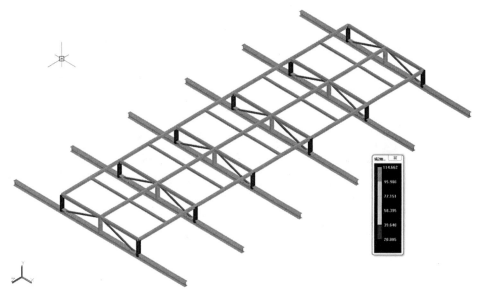

图 10.1-17　杆件长细比

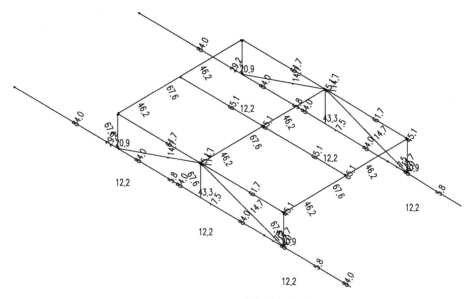

图 10.1-18　天窗龙骨长细比

3. 钢龙骨挠度（位移）计算

由计算可知在荷载组合（15）1.00恒载+1.00风载工况3下天窗龙骨挠度最大。

计算结果如图10.1–19、图10.1–20所示。

矩形钢120mm×80mm×4mm横梁龙骨最大挠度为3.5mm，故横梁最大挠度为3.559mm＜3000/200 =15mm，满足要求。

焊接工字钢H200mm×150mm×4.5mm×6mm主檩条最大挠度为0.2mm，故主檩条最大挠度为0.4mm＜3000/200=15mm，满足要求。

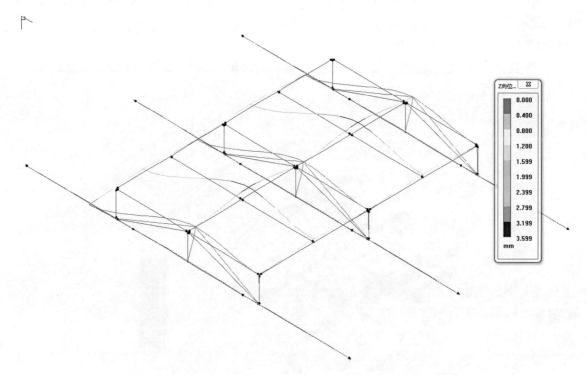

图 10.1–19　组合（15）1.00 恒载 +1.00 风载工况 3 作用下的挠度

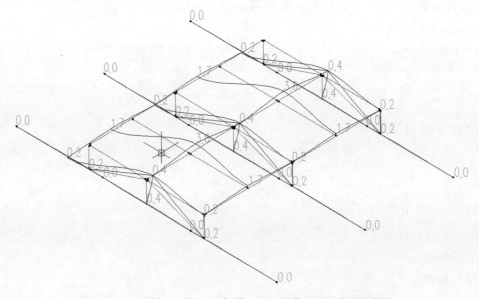

图 10.1–20　组合（15）1.00 恒载 +1.00 风载工况 3 作用的挠度

4. 屋面天窗龙骨连接受力计算

由计算可知在荷载组合（8）1.00恒载+1.40风载工况3下天窗龙骨强度最大即矩形钢120mm×80mm×4mm龙骨M_3=0.125qyl_2=0.125×3.56×32=4kN·m，如图10.1-21所示。

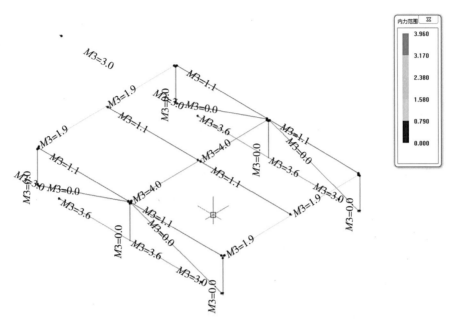

图10.1-21　组合（8）1.00 恒载 +1.40 风载工况 3 作用的挠度

天窗纵向次龙骨与天窗主龙骨通过2条侧面角焊缝连接，

焊缝高度h_f=4mm，每条焊缝长度120mm，得到：

角焊缝的计算长度L_w=120×2-2×4=232mm，

角焊缝的计算厚度h_e=0.7h_f=0.7×4=2.8mm

集中力与焊缝是平行的，焊缝的计算公式：

$\tau_f=N/(L_w h_e)\leqslant f_f$

焊缝所受最大剪力N

N=3.56kN/m×3m/2=5.34kN

τ_f=5.34×1000/(232×2.8)=8.2N/mm²≤160N/mm²

故此焊缝安全，满足设计要求。

10.1.8　屋面工程排水计算（图10.1-22）

1. 计算原理

分析依据：

《建筑给水排水设计规范》GBJ 15-88

《建筑给水排水设计手册》

《压型金属板设计与施工规程》YBJ 216-88

《建筑给水排水及采暖工程施工质量验收规范》GB 50242-2002

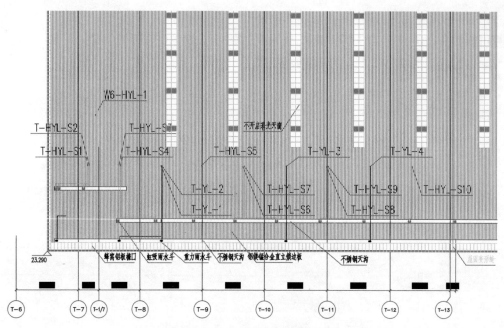

图 10.1-22　屋面排水虹吸排布置图

气候条件：

降雨量：$q_5=6.77L/S\cdot100m^2$

2．计算原则

首先满足建筑、结构使用功能要求；

考虑结构经济、合理，安全可靠；

按屋面板沟槽最大汇水量$q_r \leqslant Q_1$（最大排水量）分析。

3．计算公式

1）屋面板沟槽汇水量计算

$$q_r=K_1F_wq_5\times10^{-2}或q_r=K_1(F_wH)/(3600)$$

式中：q_r——屋面板沟槽汇水量（L/s）

　　　K_1——考虑屋面蓄积能力的系数，取$K_1=1.5$

　　　F_w——屋面板沟槽汇水面积（m²）

　　　q_5——降雨历时5min的暴雨强度（L/s·100m²）

　　　H——小时降雨厚度（mm/h）

2）屋面板沟槽水流速度（按曼宁公式计算）

$$V=\frac{1}{n}\cdot R^{\frac{2}{3}}\cdot l^{\frac{1}{2}}$$

式中：V——屋面板沟槽内水流速度（m/s）

　　　R——水力半径（m）

　　　l——屋面板坡度

　　　n——屋面板粗糙度，铝合金板取$n=0.012$

3）屋面板排水量

$$Q_1=AV$$

式中：Q_1——屋面板沟槽排水量（L/s）

A——屋面板断面面积（m^2）

4. 屋面板排水能力分析与计算

（1）屋面板排水计算

①屋面板沟槽最大汇水量计算

屋面板排水断面如下：

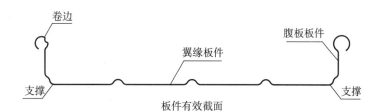

宽度为300mm，深度为65mm，

屋面板长度：$L=40m$

屋面排水坡度：$l=0.2$

$F_w=b \times L=400 \times 40=16m^2$

$q_r=K_1 F_w q_5 \times 10^{-2}$

$\quad =1.5 \times 16 \times 6.77 \times 10^{-2}$

$\quad =1.625L/s$

②屋面板沟槽水流速度

水力半径：

$R=(bh_0)/(b+2h_0)=(0.4 \times 0.065)/(0.4+2 \times 0.065)= 0.04906m$

水流速度：

$$V=\frac{1}{n} \cdot R^{\frac{2}{3}} \cdot l^{\frac{1}{2}} = \frac{1}{0.0012} \times 0.0490566^{\frac{2}{3}} \times 0.02^{\frac{1}{2}}=1.5793$$

③屋面板排水量

屋面板排水断面面积：$A=0.026m^2$

屋面板排水量：

$Q_1=AV=0.026 \times 1.5793=41.06L/s$

④屋面板排水分析

$Q_1=41.06L/s \geqslant q_r=1.625L/s$

屋面板的深度及宽度满足排水要求。

（2）天沟排水计算

①屋面汇水量计算

$$q_r=K_1 F_w q_5 \times 10^{-2}$$

式中：q_r——屋面汇水量（L/s）

$\quad K_1$——考虑屋面蓄积能力的系数，取$K_1=1.5$

$\quad F_w$——屋面汇水面积（m^2）

$\quad q_5$——降雨历时5min的暴雨强度（L/s·100m^2）

②天沟水流速度：（按曼宁公式计算）

$$V = \frac{1}{n} \cdot R^{\frac{2}{3}} \cdot l^{\frac{1}{2}}$$

式中：V——天沟水流速度（m/s）

R——水力半径（m）

l——天沟排水坡度

n——天沟摩擦系数，铝合金板取n=0.012

③天沟排水量

$$Q_1 = AV \times 10^3$$

式中：Q_1——天沟排水量（L/s）

A——天沟断面面积（m²）

5. 普通天沟截面验算

（1）天沟截面几何特性

天沟宽度：b=600mm

天沟深度：h=270mm

天沟厚度：t=3mm

形心距下边距离：$y_1 = \frac{1}{2}[(2(h+t)2t+bt_2)/((h+t)(b+2t)-hb)]$=65.819mm

形心距上边距离：$y_2=(h+t)-y_1$=207.181mm

截面惯性矩：$l_x = \frac{1}{3}[2t(h+t)3+bt_3]-[(h+t)(b+2t)-hb]y_{12}$=25804165.83mm

截面抵抗矩：$W_{1x}=l_x/y_1$=392045.156mm⁴

$W_{2x}=l_x/y_2$=124549.124mm⁴

（2）天沟截面强度验算（拉应力为正）

q=1.1×1.2×(0.306+2.646)×600×10⁻³=2.338kN/m

最大正弯矩：M_{max}=0.078ql^2=0.1824kN·m

跨中最大应力：

$\sigma_{-max}=-M_{max}/W_{2x}$=(-1.464)N/mm²＜$f$=170N/mm²

$\sigma_{+max}=M_{max}/W_{1x}$=0.4652N/mm²＜$f_u$=215N/mm²

最大负弯矩：M_{max}=(-0.105)ql^2=-0.2455kN·m

支座处最大应力：

$\sigma_{+max}=-M_{max}/W_{2x}$=1.971N/mm²＜$f_u$=215N/mm²

$\sigma_{-max}=M_{max}/W_{1x}$=-0.6262N/mm²＜$f$=170N/mm²

强度验算满足要求。

（3）天沟截面挠度验算

q=1.1×(0.306+2.646)×600×10⁻³=1.948kN/m

f_{max}=0.644(ql^4)/(100EI)=0.006946mm＜l/180=5.556mm

挠度验算满足要求。

6. 普通天沟断面汇水计算

（1）屋面汇水量计算

屋面宽度：$B=10.7$mm

屋面长度：$L=20$mm

$F_w=B\times L=10.7\times 20=214m^2$

$q_r=K_1F_wq_5\times 10^{-2}$

$=1.5\times 214\times 6.77\times 10^{-2}$

$=21.732$L/s

（2）天沟水流速度

天沟宽度：$b=600$mm

天沟深度：$h=270$mm

天沟排水坡度：$l=0.002$

水力半径：

$R=(bh)/(b+2h)\times 10^{-3}=(600.00\times 270)/(600.00+2\times 270)\times 10^{-3}=0.1421$m

水流速度：

$$V=\frac{1}{n}\cdot R^{\frac{2}{3}}\cdot l^{\frac{1}{2}}=(1)/(0.012)\times 0.142/3\times 0.0021/2=1.015\text{m/s}$$

（3）天沟排水量

天沟排水断面面积：$A=b\times h\times 10^{-6}=600\times 270\times 10-6=0.162m^2$

天沟排水量：

$Q_1=AV\times 10^3=0.16\times 1.01\times 10^3=164.408$L/s

（4）天沟排水分析

$Q_1=164.408$L/s$>q_r=21.732$L/s

天沟的深度及宽度满足排水要求。

10.1.9 屋面工程隔声计算

1. 第1节设计依据

（1）金属屋面系统工程深化设计及施工招标文件。

（2）中国建筑科学研究院建筑物理研究所主编，《建筑声学设计手册》，中国建筑工业出版社，1987。

（3）YX25-210-840（Ⅰ）-Q235B吸音性能如表10.1-4所示。

金属面板YX25-210-840（Ⅰ）-Q235B吸声性能　　　　表10.1-4

倍频带中心频率（Hz）	125	250	500	1000	2000
吸声系数	0.23-0.64	0.8-1.3	1.25-1.21	0.86-0.75	0.42-0.48

本工程屋面系统隔声性能验算及分析如下。

按招标文件要求确定的屋面系统构造图（从下向上）

A系统屋面

    a. 0.5mm厚YX25-210-840（Ⅰ）-Q235B

    b. 50mm厚玻璃纤维吸音绵（24kg/m³）

    c. 150mm厚岩棉（180kg/m³）

    d. 1mm厚铝镁锰合金板

2. 第2节计算取值

屋面系统构成主要由以下材料组成（表10.1-5）。

金属面板材料性能　　　　　　　　　　　　　　　　　　表10.1-5

序号	工程名称	材料规格	有效厚度（mm）	综合密度（kg/m³）	面密度（kg/m²）
1	屋面板	铝镁锰合金板规格：65.00/400.00，t=1.00mm	1	2700	2.7
2	保温层	100mm（50mm厚，双层）厚玻璃棉（24kg/m³）	100	24	2.4
3	防水层	防水层：1.2mm厚TPO防水卷材	1.2	1000	1.2
4	支撑层	支撑层：12mm纤维水泥板	12	1400	16.8
5	吸音层	35mm厚岩棉（120kg/m³，下带加筋铝箔贴面）	35	120	4.2
6	合计				27.3

3. 第3节计算及分析

建筑构件隔声量一般由实测获得，用于计算的公式为质量定律（mass law），即：

隔声量：

$$R=20\lg(f \times \rho_s)-43\text{dB} \qquad (10.1-1)$$

式中：f——声音频率，Hz；

    ρ_s——构件表面密度，kg/m²。

屋面板上的面密度之和为：27.3kg/m²

将ρ_s=61.19kg/m²，代入下式，得隔声量：

以下分别为不同频率的隔声量：

（1）f=125Hz

$$R_1=20\lg(125 \times 27.3)-43=29.9\text{dB}$$

（2）f=250Hz

$$R_2=20\lg(250 \times 27.3)-43=33.4\text{dB}$$

（3）f=500Hz

$$R_3=20\lg(500 \times 27.3)-43=36.9\text{dB}$$

（4）f=1000Hz

$$R_4=20\lg(1000 \times 27.3)-43=40.3\text{dB}$$

（5）f=2000Hz

$$R_5=20\lg(2000 \times 27.3)-43=43.8\text{dB}$$

五种不同频率的隔声量的均值为

$$R=(R_1+R_2+R_3+R_4+R_5)/5=36.8\text{dB}$$

10.1.10　屋面工程热工分析

考虑本工程位于广州，主要进行夏季隔热分析，兼做冬季保温分析和冬季冷凝结露计算。

因屋面系统构造中，金属檩条传热系数大不考虑其热阻，传热系数分析如下。

系统屋面构造图如图10.1-23所示。

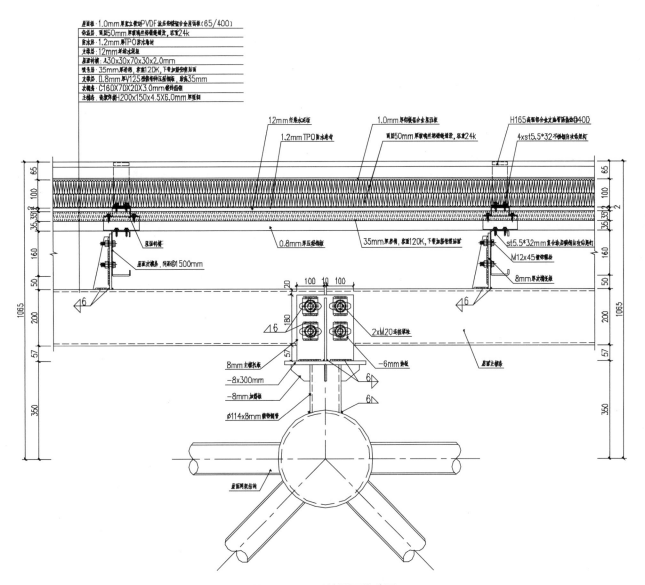

图10.1-23　系统屋面构造图

1. 屋面系统传热阻计算

屋面系统热阻：$R_总=3.384\text{m}^2\cdot\text{k/W}$

外表面换热阻值：$R_e=0.04\text{m}^2\cdot\text{k/W}$

内表面换热阻值：$R_i=0.11\text{m}^2\cdot\text{k/W}$

屋面系统传热阻：$R_o=R_i+R_总+R_e=3.534\text{m}^2\cdot\text{k/W}$

屋面系传热系数：

$K=1/R_o=1/3.534=0.283\text{W/(m}^2\cdot\text{k)}$

2. 冬季保温分析

在冬季空调调节下，室外气温低于室内气温，热流自下而上。

传热阻计算：

各材料层热阻计算（表10.1-6）

金属面板材料层热阻取值　　　　　　　　　　　表10.1-6

序号	工程名称	材料规格	导热系数（W/m·k）	有效厚度（mm）	热阻值（m²·k/W）
1	屋面板	铝镁锰合金板规格：65.00/400.00，t=1.00mm	203	1	0
2	保温层	100mm（50mm厚，双层）厚玻璃棉（24kg/m³）	0.04	100	2.5
3	防水层	防水层：1.2mm厚TPO防水卷材	0.14	1.2	0.009
4	支撑层	支撑层：12mm纤维水泥板	85	12	0
5	吸音层	35mm厚岩棉（120kg/m³，下带加筋铝箔贴面）	0.04	35	0.875
6	合计				3.384

3. 冬季冷凝结露计算

取冷凝结露计算界面为屋面外板内侧，则按下式计算其界面温度：

$$t_h=t_i-K(t_i-t_e)\cdot R_i$$

式中：t_h——结露界面温度

t_i——室内计算温度，取18℃

t_e——室外计算温度，取6℃

则：

$t_h=t_i-K(t_i-t_e)\cdot R_i$

$=18-0.283\times(18-6)\times0.11=17.626℃$

最冷月在空调调节下室内相对湿度大于60%时，露点温度为小于12℃

$t_h=17.626℃>12℃$

屋面系统采用上图构造，不会出现冷凝结露现象。

4. 结论

综上所述，广州白云机场屋面及外部装饰工程屋面系统构造热工性能为：

夏季隔热$K=0.094$W/（m²·K）。

冬季保温$K=0.094$W/（m²·K），最冷月在空调调节下室内相对湿度大于60%，不会出现冷凝结露现象。

$$t_h=t_i-K(t_i-t_e)\cdot R_i$$

式中：t_h——结露界面温度

t_i——室内计算温度，取18℃

t_e——室外计算温度，取-5℃

则：

$t_h=t_i-K(t_i-t_e)\cdot R_i$

$=18-0.11124\times[18-(-5)]\times0.11=17.719℃$

最冷月在空调调节下室内相对湿度大于60%时，露点温度为小于12℃

$t_h=17.719℃＞12℃$

屋面系统采用上图构造，不会出现冷凝结露现象。

10.1.11 屋面板伸缩性能分析

1. 广州白云机场屋面及外部装饰工程屋面系统设计、施工技术要求

2. 自然条件

温度变化范围：6℃～36℃，假设安装时温度为25℃。

3. 计算公式

$$\Delta L=L_0 \cdot \alpha_t (t_2-t_1)$$

式中：ΔL——长度的改变（mm）

    L_0——构件的原长（m）

    α_t——膨胀系数（$10^{-6}/℃$）

    t_2-t_1——温度的变化（℃）

4. 屋面系统材料参数

铝镁锰合金板膨胀系数：24（$10^{-6}/℃$）

最长铝镁锰合金板长度：60m

温度变化差值：30℃

5. 计算结果

伸长量：$\Delta L=L_0 \cdot \alpha_t(t_2-t_1) \times 10^{-3}=60 \times (36-25) \times 45 \times 10^{-3}=29.7mm$

收缩量：$\Delta L=L_0 \cdot \alpha_t(t_2-t_1) \times 10^{-3}=60 \times (25-6) \times 45 \times 10^{-3}=51.3mm$

故伸缩长度取，$L=29.7+51.3=81mm$。

10.1.12 屋面工程设计专项评审

一、专家评审会

2014年04月10日，由机场建设指挥部主持，于南航明珠酒店举行了T2航站楼金属屋面设计方案专家评审会。主要意见如下：

二号航站楼金属屋面设计方案基本可行，可满足使用要求，但尚须补充以下内容：

设计方案与现行规范尚有差距，需满足规范中上限要求；

部分材料等级偏低，要求有一定安全度；

屋面系统构成需要调整，可去掉硅酸钙板；

屋面排水措施需进一步细化；

要重视施工措施，确保屋面工程质量；

业主应加强使用管理措施。

指挥部组织设计院认真研究并归纳总结专家会议意见，重点在以下几个方面进行了优化：

1. 材料选取标准

专家意见认为目前设计中选取材料标准不高，提出0.9厚铝镁锰合金屋面板加厚，0.5厚压型钢板加厚，次檩条加厚，由C型钢改为方通，衬檩加厚，天沟加厚，35厚岩棉提高容重等问题。

经研究认为目前采用材料型号均为国内同类工程中常用型号，提高设计标准可提高外围护结构的安全性，但也提高造价。为兼顾安全和造价，研究决定只提高面板和底板厚度，0.9厚铝镁锰合金屋面板加厚为1.0厚，0.5厚压型钢板加厚为0.8厚。

2. 抗风安全问题

专家意见风荷载设计取值等级由50年提高到100年。檩条间距进一步加密。固定座T码螺钉加密。檐口天沟、天窗边等部位加强抗风措施。

经研究认为目前风荷载设计取值现按50年的1.1倍取用，已考虑一定的安全储备。且初步设计评审通过按50年作为设计依据，风洞试验也是按50年。檩条间距按照专家意见进一步提高安全系数，建议边缘区檩距由1.2m加密到1m。边缘区固定座螺钉由4颗加密到6颗。天沟、天窗等部位设计方案中已经考虑加强措施。

3. 屋面构造

原设计方案参照金属屋面构造做法国标图集中双层防水做法，同时参考国内建成工程中采用金属屋面双层防水做法的类似案例，例如深圳会展、福州会展等，防水性能可满足使用要求。并按照专家意见优化了构造做法，在岩棉下增加铝箔防潮层（图10.1-24）。

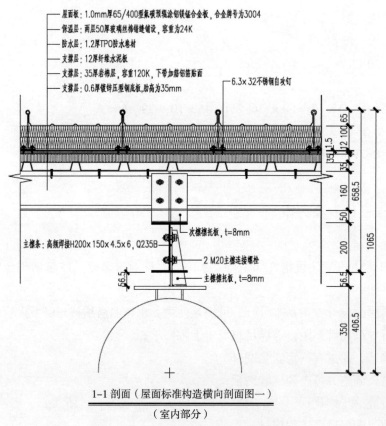

1-1剖面（屋面标准构造横向剖面图一）

（室内部分）

图 10.1-24　屋面标准构造横向剖面图一

二、广州白云国际机场扩建工程航站楼屋面工程（二标段）深化设计专家评审意见

2015年11月5日，广东民航机场建设有限公司在四楼会议室组织召开广州白云国际机场扩建工程航站楼屋面工程（二标段）深化设计专家评审会。会议邀请了陈禄如等六位专家组成专家组。参加会议的有广东省建筑设计研究院（设计单位）、广东省建科建筑设计研究院（风洞试验单位）、卓思建筑应用科技顾问（珠海）有限公司（抗风揭试验单位）、上海建科/广州珠江联合监理（监理单位）、广东省建筑

工程集团有限公司（总包单位）、（主）上海宝冶集团有限公司（成）霍高文建筑系统（广州）有限公司（施工二标）。专家组会前审阅了技术资料，会议听取了设计单位屋面设计方案、施工单位屋面深化设计方案汇报，经过研究和讨论形成如下意见：

1. 该金属屋面工程深化设计方案全面、合理、具有可操作性；

2. 细化屋面抗风揭措施，明确加设位置及范围，并结合风洞试验及抗风揭试验的有关数据确定，并请设计确认；

3. 进一步完善扇形板、弧形板等的加工、施工质量的保证措施，明确屋面板锁边的技术要求及检查方法，加强施工质量控制；

4. 进一步完善主要材料的品牌、规格及性能指标；补充紧固件材质性能，紧固件安装位置、距离等；

5. 屋面板长度方向的搭接及伸入天沟的尺寸应符合相关规范；

6. 建议金属屋面工程施工前，各主要系统应在现场安装样板，样板验收合格后方可施工；

7. 建议虹吸排水集水井加设防护罩。

三、广州白云国际机场扩建工程航站楼屋面工程（三标段）深化设计专家评审意见

2015年11月5日，广东民航机场建设有限公司在四楼会议室组织召开广州白云国际机场扩建工程航站楼屋面工程（三标段）深化设计专家评审会。会议邀请了陈禄如等六位专家组成专家组。参加会议的有广东省建筑设计研究院（设计单位）、广东省建筑科学设计研究院（风洞试验单位）、卓思建筑应用科技顾问（珠海）有限公司（抗风揭试验单位）、上海建科/广州珠江联合监理（监理单位）、广东省建筑工程集团有限公司（总包单位）、（主）中建钢构有限公司（成）森特士兴集团股份有限公司等。专家组会前审阅了技术资料，会议听取了设计单位屋面设计方案、施工单位屋面深化设计方案汇报，经过研究和讨论形成如下意见：

1. 该金属屋面工程深化设计方案全面、合理、具有可操作性；

2. 细化屋面抗风揭措施，明确加设位置及范围，并结合风洞试验及抗风揭试验的有关数据确定，并请设计确认；

3. 进一步完善扇形板、弧形板等的加工、施工质量的保证措施，明确屋面板锁边的技术要求及检查方法，加强施工质量控制；

4. 进一步完善主要材料的品牌、规格及性能指标；补充紧固件材质性能，紧固件安装位置、距离等；

5. 屋面板长度方向的搭接及伸入天沟的尺寸应符合相关规范；

6. 建议金属屋面工程施工前，各主要系统应在现场安装样板，样板验收合格后方可施工；

7. 建议优化西六指廊屋面天窗的布置，虹吸排水集水井加设防护罩。

10.2 屋面抗风试验

10.2.1 试验方案的确立

2014年04月，金属屋面设计完成后，按照1∶1构造，进行屋面抗风揭试验及水密性试验，取风洞试验中屋面边缘处最大风压的2倍，对其进行最大风压试验和疲劳试验。

本次金属屋面实验检测标准参考国外相关检测标准：

1. CSA A123.21-2014《动态风荷载作用下卷材屋面系统抗风揭承载力的标准测试方法》

2. ASTM E1646-1995（Reapproved 2012）《采用均匀的静态空气压差分析外部金属屋面板系统防水渗透性能的标准试验方法》

3. ASTM E1592-2005（Reapproved 2012）《薄板金属屋面和外墙板系统在均匀静态气压差作用下的结构性能检测方法》

具体检测标准及检测要求如表10.2-1所示。

金属屋面系统检测标准				表10.2-1
广州白云机场航站楼抗风揭试验检测要求				
顺序	检测项目	参照标准	检测要求	备注
1	动态抗风揭性能检测	CSA A123.21-2010	-1600Pa无破坏	
2	静态抗风揭性能检测	ASTM E1592-2005（Reapproved 2012）	记录破坏时最大压力	
3	水密性能检测	ASTM E1646-1995（Reapproved 2012）	137Pa无渗漏	

试验过程及效果

10.2.2 静态抗风揭性能检测

依据ASTM E1592-2005（Reapproved 2012）进行本次静态抗风揭试验。

1. 试件构造系统（图10.2-1、图10.2-2）

2. 测试程序

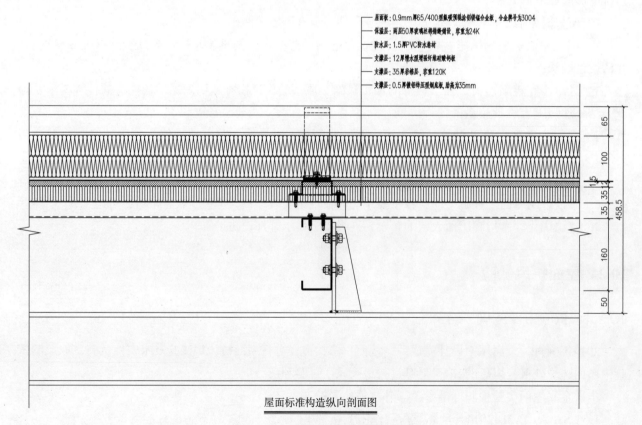

屋面标准构造纵向剖面图

图10.2-1 屋面标准构造纵向剖面图

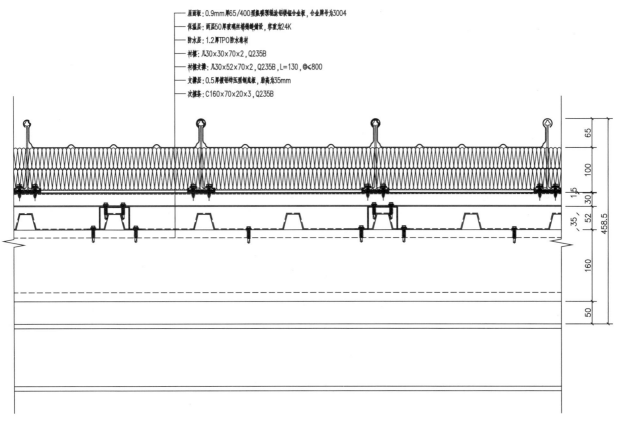

图 10.2-2 屋面标准构造横向剖面图

（1）静态风荷载加载分级如表10.2-2所示。

<table>
<tr><td colspan="4" align="center">静态风荷载加载分级表</td><td align="right">表10.2-2</td></tr>
<tr><td align="center">荷载分级</td><td align="center">荷载值（Pa）</td><td align="center">荷载分级</td><td align="center" colspan="2">荷载值（Pa）</td></tr>
<tr><td align="center">1</td><td align="center">−400</td><td align="center">11</td><td align="center" colspan="2">−4400</td></tr>
<tr><td align="center">2</td><td align="center">−800</td><td align="center">12</td><td align="center" colspan="2">−4800</td></tr>
<tr><td align="center">3</td><td align="center">−1200</td><td align="center">13</td><td align="center" colspan="2">−5200</td></tr>
<tr><td align="center">4</td><td align="center">−1600</td><td align="center">14</td><td align="center" colspan="2">−5600</td></tr>
<tr><td align="center">5</td><td align="center">−2000</td><td align="center">15</td><td align="center" colspan="2">−6000</td></tr>
<tr><td align="center">6</td><td align="center">−2400</td><td align="center">16</td><td align="center" colspan="2">−6400</td></tr>
<tr><td align="center">7</td><td align="center">−2800</td><td align="center">17</td><td align="center" colspan="2">−6800</td></tr>
<tr><td align="center">8</td><td align="center">−3200</td><td align="center">18</td><td align="center" colspan="2">−7200</td></tr>
<tr><td align="center">9</td><td align="center">−3600</td><td align="center">19</td><td align="center" colspan="2">−7600</td></tr>
<tr><td align="center">10</td><td align="center">−4000</td><td align="center">20</td><td align="center" colspan="2">−8000</td></tr>
</table>

（2）荷载加载均由参考零位开始均匀的加载至表10.2-2所示的各级荷载分级，荷载加载速度应≥100Pa/s。当荷载加载至分级压力值后，压力保持时间应不小于1min（60s），然后卸载至参考零位，卸载速度应≥300Pa/s。

（3）荷载达到参考零位后，至下一级荷载加载之间的间隔时间，应不少于1min（60s），在加载间隔时间，应通过观测窗或箱体内部摄像设备观测试件的状态，检查试件是否有破损或功能性损坏。

（4）重复上述步骤1-2，对试件分级施加风荷载，记录及观察试件，若在该加载过程中，试件出现破损或功能性破坏的情况，试验相应停止，并记录当时的荷载分级及荷载值。

3. 静态抗风揭性能检测试件（一）布局图（图10.2-3）

（报告编号：CH2014CR-003）

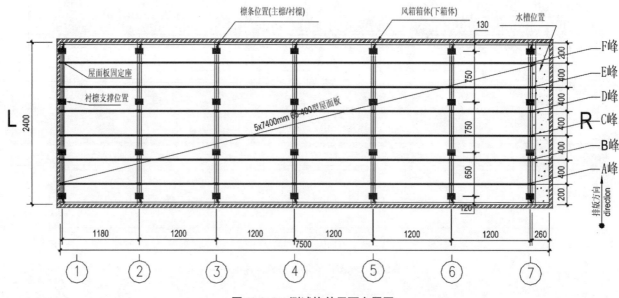

图10.2-3　测试构件平面布置图

4. 静态抗风试验完成试件状态图（图10.2-4）

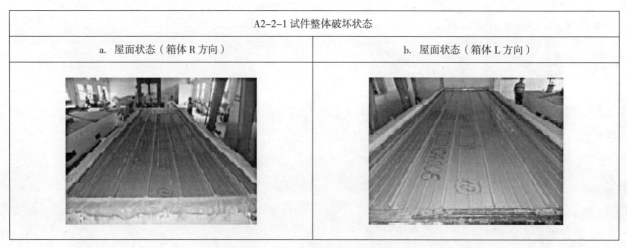

图10.2-4　试件整体破坏形态

5. 测试结果

当测试进行到第5荷载分级加载试验，对应的上箱体目标压力值为-2000Pa，在加载过程中，当压力达到-1987Pa时，D4位置屋面板首先隆起，D3和D5相继隆起，屋面系统失效，停止测试，试验终止。

10.2.3 静态抗风揭性能检测试件一

1. 布局图（图10.2-5、图10.2-6）

（报告编号：CH2014CR-006）

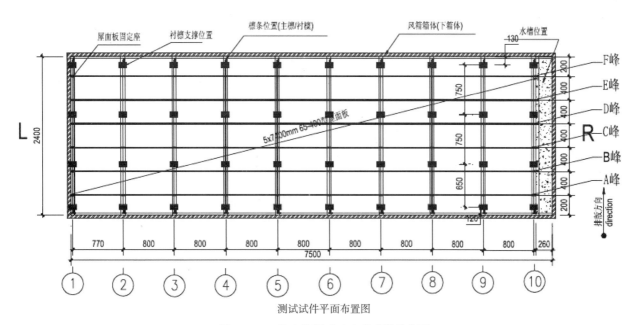

测试试件平面布置图

图10.2-5 静态抗风试验完成试件状态图

A2-2-1试件整体破坏状态	
a. 屋面状态（箱体 R 方向）	b. 屋面状态（箱体 L 方向）

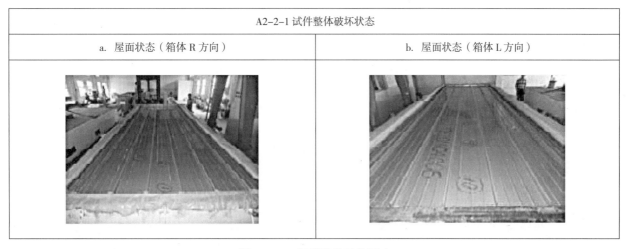

图10.2-6 试件整体破坏形态

2. 测试结果

当测试进行到第15荷载分级加载试验，对应的目标压力值为-6000Pa，在加载过程中，当压力达到-6008Pa时，持续保压60s后，屋面系统无破坏现象发生，但试件整体气密性不好，中断测试，对试件进行观察后，持续进行测试，以-200Pa为一级增加压力测试，当目标压力为-6200Pa，因试件气密性原因，加载压力最终在-6151Pa，保持压力60s后，试件仍未出现破坏现象，停止测试，试验终止。

10.2.4 静态抗风揭性能检测试件二

1. 布局图（图10.2-7）

（报告编号：CH2014ER-013）

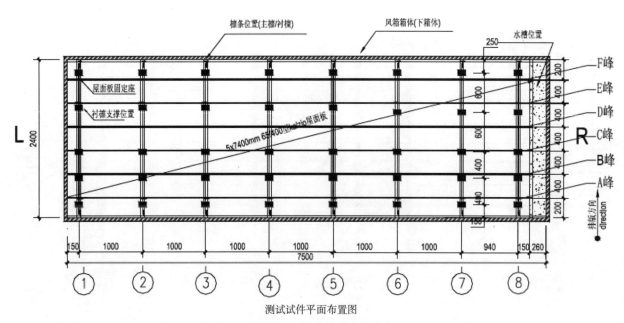

图 10.2-7 测试试件平面布置图

2. 静态抗风试验完成试件状态图（图10.2-8）

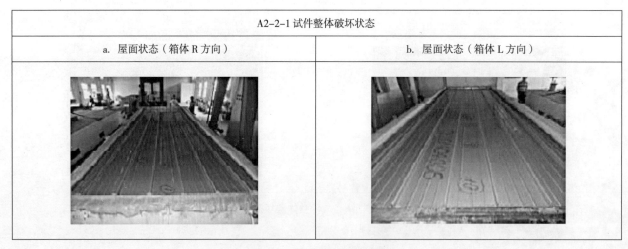

图 10.2-8 试件整体破坏形态

3. 测试结果

当测试进行到第15荷载分级加载试验，对应的目标压力值为-6600Pa，在加载过程中，当压力达到-6609Pa时，持续保压4s后，屋面系统F3、F4、F5、F6固定座位置有隆起现象，试件并无明显破坏现象，测试继续进行，当测试进行到第23荷载分级加载试验，对应的目标压力值为-7000Pa，测试完成后，试件漏气严重，停止测试，试验终止。

10.2.5　动态抗风揭性能检测

根据（CSA A123.21-2010）完成本性能检测

1. 试件布置及构造（图10.2-9）

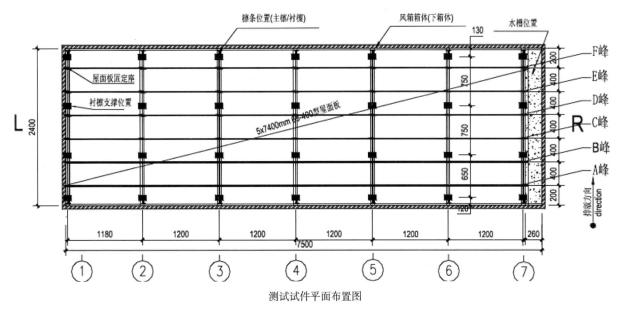

测试试件平面布置图

图 10.2-9　测试试件平面布置图

2. 测试程序

测试风荷载 $PTE=-800$

测试加载程序（图10.2-10）

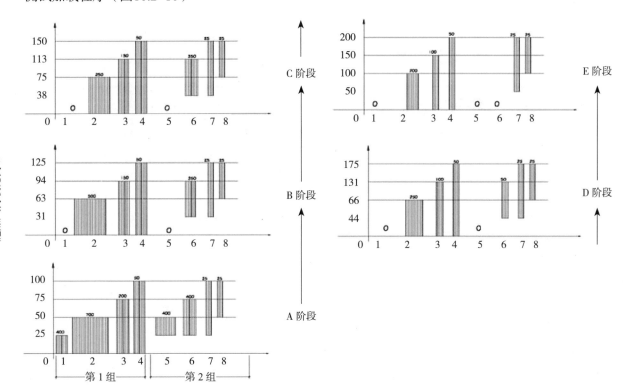

图 10.2-10　测试试件平面布置图

3. 动态抗风试验完成试件状态图（图10.2-11）

A2-1 试件状态（箱体 L 方向）	A2-2 试件状态（箱体 R 方向）
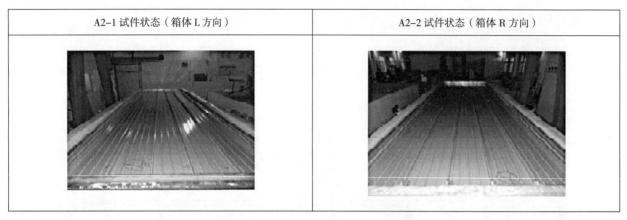	

图 10.2-11　动态抗风试验完成试件状态图

4. 动态抗风试验结论

根据试验结果，将屋面周边边缘区檩条间距由1.5m加密到1m。周边T码固定螺钉加密到6颗。

5. 水密性能检测（ASTM E1646-1995（Reapproved 2012））

1）试件布置及构造（图10.2-12）

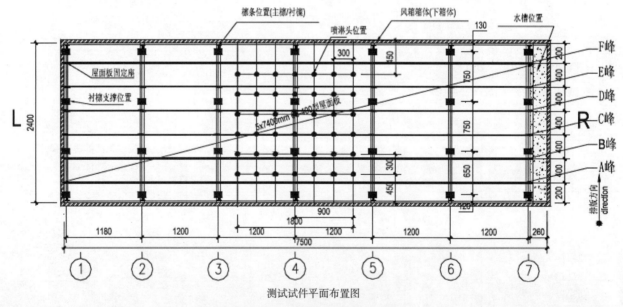

测试试件平面布置图

图 10.2-12　测试试件平面布置图

2）测试程序

（1）见喷嘴系统固定在指定的试件表面如图10.2-12所示。

（2）对试件进行预载荷加压，加载阶段及荷载值如表10.2-3所示。

预载荷荷载值　　　　　　　　　　　　　　　　　　表10.2-3

载入阶段	目标压力值（Pa）	保压（Sec）	卸载时间（min）	备注
1	137	10	2	

载入阶段	目标压力值（Pa）	保压（Sec）	卸载时间（min）	备注
2	−1600	10	2	
3	137	10	2	
4	−1600	10	2	
5	137	10	2	
6	−1600	10	2	

（3）测试试件表面的温度，调整喷头的喷水速率。

（4）对试样表面进行加载并保压，同时开启喷淋系统，保压并喷水15min后，停止测试。

（5）停止测试后观察试件表面是否有积水，如有积水需测量试件表面积水温度及积水深度，并做好记录。

3）测试结果（表10.2-4）

水密性能检测结果　　　　　　　　　　　　　　　　　　　　表10.2-4

测试项目	测试结果
预加载压力差	正压：137Pa；负压：−1600Pa
测试前屋面板温度	20℃
喷头系统流量	0.42L/min/个 × 42个
喷淋试件表面压力	137Pa
喷淋时间	15min
测试后积水温度	测试后无积水
测试后积水深度	测试后无积水
屋面露水情况	无露水

4）试验效果（表10.2-5）

抗风揭试验结果汇总　　　　　　　　　　　　　　　　　　　表10.2-5

		广州白云机场航站楼抗风揭试验结果汇总		
顺序	检测项目	参照标准	检测结果	检测报告编号
1	静态抗风揭性能检测	ASTM E1646−1995（Reapproved 2012）	破坏时最大压力−1987Pa	CH2014CR−004
2	动态抗风揭性能检测	CSA A123.21−2010	−1600Pa无破坏	CH2014CR−004
3	水密性能检测	ASTM E1646−1995（Reapproved 2012）	137Pa无渗漏	CH2014DR−005
4	静态抗风揭性能检测	ASTM E1592−2005（Reapproved 2012）	破坏时最大压力−6151Pa	CH2014DR−006
5	静态抗风揭破坏检测	ASTM E1592−2005（Reapproved 2012）	破坏时最大压力−6609Pa	CH2014ER−013

11　全过程健康监测

大跨度结构的健康监测内容包含外部荷载作用和结构反应两大部分。外部荷载作用主要为地面运动加速度和风环境及结构表面风压等，结构反应主要为结构应力、位移、振动加速度、表面温度、表面裂缝开展等。鉴于大跨度结构的特点，风环境及结构表面风压是大跨度结构外部荷载作用监测的重点，而结构应力监测包含钢结构表面应力、索拉力、膜面应力等。结构健康监测系统包含传感器系统、数据采集与收集系统、结构实时分析与预警系统等。

11.1　监测要求

11.1.1　应力应变监测

结构的内力是结构外部荷载作用效应的重要参数，其中内力是反映结构受力情况最直接的参数，跟踪结构在建造和使用阶段的内力变化，是了解结构形态和受力情况最直接的途径，也是判断结构效应是否符合设计计算预期值的有效方式。结构内力可以通过监测结构关键部位的应力应变实现，通过对结构关键部位构件的应力应变情况进行监测，可以把握结构的应力情况，确保结构的安全性。

（1）应变监测最低技术指标要求：应变监测采用振弦式传感器，该传感器具有稳定、长期及采样频率较低的特点。所选择的应变传感器的测量精度、量程应满足本项目构件应力应变幅度的实际要求，且测量精度不低于$1\mu\varepsilon$、量程不少于$3000\mu\varepsilon$。要求传感性及其监测系统稳定性好、抗干扰强、耐久性好。

应力应变测量采用振弦式应变计，其工作原理如下：

一定长度的钢弦张拉在两个端块之间，端块牢固置于混凝土中或钢构件表面，混凝土或钢构件的变形使两端块相对移动并使钢弦张力变化，张力的变化使钢弦谐振频率改变来测量混凝土或钢构件的应变。仪器的信号激励与读数通过位于靠近钢弦的电磁线圈完成。

结构应力应变监测采用AIOT–A01BM103型应变传感器，本产品采用高性能合金材料作为封装基体，对传感器进行防水处理，适应复杂环境的结构表明监测。可用于测量混凝土、钢筋混凝土、钢结构、网状钢结构的表面应变，也可用于已产生微裂的混凝土、钢筋混凝土工程裂缝变化的观测，或者用于混凝土应力解除和温度应力的测量。

预警值设定原则：由于应变计安装时构件已存在初始应力，此应力无法通过实测得到，因此根据安装时的实际状态计算出初始应力。

受压预警值=材料设计强度×0.8×压杆稳定系数；受拉预警值=材料设计强度×0.8；受压为负号，受拉为正号。0.8为折减系数。

构件实际应力=初始应力（安装应变计时的实际状态计算得到）+累计应力增量。

振弦式埋入式应力应变传感器应采用高性能合金材料作为封装基体，对传感器进行防水处理，以适应复杂环境的结构表明监测，主要技术参数表如表11.1–1所示。

（2）监测频率要求：结构施工及运营过程中，应连续监测。在以下各时期监测所选择构件的应变变化情况，提交监测报告：

①结构施工过程中，需要监测"卸载"过程中所选择构件的应变变化情况，及时提交监测报告；

传感器的主要技术参数 表11.1-1

项目	参数
应变量	±1500με
非线性	1%FS
标距	150mm
分辨率	1με
安装方式	表面安装
温度精度	0.1℃
温度范围	-30℃~85℃

②结构运营使用过程中，在以下各时期监测所选择构件的应变变化情况，提交监测报告：每次大风过程中（8级风或以上）；本地烈度4度及以上地震；任何异常情况。

③竣工验收后免费监测不少于3年，免费监测期间，所有传感器等监测设备因非人为损坏而导致监测工作失效，监测单位须在48h内给予免费更换。

（3）测点布置

本项目应变测点位置主要位于主航站楼钢屋盖网架下弦及加强网架肋、主航站楼钢管混凝土柱和V型柱、指廊钢屋盖网架下弦。主航站楼钢屋盖应变测点75个；主航站楼钢管混凝土柱和V型柱应变测点合计140个；指廊下弦及腹杆应变测点合计33个；登机桥应变测点16个。

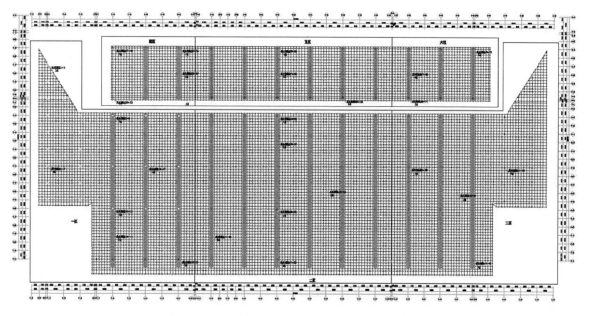

图 11.1-1 主楼屋盖下弦及腹杆应力控制点布置图

11.1.2 风压监测

风压监测设备采用风压计和风速仪，风压传感器技术性能指标要求如表11.1-2所示。

风压传感器技术性能指标   表11.1–2

项目	技术参数
量程	±4KPa
精度	±1%FS
温度范围	–40℃～80℃
供电电压	9～12VDC
输出电压	4～20mA

三向超声风速仪技术性能指标要求如表11.1–3、图11.1–2所示。

三向超声风速仪技术性能指标   表11.1–3

项目	技术要求
测量参数	三维正交方向的风速和风向
风速	测量范围：0～40m/s，分辨率：≤0.1m/s
风向	水平测量范围：0～359.9° 俯仰测量范围：±60° 分辨率：≤0.1°
采样频率	≥10Hz
信号输出	RS485，±5V
工作温度	–20℃～60℃
品牌和规格型号	R.M.YOUNG 81000 R.M.YOUNG 05103

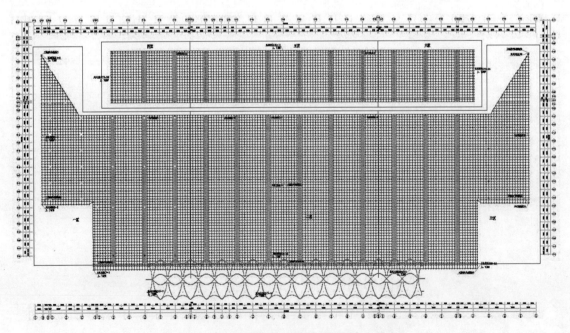

图 11.1–2　主楼屋盖上弦风压控制点布置图

11.1.3　挠度监测

本项目钢结构工程结构形式复杂，构件安装精度要求高，为保证结构的精确施工，在施工过程中必须对结构的关键部位构件的变形情况进行监测，把握结构的变形和挠度，确保结构的安全性。通过变形和挠度的监测，可以及时发现施工中的不稳定因素，验证设计和实际施工的符合程度，并根据监测结果为施工提供指导性意见，从而保障业主和社会整体的利益。

本项目结构关键部位变形监测要求满足下列技术要求：

（1）测点要求：选择主航站楼屋盖、指廊屋盖、登机桥关键节点进行施工过程变形监测，主航站楼监测点共计70个，指廊及登机桥监测点共计19个。共布置测点89个。

（2）变形监测技术指标要求：结构施工过程选定测点的变形观测需要得到选定点三个方向的位移数据，进行静态定期监测，可采用全站仪观测，所选用全站仪测角精度需要在1s以上，测距精度须在1mm+2ppm以上。伸缩缝的相对变形监测可采用485数字式位移计，该传感器具有稳定、长期及采样频率较低的特点。

（3）监测频率要求：结构施工工程中，应采集稳定的初始值，合龙及卸载阶段应跟踪进行监测，监测关键步骤节点的变形情况（图11.1-3）。

结构施工过程中，需监测"合龙"过程中所监测节点变形变化，及时提交监测报告；结构施工过程中，需监测"卸载"过程中所监测节点的变形变化，及时提交监测报告；结构施工过程中，屋面、墙面、檩条等外荷载施加后，监测结构关键节点的变形变化情况，及时提交监测报告。

本项目变形观测采用激光全站仪和位移计，技术参数如表11.1-4和表11.1-5所示。配备的该两种测量设备为当今世界上最先进、精度最高的全站仪和水准仪，完全能够满足该工程变形监测的精度要求。

徕卡TCRA1201+R1000全站仪技术参数如下：

徕卡TCRA1201+R1000全站仪技术参数　　　　　　　　　　　　　表11.1-4

角度测量	标准偏差：1"
红外视距	使用圆棱镜GPR1时的测程：3500m 使用反射贴片时的射程：250m 标准偏差：1mm+1.5ppm
无棱镜视距	测距：1000m 20m处激光斑的大小：7mm×14mm 100m处激光斑的大小：12mm×40mm
望远镜	放大倍率：30× 视场角：1.5° 最小视距：1.7m 物镜孔径：40mm
通信接口	RS232
补偿器	设置精度：4'(0.07gon)
激光对中器	精度：仪器高为1.5m时，1.5mm
工作环境	操作温度：-20°~50℃ 防水、防尘：IP54 操作湿度：95%，无冷凝

AIOT-Series SX拉线位移计技术参数如下：

AIOT–Series SX拉线位移计技术参数　　　　　　　　　表11.1–5

量程	技术参数
静态测量精度	0–100mm ~ 6000mm可选
动态测量精度	±0.1%
动态测量精度	±0.25%
供电电压	9 ~ 12V
输出	0–10VDC/485/格雷码

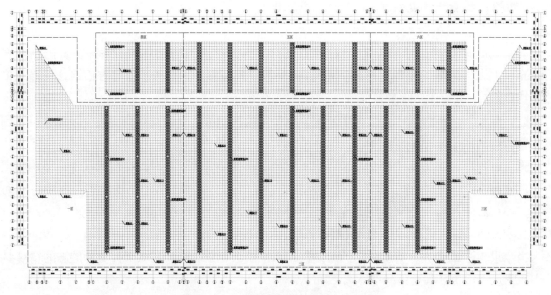

图 11.1–3　主楼屋盖挠度控制点布置图

11.2　监测资料摘选

屋盖结构应力数据

下表列出了屋盖下弦及腹杆应力各控制测点的应变计原始数据，并根据公式换算出各测点处结构构件的应力增量，具体数值如表11.2–1所示。

屋盖下弦及腹杆应力测点数据及应力增量　　　　　　　　表11.2–1

测点编号	杆件规格	日期	频率	日期	频率	应力增量（MPa）	累计增量（MPa）	构件实际应力（MPa）	预警值（MPa）
WG–1	P219×10	2017.07.28	845.5	2017.10.18	842.6	–4.09	3.24	6.14	–145.3 ~ 248.0
WG–2	P168×8		815.0		828.1	18.00	–17.73	–8.90	–202.5 ~ 248.0
WG–3	P88.9×7		809.3		801.5	–10.51	3.08	–15.01	–131.7 ~ 248.0
WG–4	P114×6	2017.10.18	738.1	2017.11.23	734.8	–4.07	1.35	–26.54	–161.4 ~ 248.0
WG–5	P168×8		735.4		731.4	–4.91	6.84	–16.44	–208.9 ~ 248.0
WG–6	P273×10		833.8		831.9	–2.65	–23.04	–45.15	–225.5 ~ 248.0
WG–7	P377×16		884.5		884.5	0.00	–42.82	–37.28	–235.8 ~ 248.0

446

测点编号	杆件规格	日期	频率	日期	频率	应力增量（MPa）	累计增量（MPa）	构件实际应力（MPa）	预警值（MPa）
WG-8	P402×16		1098.6		1092.8	−10.63	−17.23	−49.16	−238.6 ~ 248.0
WG-9	P377×16		859.6		858.4	−1.72	−13.43	−40.54	−236.7 ~ 248.0
WG-10	P325×12	2017.07.28	841.5	2017.10.18	839.7	−2.53	5.05	−32.09	−232.5 ~ 248.0
WG-11	P325×12		836.6		832.2	−6.14	−14.99	−68.19	−235.5 ~ 248.0
WG-12	P325×15		813.7		810.3	−4.62	36.51	−15.36	−234.8 ~ 248.0
WG-13	P351×14		837.7		839.2	2.10	11.59	67.20	−234.2 ~ 248.0
WG-14	P76.1×5		882.8		884.7	2.81	89.36	80.58	−119.1 ~ 248.0
WG-15	P377×16		846.1		840.2	−8.32	−2.39	−37.89	−235.9 ~ 248.0
WG-16	P325×12		807.2		805.4	−2.43	−9.88	−57.1	−234.5 ~ 248.0
WG-17	P325×12	2017.07.28	764.5		763.9	−0.77	−14.68	−63.63	−233.9 ~ 248.0
WG-18	P325×12		797.9		798.9	1.34	−3.08	−34.95	−232.3 ~ 248.0
WG-19	P351×14		865.9		864.9	−1.45	3.40	−23.12	−237.4 ~ 248.0
WG-20	P377×16		800.4		797.3	−4.14	−24.4	−61.12	−238.1 ~ 248.0
WG-21	P351×14	2017.09.20	837.8		822.5	−21.25	10.17	38.41	−234.3 ~ 248.0
WG-22	P76.1×5		833.7		835.8	2.93	59.41	57.36	−115.2 ~ 248.0
WG-23	P377×16		834.3		833.3	−1.39	17.20	25.48	−235.8 ~ 248.0
WG-24	P325×12		744.4	2017.10.18	743.7	−0.87	−31.98	−51.24	−233.9 ~ 248.0
WG-25	P351×14		845.7		842.3	−4.80	−25.49	−42.47	−235.5 ~ 248.0
WG-26	P377×16		878.1		877.2	−1.32	13.14	42.79	−235.8 ~ 248.0
WG-27	P377×16		845.6		839.5	−8.60	−9.16	20.49	−235.8 ~ 248.0
WG-28	P377×16		781.2		778.8	−3.13	−57.63	−73.09	−235.9 ~ 248.0
WG-29	P114×6	2017.07.28	642.2		641.4	−0.86	−48.72	−27.79	−175.2 ~ 248.0
WG-30	P114×6		748.7		745.1	−4.50	−48.96	−28.22	−174.8 ~ 248.0
WG-31	P273×10		809.1		807.9	−1.62	−12.93	−23.53	−229.6 ~ 248.0
WG-32	P325×12		669.7		669.4	−0.34	−9.93	−26.78	−235.4 ~ 248.0
WG-33	P325×12		778.0		775.8	−2.86	−38.35	−56.13	−235.3 ~ 248.0
WG-34	P76.1×5		869.5		869.9	0.58	−4.08	−3.90	−96.2 ~ 248.0
WG-35	P60.3×5		833		832.1	−1.25	−8.94	−8.11	−65.3 ~ 248.0
WG-36	P377×16		661.7		659.3	−2.65	−1.66	−42.00	−235.9 ~ 248.0
WG-37	P351×14		787.9		787.8	−0.13	−15.00	−60.90	−235.7 ~ 248.0
WG-38	P351×14		780.5		779.5	−1.30	−16.03	−60.97	−236.1 ~ 248.0
WG-39	P76.1×5	2017.07.28	788.5	2017.10.18	783.2	−6.97	−3.02	−3.54	−96.2 ~ 248.0
WG-40	P60.3×5		864.9		862.4	−3.61	1.87	5.51	−63.8 ~ 248.0
WG-41	P273×10		855.3		850.3	−7.13	−9.28	−42.30	−227.0 ~ 248.0
WG-42	P351×14		754.1		752.3	−2.27	−1.89	−36.00	−236.8 ~ 248.0

测点编号	杆件规格	日期	频率	日期	频率	应力增量（MPa）	累计增量（MPa）	构件实际应力（MPa）	预警值（MPa）
WG-43	P325×12		814.3		809.4	-6.65	-8.29	-36.52	-236.4~248.0
WG-44	P140×8		840.4		844.8	6.20	-6.80	-30.06	-186.1~248.0
WG-45	P219×10		744.3		736.8	-9.29	-49.34	-79.09	-217.2~248.0
WG-46	P219×10	2017.07.28	839.5		837.7	-2.52	-8.16	-43.37	-220.8~248.0
WG-47	P140×8		873.8		865.5	-12.07	-4.79	9.50	-185.8~248.0
WG-48	P325×12		846.2		850.3	5.82	-0.57	-12.31	-225.3~248.0
WG-49	P325×12		783.6		781.6	-2.62	-2.22	-32.90	-225.3~248.0
WG-50	P76.1×5	2017.09.20	780.3	2017.10.18	779.3	-1.30	-4.05	-4.06	-192.4~248.0
WG-51	P114×6		841.6		840.0	-2.25	-14.85	-46.17	-134.9~248.0
WG-52	P140×8		633.5		639.7	6.60	4.48	-22.08	-165.3~248.0
WG-53	P351×14		841.7		847.6	8.34	6.22	18.42	-234.2~248.0
WG-54	P377×16	2017.07.28	874.0		867.7	-9.18	-31.44	-64.04	-237.0~248.0
WG-55	P377×16		775.0		774.7	-0.39	-16.46	-59.06	-237.0~248.0
WG-56	P426×20		875.4		880.2	7.05	22.62	84.32	-238.3~248.0
WG-57	P88.9×5		753.3		747	-7.91	-25.11	-24.61	-135.8~248.0
WG-58	P377×16		885.4		889.3	5.79	83.33	92.18	-235.8~248.0
WG-59	P402×16		762.1		761.1	-1.27	-18.51	-50.76	-238.3~248.0
WG-60	P402×16		789.8		784.1	-7.50	-31.01	-67.30	-238.3~248.0
WG-61	P426×20		837.5		842.7	7.31	26.89	96.37	-238.3~248.0
WG-62	P88.9×5		822.9		829.6	9.26	28.37	23.58	-135.8~248.0
WG-63	P88.9×5		772.9		778.1	6.75	8.81	4.48	-135.8~248.0
WG-64	P426×20		856.5		867.8	16.3	-2.32	-1.16	-244.1~248.0
WG-65	P377×16		780.9		774.4	-8.46	-35.18	-75.14	-239.0~248.0
WG-66	P351×14		724.8		721.0	-4.59	-24.86	-69.81	-237.7~248.0
WG-67	P426×20	2017.07.28	821.0	2017.10.18	838.5	24.29	29.00	91.43	-238.3~248.0
WG-68	P88.9×5		898.8		909.8	16.64	4.09	-4.45	-135.8~248.0
WG-69	P351×14		736.7		724.7	-14.67	12.69	5.14	-242.3~248.0
WG-70	P377×16		835.8		846.7	15.34	-26.22	-68.42	-239.0~248.0
WG-71	P377×16		737.0		729.4	-9.32	-24.44	-64.14	-239.0~248.0
WG-72	P351×14		813.2		832.9	27.12	21.36	36.04	-234.2~248.0
WG-73	P377×16		726.1		722.2	-4.72	-13.15	-50.56	-237.0~248.0
WG-74	P377×16		852.3		845.8	-9.23	-9.52	-61.65	-237.0~248.0
WG-75	P76.1×5		705.2		706.0	0.94	4.35	19.30	-95.6~248.0

注：1. 表中数据为频率。应力增量为表中第二批读数与表中第一批读数期间应力增量；
2. 应力增量指相邻两次构件应力的变化量，单位MPa。

柱应力数据

表11.2-2列出了主楼柱各测点的应变计原始数据，并根据公式换算出各测点处结构构件的应力增量，具体数值如下。

主楼柱各测点的应变计数据应力增量　　　　　　　　　　表11.2-2

测点编号	杆件规格	日期	频率	日期	频率	应力增量（MPa）	累计增量（MPa）	构件实际应力（MPa）	预警值（MPa）
Z-1	P1400×30		712.8		717.5	5.62	-34.2	-133.1	-248.0~248.0
Z-2	P1400×30		1043.6		1036.5	-12.35	-32.51	-131.4	-248.0~248.0
Z-3	P1400×30		898.3		888.2	-15.09	26.62	-72.3	-248.0~248.0
Z-4	P1400×30		763.8		761.7	-2.68	-34.09	-133.0	-248.0~248.0
Z-5	P1400×30		850.9		838.6	-17.38	-5.34	-28.4	-248.0~248.0
Z-6	P1400×30		811.2		787.3	-31.95	-33.31	-56.3	-248.0~248.0
Z-7	P1400×30		806.5		815.0	11.53	-7.25	-30.3	-248.0~248.0
Z-8	P1400×30		1035.9		1030.1	-10.02	-77.60	-100.6	-248.0~248.0
Z-9	P1400×30	2017.07.28	854.4		842.0	-17.59	-24.47	-70.7	-248.0~248.0
Z-10	P1400×30		810.4		803.7	-9.04	-23.65	-69.9	-248.0~248.0
Z-11	P1400×30		878.9	2017.10.18	884.0	7.52	-16.22	-62.5	-248.0~248.0
Z-12	P1400×30		763.1		767.7	5.89	-27.86	-74.1	-248.0~248.0
Z-13	P1800×30		712.9		708.7	-4.99	-25.92	-93.5	-248.0~248.0
Z-14	P1800×30		867.0		866.2	-1.16	-23.25	-90.8	-248.0~248.0
Z-15	P1800×30		763.3		773.0	12.46	-47.41	-115.0	-248.0~248.0
Z-16	P1800×30		782.7		780.2	-3.27	-33.62	-101.2	-248.0~248.0
Z-17	P1800×30	2017.09.20	855.5		855.2	-0.43	-7.01	-48.9	-248.0~248.0
Z-18	P1800×30		799.1		796.1	-4.00	-8.96	-50.8	-248.0~248.0
Z-19	P1800×30	2017.07.28	830.4		831.5	1.53	-12.44	-54.3	-248.0~248.0
Z-20	P1800×30		870.8		867	-5.52	-13.71	-55.6	-248.0~248.0
Z-21	P1400×30		878.6		874.1	-6.60	-24.35	-94.9	-248.0~248.0
Z-22	P1400×30		858.2	2017.10.18	854.8	-4.87	-27.18	-97.7	-248.0~248.0
Z-23	P1400×30		923.5		920.6	-4.47	-26.73	-97.2	-248.0~248.0
Z-24	P1400×30		844.9	2017.09.20	843.5	-1.98	-12.77	-83.3	-248.0~248.0
Z-25	P1400×30	2017.07.28	867.8		864.4	-4.93	-17.03	-87.5	-248.0~248.0
Z-26	P1400×30		856.8		851.3	-7.86	-32.61	-103.1	-248.0~248.0
Z-27	P1400×30		834.8	2017.10.18	824.1	-14.85	-7.47	-78.0	-248.0~248.0
Z-28	P1400×30		823.9		831.1	9.97	-13.59	-84.1	-248.0~248.0
Z-29	P1800×30		702.7		685.4	-20.08	-54.19	-104.6	-248.0~248.0
Z-30	P1800×30	2017.10.18	774.3	2017.11.23	776.2	2.46	-7.57	-58.0	-248.0~248.0

测点编号	杆件规格	日期	频率	日期	频率	应力增量（MPa）	累计增量（MPa）	构件实际应力（MPa）	预警值（MPa）
Z-31	P1800×30		775.4	2017.10.18	773.5	-2.46	-20.78	-71.2	-248.0～248.0
Z-32	P1800×30		779.9		777.2	-3.52	-21.15	-71.6	-248.0～248.0
Z-33	P1800×30		774.0	2017.09.20	774.2	0.26	-12.90	-63.3	-248.0～248.0
Z-34	P1800×30		813.4		813.2	-0.27	-16.31	-66.7	-248.0～248.0
Z-35	P1800×30		815.7		814.6	-1.50	-29.40	-79.8	-248.0～248.0
Z-36	P1800×30		762.0		759.0	-3.82	-43.47	-93.9	-248.0～248.0
Z-37	P1800×30	2017.07.28	1101.6		1100.8	-1.47	-10.89	-43.4	-248.0～248.0
Z-38	P1800×30		822.3		819.5	-3.84	-3.29	-35.8	-248.0～248.0
Z-39	P1800×30		860.5		858.8	-2.44	-7.93	-40.4	-248.0～248.0
Z-40	P1800×30		774.8	2017.10.18	771.1	-4.78	-21.38	-53.9	-248.0～248.0
Z-41	P1800×30		842.9		847.3	6.22	-0.28	-32.8	-248.0～248.0
Z-42	P1800×30		867.2		869.6	3.49	-9.78	-42.3	-248.0～248.0
Z-43	P1800×30		868.6		862.6	-8.69	-40.31	-72.8	-248.0～248.0
Z-44	P1800×30		870.2		862.8	-10.73	-18.61	-51.1	-248.0～248.0
Z-45	P1800×30		856.9		854.3	-3.72	-6.73	-37.8	-248.0～248.0
Z-46	P1800×30		816.9		814.3	-3.55	-22.15	-53.2	-248.0～248.0
Z-47	P1800×30		664.7		666.4	1.89	-5.03	-36.1	-248.0～248.0
Z-48	P1800×30		843.1		832.9	-14.30	2.37	-28.7	-248.0～248.0
Z-49	P1800×30		724.1		723.0	-1.33	-48.18	-79.2	-248.0～248.0
Z-50	P1800×30		792.6		792.0	-0.80	-14.41	-45.5	-248.0～248.0
Z-51	P1800×30		766.1		763.9	-2.82	-17.79	-48.9	-248.0～248.0
Z-52	P1800×30		791.2		788.3	-3.83	-12.34	-43.4	-248.0～248.0
Z-53	P1400×30		835.1		833.0	-2.93	-26.06	-84.5	-248.0～248.0
Z-54	P1400×30	2017.07.28	753.6	2017.10.18	751.1	-3.15	39.11	-19.3	-248.0～248.0
Z-55	P1400×30		760.0		755.0	-6.34	-27.67	-86.1	-248.0～248.0
Z-56	P1400×30		770.3		768.0	-2.96	-9.42	-67.8	-248.0～248.0
Z-57	P1400×30		864.8		863.3	-2.17	0.14	-58.3	-248.0～248.0
Z-58	P1400×30		862.9		859.4	-5.04	-16.5	-74.9	-248.0～248.0
Z-59	P1400×30		850.8		848.0	-3.98	-23.92	-82.3	-248.0～248.0
Z-60	P1400×30		872.9		871.7	-1.75	-13.63	-72.0	-248.0～248.0
Z-61	P1400×30		798.2		774.0	-31.82	35.66	-25.2	-248.0～248.0
Z-62	P1400×30		825.9		821.5	-6.06	11.05	-49.8	-248.0～248.0
Z-63	P1400×30		763		723.1	-49.59	14.72	-46.1	-248.0～248.0
Z-64	P1400×30		802.8		796.1	-8.96	-32.64	-93.5	-248.0～248.0

续表

测点编号	杆件规格	日期	频率	日期	频率	应力增量（MPa）	累计增量（MPa）	构件实际应力（MPa）	预警值（MPa）
Z-65	P1400×30	2017.07.28	827.6	2017.10.18	823	-6.35	-24.78	-85.6	-248.0～248.0
Z-66	P1400×30		822.9		818.4	-6.18	-15.53	-76.4	-248.0～248.0
Z-67	P1400×30		877.3		880.7	5.00	12.19	-48.7	-248.0～248.0
Z-68	P1400×30		791.8		795.1	4.38	1.88	-59.0	-248.0～248.0
Z-69	P1400×30		866.4		853.3	-18.84	-38.11	-102.5	-248.0～248.0
Z-70	P1400×30		832.8		829.1	-5.14	32.43	-32.0	-248.0～248.0
Z-71	P1400×30		777.7		789.1	14.94	42.73	-21.7	-248.0～248.0
Z-72	P1400×30		840.7	2017.10.18	837.3	-4.77	-25.03	-89.4	-248.0～248.0
Z-73	P1400×30		810.0		802.4	-10.25	-23.11	-87.5	-248.0～248.0
Z-74	P1400×30		755.6		755.4	-0.25	-0.12	-64.5	-248.0～248.0
Z-75	P1400×30		814.4		815.7	1.77	-26.75	-91.1	-248.0～248.0
Z-76	P1400×30		734.2		731.8	-2.94	-2.82	-67.2	-248.0～248.0
Z-77	P1800×30		824.7		828.8	5.67	-39.62	-64.4	-248.0～248.0
Z-78	P1800×30	2017.07.28	865.3		862.4	-4.19	-9.85	-34.6	-248.0～248.0
Z-79	P1800×30		845.5		846.2	0.99	-3.26	-28.0	-248.0～248.0
Z-80	P1800×30		816.2		814.0	-3.00	-11.63	-36.4	-248.0～248.0
Z-81	P1800×30		857.1		858.8	2.44	-20.71	-45.5	-248.0～248.0
Z-82	P1800×30		826.5	2017.09.20	823.4	-4.28	-21.41	-46.2	-248.0～248.0
Z-83	P1800×30		821.1		820.5	-0.82	-7.71	-32.5	-248.0～248.0
Z-84	P1800×30		783.0		782.1	-1.15	-4.17	-28.9	-248.0～248.0
Z-85	P1750×30		817.0		815.2	-2.46	-0.27	-5.9	-248.0～248.0
Z-86	P1750×30		858.7		856.3	-3.44	-21.67	-27.3	-248.0～248.0
Z-87	P1750×30		862.2	2017.10.18	860.1	-3.02	29.84	24.3	-248.0～248.0
Z-88	P1750×30		554.9		557.9	2.79	0.56	-5.0	-248.0～248.0
Z-89	P1750×30		765.9		764.2	-2.18	36.61	31.3	-248.0～248.0
Z-90	P1750×30		715.7		711.7	-4.78	-34.24	-39.5	-248.0～248.0
Z-91	P1750×30		710.8		707.0	-4.51	-36.59	-41.0	-248.0～248.0
Z-92	P1750×30		731.0		728.3	-3.30	4.19	-0.2	-248.0～248.0
Z-93	P900×20		832.4		837.2	6.70	4.45	-20.1	-248.0～248.0
Z-94	P900×20	2017.07.28	841.2	2017.10.18	839.6	-2.25	-16.88	-41.4	-248.0～248.0
Z-95	P900×20		851.2		849.3	-2.70	-3.27	-27.8	-248.0～248.0
Z-96	P900×20		831.9		825.8	-8.46	-41.92	-66.5	-248.0～248.0
Z-97	P900×20		857.2		854.6	-3.72	-12.36	-39.3	-248.0～248.0

续表

测点编号	杆件规格	日期	频率	日期	频率	应力增量（MPa）	累计增量（MPa）	构件实际应力（MPa）	预警值（MPa）
Z-98	P900×20		795.1		796.9	2.40	-2.13	-29.1	-248.0~248.0
Z-99	P900×20		801.0		802.2	1.61	-9.30	-44.1	-248.0~248.0
Z-100	P900×20		784.0		780.5	-4.58	0.65	-34.2	-248.0~248.0
Z-101	P900×20		825.9		827.6	2.35	-70.72	-105.6	-248.0~248.0
Z-102	P900×20		871.7	2017.10.18	867.4	-6.25	49.34	14.5	-248.0~248.0
Z-103	P900×20		798.8		799.0	0.27	-20.10	-47.1	-248.0~248.0
Z-104	P900×20		772.9		771.1	-2.32	-10.63	-37.6	-248.0~248.0
Z-105	P900×20	2017.07.28	880.1		878.3	-2.65	-11.51	-42.5	-248.0~248.0
Z-106	P900×20		771.0		768.8	-2.83	-8.52	-39.5	-248.0~248.0
Z-107	P900×20		855.8		853.9	-2.72	1.57	-29.4	-248.0~248.0
Z-108	P900×20		832.9	2017.11.23	832.9	0.00	-10.21	-41.2	-248.0~248.0
Z-109	P1400×30		885.4		891.8	9.51	-3.88	-73.4	-248.0~248.0
Z-110	P1400×30		809.3	2017.10.18	806.1	-4.32	-11.11	-80.7	-248.0~248.0
Z-111	P1400×30		829.8		826.5	-4.57	-8.88	-78.4	-248.0~248.0
Z-112	P1400×30		795.3		794.0	-1.73	-9.34	-78.9	-248.0~248.0
Z-113	P1400×30		708.9		706.4	-2.96	13.59	-56.0	-248.0~248.0
Z-114	P1400×30		672.3		670.6	-1.91	7.14	-62.4	-248.0~248.0
Z-115	P1400×30		841.1		842.4	1.83	-17.17	-86.7	-248.0~248.0
Z-116	P1400×30		857.6		855.6	-2.87	-13.24	-82.8	-248.0~248.0
Z-117	P1800×30		611.0		613.3	2.36	-104.41	-139.3	-248.0~248.0
Z-118	P1800×30		800.7		811.6	14.70	6.90	-28.0	-248.0~248.0
Z-119	P1800×30		787.6		783.9	-4.86	-0.26	-35.2	-248.0~248.0
Z-120	P1800×30		814.9		816.0	1.50	-5.61	-40.5	-248.0~248.0
Z-121	P1800×30		835.8		835.8	0.00	-1.96	-36.8	-248.0~248.0
Z-122	P1800×30	2017.07.28	786.9	2017.10.18	788.2	1.71	7.62	-27.3	-248.0~248.0
Z-123	P1800×30		878.9		883.4	6.63	6.49	-28.4	-248.0~248.0
Z-124	P1800×30		827.5		829.5	2.77	-10.03	-44.9	-248.0~248.0
Z-125	P1400×30		828.7		821.6	-9.80	-20.94	-33.4	-248.0~248.0
Z-126	P1400×30		793.0		787.9	-6.74	-18.88	-31.4	-248.0~248.0
Z-127	P1400×30		814.0		817.5	4.78	-5.48	-18.0	-248.0~248.0
Z-128	P1400×30		837.6		834.3	-4.61	-13.90	-26.4	-248.0~248.0
Z-129	P1400×30		768.7		767.9	-1.03	-2.83	-15.3	-248.0~248.0
Z-130	P1400×30		892.5		888.0	-6.70	-19.15	-31.6	-248.0~248.0

测点编号	杆件规格	日期	频率	日期	频率	应力增量（MPa）	累计增量（MPa）	构件实际应力（MPa）	预警值（MPa）
Z-131	P1400×30		870.1		869.4	-1.02	-8.02	-20.5	-248.0~248.0
Z-132	P1400×30		763.3		758.9	-5.60	-3.16	-15.6	-248.0~248.0
Z-133	P1800×30	2017.07.28	824.4	2017.10.18	820.0	-6.05	-29.77	-42.4	-248.0~248.0
Z-134	P1800×30		717.7		713.1	-5.50	23.13	10.5	-248.0~248.0
Z-135	P1800×30		856.5		855.4	-1.57	-8.14	-20.8	-248.0~248.0
Z-136	P1800×30		768.8		763.5	-6.79	0.00	-12.6	-248.0~248.0
Z-137	P1800×30		762.9		759.8	-3.95	-47.06	-59.7	-248.0~248.0
Z-138	P1800×30	2017.07.28	784.4	2017.10.18	783.0	-1.84	2.79	-9.8	-248.0~248.0
Z-139	P1800×30		760.8		758.7	-2.67	-57.00	-69.6	-248.0~248.0
Z-140	P1800×30		827.1		824.0	-4.28	-27.13	-39.8	-248.0~248.0

注：1. 表中数据为频率。应力增量为表中第二批读数与表中第一批读数期间应力增量；
2. 应力增量指相邻构件两次应力的变化量，单位MPa。

指廊应力数据

表11.2-3列出了指廊上各测点的应变计原始数据，并根据公式换算出各测点处结构构件的应力增量，具体数值如下。

指廊各测点的应变计数据及应力增量

表11.2-3

测点编号	杆件规格	日期	频率	日期	频率	应力增量（MPa）	累计增量（MPa）	构件实际应力（MPa）	预警值（MPa）
W5-1	P351×16		790.5		799.4	11.83	7.60	-20.44	-231.3~248.0
W5-2	P351×16		772.2		764.2	-10.28	-12.87	-43.39	-231.5~248.0
W5-3	P351×16		819.6		813.6	-8.20	-5.46	-39.53	-231.2~248.0
W5-4	P273×14		809.1		807	-2.84	0.27	-35.78	-222.9~248.0
W5-5	P273×14		861.9		860.9	-1.44	-3.03	-38.46	-222.8~248.0
W5-6	P273×14		816.6		811.5	-6.94	-2.45	-38.34	-222.9~248.0
W6-1	P351×16	2017.07.28	771.6	2017.10.18	768.5	-3.99	1.54	-34.74	-233.9~248.0
W6-2	P351×16		874.4		873.8	-0.88	-2.34	-38.82	-233.9~248.0
W6-3	P351×16		797.7		797.0	-0.93	0.93	-28.34	-233.9~248.0
W6-4	P351×16		782.1		778.7	-4.44	-15.11	-44.06	-233.9~248.0
W6-5	P351×16		843.0		842.2	-1.13	-1.83	-41.39	-242.2~248.0
W6-6	P450×18		728.1		731.4	4.03	8.28	-35.82	-239.2~248.0
W6-7	P351×16		780.1		779	-1.43	1.17	-35.84	-242.6~248.0

注：1. 表中数据为频率。应力增量为表中第二批读数与表中第一批读数期间应力增量；
2. 应力增量指相邻构件两次应力的变化量，单位MPa。

登机桥应力数据

表11.2-4列出了各登机桥应变测点的应变计原始数据，并根据公式换算出各测点处结构构件的应力增量，具体数值如下。

登机桥各测点应变计数据及应力增量

表11.2-4

测点编号	日期	频率	日期	频率	应力增量（MPa）	累计增量（MPa）	构件实际应力（MPa）	预警值（MPa）
W250-1		808		807.5	-0.68	-4.69	39.55	-223.5~280.0
W255-1		857.4		859.3	2.73	-4.62	32.20	-242.5~280.0
W255-2		731.6		735.2	4.42	10.66	51.69	-237.5~280.0
W269-1		798.1		800.8	3.61	29.92	69.18	-255.7~280.0
W269-2	2017.07.28	843.1		844.3	1.69	8.30	40.34	-202.6~280.0
E147-1		782.9		782.8	-0.13	-0.89	59.21	0.0~280.0
E147-2		776.0		779.0	3.90	-20.91	-38.35	-202.7~248.0
E147-3		832.2		828.9	-4.58	-2.050	-23.13	-228.5~248.0
E144-1	2017.09.20	760.1	2017.10.18	758.0	-2.67	12.55	30.44	0.0~280.0
E144-2		748.4		751.1	3.39	-10.90	-25.63	-241.4~248.0
E144-3		902.4		907.0	6.96	19.88	-3.57	-236.1~248.0
E157-1		784.1		778.9	-6.8	-10.57	57.12	0.0~280.0
E157-2		788.1		785.1	-3.95	-6.50	-33.52	-213.8~248.0
E157-3	2017.07.28	883.1		885.4	3.40	-4.59	-52.65	-218.3~248.0
E162-1		767.8		773.0	6.70	-1.29	50.25	0.0~280.0
E162-2		782.2		782.4	0.26	-3.30	-26.34	-202.6~248.0
E162-3		824.5		827.3	3.87	0.14	-46.22	-213.4~248.0

注：1. 表中数据为频率。应力增量为表中第二批读数与表中第一批读数期间应力增量；
2. 应力增量指相邻构件两次应力的变化量，单位MPa。

11.3　监测数据分析与研究（图11.3-1~图11.3-12）

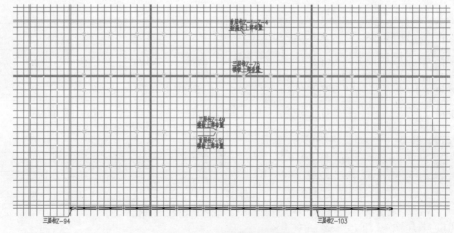

图 11.3-1　柱典型位置点

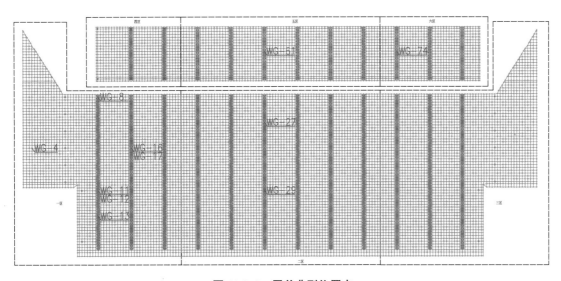

图 11.3-2 屋盖典型位置点

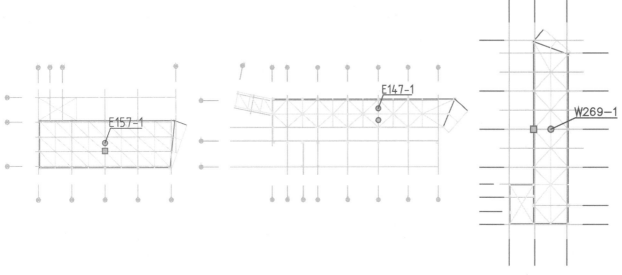

图 11.3-3 登机桥典型位置点

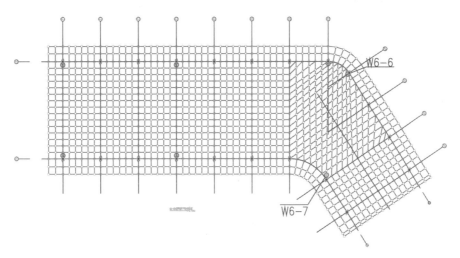

图 11.3-4 指廊典型点位置点

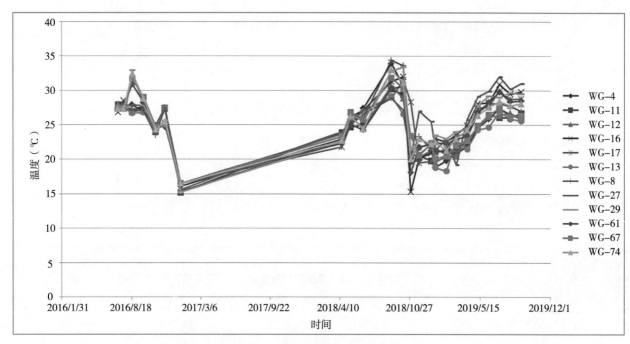

图 11.3-5　屋盖典型位置点温度变化图

　　从结构施工过程到运营期间，屋盖温度监测点的变化规律一致，从15～35℃变化，温差约20℃，结构设计按温差30℃考虑可以满足温差变化情况。

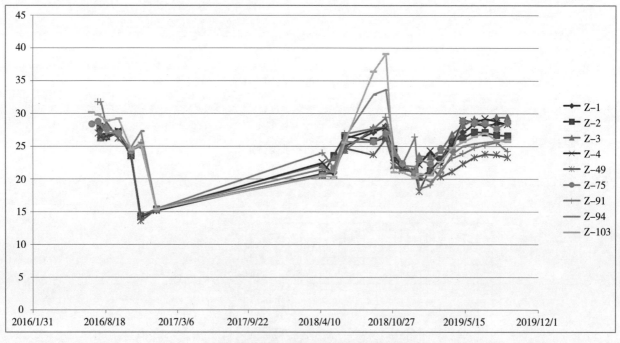

图 11.3-6　柱典型位置点温度变化图

　　从结构施工过程到运营期间，钢管柱温度监测点的变化规律一致，从15～40℃变化，温差约25℃，结构设计按温差30℃考虑可以满足温差变化情况。

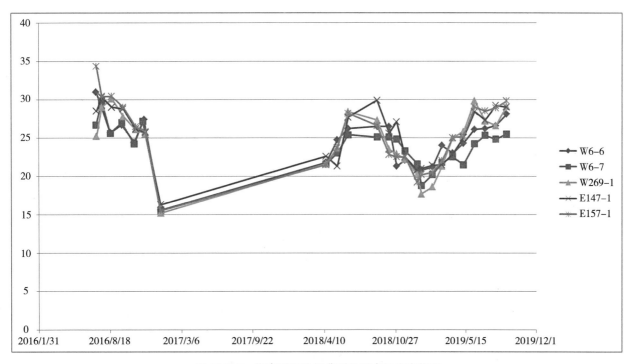

图 11.3-7　指廊及登机桥典型位置点温度变化图

从指廊结构施工过程到运营期间，温度监测点的变化规律一致，从15～35℃变化，温差约20℃，结构设计按温差30℃考虑可以满足温差变化情况。

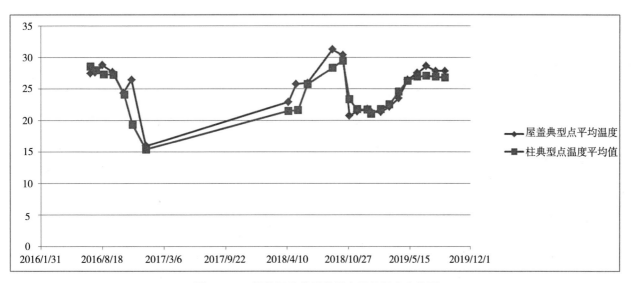

图 11.3-8　屋盖及柱典型位置点平均温度变化图

从平面温度来看，结构施工过程到运营期间，温度监测点的变化规律一致，从15～30℃变化，温度季节变化明显。

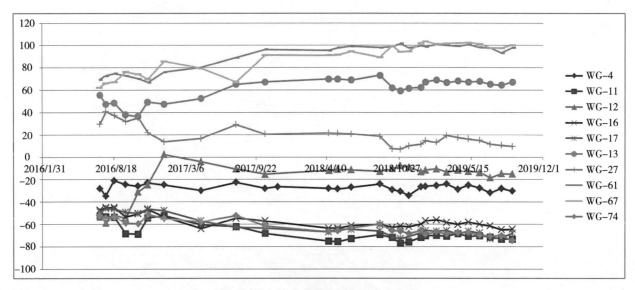

图 11.3-9　屋盖典型位置点应力变化图

　　从结构施工过程到运营期间，屋盖应力监测点的变化规律较为一致，应力变化幅度较小，大部分点在20MPa以内变化，变化最大幅度约40MPa，应力绝对值在-80MPa～100MPa，在应力限值以内，且运营阶段应力较为稳定，应力变化以温度作用为主。

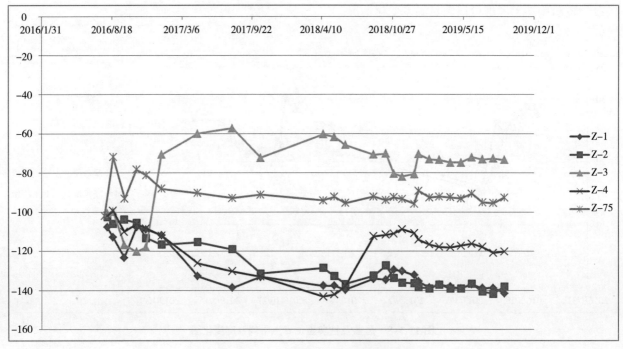

图 11.3-10　柱典型位置点应力变化图

　　从结构施工过程到运营期间，钢管柱应力监测点的变化规律较为一致，应力变化幅度较小，大部分点在40Mpa以内变化，应力绝对值在-140MPa～-60MPa，在应力限值以内，且运营阶段应力较为稳定，应力变化以温度作用为主。

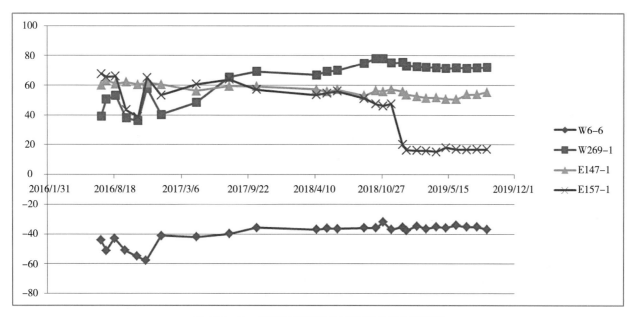

图 11.3-11　指廊及登机桥典型位置点应力变化图

从结构施工过程到运营期间，监测点的变化规律较为一致，应力变化幅度较小，大部分点在20Mpa以内变化，变化最大幅度约50MPa，应力绝对值在-60MPa ~ 80MPa，在应力限值以内，且应力较为稳定，运营阶段应力变化以温度作用为主。

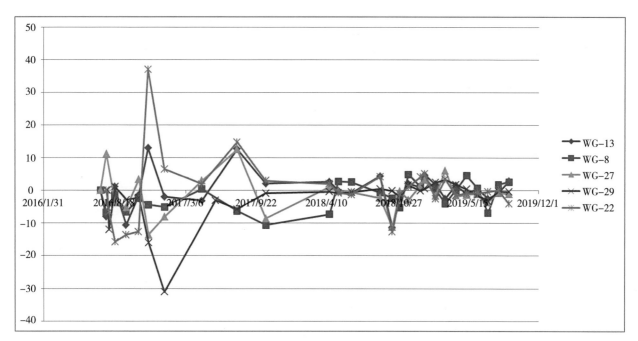

图 11.3-12　屋盖典型位置点应力差值变化图

从结构施工过程到运营期间，屋盖钢结构应力变化幅度较小，大部分点在20MPa以内变化，变化最大幅度约50MPa，应力较为稳定，运营阶段应力变化以温度作用为主。

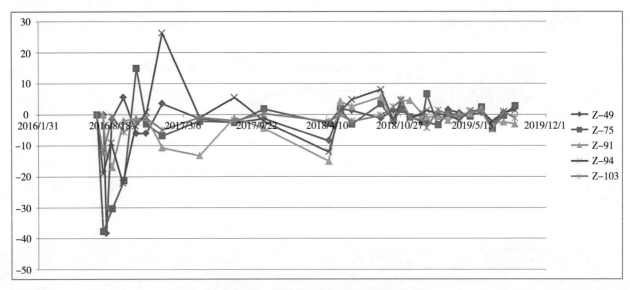

图 11.3-13　柱典型位置点应力差值变化图

　　从结构施工过程到运营期间，钢管柱钢结构应力变化幅度较小，大部分点在40MPa以内变化，变化最大幅度约50MPa，应力较为稳定，运营阶段应力变化以温度作用为主。

12 技术创新与社会经济效益（论文及专利情况）

1. 应用证明

（1）应用证明：广东省机场管理集团公司

（2）应用证明：广东省机场管理集团有限公司工程建设指挥部

（3）应用证明：广州白云机场超大面积航站楼网架施工综合技术经济效益证明

（4）应用证明：广东珠三角城际轨道交通有限公司

（5）应用证明：基于工程支撑桩的基坑支护技术技术进步经济效益证明

（6）国家发改委关于广州白云国际机场扩建工程可行性研究报告的批复

2. 知识产权证明

（1）发明专利：灌注桩桩基施工期间同步进行的大直径灌注桩控壁岩体完整性探测方法

（2）发明专利：变桩径串洞多级承力桩及其施工方法

（3）发明专利：一种地下桩基础溶洞加强加固种山施工方法

（4）发明专利：大抗拔力可滑移球铰支座

（5）实用新型专利：一种能够减轻自重且具有良好结构刚度的混合型楼盖

（6）实用新型专利：一种用于种植大型乔木的梁柱节点

3. 其他证明（论文和报告）

（1）Mechanical Behavior of Nine Tree–Pool Joints Between Large Trees and Buildings【SCI收录–KSCE】

（2）广州新白云国际机场T2航站楼钢屋盖结构设计【国内核心期刊–建筑结构】

（3）广州新白云国际机场T2航站楼混凝土结构设计【国内核心期刊–建筑结构】

（4）大直径钢管混凝土柱密实度检测及对接焊缝残余应力消减试验【国内核心期刊–建筑结构】

（5）广州白云国际机场二号航站楼预应力混凝土柱结构设计【国内核心期刊–建筑结构】

（6）白云机场T2航站楼风洞试验及风压数值模拟研究【国内核心期刊–建筑结构】

（7）硕士毕业论文：结构树池节点力学性能研究及其风振动力响应分析【广州大学】

（8）硕士毕业论文：树池节点风振动力相应分析【广州大学】

（9）硕士毕业论文：大型乔木—框架结构风致耦合振动分析【广州大学】

（10）广州白云国际机场监测报告

（11）铸钢节点试验报告

（12）动态抗风承载力性能试验

（13）钢管柱检测报告

（14）支座试验检测报告

完成了发明专利："大抗拔力可滑移球铰支座" [证书号：725713]

发表论文：《叠加法验算预应力混凝土圆形截面构件裂缝宽度》（建筑技术开发）

发表论文：《顶层高大空间混凝土排架柱层间位移限值研究》（建筑技术开发）

发表论文：《广州白云国际机场二号航站楼预应力混凝土柱结构设计》（建筑结构）